冶金窑炉共处置危险废物

Hazard Waste Co-treatment in Metallurgical Furnace

郭培民　潘聪超　庞建明　刘云龙　编著

北　京
冶　金　工　业　出　版　社
2015

内 容 提 要

本书主要介绍冶金工业高温窑炉共处置危险废物的工程试验与管理。全书分为7章，首先分析了冶金工业高温窑炉共处置危险废物技术发展现状和废物管理现状，介绍了国内外相关技术进展；然后根据冶金工业高温窑炉的热工特性和冶金危险废物的特性，阐述了共处置危险废物的技术要求，介绍了钢铁冶炼工业高温窑炉共处置危险废物的工程试验研究；最后对冶金工业高温窑炉共处置危险废物的工艺技术和环境保护标准进行了探讨。

本书可供环境、能源、冶金领域相关科研、设计、管理、教学人员阅读参考。

图书在版编目(CIP)数据

冶金窑炉共处置危险废物/郭培民等编著．—北京：冶金工业出版社，2015. 8

ISBN 978-7-5024-7032-6

Ⅰ．①冶…　Ⅱ．①郭…　Ⅲ．①冶金炉—固体废物处理
Ⅳ．①X705

中国版本图书馆CIP数据核字(2015)第219329号

出 版 人　谭学余
地　　址　北京市东城区嵩祝院北巷39号　邮编　100009　电话　(010)64027926
网　　址　www. cnmip. com. cn　电子信箱　yjcbs@ cnmip. com. cn
责任编辑　刘小峰　杜婷婷　美术编辑　彭子赫　版式设计　孙跃红
责任校对　石　静　责任印制　牛晓波
ISBN 978-7-5024-7032-6
冶金工业出版社出版发行；各地新华书店经销；北京画中画印刷有限公司印刷
2015年8月第1版，2015年8月第1次印刷
169mm×239mm；20. 5印张；400千字；318页
79. 00元

冶金工业出版社　投稿电话　(010)64027932　投稿信箱　tougao@cnmip. com. cn
冶金工业出版社营销中心　电话　(010)64044283　传真　(010)64027893
冶金书店　地址　北京市东四西大街46号(100010)　电话　(010)65289081(兼传真)
冶金工业出版社天猫旗舰店　yjgycbs. tmall. com

前　言

危险废物由于其所具有的特殊危害性，一直是我国固体废物管理的重点。根据工业固体废物申报登记数据和危险废物与工业固体废物的比例判断，我国危险废物的年产生量在4000万~6000万吨之间。随着我国经济的快速增长，危险废物的产生量还在不断攀升，但针对这些废物的无害化处置设施能力却远远不能满足要求。2008年全国危险废物许可证中批准的危险废物处理能力合计1613.5万吨/年，处理能力仅占产生量的40%，无法满足快速增加的危险废物的处置要求，导致大量的危险废物无法得到无害化处置。此外，我国现有、在建及规划中的危险废物无害化处置设施主要集中在大中城市，其地理分布有一定的局限性，在发生各类突发事件时，这些设施难以对集中产生的大量危险废物进行应急处置。

事实上，危险废物的组成特性决定了一些危险废物是可以在危险废物集中处置设施之外的其他工业窑炉，如水泥窑、电厂锅炉、炼铁高炉等高温窑炉中进行处置的。危险废物中的危害成分在高温窑炉内的高温环境中可以发生反应而消除其危害性或被固定化，甚至可以作为某些天然燃料和原材料的替代品。例如，废油类危险废物焚烧所产生的热能，可以替代部分化石燃料为工业窑炉提供能量支持；铬渣由于其自身的氧化性，可以在炼铁的还原性气氛中得到无害化处置，同时由于其特殊的硅铝比，可以作为水泥生产中的替代原料参与生料配料，等等。只要采取相应措施确保共处置过程与产品的长期环境安全性，就可实现危险废物的无害化处置与资源化利用的统一。

在冶炼行业中多涉及高温窑炉，如钢铁工业中的高炉、焦炉、转炉，铁合金工业中的矿热炉以及有色冶金工业中的鼓风炉、反射炉、闪速炉等均属于此类窑炉。冶炼窑炉通常具有温度高、氧化或还原气氛以及处理量大等特点，并且分布广泛，几乎在全国各省份都有分布。冶金高温窑炉共处置危险固体废弃物工艺的实现，为固体废弃物处理提供了新的模式，也对固体废弃物危害的应急处理具有实际意义。

本书在对钢铁冶金工业中的烧结—高炉冶炼系统、炼焦炉系统、转炉及电炉炼钢系统、矿热炉冶炼系统以及有色冶金工业中的鼓风炉炼铅系统、反射炉炼锌系统、闪速炉炼铜系统等高温冶金窑炉进行调研的基础上，就各冶炼系统的行业概况、主要流程进行了介绍，阐述了共处置危险废物在我国冶金工业中的现实意义，同时还就国外及国内的冶金工业高温窑炉共处置危险废物相关的政策、法规、现行处理工艺和管理技术等进行了介绍，阐明了项目的背景和我国在现阶段相关工作的方向，并提出了利用冶金高温窑炉进行共处置固体危废的工艺方式，如“变性处理”、“燃烧处理”、“稀释处理”以及“富集提取处理”等，提出了高温窑炉实现共处置的技术要求及二次污染控制要求。

本书是四位作者三年来的课题研究结果的总结，各人撰写的内容交叉在相关章节中，初稿形成后由郭培民进行统稿。

本书的完成，首先感谢环保公益性行业科研专项的大力支持，同时还要感谢中国环境科学研究院王琪所长、李丽教授、闫大海博士以及项目完成单位的协助和交流指导；也离不开北京首钢资源综合利用技术开发公司、武汉北湖胜达制铁有限公司、钢铁研究总院低温冶金与资源高效利用中心研究人员的支持。在此一并表示感谢！

由于作者水平所限，书中不妥之处，还请读者包涵并给予指正。

郭培民、潘聪超、庞建明、刘云龙

于钢铁研究总院

2015 年 5 月 4 日

目　　录

1 冶金工业高温窑炉共处置危险废物技术发展现状

1.1 我国冶金工业发展现状

冶金就是从矿石中提取金属或金属化合物，用各种加工方法将金属制成具有一定性能的金属材料的过程和工艺。冶金的技术主要包括火法冶金、湿法冶金以及电冶金。按照产品性质分类，冶金工业可以分黑色冶金工业和有色冶金工业，黑色冶金主要指包括生铁、钢和铁合金（如铬铁、锰铁等）的生产，有色冶金指包括其余所有数十种金属（如铝、镁、钛、铜、铅、锌、钨、钼、稀土、金、银等）的生产。

1.1.1 钢铁工业发展现状

1.1.1.1 钢铁行业发展现状

“十一五”期间，我国粗钢总产量超过26亿吨。根据中国钢铁工业协会历年理事会报告的数据，2006~2010年，我国粗钢产量分别为41878.2万吨、48924.08万吨、50048.80万吨、56784.24万吨、62665.4万吨。五年间我国粗钢产量的平均增幅为12.40%，至2013年我国粗钢产量为7.79亿吨，2014年达到8.227亿吨，钢铁产能甚至超过了10亿吨。分析2013年各省份、地区的钢铁产量数据，钢铁产量最高的省份是河北、江苏、山东、辽宁和山西，分别为18849.6万吨、8469.1万吨、6119.8万吨、5972.9万吨、4519.6万吨，其中仅河北一省钢产量就占全国总产量的24.2%，前五省钢产量总和占全国总产量的56.4%，集中分布在华北、华东地区。而经济发达的华南地区如广东、广西，以及具有较大城镇化发展空间的西北地区如陕西、甘肃、宁夏等地的钢产量很低，两地区钢产量分别为3109.5万吨、3227.5万吨，分别占全国总产量的3.9%和4.1%。

目前我国除了西藏没有钢铁企业外，其余各省份均有钢铁生产企业存在，而且在华北、东北、华中地区大中型城市周边钢铁厂集中分布，尤其是京津冀和长三角地区。高炉设备的技术水平和大型化的发展也在这些区域中集中体现。相对大型高炉，小中型高炉的分布更加广泛。而且小型高炉对共处置料的要求不如大型高炉苛刻，更适合用于共处置废弃物。

1.1.1.2 钢铁行业存在的问题及发展方向

目前钢铁行业存在产能过剩、能耗偏高、产能集中度不高、产业结构单一、产品附加值低等诸多问题，其中产能过剩和能耗高是限制钢铁工业发展的主要问题。

根据2012年世界钢铁协会的统计，目前全球钢铁行业产能超过20亿吨，其中中国产能超过10亿吨，占全球产能的50%。钢铁行业产能过剩是全球性现象，根据世界钢铁协会的数据，全球钢铁行业过剩产能5亿吨中有超过2亿吨在中国，占全球过剩产能的40%，约为2012年全球钢产量的13%。发达国家平均钢铁消费峰值为0.612吨/人；如果按照2013年7.79亿吨的粗钢产量测算，我国人均粗钢消费量已接近0.6吨，逼近了发达国家钢铁消费峰值，数据说明我国钢铁消费已接近饱和水平。因此，扩大出口和刺激内需均很难在短期内消化2亿吨的过剩产能。2013年，国务院出台了《化解产能过剩政策的指导意见》，称将有效地推进和化解钢铁等行业产能严重过剩矛盾，未来五年钢铁业须压缩8000万吨的总产能。钢铁工业是能耗大户，中国的钢铁工业以16.3%的全国总能耗，只贡献了3.2%的GDP。钢铁工业的能耗具有集中现象，二次能源产生量大，梯级利用水平低，余能回收利用仍有较大提升空间。炼铁和焦化在整个钢铁工业生产中的能耗所占比例最大，而炼铁系统（包括烧结、球团、焦化、炼铁）能耗占钢铁联合企业总能耗的73.5%，成本约占60%左右，污染物排放占70%以上。

钢铁行业还存在的问题包括：（1）钢铁产能分布不均，导致区域钢铁产能过剩和不足的情况共存，北钢南运、东钢西运的现状未能得到充分缓解。（2）钢铁小微产能集中度偏低，政策调控和市场调控的作用不能很好发挥。淘汰落后产能同时又立项投入新产能，使钢铁行业产能过剩的问题趋于恶化。（3）钢铁行业产品结构不合理，低端产能过剩而高端产能不足。行业资源分配不合理，产品附加值低。大型钢铁企业高附加值战略出现趋同化。因此，钢铁行业面临转型，必须促进钢铁行业尤其是小微钢铁企业的落后、高能耗产能通过宏观调控和市场的竞争机制逐步淘汰退出，有效增加钢铁行业的集中度，从而提高行业调控力度；通过调整钢铁工业生产工艺结构、用能结构，如高炉采用精料冶炼、提高炼铁喷煤比、增加球团配比、采用连续铸钢工艺、采用薄板坯连铸连轧工艺、轧钢坯料热装热送工艺等技术以实现节能的效果；大型钢铁企业应不断调整产品结构，有计划地削减低附加值产能，同时增加优质钢材产品的比重。钢铁行业从粗放型向集约型的发展是整个行业面临的主要挑战和机遇。

1.1.1.3 钢铁工业主要生产流程及主要类型窑炉

现代钢铁联合企业各主要工艺流程分为铁前准备、高炉炼铁、转（电）炉炼钢、炉外精炼、连铸等工序。其工艺流程如图 1-1 所示。

（1）铁前准备：主要有铁矿石造块烧结、球团和焦化生产。铁矿石造块烧结或球团就是把铁矿粉、熔剂、燃料及返矿按一定比例制成块状或球状冶炼原料的一个过程，主要设备有烧结机系统、球团链箅机—回转窑系统。焦化即通过炼焦炉使配煤形成质量合格的焦炭的过程，主要设备是炼焦炉系统。

（2）高炉炼铁：就是将铁矿石、焦炭及助熔剂由高炉顶部加入炉内，再由炉下部风口鼓入高温热风，产生还原气体、还原铁矿石，产生熔融铁水与熔渣的炼铁过程，主要设备是高炉冶炼系统，包括高炉、热风炉等。

（3）炼钢：以铁水、废钢、铁合金为主要原料，在反应器内完成脱碳、脱氧、脱磷等任务，得到成分和温度均满足要求的钢水的过程，主要设备包括转炉和电弧炉。

（4）炉外精炼：将转炉、电炉初炼的钢水转移到另一个容器（主要是钢包）中进行精炼的过程，也称“二次冶金”或钢包精炼，主要包括 LF 炉、RH 炉、AOD 炉、VOD 炉等。

（5）连铸：即连续铸钢，就是将合格钢水在铸机中冷却成坯的过程，主要设备包括中间包、连铸机系统。

钢铁冶炼工艺中所涉及的窑炉大多为高温窑炉，具有生产规模大、工艺温度高、工序连续化等特点。本书选取具有共处置危险废物潜力的几类高温窑炉进行详细说明，包括：高炉、炼焦炉、链箅机—回转窑、转炉和电弧炉等；同时还对铁合金冶炼工艺中的主要设备矿热炉的共处置特性进行了调研和研究。

1.1.1.4 全国主要地区钢铁工业窑炉分布规模

A 高炉及烧结机规模及分布

a 高炉规模

自 2002 年开始，中国的钢铁产能、产量不断跃升，2012 年中国粗钢总产能近 10 亿吨，产量占全球一半以上，2013 年钢材产量达 10.68 亿吨，生铁产量达 7.09 亿吨。根据最新相关调查（不包括京津冀地区），目前国内高炉共计 685 座，

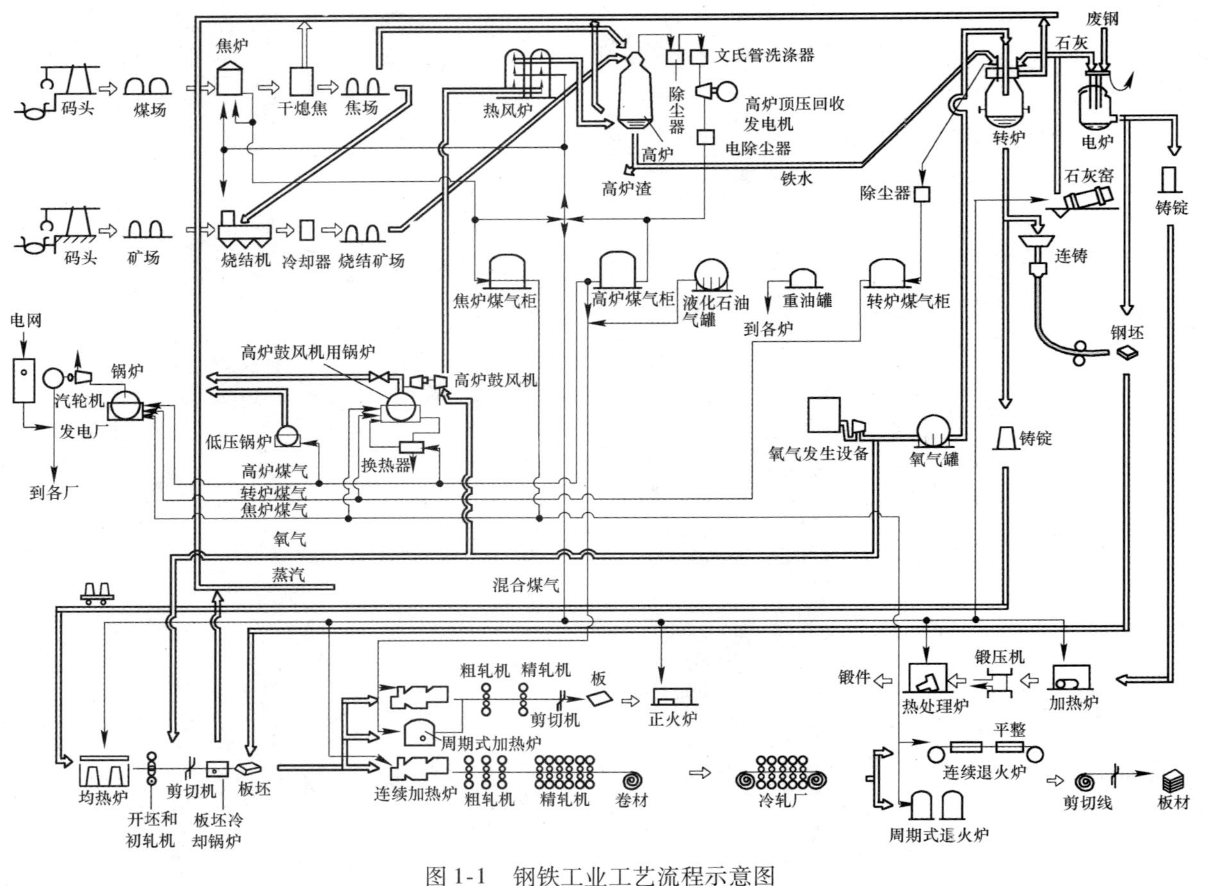

图 1-1 钢铁工业工艺流程示意图

高炉总容积达到665639m³。作为高炉炼铁系统的主体设备，高炉的有效容积决定了高炉的生产能力，同时也决定了与之衔接的其他工序如烧结、炼焦等设备的生产能力。因此将高炉的有效容积作为“烧结—高炉”炼铁系统生产能力的标准。高炉的炉型基本上都是鼓风竖炉，按照容积的大小可以分为小型高炉（炉容为1000m³级及以下）、中型高炉（炉容为2000m³级）、大型高炉（炉容为3000m³级）以及特大型高炉（炉容为4000m³级及以上）。高炉的分布具有以下特点：

（1）高炉设备分布广泛，在全国各省份几乎均有分布。

（2）生产能力和设备水平分布不均，大型及特大型高炉集中分布在中东部地区，冶炼技术水平较高；小型高炉在各地均有分布，但生产水平低。

（3）由于政策导向，小型高炉面临产能淘汰，大型和特大型高炉是今后的发展主体。

然而我国到底有多少座高炉，并没有确切的数据，因为许多小高炉无法统计。官方曾有数据显示，我国约有1300座高炉。但是随着钢铁政策的实施，小高炉正逐渐被淘汰，高炉朝大型化方向发展。至2010年，中国在产和在建1000m³以上的高炉情况见表1-1。

表1-1 我国1000m³以上高炉情况

炉容/m³	1000～1500	1500～2000	2000～3500	>3500	总 计
座 数	73	37	77	16	203
总容积/m³	86182	67752	203795	71691	429420

b 烧结机规模

带式烧结机的规格是按其抽风面积的大小来划分。烧结有效面积是风箱宽度和长度的乘积。目前，国内外带式烧结机有两种：一种是全部面积用来烧结，即混合料随台车移动到机尾风箱处即烧结完毕，这种机型占绝大多数；另一种是“机上冷却”的烧结机，即一段用来烧结，一段用来冷却。这种烧结机，有效面积包括烧结面积和冷却面积。根据早期的统计结果，我国共有烧结机191台，随着我国钢铁工业的扩大，烧结机的规模也迅速发展。我国的烧结机以小型占多数，主要规格有（8.25m²）、（13m²）、（18m²）、24m²、27m²、36m²、50m²、62.5m²、（75m²）、90m²、115m²、130m²等，由于提高生产率和降低单位成本的要求，烧结机向着大型化的方向发展。

烧结厂规模大小的划分，按烧结机机型或年产烧结矿量分为：

大型厂：单机面积≥200m²，年产量≥200万吨；

中型厂：单机面积≥50m²，年产量≥50万吨；

小型厂：单机面积≤50m²，年产量<50万吨。

B 焦炉规模及分布

据国家统计数据，截止到2005年底，我国的炼焦企业已有1300多家，“十五”期间，我国焦炭产量以每年21.7%的速度增长，总产量已达到2.5亿吨，产能规模约为3亿吨以上，约占世界焦炭产能规模的50%，焦炭出口量达1276万吨，占世界焦炭贸易额的47%。2012年，我国焦炭产量达到4.43亿吨。

我国使用的焦炉炉型较多。在1953年以前主要是恢复和改建新中国成立前遗留下来的奥托型、考贝型、黑田、日铁、亨塞尔曼和索尔维型等老焦炉；随后又兴建起一批前苏联设计的ПВР-56型和ПК-49型焦炉；1958年以后，我国自主设计了具有世界先进水平的58型焦炉、JN55型焦炉、JN60型焦炉。20世纪90年代以来，炭化室高6m的焦炉炉型逐步成为我国炼焦行业的基本炉型，并逐步在我国焦化行业占据主导地位。随着国家产业政策的不断调整、环保法规的不断完善以及对炼焦行业准入标准的提高，加速了各炼焦企业对新技术的引进和应用，4.3m焦炉已成为炼焦行业的准入炉型，一些有实力的炼焦企业，正逐步淘汰4.3m以下焦炉，6m焦炉成为主导炉型，5m以上的捣固焦炉和年产50万吨以上的清洁化热回收焦炉也相继建成。近年来武钢、太钢、马钢等企业的7.63m大容积焦炉建成投产。我国目前使用的焦炉炉型特点及主要尺寸见表1-2。

表1-2 我国目前使用的炼焦炉炉型及基本尺寸

炉型	炭化室有效容积/m^3	炭化室尺寸/mm							立火道		加热水平/mm
		全长	有效长	全高	有效高	平均宽	锥度	中心距	中心距/mm	个数	
JN60	38.5	15980	15140	6000	5650	450	60	1300	480	32	905
M型	37.6	15700	14800	6000	5650	450	60	1300	500	30	755
5.5m	35.4	15980	15140	5500	5200	450	70	1350	480	32	900
JN43	23.9	14080	13280	4300	4000	450	50	1143	480	28	800
58型	21.7	14080	13350	4300	4000	407	50	1143	480	28	600
JN50	26.8	14080	13280	5000	4700	430	50	1143	480	28	799
ПВР	21.7	14080	13350	4300	4000	407	50	1143	480	28	600
鞍71型	21.4	13590	12750	4030	3730	450	60	1100	457	28	700
7.63m	76.25	18800	18000	7630	7180	590	50			36	
	79	18000	17200	7630	7180	610					

C 钢铁厂回转窑规模及分布

近些年来，国际市场上球团矿涨势攀高，全球球团矿总生产能力约3.81亿吨，其中炼铁高炉用球团生产能力为2.36亿吨/年，占76.6%。20世纪末，我国铁矿球团的年产量已达到2400万吨左右，2006年全国球团的产量达到了

7634.95万吨，我国铁矿球团工业有了很大的发展。目前工业生产上采用的球团焙烧设备主要有带式焙烧机、链箅机—回转窑和竖炉。从所处理的矿石种类来看，以磁铁精矿为原料，链箅机—回转窑生产比重占38.7%，以赤、褐混合精矿为原料，链箅机—回转窑生产比重占25.5%。链箅机—回转窑工艺的生产规模大，一般年生产能力在50万吨以下的球团厂主要采用竖炉和带式焙烧机；年生产能力超过50万吨则适宜采用带式焙烧机或链箅机—回转窑；单机能力在200万吨/年以上的，只有采用带式焙烧机和链箅机—回转窑。鞍钢、首钢、包钢、承钢、杭钢、济钢、莱钢、太钢、唐钢、马钢、新疆八一钢、邢钢等大中型钢厂均建设有链箅机—回转窑生产线。其中，武钢的氧化球团厂的产能可达500万吨/年，更多的是年产在10万~100万吨的中小型设备产能。

D 矿热炉规模及分布

矿热炉分交流和直流电源供电两大类。它们按容量大小可分为大中小三类。按我国目前的习惯划分，炉用变压器小于5MVA为小容量矿热炉；介于5~10MVA为中等容量矿热炉；大于10MVA为大容量矿热炉。矿热炉主要应用于铁合金生产中。中国是铁合金生产大国，生产量约占全世界总产量的40%。中国铁合金企业的数量和产能从2000年的800余家和900万吨产能迅速发展到1800家之多，产能跃升到3600万吨以上。根据中国铁合金工业协会在2006年的相关统计数据，全国共有各类矿热炉3400座。

E 转炉及电炉规模及分布

我国2013年钢材产量突破10亿吨，达10.68亿吨，粗钢产量达7.79亿吨。转炉是炼钢的主要设备，钢材产量的80%以上都是通过转炉生产。根据炉容量，转炉可以分为小型转炉、中型转炉和大型转炉。小型顶吹转炉有天津钢厂20t转炉、济南钢厂13t转炉、邯郸钢厂14t转炉、太原钢铁公司引进的40t转炉、包头钢铁公司40t转炉、武钢40t转炉、马鞍山钢厂40t转炉等；中型的有鞍钢140t和180t转炉、攀枝花钢铁公司120t转炉、本溪钢铁公司120t转炉等；大型转炉有宝钢的300t转炉、250t转炉，首钢的210t转炉，武钢的150t转炉等。

20世纪80年代，我国建立了一大批小电炉，但技术很落后。尽管我国引进了多座国外先进的电弧炉成套设备，其水平较高，但它的各项技术经济指标与国外同类型的电弧炉相比还有一定的差距。在1983~1992年10年间，我国电炉钢比例一直徘徊在20%~22%之间。1993年突破23%达到历史最高水平。在1993~2000年间我国电炉钢产量在1800万~2000万吨波动，电炉钢比例逐年下降，从23.2%下降至15.7%。此后，电炉钢比例开始回升。随着国家环保政策的压力和钢材换代，今后以废钢为原料的电炉炼钢的比重将提高。从20世纪90年代初期至今，我国先后建设了40多个现代化的超高功率电弧炉车间。超高功率电弧炉车间及相关的主要设备均从国外引进，电炉容量为50~150t。到2003

年约十年间，引进的超高功率电弧炉达到40多座，大于100t的电炉有13座，年产80万~120万吨钢的有16座。近些年，中国又引进及自产80~150t炼钢电炉10余座，如太原钢铁公司、联众（广州）不锈钢公司于2007年初由奥钢联引进投产的150t超高功率电弧炉，年产80万吨不锈钢板；天津钢管100t，衡阳钢管与德阳重型由意大利引进的80t电炉，宝钢特钢的60t电炉，还有国产的舞阳100t电炉，天津管钢90t电炉，营口、天重、上重、齐重100t电炉，洛矿80t电炉。还有一批待启用的电炉，如宝通、唐海及沧州100t电炉。

1.1.2 有色工业发展现状

有色工业的特征就是涵盖的种类多，单体生产设备的规模小，生产企业主要在矿产区域集中分布。有色冶炼的工艺种类多，相应的冶炼设备的类型也十分繁多。而且同一种生产设备可以应用在多种有色金属冶炼工序中，一种有色金属的冶炼工序中可能包含多种冶炼设备。本书主要研究生产规模较大的重金属，如铜、铅、锌等的主要冶炼工艺。

1.1.2.1 我国有色工业整体情况

有色金属是国民经济发展的基础材料，航空、航天、汽车、机械制造、电力、通信、建筑、家电等绝大部分行业都以有色金属材料为生产基础。据中国有色金属工业协会统计，2012年，10种有色金属产量3696.12万吨，增长7.5%。具体为：精炼铜582.35万吨，增长12.06%；原铝2026.75万吨，增长122.21%；铅464.57万吨，下降0.04%；锌482.94万吨，下降7.52%；镍22.92万吨，增长23.75%；锡14.81万吨，下降5.13%；锑24.13万吨，增长26.91%；镁69.83万吨，增长5.7%；海绵钛7.69万吨，增长25.75%。10种有色金属[1]产量前10位的省区为河南、云南、甘肃、山东、湖南、内蒙古、青海、宁夏、江西、山西，其产量分别为：568.01万吨、302.96万吨、296.04万吨、279.31万吨、273.56万吨、250.78万吨、215.81万吨、164.32万吨、145.32万吨、137.42万吨。这10个省区的10种有色金属产量共计2649.52万吨，占全国总产量的71.68%。

国内有色金属行业集中度低、规模效益差、资源分散，同时又是与国际市场接轨紧密的行业之一。近年来，受国内外宏观经济形势影响，我国有色金属行业运行情况仍为不振，而影响行业的主要问题还是下游需求不旺、产能过剩。数据显示，2013年有色金属行业销售收入利润率仅为3.56%，同比下滑了0.36%。

A 铅锌冶炼行业

我国已成为全球最重要的铅锌生产国之一。2000年国内精铅产能在110万

---

[1] 10种有色金属是指包括铜、铝、铅、锌在内的有色金属中生产量大、应用比较广的10种金属，具体指铜、铝、铅、锌、镍、锡、锑、镁、海绵钛、汞。

吨，2010 年精铅产能快速增长至 498 万吨；2000 年锌冶炼产能在 170 万吨左右，到 2010 年锌冶炼产能高达 633 万吨。铅的冶炼工艺几乎全是火法，湿法冶炼至今仍处于试验阶段。铅精炼方面，我国基本上采用电解精炼工艺，而俄罗斯和欧美主要采用火法精炼。锌的生产工艺分为火法和湿法，目前主要的生产工艺是湿法，该工艺可以减少环境污染，有利于生产连续化、自动化和原料的综合利用，提高产品质量，降低能耗。

经过几十年的发展建设，我国已经形成了东北、湖南、两广、滇川、西北等五大铅锌采选冶炼和加工配套生产基地，其铅产量占全国总产量的 85% 以上，锌产量占全国总产量的 95%。我国铅锌冶炼企业众多、布局分散、规模有限。

B 铜冶炼行业

我国铜冶炼行业经过不断发展，产业规模不断增大，产品产量逐年增加。2005 年铜产量为 260.04 万吨，2006 年为 300.32 万吨，2007 年为 349.69 万吨，2008 年为 377.93 万吨，2009 年为 410.95 万吨，占世界铜产量的比重也越来越大，2009 年占 22.46%。采用的主要工艺有闪速炉熔炼、澳斯麦特/艾萨法、诺兰达法，以及国内自创的新的氧气底吹熔炼、侧吹、白银法等。其中，闪速炉熔炼是现代火法炼铜的主要方法，目前世界约 50% 的粗铜冶炼产能采用闪速炉工艺。中国目前采用芬兰奥托昆普式闪速炉的冶炼厂主要有贵溪冶炼厂、金隆公司、金川集团公司铜冶炼厂和山东阳谷祥光铜业公司等。2009 年底该技术的产能约为 130 万吨，占全国粗铜产能的 36%。我国铜行业市场需求旺盛。铜的需求主要体现在消费量上，2011 年中国阴极铜表观消费量 786 万吨，位居世界首位。我国铜产品 40% 以上用于电力及相关产业，随着我国电力、家电、交通运输、建筑等行业的持续增长，对铜的需要依然旺盛，未来的发展仍有巨大的市场空间。

根据国家统计局发布的统计数据：截至 2012 年底中国铜冶炼行业规模以上企业达 334 家，当中 47 家企业出现亏损，亏损企业亏损总额为 16.59 亿元。2012 年铜冶炼行业行业总资产达到 3917.39 亿元，较 2011 年增长 21.77%，行业实现销售收入 7279.82 亿元，同比增长 21.94%。2012 年度中国铜冶炼行业利润总额 181.91 亿元，同比下降 13.73%，行业企业平均利润为 5811.75 万元。

1.1.2.2 铜冶炼工业主要生产流程及主要类型窑炉

火法炼铜是铜冶金的主要方法。主要是将铜矿（或焙砂、烧结块等）和熔剂一起在高温下熔化，或直接炼成粗铜，或先炼成冰铜（铜、铁、硫为主的熔体）然后再炼成粗铜，最后粗铜经过火法精炼和电解得到电解铜。主要工序包括铜精矿的造锍熔炼、铜锍吹炼、粗铜火法精炼以及阳极铜电解精炼。火法炼铜的一般流程如图 1-2 所示。

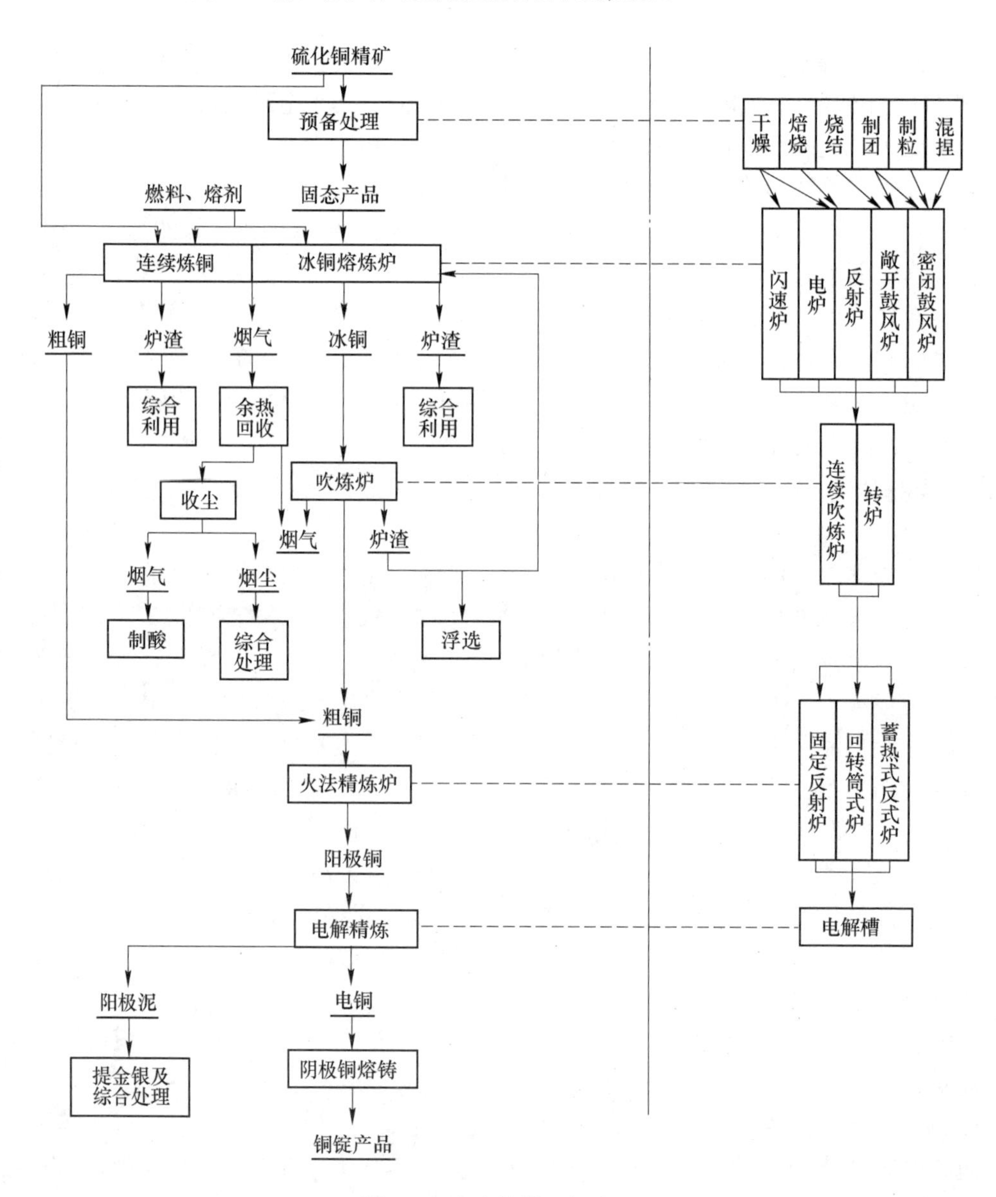

图 1-2 火法炼铜一般流程

由铜精矿炼成铜锍的过程，根据所用冶金炉的不同分为鼓风炉熔炼、反射炉熔炼、电炉熔炼、闪速炉熔炼及其他熔炼法。一般而言，如果建厂规模大、原料成分稳定，选用闪速炉熔炼较为有利，目前国内外闪速炉炼铜厂规模已达到 20 万～90 万吨/年。中等规模的冶炼厂适应采用三菱法、诺兰达法、澳斯麦特/艾萨法等，目前国内外一般规模为 10 万～20 万吨/年。除三菱法外，一般对原料要求不严格。年产粗铜 10 万吨以下多采用瓦纽科夫法、白银法、澳斯麦特/艾萨法等。随着能源的紧缺，各国相继研究和开发新的炼铜技术。已开发成功的炼铜新技术有：荷兰奥托昆普闪速熔炼法、加拿大诺兰达连续炼铜法、日本三菱炼铜法、前苏联熔池熔炼法、智利改良转炉炼铜法和中国的白银熔炼法等。

A 反射炉

反射炉熔炼是主要的传统炼铜方法之一，是利用燃烧着的火焰和所产生高温气体的热，直接从炉顶反射到被熔炼的金属上而产生加热作用的熔炼方法。反射炉具有结构简单、操作方便、容易控制、对原料及燃料的适应性较强、生产中耗水量较少等优点；但也具有热效率低和烟气中 SO_2 浓度低难回收等缺点。反射炉工艺仍占全世界铜熔炼总生产能力的50%左右。

熔炼反射炉处理炉料的能力一般为400～1200t/d，最大可达到2000t/d。炉床面积通常为210～270m^2，最小不宜小于150m^2，最大可达360m^2。主要设备包括：精矿干燥回转窑、反射炉（270m^3）、反射炉电收尘器、转炉、转炉高压鼓风机、转炉电收尘器、反射炉余热锅炉等。

反射炉熔炼对原料适应性较强，对使用的燃料种类无特殊要求。反射炉熔炼烟气量大，因而烟气含 SO_2 浓度低，回收不经济。

B 闪速炉

闪速熔炼是一种新型火法熔炼技术，由芬兰奥托昆普公司于1949年实现了工业规模的应用。闪速炉除了主要用于铜冶炼外，也可用于处理镍精矿、铜镍精矿、硫精矿及铅精矿。根据不同的技术特点，铜的闪速熔炼可分为下面两种类型：

（1）奥托昆普型。技术特点是，反应塔鼓风多为低温或常温的高浓度富氧空气，炉体采用简单的外部冷却结构，闪速炉渣多采用浮选法处理。

（2）改良奥托昆普型。技术特点是，反应塔鼓风多为中温或高温的空气或富氧空气，炉体采用强化的立体冷却方式，闪速炉渣采用电炉进行贫化处理。

闪速炉是一种强化的高温冶金设备。铜精矿经过精确配料和深度干燥后，与热风及作为辅助热源的燃料一起，以约100m/s的速度自精矿喷嘴喷入反应塔内，呈悬浮状态的铜精矿颗粒在1400℃的反应塔内于2s左右完成熔炼的化学反应过程，产生的液态铜锍及炉渣在沉淀池中进行澄清分层，铜锍送转炉吹炼得到粗铜。粗铜再经阳极炉精炼后得到铜阳极板。闪速炉渣由于含铜较高，进一步经电炉贫化处理废弃。

主要设备包括精矿预干燥回转窑、预干燥低温电收尘器、配料仓、气流干燥装置、闪速炉、炉渣贫化电炉、闪速炉余热锅炉等。

C 密闭鼓风炉

密闭鼓风炉是改良的鼓风炉，可直接处理粉状铜精矿，为氧化熔炼。密闭鼓风炉在炉顶设置加料斗，粉状的硫化铜精矿不需预先进行烧结焙烧，只需部分加水挤捏、部分制成团块后直接从加料斗加入炉内，形成料封，烟气从设在炉口顶盖下的排烟口排出，经净化除尘后，送去制硫酸。

D 诺兰达连续炼铜法

诺兰达炼铜技术是加拿大诺兰达公司于20世纪60年代初期开发，70年代初建成工业炉投入生产的一种新的炼铜方法。该工艺可处理各种含铜原料及杂铜，产出高品位冰铜。熔炼过程大部分热量由反应热供给，不足部分补充氧气、燃油等。这种炼铜方法热效率较高。它采用抛料机将湿精矿及熔剂加到炉渣表面，通过浸没风眼鼓入富氧空气，从加料端放出炉渣，从反应炉两端用烧嘴燃烧天然气或油料，产出的冰铜从反应炉侧面两个放铜口中的一个定期放出。诺兰达连续炼铜法具有对原料和燃料适应性强、生产能力大、铜回收率高以及尾气SO_2浓度低，烟尘率低等优点；主要缺点是炉龄较短。

E 三菱炼铜法

三菱炼铜法由日本三菱公司于20世纪70年代开发成功。三菱法实质上是由3个不同冶金炉构成完整的连续生产系统，第一座炉子是熔炼炉，湿精矿在此炉中氧化形成高品位（60%~65%）冰铜；第二座炉子是沉降电炉，冰铜和炉渣流入该炉并沉降分离，得到弃渣（弃渣含铜0.5%）；第三座炉子是吹炼炉，高品位冰铜在此炉中连续氧化成粗铜，炉渣（含铜10%~15%）返回熔炼炉。三菱炼铜法主要优点是烟气中SO_2利用达99%，污染极小、粗铜质量高、炉渣含铜少、铜回收率高。

F 熔池熔炼法

熔池熔炼法是前苏联研究开发的。该法利用炉料硫化物中热值进行高效率的自热熔炼，通入富氧空气强烈搅拌熔池，熔体在炉中呈上下垂直运动，使熔炼的物理化学过程实现最佳化。该法是在熔炼炉中用隔墙分为两个区域，即炉料熔炼区和炉渣还原贫化区，熔炼出的渣和冰铜分层后，沿炉中各自的流槽反向排放，冰铜送转炉吹炼成粗铜，炉渣排放废料场，含40% SO_2的烟气送去制酸。

G 白银熔池富氧炼铜法

白银熔池富氧炼铜法是我国白银有色金属公司开发的一种新的炼铜技术。它是将硫化铜精矿和熔剂一起用皮带运输机运到炉顶加料以连续加入炼铜炉中。炼铜炉是一个长方形固定式炉子，熔池中部设一道隔墙，将熔池分为熔炼区和沉淀区两部分，熔炼区中完成炉料的加热、分解、熔化、生成冰铜和造渣过程，熔化的熔体经隔墙通道流入沉淀区，冰铜和炉渣分层并由各自排放口排出。富氧空气由熔炼区的侧墙风口鼓入熔池，使熔体发生激烈翻腾和喷溅，加速传质传热过程，使熔炼过程强化。该法特点是炉料不需干燥，炉体砌筑简单，不要求特殊耐火材料，且床能率高，能一次产出弃渣。

1.1.2.3 铅冶炼工业主要生产流程及主要类型窑炉

目前炼铅的主要方式是火法。火法炼铅方法可以分为焙烧还原熔炼、反应熔炼和沉淀熔炼。焙烧还原熔炼是传统的铅冶炼方法，包括硫化铅精矿烧结焙烧、烧结块还原熔炼和粗铅精炼三个工序，熔炼设备包括铅锌密闭鼓风炉熔炼和电炉熔炼；反应熔炼是利用 PbS 在高温下氧化生成的 PbO 和 $PbSO_4$再与 PbS 反应得到金属铅，熔炼设备有膛式炉、反射炉、电炉等；沉淀熔炼是用铁在高温下把铅从 PbS 中置换出来的熔炼工艺。

世界上粗铅 90% 以上是用烧结—鼓风炉还原熔炼的流程生产的。在中国已工业应用的方法有三种：铅精矿烧结焙烧—鼓风炉还原熔炼；铅锌混合精矿烧结焙烧—密闭鼓风炉还原熔炼；氧气底吹直接炼铅法（即 QSL 法）。

（1）电炉炼铅。该法是利用电能转换为热能来炼铅的一种方法。特点是能处理含铜、锌高的铅精矿以及含铅品位高于 80% 的铅精矿。过程中大部分锌挥发进入烟尘，铜进入粗铅或铜锍中。电炉熔炼过程的温度容易控制、炉子密封性能好、操作自动化程度高、劳动条件好；但由于电耗大，只适用于水电资源丰富的地区。

（2）反射炉炼铅。该法优点是设备简单、生产工序少和容易操作，缺点是间断作业、处理量小、铅的直收率低、劳动条件差。

（3）膛式炉炼铅。该法的优点是设备简单，所需熔剂和燃料少，开、停炉迅速，操作容易；缺点是要求精矿品位高（含铅高于 70% 以上）、杂质少；其中间产品处理工序也较多。

（4）短窑炼铅。该法的原理是利用铅的化合物之间交互反应而产生金属铅。与膛式炉比较，优点是速度快、回收率高、劳动条件好；但是要求处理品位高、杂质少的精矿。

（5）氧气底吹炼铅（QSL）法。QSL 法是由德国鲁奇公司开发的。该法是将铅精矿加入炉内，鼓入富氧，在硫化铅被氧化成氧化铅时会放出大量热量使过程自热，氧化铅和硫化铅交互反应生成金属铅，部分反应不完全的氧化铅在还原区加还原剂还原成金属铅，硫氧化成二氧化硫。因采用富氧熔炼，烟气中的二氧化硫浓度高达 15% 左右，有利于制酸。

QSL 法改善了卫生条件，简化了操作，比传统流程的投资少，生产成本低，二氧化硫浓度高，但其烟尘率达 25%，必须返回处理。此外，渣含铅高，一定要配烟化炉才能得到弃渣。

（6）密闭鼓风炉炼铅（ISP）法。该法是由英国帝国熔炼公司开发的，合并了铅和锌两种火法流程，具有对原料有较广泛的适应性，既可处理单一的铅精矿，又可处理难以选别的铅锌混合精矿；采用直接加热，热利用率高、能耗低，冶炼设备能力大大提高，而且有利于实现机械化和自动化，提高劳动生产率；可综合利用原矿中的有价金属等优点。

（7）奥托昆普法。奥托昆普法由芬兰的奥托昆普公司开发，是一种闪速熔炼法。混合好的炉料以悬浮状态通过立式反应室，自上而下完成氧化和熔化，过程是连续的。整个工艺分干燥、闪速熔炼、炉渣贫化和烟气处理等几个部分。奥托昆普炉的体积较小，密闭性好，可避免铅和硫对工作环境的污染。精矿中的硫被氧化成二氧化硫进入烟气，产生的熔融粗铅和炉渣在炉子的沉淀区聚集，粗铅的硫含量非常低，通过较彻底的氧化，可使粗铅的含硫量小于0.1%。燃烧器的效率很高，而且通过它能对氧化过程进行严格控制，因此在该工艺中，氧气的利用率接近100%。在炉子的沉降槽中，熔融的颗粒从烟气流中分离出来，形成炉渣层。贵金属进入粗铅，和粗铅一道从沉降槽底部连续放出。由于使用氧气，铅和二氧化硫的逸出量很少。采用奥托昆普法，可将所有过程，包括炉渣贫化放在一个设备中进行，粗铅的产率较高，而炉渣的产率较低。炉内的温度较低，能处理湿的物料。

（8）烧结—鼓风炉炼铅。该法是目前世界炼铅中流行的方法，对原料适应性强，生产稳定，易于操作，回收率高，使用最为广泛，约占世界铅产量的90%。

烧结—鼓风炉流程主要由原料制备、烧结焙烧、鼓风炉熔炼和粗铅精炼等生产过程组成。

1）原料制备。将含铅40%~70%的混合精矿配入一定比例的熔剂、返矿、烟灰及其他含铅物料后，使含铅量达到40%~45%，含硫量为5%~7%，含水为4.5%~5.5%，经混合和制粒后送往烧结，以改善炉料的透气性，使烧结焙烧顺利进行。

2）烧结焙烧。经制粒的烧结料加入烧结机，进行氧化焙烧，在800~900℃高温下，氧化脱硫，并烧结成透气多孔的烧结块。烟气送去制酸。新产烧结块，一部分经破碎后作返粉返回配料，另一部分送鼓风炉熔炼。

3）鼓风炉熔炼。含铅40%~45%的烧结块，加上焦炭一起装入鼓风炉内进行还原熔炼，产出粗铅和炉渣；炉渣进行烟化处理回收氧化锌烟尘后弃去，粗铅送去精炼。

4）精炼。鼓风炉产出的粗铅含铅品位为96%~98%，经过进一步精炼，除去铜、砷、锑、锡、锌等杂质，铅的品位达99.994%以上，成为最终产品精铅。精炼过程可分为火法精炼和电解槽精炼两种。我国多用电解精炼。

1.1.2.4 锌冶炼工业主要生产流程及主要类型窑炉

炼锌方法分为火法和湿法两类。火法炼锌是将氧化锌在高温下用碳还原成锌蒸气，然后冷凝为液体锌。由于氧化锌难还原，火法炼锌须在强还原气氛和高于锌的沸点温度以上进行，并防止被二氧化碳氧化，因此要用到蒸馏炼锌法。通常采用平罐、竖罐、电炉和鼓风炉。火法炼锌最早使用平罐，但因它的缺点多目前几乎被淘汰；竖罐炼锌也因焦炭消耗量大和不环保而竞争力不强；鼓风炉炼锌自20世纪50年代采用以来得到一定发展；电炉炼锌多在电力充足的地区应用。

（1）平罐炼锌。又称横罐炼锌，锌焙烧矿配入过量的还原煤充分混合后，装入蒸馏炉的平罐中加热至1000℃左右，使料中的氧化锌还原成锌蒸气，挥发到冷凝器内，冷凝为液体锌。残余的锌蒸气与CO一道进入延伸器，形成蓝粉回收。待氧化锌几乎全部还原后，即结束并抓出蒸馏残渣。该工艺设备构造简单，适应于中小型企业生产。横罐工艺作业间断，原料及燃料消耗量大，劳动条件很差，锌和有价金属直接回收率低，现在已经逐步被其他炼锌方法取代。

（2）竖罐炼锌。该工艺可分为制团、蒸馏和冷凝三部分。竖罐是一个具有狭长矩形断面，全高超过10m，外加热，容积很大的火法蒸馏炼锌设备。炉料从罐顶加入，蒸馏残渣从罐最下端排出，还原产出的锌蒸气与炉料逆向运动，向上延伸都进入冷凝器。竖罐炼锌为连续性作业，其生产率、金属回收率、劳动生产率以及机械化程度相对较高，在我国锌生产中仍占较大的比例。但竖罐存在能耗高、消耗碳化硅耐火材料、劳动条件差和团矿黏合剂紧缺等严重缺点。

（3）电热法炼锌。其特点是利用电能直接在电炉内加热炉料，并连续蒸馏产出锌蒸气，然后冷凝而得粗锌。每吨锌电力消耗在4000kW · h以上，要求炉料含锌品位高，含铁低。我国部分冶炼厂采用电热法处理高品位含锌返料，直接生产锌粉或金属锌。

（4）密闭鼓风炉炼锌。该工艺是由英国帝国熔炼公司首先研究成功，并于20世纪60年代在世界范围内得到迅速推广。该工艺是铅锌精矿经配料进行烧结，硫化物氧化产生的SO_2进入烟气，经净化后制取硫酸，烧结形成的含铅锌氧化物烧结块（要求含硫低于1%）送鼓风炉熔炼，用预热的焦炭作还原剂，氧化铅被还原为粗铅，并与炉渣一道由炉底的咽喉口排入前床，分离后得粗铅（含铅98.5%）；氧化锌被还原为锌蒸气，由炉顶随烟气进入铅雨冷凝器；烟气被铅雨冷却，温度由1020～1060℃迅速降到440～460℃，此时锌蒸气冷凝，溶解在铅液中，含锌的铅液排入以水间接冷却的水冷流槽（或浸没冷却器）中，铅液温度由560℃降到435～445℃；随着温度的下降，锌在铅中的溶解度也下降，锌被析出；在分离系统中因铅锌的密度不同，从而得到澄清分离。浮于上层的锌液即是粗锌（含锌98.5%）；底层铅液返回冷凝器循环使用。由冷凝器排出的炉气经洗涤塔和洗涤机回收蓝粉，其尾气是含一氧化碳的低热值煤气，供预热鼓风炉空气和焦炭等用。

粗铅进行火法或电解精炼得精铅，并回收金银，粗锌可出售或精馏成精锌。鼓风炉渣含锌5%～10%、铅1%，国外均堆存，国内则采用烟化法回收氧化锌。鼓风炉中炉料铅锌比一般控制在1:2，精矿中铅加锌一般在40%～60%。对造渣成分要求不太严格，渣中的 CaO/SiO_2 可在 0.9～1.6 之间；FeO 为 25%～55%；Al_2O_3 为 5%～12%。

工艺包含的主要设备有：干燥回转窑（精矿干燥到含水 6%～8%）、混料机（要求混合料控制含硫 6%～7%，水分 7% 左右）、圆筒制粒机、烧结机、鼓风炉、电解精炼炉等。

1.1.2.5 全国主要地区有色工业窑炉分布规模

A 鼓风炉规模及分布

密闭鼓风炉炼铅锌技术自 20 世纪 60 年代初投入工业生产至今已 40 多年。目前，世界上有 10 多个国家采用密闭鼓风炉炼铅锌技术。我国从 20 世纪 70 年代中期第 1 座铅锌密闭鼓风炉投产以来，至今投产或在建的铅锌密闭鼓风炉已有 5 座，鼓风炉炉身面积也由 $17.2m^2$（年产 5 万吨粗铅锌）发展到约 $20m^2$（年产 10 万吨粗铅锌），分布在韶冶、白银三冶、陕西东岭和葫芦岛锌业公司。国内外典型铅锌密闭鼓风炉的生产规模见表 1-3。密闭鼓风炉炼铅锌技术在我国也得到了长足的发展，尤其是作为密闭鼓风炉炼铅锌技术的核心——铅锌密闭鼓风炉，在其结构的合理性、技术参数的优化等方面在不断地改进和完善。国内铅鼓风炉炉长一般为 3～6m，铜鼓风炉炉长一般为 2～8m，国外炉长最长达 26.5m。

表 1-3 国内外典型铅锌密闭鼓风炉的生产规模

生 产 厂	炉身面积/m^2	投产年份	最大锌产量/$kt \cdot a^{-1}$	最大铅产量/$kt \cdot a^{-1}$
韶关冶炼厂 1（中国）	22.9	1975	98.5	43.8
韶关冶炼厂 2（中国）	28.0	1996	110.0	50.0
钱德里亚厂（印度）	21.5	1991	61.4	31.3
科普莎·米卡厂（罗马尼亚）	17.2	1966	34.1	17.1
八户厂（日本）	27.3	1969	114.4	52.1
播磨厂（日本）	19.4	1966	88.9	28.6
米亚斯特茨克厂（波兰）	21.3	1979	82.3	31.0

B 反射炉规模及分布

反射炉熔炼是传统的火法炼铜的主要方法。以前，世界上主要产铜国如美国、智利、赞比亚、秘鲁和前苏联等的粗铜主要是用反射炉生产的。据 20 世纪 80 年代初期不完全统计，全世界采用反射炉熔炼法的铜冶炼厂仍有 60 家，其产铜量在 6000kt/a 以上，约占全世界铜熔炼总生产能力的 53%。反射炉在熔炼铜、锡、铋精矿和处理铅浮渣以及金属的熔化及熔炼等方面得到广泛的应用。世界铜冶炼生产中，反射炉熔炼占 30%～40%，80%～90% 的锡是反射炉熔炼生产的。

反射炉一般以其炉床面积（指渣线表面处的面积）表示其大小，或者根据金属加入量（t）来表示其大小，反射炉熔炼炉料的能力为每日400～1200t，最大可达2000t以上，炉床面积通常为210～270m^2。最小不宜小于150m^2，最大可达360m^2。主要设备包括：精矿干燥回转窑、反射炉（270m^3）、反射炉电收尘器、转炉、转炉高压鼓风机、转炉电收尘器、反射炉余热锅炉等。

现代典型的反射炉为长33m、宽10m、高6m。这种炉子每台每天可产500～800t冰铜（35%～40% Cu）和500～900t废渣。其基本尺寸见表1-4。

表1-4 反射炉基本尺寸

尺寸	炉床					
	10m^3	22m^3	30m^3	54m^3	90m^3	270m^3
炉体长度/mm	8300	10100	9460	16710	21460	32460
炉体宽度/mm	2552	1420	5000	5000	6750	10450
炉体高度/mm	3250	4270	4850	4250	5120	6525
炉墙厚度/mm	460	460	460	460	575	575
反拱厚度/mm	230	380	380	380	380	380
炉顶厚度/mm	230	380	380	380	380	440

常见的反射炉，按炉体结构特点可分为固定式和可倾动式；按热量的来源可分为燃煤式、燃油式和燃气式；按作业性质分为周期性作业和连续性作业反射炉；按冶炼性质分为熔炼、熔化、精炼和焙烧反射炉。

C 闪速炉规模及分布

闪速炉（即奥托昆普闪速炉）工艺自1949年诞生，目前世界上有40余家生产企业采用该工艺，已有近50座闪速炉（含冶炼镍的闪速炉）。据了解，目前利用闪速炉技术生产的铜产量，约占全球铜产量的50%左右。中国的闪速炉炼铜技术从20世纪70年代开始由常州冶炼厂试验；80年代中期，江西铜业公司全套引进日本闪速炉炼铜技术；90年代末期，金隆铜业的闪速炉炼铜技术工艺由国内自行设计，并从国外引进相关配套工艺设备；21世纪初期，山东引进“双闪”炼铜工艺装备。

中国目前有7座（含在建的）闪速炉，其铜产量约占国内总产量的35%，今后可能达到70%。中国目前采用芬兰奥托昆普闪速炉的主要冶炼厂有贵溪冶炼厂、金隆公司、金川集团公司铜冶炼厂和山东阳谷祥光铜业公司等。2009年底该技术的产能约130万吨，占全国粗铜产能的36%。

目前世界上特大型铜熔炼厂情况见表1-5。

表 1-5　目前世界特大型铜冶炼厂规模及工艺

铜熔炼厂	所在国	生产工艺	粗铜产能/万吨	经营厂
丘基卡玛塔	智利	奥托昆普闪速炉 特尼恩特转炉	48.0	Codeleo
卡伦图纳斯	智利	奥托昆普闪速炉 特尼恩特转炉	47.0	Codeleo
佐贺关	日本	奥托昆普闪速炉	46.0	日本矿业金属
温山	韩国	奥托昆普闪速炉 三菱熔炼工艺技术	43.0	LG Nikko Co.
江西贵溪冶炼厂	中国	奥托昆普闪速炉	30.0	江西铜业集团公司
诺里尔斯克	俄罗斯	瓦纽科夫炉	34.0	Norilsk Nickel
汉堡冶炼厂	德国	奥托昆普闪速炉	34.5	北德精炼公司
伊洛冶炼厂	秘鲁	发射炉 特尼恩特转炉	31.5	Spcc Co.
克赫特里冶炼厂	印度	奥托昆普闪速炉	31.0	印度斯坦铜业公司
杜蒂戈林冶炼厂	印度	艾萨炉	30.0	Sterlite In. Co.
东予铜冶炼厂	日本	奥托昆普闪速炉	30.0	佳友金属矿业
金隆铜业公司	中国	奥托昆普闪速炉	30.0	铜陵有色金属集团
云南铜冶炼厂	中国	艾萨炉	30.0	云南铜业集团

闪速炉熔炼法除了用于铜冶炼外，也可用于处理镍精矿、铜镍精矿、硫精矿及铅精矿等。依不同的技术特点，铜的闪速熔炼可分为以下两种类型。

(1) 奥托昆普型。技术特点是反应塔鼓风多为低温或常温的高浓度富氧空气，炉体采用简单的外部冷却结构，闪速炉渣多采用浮选法处理。

(2) 改良奥托昆普型。技术特点是反应塔鼓风多为中温或高温的空气或富氧空气，炉体采用强化的立体冷却方式，闪速炉渣采用电炉进行贫化处理。又可细分为以下三种不同的类型。

1) 中温鼓风闪速炉：反应塔鼓风温度为450℃。我国贵溪冶炼厂即采用这种闪速炉。

2) 高温鼓风闪速炉：反应塔鼓风温度为1000℃左右。日本佐贺关冶炼厂、日立冶炼厂即采用这种闪速炉。

3) 自电极闪速炉：在沉淀池中直接插入炉渣贫化用电极，闪速炉一次可得到弃渣，从而取消了专门的炉渣贫化电炉。如菲律宾熔炼精炼联合公司等即采用这种闪速炉。

现在世界闪速炉技术已由闪速熔炼、PS 转炉吹炼向着闪速熔炼、闪速吹炼方向发展。近年来，炼铜闪速炉在向大型化发展，反应塔直径达6～8m 以上，高超过 11m，喷嘴从 1 个增加到 3 ~4 个，生产能力超过 1500t/d。

1.2 国外冶金工业高温窑炉共处置危险废物技术发展现状

欧美及日本等发达国家的钢铁工业具有成熟先进的工艺技术。在节能减排的大环境及本国环保法律的压力下，钢铁工业不断探索新工艺，通过提高效率加强处理等措施来减少生产废弃物的排放。钢铁企业积极转变在社会中的角色，由污染型企业向污染消纳型企业转变。工业发展的先进国家对固体废弃物处理工艺采用了 3C 原则，即清洁（Clean）、循环（Cycle）、控制（Control）。同时开发了利用冶金工业窑炉处理钢铁企业及社会固体废弃物的工艺。目前已经工艺应用的技术包括：高炉喷吹废塑料技术、冶金及其他工业中含锌粉尘的处理技术、焦炉处理废塑料技术等。

1.2.1 国外相关环保政策及法律规定

1.2.1.1 日本环保政策及法规

日本钢铁工业从 1970 年开始积极推进工业废弃物的再资源化，其结果使近年来达到 96% 以上的再资源化。钢铁工业界为推进产生量大的渣的资源化，在日本钢铁联盟内设置了渣资源化委员会、钢铁渣协会等。从有效利用钢铁工业的技术与现存设备的观点出发，工业废弃物的处理，特别是废塑料在高炉上的利用等技术上发展明显。

日本政府于 2000 年颁布了《循环型社会形成推进基本法》，要求在对原材料有效利用和保证产品长期使用的同时，加强对废物的循环利用。据此，还规定了生产者在从生产、使用到报废后回收的全过程中负有的减轻环境负荷的责任。此外配套修订了《资源有效利用促进法》和《废物处理法》，要求加强管理，在促进废物减量的同时强化再利用和再生利用工作。为促进废物再生利用，在已颁布《容器包装再生法》和《家电再生法》的基础上，又颁布了《食品废物再生法》、《建设废物再生法》和《绿色采购法》等配套法规。

日本政府在废弃物处理法中把伴随社会事业活动产生的废弃物中的燃渣、污泥、废油、废酸、废碱、废塑料等 6 种类型与政府法令上规定的 13 种类型，共 19 类废弃物规定为产业废弃物。企业生产过程中产生的废弃物必须由企业自身负责进行处理，严禁不加限制的丢弃。1995 年 12 月日本政府公布了容器包装再生利用法，从 1997 年 4 月开始适用于 PET 容器，从 2000 年 4 月开始对全部塑料适用。

1.2.1.2 美国环保政策及法规

1976 年，美国环保机构（EPA）制定法律，将含锌铅的钢铁厂粉尘划归

K061类物质（即有毒的固体废物），要求钢铁厂对其中锌、铅等进行回收或钝化处理，否则必须密封堆放在指定场地。继美国之后，西方各国、日本、韩国等都制定了类似的法律。

1.2.1.3　德国环保政策及法规

德国同样重视发展工业窑炉处理废物的技术。首先对通过废物综合利用以减少垃圾十分重视，除通过《废物处理法》和《循环经济法》促进少产生废物外，还成立了废物回收利用公司主持废物的合理利用业务，要求在废物利用方面既符合生态学原则，又有利于降低处理费用。德国钢铁厂利用高炉对废物综合利用方面做出了较好贡献。

1.2.2　国外利用钢铁工业窑炉处理废弃物概况

钢铁工业窑炉处理固废的技术主要分为两类，即：钢铁厂副产物的再利用技术和社会废弃物的消纳。其中钢铁厂副产物主要包括高炉渣、转炉及电炉渣、瓦斯灰、除尘粉尘、污泥、铁屑等；社会废弃物主要指废塑料。

对于发生量达82%的副产废渣，通过扩大钢厂内再利用和厂外利用，实现废渣埋填量为零的突破，具体开发技术包括：（1）炼钢渣中含有Fe和CaO，一般用作返回料送烧结和高炉进行有效再利用；（2）扩大以高炉水渣造水泥的利用比例；（3）开发将高炉水渣应用于土木建筑的技术和对水渣作硬质化处理后用作混凝土的骨料；（4）开发将炼钢渣（包括不锈钢精炼钢渣）用作路基填料和基础砂桩压缩填料等再利用技术；（5）用高炉渣生产石棉纤维。对含锌、铁的粉尘加入少量煤粉和石灰等压成球团，加入高炉后取得比烧结矿更好的节焦效果。

钢铁企业中的炉尘，如高炉灰、转炉灰、瓦斯泥等固体废料，通常含有铅锌粉尘。此类粉尘可返回高炉处理。美国、德国、日本等对含铁尘泥已采用生产直接还原铁或再将其还原成铁锭的方式加以利用。现有的工艺包括：烧结—高炉工艺、转底炉工艺、回转窑工艺等。

在消纳社会废弃物—废塑料方面，现有技术包括：高炉喷吹废塑料，焦炉干馏等。

1.2.3　钢铁工业高温窑炉共处置固体废弃物技术

1.2.3.1　高炉喷吹废塑料技术

A　工艺概述

在高炉炼铁的常规工艺中，通常使用焦炭作为还原剂。国外的钢铁企业尝试将废塑料代替焦炭作为还原剂。废塑料经过破碎、造粒之后，从高炉下部风口部位喷吹进高炉后，生成还原性煤气 CO 和 H_2，将铁矿石还原成铁。进行还原反应使用的煤气（标态下约 800kcal/m^3）在高炉上部回收，用于炼铁厂内的加热炉和发电设备等。这样，在高炉内喷吹的废塑料，可全部在炼铁工艺流程中得到有效利用。

高炉喷吹废塑料技术实质上是将废塑料作为原料制成适宜粒度喷入高炉，来取代焦炭或煤粉，同时处理废塑料的一种方法。国外喷吹表明，废塑料在高炉上的利用率达 80%，且仅产生较少的有害气体，处理费用较低。高炉喷吹塑料技术既是废塑料的综合利用工艺，同时又为治理“白色污染”开辟了一条新的途径，也为冶金企业节约能源增加效益提供了一种新的手段。

高炉喷吹废塑料技术最早在德国不来梅钢铁公司获得实际应用。而 NKK 把破碎、造粒、高炉原料化设备与高炉喷吹设备合并在一起，形成整套再生利用系统却是世界首例。从 1996 年 10 月开始，该系统以除聚氯乙烯以外的工业废弃塑料为对象，每年再生利用了百吨的指标投产运行。高炉喷吹废塑料技术尽管在利用中会有少量的 NO_x、SO_2 以及聚氯乙烯燃烧产生的有害气体二恶烷和呋喃等，但其排放量仅为焚烧的 0.1%~1%，对环境的影响很小。

高炉喷吹塑料工艺流程如图 1-3 所示。

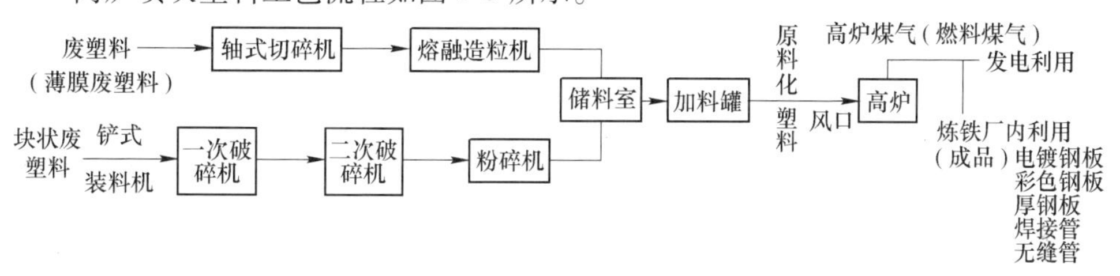

图 1-3 高炉喷吹塑料工艺流程

废塑料主要来自于包装等回收物。瓶子等固定形状的废塑料，由破碎机按照所需粒径进行破碎后可直接喷吹。由于废塑料膜粉碎后不能直接喷吹，必须进行造粒。聚氯乙烯等含有氯成分，它在高炉内热分解时会产生腐蚀高炉设备的 HCl，因此必须去除聚氯乙烯塑料。

B 工艺应用实例

（1）德国的不来梅钢铁公司于 1995 年首先在其 2 号高炉（容积 2688m^3）上进行喷吹废塑料，并建设了一套 7 万吨的喷吹设备，随后克虏伯/赫施钢公司也建设了一套年喷吹 9 万吨的设备，德国其他钢铁公司也准备采用此项技术。

不来梅钢铁公司于 1995 年 6 月在 2 号高炉上建造了一套喷吹能力为 7 万吨的喷吹设备，其工艺流程如下：废塑料先经过预处理制成粒度小于 10mm 的散粒，并由喷吹系统送入高炉。该公司的喷吹结果表明，所喷入的废塑料对高炉冶炼过程的影响介于煤粉与重油之间，但喷吹废塑料更为便宜。不来梅钢铁公司共耗资4500万马克，实现了每月用废塑料取代3000t重油的效果。除此之外，德国的克虏伯/赫施钢铁公司、蒂森钢铁公司以及克虏伯/曼内斯曼冶金公司的胡金根厂也在高炉上正式喷吹或进行半工业实验。

（2）日本钢管（株式会社）即NKK在京浜制铁所第一高炉上，将废塑料进行分类、破碎、造粒后，作为原料喷吹进高炉，开发出一整套再生利用系统。当前再生利用量是每年3万吨（高炉原料化设备能力），就高炉本体的处理能力而言，京浜第一高炉每年能处理60万吨。高炉喷吹废塑料再生利用系统作为产业废弃物处理设施，在1996年顺利调试投产至今，已经与电气、通信、汽车、机械、化工、印刷等方面数百个公司联系，从许多企业获得废塑料进行了再生利用。未来将就处理聚氯乙烯的措施、废塑料收集系统以及如何处理一般废弃塑料等方向进行攻关研究。

在利用废塑料方面，现JFE钢铁在京滨厂和福山厂高炉共喷约15万吨，神钢加古川厂高炉喷2万吨，能量利用率在65%以上；新日铁后来居上成功在焦煤中试掺入1%~2%废塑料用于炼焦，能量利用率达94%，并在君津等5厂全部推广，目前用25万吨，2010年达38万吨。从2006年起JFE京滨厂也开始试用，2010年达到利用100万吨的目标。

废塑料再资源化的环境影响主要表现在对CO_2排放量的处理中。根据防止地球变暖对策的相关法律，2007年开始实施对造成温室效应的燃气排放在一定量以上的企业进行燃气测算和报告的公示制度。这个制度把废弃物的高炉原料化与用于产品的生产用途进行区分，对使用能源产生的CO_2（能源起因）同其他用途产生的CO_2（非能源起因）加以区分，制成发生量报告。这个措施促使了经营者积极利用废弃物替代化石能源。

高炉原料化手段的残渣产生量，使用1t容器包装废塑料产生174kg残渣，与其他化合物的循环方法相比并不多；同使用焦炭相比，每吨废塑料能减少3.3t CO_2，体现出高炉利用废塑料的显著效果。据报道，德国塑料废弃物处理成本：填埋47美分、焚烧53美分、回收340美分、分选528美分、洗净400美分。而国外高炉喷吹废塑料的实践证明，其处理费用仅为焚烧或再生利用的30%~60%，经济效益和社会效益十分明显。

1.2.3.2 “烧结—高炉”处理冶金含锌粉尘技术

A 工艺概述

钢铁企业中的炉尘如高炉灰、转炉灰、瓦斯泥等固体废料通常含有铅锌粉尘，此类粉尘可返回高炉处理。美国、德国、日本等对含铁尘泥已采用生产直接还原铁或再将其还原成铁锭的方式而加以利用。现有的工艺包括：烧结—高炉工艺、转底炉工艺、回转窑工艺等。如美国的 RedSmelt 就是典型的工艺技术，已在美国运行了 25 年，并由 EPA 选为炉尘处理最有效的工艺。其工艺过程为：先将含铁尘泥通过碾磨机、混合机、造球机制作成生球团，然后通过回转底式炉制成直接还原铁，作为炼钢原料进行利用，还可再将直接还原铁通过电炉还原成铁锭进行利用（适用于不锈钢类），含铁尘泥通过回转底式炉时可消除尘泥中的锌等有害元素。采用这一技术生产过程中产生的尘泥可全部得到利用。

美国和加拿大已有 25 家钢铁联合企业将电炉、转炉、烧结尘泥与厂内各种集尘造球利用，有 15 家生产特殊钢的企业处理电炉和转炉尘泥，大约有 20 个小钢厂利用造球机，处理利用尘泥。除了采用球团烧结—高炉法处理外，美国、德国、瑞典等国也开始采用直接还原技术处理利用含铁尘泥。

B 工艺应用实例

（1）德国 DK 公司（即 DK 废物循环和生铁冶炼公司，主营业务为回收工业废弃物和生产生铁）采用富含锌的转炉粉尘通过高炉冶炼来生产生铁。使用的原料以转炉除尘灰为主，石英砂用于调节炉渣碱度，同时配加少量的粗颗粒铁矿粉改善烧结料层的透气性。同时还可处理高炉除尘灰、高炉瓦斯泥、转炉污泥以及轧钢铁鳞等。年处理量 45 万吨，产生铁 28 万吨，同时还能生产 1.7 万吨的富锌粉尘。

（2）德国蒂森克虏伯钢铁公司建设了利用竖炉以钢厂含铁灰尘、金属残渣和炉渣为原料生产铁水的装置。处理时，首先将这些钢厂废物冷黏结成自还原型烧结砖，而后将烧结砖与渣壳、焦炭和砾石混合，在竖炉中熔化冶炼生产铁水，每年可处理 17.5 万吨烧结砖、8 万吨渣壳。该竖炉于 2004 年 8 月投产，设计生产能力为 17 万吨铁水。该竖炉装置除处理主要来自安装在高炉和烧结机上环保所用高效除尘系统收集的灰尘外，还处理包括高炉炉顶烟气和吹氧炼钢时产生的灰尘、洗涤塔污泥、热轧时产生的氧化皮、冷轧和涂镀加工时产生的金属碎屑、含铁炉渣等废物。据资料显示，蒂森克虏伯公司还计划建设第二座竖炉，设计能力与第一座竖炉相同，该竖炉将填补现存的回收缺口，一旦投产，蒂森克虏伯公司的所有含铁残渣均可回收利用。

1.2.3.3 回转窑及转底炉处理含锌粉尘技术

A 工艺概述

日本自 20 世纪 60 年代以来相继建成了各种类型的尘泥处理厂，现在已实现含铁尘泥全部利用。日本已实际应用的含锌粉尘处理工艺见表 1-6。作为高炉、转炉生产中产生含锌粉尘的处理工艺，从 20 世纪 70 年代起，日本各钢铁公司开发了回转窑式处理炉，但目前只有住友金属工业公司鹿岛厂仍在采用，自 2000 年以后，新日铁公司的各钢铁厂开始采用转底炉式处理工艺。作为电炉粉尘处理工艺，从 70 年代后期开始，各厂采用了被称作“威尔兹式回转窑”的处理炉和半熔融式 MF 炉，最近开始采用熔融式 DSM 法。

表 1-6　日本含锌粉尘处理工艺

工艺	工　厂	投产时间	年处理能力/万吨	造块	原　料	还原铁的再利用	原料中含锌量/%
转底炉	新日铁广畑厂1号炉	2000年	190	制粒机	炼钢车间粉尘	炼钢车间	2
	新日铁君津厂1号炉	2000年	180	制粒机	高炉、转炉粉尘	高炉	3～4
		2002年	135	挤压机	污泥	高炉	5
	神户加古川厂	2001年	16	制粒机	高炉、转炉、电炉粉尘	转炉	2
	新日铁光厂	2001年	25	团块	不锈钢粉尘、污泥	电炉	6
回转窑		1975年	120	回转窑	高炉、转炉、电炉粉尘	烧结、高炉	7～8
		1974年	60	回转窑	电炉粉尘	水泥、路基面	9
		1975年	50	回转窑	电炉粉尘	水泥、路基面	1
		1977年	120	回转窑	电炉粉尘	水泥、路基面	10～11
MF		1975年	90	团块	电炉粉尘	（渣）	12
DSM		1998年	36	团块	电炉粉尘、渣	（渣）	13

日本新日铁公司已经正式投产了世界最大的回转窑，该回转窑每年可以处理 31 万吨来自君津厂的炉尘和残渣。新日铁炼钢生产和涂层线每年产生 280 万吨炉尘和残渣，其中有 120 万吨含锌炉尘和残渣可以在回转窑中处理成为无锌的含铁块，用于高炉生产。目前该公司回转窑的总处理能力达到 120 万吨。

B　工艺应用实例

a　新日铁转底炉处理粉尘工艺

以新日铁君津厂 1 号炉采用的转底炉处理工艺为例，先将高炉粉尘或炼钢粉尘制成小球，干燥后装入转底炉；然后在转底炉温度为 1250～1350℃时，小球中的 Fe 和 Zn 被粉尘所含的 C 还原 10～20min，Fe 作为还原铁进行回收，Zn 作为粗制 ZnO 在二次粉尘中进行富集、回收。此外，转底炉工艺还应用于君津厂 2 号炉、广畑厂和神户制钢公司加古川厂，所得的还原铁用于高炉和转炉。另外，转底炉的二次粉尘可作为锌熔炼炉的原料进行再利用。鹿岛厂的回转窑式工艺是预先将各类粉尘放在窑内进行干燥，简单制成小球后装入还原窑中，在1200～1300℃下处理后，Zn作为粗制ZnO在二次粉尘中富集，Fe则被还原。在所得的还原铁中，粒度小于5mm的用于烧结，大于5mm的用于高炉。新日铁于2000年、2002年和2008年在君津制铁所（君津厂）建设了3座RHF设备，现在每天能够处理1800t粉尘和灰泥，日产1000t还原铁。还原铁供给高炉后，确认作用良好，无任何不良作用。君津厂的2座RHF设备生产的直接还原铁回收用于高炉。

b 国际镍公司转底炉处理粉尘工艺

INMETCO直接还原挥发法是国际镍公司（美）于20世纪70年代中研制成功、并于1978年投产的，用于处理埃尔伍德城钢铁厂的尘泥，生产直接还原铁和铁水，并回收其中的合金元素铅、锌等。利用回转床炉（Rotary hearth furnace）即国内所用的环形加热炉（转底炉），粉尘和尘泥制成的生球从炉顶加入；当炉床回转近一周时，由水冷螺旋卸料，加料带和卸料带与还原带隔墙隔开，炉床转动与气流呈逆向运动。INMETCO法应用于处理不锈钢炉尘、高锌电炉炉尘、铁渣等。1978年后埃尔伍德城的设备处理了大量的废料，主要是电弧炉和转炉小于10μm的布袋尘和煤粉，以及较粗的轧钢屑等，设计年处理量在32万吨以上。

1.2.3.4 焦炉处理废塑料技术

A 工艺概述

日本在《容器包装再循环法》的推动下，新日铁开发了利用焦炉的废塑料原料化技术（简称焦炉化学原料法），并于2000年率先实现了实用化。焦炉化学原料化工艺的特点是在利用钢铁厂焦炉高效率热分解废塑料的同时，以现成的附属设备对所产生的油分和气体进行精炼处理，从而使废塑料作为化学原料基本上获得了完全的再循环利用。其工艺过程为：将经过前处理和减容球化处理的废塑料球团与原料煤按比例一起装入焦炉，使之在1100～1200℃的高温还原气氛下干馏，使废塑料因热分解而有约20%转换成为焦炭、40%转换成为油分，还有40%转换成为COG。其中的焦炭可作为铁矿石的还原剂用于高炉炼铁生产；焦油与轻油可用作生产塑料等的化工原料；COG则是优质的清洁能源，既能发电，也可直接用于钢铁生产。

编者调查了实机焦炉试验中加入塑料对焦炭质量（主要指强度）的影响，具体是指对强度指标常温转鼓强度（DI_{15}^{150}）和热反应后强度（CSR）的影响。调查结果表明，加入1%的废塑料炼焦，不会劣化焦炭质量，故此工艺是可行的。为了在焦炭化学原料化法中不降低焦炭强度而适度增多向煤中混入的废塑料量，调整废塑料减容处理时的颗粒直径和松装比重，从而减少煤与废塑料球团之间接触面积，该方法是有效的。关于更多量配入废塑料炼焦的技术，包括前处理和焦化操作技术，则需今后深入研究。

B 工艺应用实例

新日铁于2000年开始在名古屋和君津制铁所分别启动了5万吨/年的废塑料处理设备；于2002年启动了八幡和室兰制铁所各2.5万吨/年的废塑料处理设备。新日铁用此工艺处理废塑料的数量正稳步增长，全公司的废塑料年处理量，2002年为12.1万吨、2003年为12.3万吨，2004年为16万吨，2005年通过新增设备和原设备改造将总处理量增至22.5万吨，而且所有设备都一直处于正常运转状态。

根据新日铁焦炉化学原料的相应法规，从1997年开始研究与炼铁工艺相关的焦炉，于2000年秋在名古屋钢铁厂与君津钢铁厂、2002年在八幡钢铁厂与室兰钢铁厂及2005年在大分钢铁厂先后建设了废塑料再生资源化设备，研发废塑料的再生资源利用相关技术。焦炉是制造焦炭的干馏炉，将事先处理过的废塑料与煤混合投入焦炉内，对塑料进行热分解而产生油、气体与焦炭。新日铁将上述5家钢铁厂作为接受日本废塑料再生资源的厂家。

新日铁的废塑料年处理设计能力总计25万吨，分别为：君津钢铁厂7.5万吨，名古屋钢铁厂、八幡钢铁厂和大分钢铁厂各5万吨，及室兰钢铁厂2.5万吨。此项技术是新日铁自主创新，其拥有目前世界最大的废塑料再循环处理能力。国际上最先实现废料再生循环体系的是德国，然而其单家企业的废塑料年处理能力仅为6万吨。

国外工业化发达程度高，工业发展成熟，已经从“产生—排放—治理”的治污模式发展到“产生—回收—处理—减排”的循环型工业模式。在本国科学有效的环保政策指导下和严格的法律约束下，污染型工业积极开发废物再利用及无公害化技术，不仅减少了废弃物的排放，还有效利用了废弃物中的资源，不仅产生了经济效益，同时还能够消纳社会废弃物，更主要的是带来了社会效益。

1.3 我国冶金工业高温窑炉共处置危险废物技术发展现状

我国的冶金行业起步晚，但发展迅速。在发展的过程中尤其是早中期的发展中过于注重产业的规模，造成了巨大的污染和排放；但在不断的技术更新中，提高了产能，环境污染的控制也得以发展。我国的固体废物污染控制已成为环境保护领域的突出问题之一。据统计，全国累计堆存废物量已达60亿吨，占地5.4亿平方米。环境保护的压力日益凸显，国家制定了法律来进行监管和约束，但是将冶金行业的环境问题真正提上日程是在21世纪以后。2005年开始实行的《固体废物污染环境防治法》，使我国将固体废物管理纳入法制化、正规化、科学化轨道。我国控制固体废弃物污染技术的政策是减量化、资源化和无害化。通过组织科技攻关等手段积极开发固体废弃物的综合处理利用技术，高炉喷吹塑料、钢铁厂粉尘处理技术、焦炉处理废弃塑料技术等得以发展。

1.3.1　高炉喷吹塑料技术

1.3.1.1　高炉喷吹塑料技术的发展

我国年产废塑料约为500万～600万吨，占世界总量的5%左右。国内目前处理废塑料的主要途径是堆积或填埋，较少采用焚烧或再生利用，焚烧技术和熔融再生技术虽有一定发展，但进展缓慢。目前我国正逐步引入高炉喷吹塑料的技术，在解决废塑料污染问题的同时，还可为高炉炼铁工艺提供新的能源。废弃塑料中不含氯的塑料大约有400万吨，按同等热效益的煤计算，可代替400万吨标煤。

将废塑料分类、清洗、干燥等处理后，制造成粒度为6mm的颗粒，可以代替部分煤粉用于高炉炼铁，其主要工艺流程如图1-4所示。

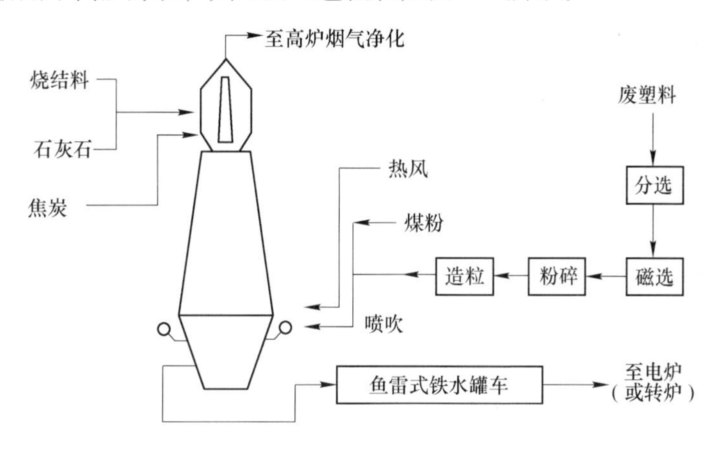

图1-4　高炉喷吹废塑料工艺示意图

废塑料经过分选、破碎、去除聚氯乙烯、烧结成颗粒后喷入高炉下部，喷吹进高炉的塑料颗粒在炉内高温（2000℃）和还原气氛下，被气化成H_2和CO，随热风上升的过程中，它们作为还原剂将铁矿石还原成铁，从高炉出来的富化煤气可用于发电或预热空气。用废塑料代替煤粉既有利于降低高炉焦比，同时也由于塑料的灰分和硫含量很低，可以减少高炉的石灰用量，进而减少高炉产渣量和炼铁成本。经过处理的废塑料被喷入高炉后可有50%以上作为还原剂被直接利用，能够节约焦炭消耗量。

高炉喷吹废塑料技术仅日本和德国掌握并应用于工业中。我国在该项技术中取得的成果多为实验性研究，成功的现场工业试验，只在2007年10月《中国冶金报》有过报道："日前由宝钢研究院、宝钢分公司炼铁厂、安徽工业大学、宝钢工程技术公司等多方合作，顺利完成了高炉喷吹废塑料工业性实验，成功开发出单风口喷吹废塑料 100 千克/吨铁以上的集成技术。这项技术为国内首创。”

1.3.1.2　高炉喷吹废塑料工艺的问题

（1）废塑料的回收问题。关于废塑料的回收，主要表现在废塑料的收集未成规模和供应量的不足。目前，由于废塑料的种类繁多、数量巨大，加之我国尚未颁布合理、有效的有关废旧塑料的回收、利用等方面的法令和法规，致使废旧塑料的排放、回收和处理等没有统一规划。我国尚未形成一套合理的废旧塑料社会回收体系，导致即使有成熟的高炉喷吹废塑料的技术，也无法在量上保证高炉喷吹的要求。

（2）废塑料的加工处理问题。要使废塑料成为可进行高炉喷吹的燃料，必须预先对其进行加工和处理，包括造粒、PVC 类废塑料的脱氯等。

1.3.2　钢铁厂粉尘处理技术

1.3.2.1　钢铁厂粉尘处理技术概述

国内含锌铅钢铁厂粉尘主要来源于电炉粉尘和使用含锌铅较高矿石（如湖南、广西、广东、江西、四川等地）钢铁企业中的高炉灰。我国电炉粉尘量较大且含锌量较低，高炉粉尘的产出量较小，含锌大部分为 15% 的中锌粉尘。我国对含锌粉尘的处理以及相关的研究一直相对薄弱，近几年才开始重视。宝钢、莱钢、武钢等企业以及一些相关研究单位对包括转底炉、回转窑等含锌粉尘处理工艺的理论和实践进行了研究。图 1-5 为回转窑处理含铅锌粉尘的工艺流程。

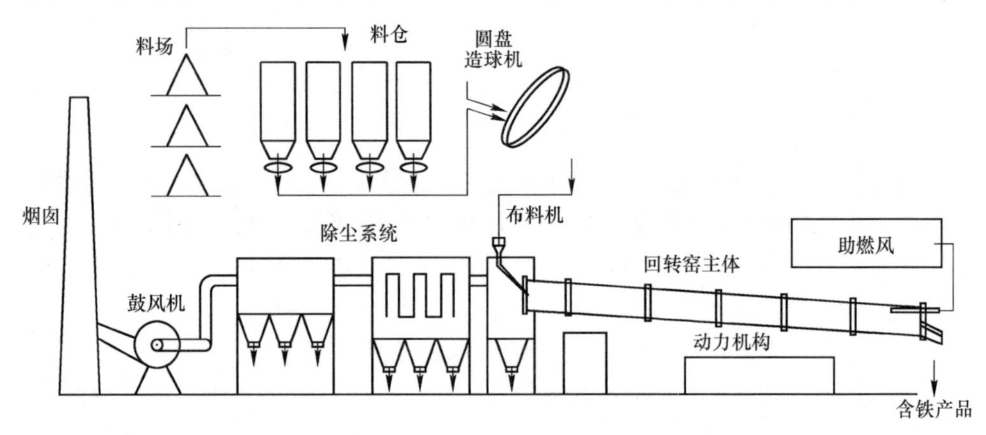

图 1-5　回转窑处理含铅锌粉尘工艺

对含锌粉尘的处理工艺有物理法处理工艺、湿法处理工艺和火法处理工艺。其中火法处理包括：金属球团法，如川崎法、SL/RN 法、SDR 法、Inmetco 工艺、

Waelz 回转窑法、Fastmet 法等；以及熔融还原法和直接循环利用工艺等。通常采用中锌冶炼工艺如 Waltz 法的利润较低，不适合我国环保资金有限的情况；采用低锌火法工艺处理更适合我国的国情，主要包括回转窑和转底炉，其中回转窑只适合 5 万吨以上的规模，而规模较小的转底炉更具有灵活性。

1.3.2.2 钢铁厂粉尘处理工艺

A 竖炉球团共处置粉尘工艺

莱钢在其生产球团的竖炉中进行了共处置钢铁粉尘的试验，试验原料结构为汇金精粉、金岭、华联、巴西精粉、转炉干法除尘灰以 5% 的比例代替 5% 的巴西精粉，膨润土配加量下降 2%。球团矿日产量下降 10t 左右，生产的球团表面略显粗糙，烘干床上粉尘量有所增加，生球稍有爆裂，CaO 和 MgO 的含量略有升高。共处置除尘灰对原球团矿生产工艺的转鼓指数、产量等指标有影响，但从循环经济、降低生产成本角度，配加量为 5% 以下的共处置量对竖炉生产产量及质量指标变化不大，且有一定的效益。自 2005 年 8 月开始，莱钢烧结厂竖炉球团配加炼钢除尘灰，每月消纳 3000 ~ 4000t，不但回收了资源，降低生产成本，减少了污染，还获得了效益。莱钢烧结厂烧结工序生产中应用各类固体废弃物总量为每月 26747t，包括高炉瓦斯灰、高炉除尘灰、氧化铁皮、炼钢除尘灰、炼钢污泥、焦化干熄焦除尘灰、炼钢钢渣等。

济钢球团厂利用炼钢污泥代替部分皂土，实现了钢铁粉尘的共处置。在生产过程中同比代替铁精矿粉，降低皂土的使用量，提高混合料品位，降低球团生产成本。经过生产试验证实，炼钢污泥共处置量达到 90kg/t 后，生球的成球速率明显降低，物料烧损比较明显，成品球抗压强度降低，不能满足生产需要。添加炼钢污泥能够有效提高生球的落下强度，还可以提高生球的爆裂温度，配加量在 60kg/t 时效果最好。其年增经济效益可达 4000 多万元。

B 回转窑处理钢铁厂粉尘工艺

武钢进行系统的“含铁尘泥小球烧结试验”，认为全部采用混合尘泥进行小球烧结，由于固定碳高、粒度细、烧结时形成大孔熔融结构、FeO 含量较高，不能满足高炉生产的要求。当配入 50%~70% 的弱磁精矿，可生产强度高、质量好的成品。鞍山、首钢也做过造小球配入烧结料的试验，均证明可提高烧结矿产量，增加强度。

钢铁研究总院与武汉北湖制铁有限公司合作开发了回转窑处理钢厂含铅锌粉尘生产海绵铁及富铅锌料技术，其特征在于通过两步法生产富锌料及海绵铁，第一步是回转窑还原含铅锌粉尘，得到富锌、铅料以及高还原率的金属铁和炉渣混合物；第二步通过冷却、破碎、球磨、磁选、干燥、压块等制备铁粉或海绵铁块。在 2009 年开始研制钢厂粉尘生产锌粉和海绵铁的回转窑，并于 2009 年 12

月完成建设和试验工作。回转窑窑长 36m、内径 2.4m、倾斜角为 3°、转速为 0.5r/min，年处理含铅锌粉尘 5 万吨。

1.3.2.3 粉尘共处置存在的问题

粉尘共处置存在的问题主要是运输过程的二次污染。由于炼钢除尘灰温度较高（200～300℃），无法采用罐车进行密封运输，只能考虑加湿后运输。但是除尘灰中 CaO 含量较高，CaO 吸水消化发生放热反应，在运输过程中可能发生严重的“喷爆”现象，二次扬尘严重，而且在使用过程中也会造成现场污染。

1.3.3 高炉处理铬渣工艺

国内一些钢铁厂采用将铬渣通过烧结机焙烧后进高炉的处理方法来进行铬渣解毒的处理。国家环境保护行业标准《铬渣污染治理环境保护技术规范》也推荐采用这一处理工艺。

“烧结—高炉”处理铬渣工艺（图 1-6），铬渣中的六价铬在烧结过程中就已被 C、CO 等半程还原为三价铬，还原率达 99.99%，成品烧结矿中的残留量低于 5mg/kg，达到国家允许排放标准；经过高炉冶炼后，三价铬以及残留的微量六价铬均被深度还原为铬单质进入合金，元素收得率达到 85% 以上，余下的三价铬以 Cr_2O_3的形式进入高炉渣，液态高炉渣经水淬后作为水泥原料。

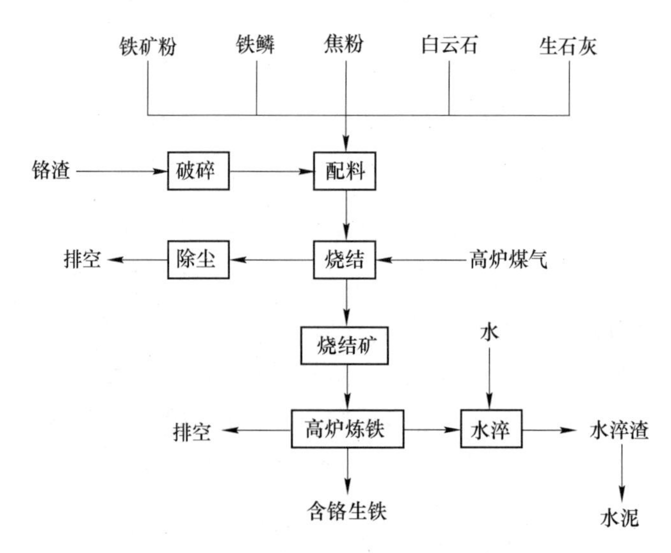

图 1-6 “烧结—高炉”处理铬渣工艺

铬渣制作自熔性烧结矿并冶炼含铬生铁工艺由烧结、高炉炼铁和制造耐磨铸件三个工艺过程组成。通过烧结过程，将六价铬转化为三价铬，进而在高炉冶炼工艺中将三价铬还原为金属铬，进入生铁中，从而实现铬渣解毒和回收利用有价金属的目的。若采用 18m² 带式烧结机，年处理铬渣能力在 3 万吨以上；可生产含铬自熔性烧结矿约 10 万～12 万吨，可供冶炼含铬合金生铁 5 万～6 万吨，最终生产低铬耐磨铸球 6 万～7 万吨。

锦州铁合金（集团）股份有限公司年排铬渣量 3 万吨，已全部采用该技术处理。该公司 1994 年末建成 18m² 带式烧结机，1995 年投入生产，年处理铬渣 3 万吨以上，烧结矿产量 12 万吨以上，年创产值 3600 万～4000 万元。为利用所产生的含铬自熔性烧结矿，鞍钢矿山公司与锦州铁合金公司联合专门成立了鞍锦新型耐磨材料开发有限股份公司，生产高强度、高耐磨性球磨机用铸球，供鞍钢矿山公司使用。12 万吨含铬自熔性烧结矿经高炉冶炼生产含铬 1.5%～2.5% 合金生铁近 6 万吨，创产值 10200 万元（以当时 1700 元/吨计）。

济钢第一炼铁厂在五台烧结机上配加铬渣作为烧结辅料进行综合利用，经过高温焙烧，铬渣中具有毒性的六价铬被还原为三价铬，并成为烧结矿得以回收，达到了无害化处理的目的。

1.3.4 焦炉处理废塑料技术

首钢技术研究院开发了利用焦化工艺处理我国城市生活垃圾中废塑料新技术——废塑料与煤共焦化技术。焦炉处理城市废塑料技术完全利用焦炉及其化工产品回收系统，在高温、还原性气氛和全密闭的条件下，将废塑料和煤同时转化为焦炭、焦油和焦炉煤气，实现废塑料垃圾的无害化处理与资源化利用（图 1-7）。由于实行了高温、全密闭和还原气氛处理废塑料，从原理和工艺上彻底杜绝了传统废塑料处理技术的二次污染问题，真正实现了废塑料资源化利用和无害化处理。

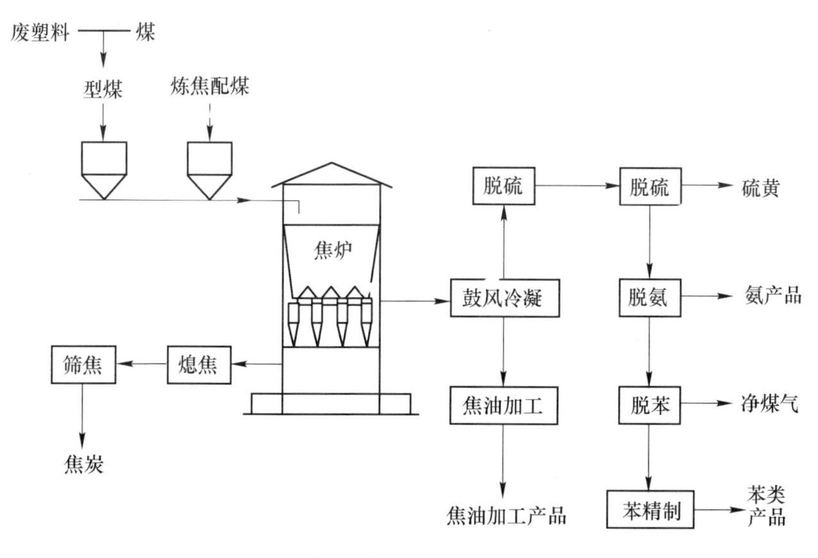

图 1-7 焦炉共处置废塑料工艺流程

先将废塑料破碎至一定粒度，再将其与煤均匀混合、黏结、镀膜并压制成型煤，最终与炼焦配煤混合进入焦炉炼焦，产生的焦炭、焦油和煤气可直接利用传统焦化工艺进行处理和回收。废塑料的配比量最高可达到4%，首钢焦炉对废塑料的年处理能力为20万~30万吨。其技术特征如下：

（1）将废塑料与炼焦配煤热熔融混合，不但解决了废塑料与煤混合产生偏析的技术难题，而且解决了传统预热煤技术中的扬尘问题。

（2）设备简单，主体依靠焦炉系统的设备，只需增加废塑料分选、破碎混合成型等加工处理设备。

（3）可以将废塑料炭化固体残渣作为焦炭用于高炉燃料，节约炼焦用煤资源，减少购煤费用，产生的液体产物可用于液体燃料和高附加值的化工原料，产生的气体用作高热值煤气。

（4）废塑料处理过程实行全密闭操作，而且废塑料不直接焚烧，从原理上防止了二噁英类剧毒物质的产生，实现废塑料处理的彻底无害化。

作为国家循环经济高技术产业重大项目，由首钢总公司承担并在迁安首环科技有限公司建设的焦炉处理废塑料生产线，每年可以消纳废塑料垃圾1万吨，生产炼焦用原料5万吨。

1.3.5　其他工艺

1.3.5.1　烧结处理炼钢污泥工艺

马钢具有超过15万吨/年炼钢污泥的产出量，其炼钢污泥具有粒度细、品位高、碱度高等特点。马钢针对炼钢污泥含水高、粒度细、黏性大、自然成球性强、不易与其他物料混合等特征开发出用烧结机共处置炼钢污泥的工艺，主要处理工艺由配加系统，包括滚筒给料机、胶带运输机和污泥打碎机组成。处理能力为5~10t/h。在工业试验及正常生产中，月平均利用炼钢污泥1225t，最高达到1922t。对烧结矿TFe和FeO含量偏差及其他成分无明显变化，其转鼓指数、含粉率等相对稳定。高炉使用配有炼钢污泥的烧结矿后，主要冶炼指标没有明显变化，表明配加炼钢污泥的烧结矿对高炉顺行没有带来不利影响。

1.3.5.2　反射炉处理铅酸蓄电池废料工艺

广州有色金属冶炼厂采用“铁屑法”处理铅酸蓄电池废料，其实质是沉淀熔炼法。在铅酸蓄电池废料加入铸铁屑，在反射炉中熔炼成粗铅和炉渣，待造渣结束后，根据熔体中含PbS的量再追加适量的铸铁屑除硫。反应结束后保证炉渣的温度使其能够排出，然后放出铅液。烟尘经布袋回收。随着工艺的发展，该厂对工艺流程、处理设备、操作规程等进行了多次改进。严格说，这种利用反射炉处理铅酸蓄电池工艺并不是共处置的方式，但是反射炉作为被淘汰设备，利用废弃的反射炉实现处理废物的工艺对于发挥废弃设备的作用也有积极意义。

近年来，各钢铁企业以固体废弃物全利用零排放为目标，取得了很大进步，专业化集中管理与多种管理体制相结合也初见成效。目前，各钢铁企业基本完成了工业固体废弃物中含铁资源的全量处理和回收利用，利用路径为固体废弃物资源回收→烧结→高炉→炼钢→轧钢，即所谓大循环利用模式。但其利用仍处于低层次、低效率、低附加值、低梯级的利用。表现为经济效益和环保效益并非最佳，如氧化铁皮、转炉泥及瓦斯泥的利用等。在固废的深度开发和高价值利用方面仍有较大的研究和发展空间。

2 冶金工业高温窑炉共处置危险废物管理现状

国外冶金高温窑炉共处置管理现状
固体废物
废塑料
粉尘
我国冶金高温窑炉共处置管理现状
综合利用标准
管理制度
环境风险控制方面的不足

2.1 国外冶金工业高温窑炉共处置危险废物管理现状

2.1.1 国外固体废物管理技术

（1）固体废物最小量化管理技术。固体废物最小量化（或减量化）的目的，是使需要储存、运输、处理、处置的固体废物降低到最小程度。固体废物最小量化基本技术包括：原料管理，即对原料储存进行合理管理，用无害原料代替有害原料；减容技术，即减少废物体积或消纳废物的方法和措施；工艺改造，即在生产过程中降低废物数量；再循环回收利用，即进行废物交换，使废物体积减小，降低其危害性。西欧国家成功地对皮革工业、啤酒工业和电路板制造业废物进行最小量化处理取得了显著成效，就是较典型的例子。

（2）废物转移跟踪技术。废物的产生直至最终处置．每道环节都有监督管理。实施废物转移跟踪管理的校心内容是，废物在其拥有者之间发生的每一次转移，都必须由废物提供者填写废物转移报告，分送废物运输者、接受部门，并且接受废物查验，执行信息反馈。废物转移报告中必须包括产废源自身情况、运输部门情况、包装性质、废物特征、数量等信息。因此，转移过程中，产生者、收集者以及运输、处理者三者之间承担的责任和义务一目了然。采用废物迁移跟踪管理制度，可确保废物得到最终安全处理处置。废物转移跟踪管理技术在北美、西欧和澳大利亚等工业发达国家和地区普遍使用。英国也有专门的机构（伦敦废物管理局）。加拿大由环境保护局实施这一工作。

（3）固体废物交换管理技术。20世纪70年代初，荷兰创造了世界上第一个固体废物交换机构，为现在工业社会描绘出利用信息技术使固体废物资源得以合理配置的系统工程。一时间，废物交换风行整个欧洲。德国化学工业协会建立的废物交换中心使参与的各大公司受益匪浅。1978年欧共体相继成立了欧洲国家废物交换市场。目前美国、加拿大已成立并正在运行的就有20多个废物交换中心。日本在20世纪80年代初开始实施废物交换计划。废物交换的优点：降低处理处置费用，节省原料，保护环境和公众健康，加强了行业间的合作。

（4）储存、处理、处置许可证制度。要获得合法经营许可证，经营者须向主管当局书面申请。申请书内容主要包括：

1）拟接受的废物种类、性质、成分、数量；

2）对拟接受废物的储存、处理、处置方式，以及时间、速度、周期、比例等；

3）储存、处理、处置方式和处置设施情况所在地点；

4）储存、处理和处置费用。

英国 Cleanaway 公司、丹麦 Kommunekmi 处置机构、芬兰 Ekokem 等公司都是取得合法经营资格的公司。

（5）废物管理信息系统。发达国家建立并运行的废物管理信息系统，在世界各国得到推广并应用广泛。废物管理信息系统主要功能：提供产废企业、废物承运者、处理处置者的信息资料；废物流资料，包括废物流代码、废物类型、理化特性、产废工艺等；各种收费数据；同时还能对废物转移进行跟踪管理。英国、美国都拥有一套完整的废物管理系统。

（6）有害废物全面管理技术路线。20世纪70年代初美国发生了震惊世界的纽约腊芙运河公害事件，引起了世界上许多国家的重视。随后，发达国家相继制定了有害废物管理法。有害废物除了综合利用之外，应用最广泛的方法还是安全填埋和焚烧处理。

国外钢铁固体废弃物综合利用标准见表2-1。

表2-1 国外钢铁固体废弃物综合利用标准

序号	国名	标准编号	标准名称
1	美国	ASTM C441a—2002	在防止因碱硅石集料反应引起混凝土过度膨胀中火山灰水泥或磨碎高炉渣效能的标准试验方法
2	美国	ASTM C874—1999	用碱性反应法测定粉炉渣水硬效率的标准试验方法
3	美国	ASTM C1240—2004	混凝土用烟气硅粉

续表 2-1

序号	国名	标准编号	标 准 名 称
4	美国	ASTM D5106—2003	沥青筑路混合物用炼钢炉渣集料标准规范
5	美国	ASTM C989—2005	混凝土和炭浆用磨碎的粒状高炉矿渣标准规范
6	美国	ASTM C618—2003	用于混凝土中的矿物掺合料
7	美国	ASTM C441—2005	在防止因碱硅石集料反应引起混凝土过度膨胀中火山灰或磨碎高炉渣效能的标准试验方法
8	英国	BS 6699—1992	用于硅酸盐水泥磨碎粒状高炉炉渣规范
9	欧洲	BSEN 13286-44—2003	松散的和液力黏合的混合料玻化高炉矿渣的 a 系数测定的试验方法
10	欧洲	BSEN 14227-2—2004	液力黏结混合料　规范　矿渣黏结混合料
11	德国	DIN 398—1976	矿渣混凝土块；实心块；有孔块；空心块
12	德国	DIN 1164-31—1990	硅酸盐水泥；含铁硅酸盐水泥；高炉水泥和粗面凝灰碳水泥；含铁硅酸盐水泥；高炉水泥中粒状高炉渣份量以及粗面凝灰炭水泥中粗面凝灰炭份量的测定
13	德国	DIN 4301—1981	建筑工业用铁渣和金属渣
14	日本	JIS A5011-1—2003	混凝土用矿渣集料第 1 部分：高炉矿渣集料
15	日本	JIS A5011-4—2003	混凝土用矿渣集料第 4 部分：电弧炉氧化矿渣集料
16	日本	JIS A5015—1992	道路结构用铁和钢炉渣
17	日本	JIS A6206—1997	混凝土用基本粒状高炉矿渣
18	日本	JIS A6207—1997	混凝土用烟气硅粉
19	日本	JIS R5211—2003	硅酸盐高炉矿渣水泥
20	法国	NF P18-306—1965	混凝土　粒状熔渣
21	法国	NF P18-502—1992	凝土用烟气硅粉
22	法国	NF P98-107—1991	路面层　玻璃状炉渣的活性　定义、特性和规范
23	法国	NF P98-118—1991	路面层　粗砂　炉渣　定义　混合物　分类
24	法国	NF P98-123—1992	公路路基（道路面层）高炉炉渣，石灰和飞灰胶结粒状材料　定义　成分　分类
25	法国	NF P98-846-44—2003	松散的和液力黏合的混合料　第 44 部分渣的 a 系数测定的试验方法

2.1.2 国外废塑料共处置工艺的管理

塑料自 1865 年问世以来，迅速发展成为工业和生活中不可或缺的材料。废塑料的排放量及其带来的环境问题成为塑料的核心问题。由于废塑料不易腐烂，深埋占地面积太大，燃烧处理过程中又易产生有毒有害气体，造成环境的严重污染，工业发达国家从 20 世纪 70 年代开始就认识到废弃的高分子材料对人类环境的危害，从防止公害的需要出发，对废塑料的回收和处理非常重视。为了使废塑料得到及时妥善的处理，许多国家都采取了积极措施，德国、日本、美国、英国和其他西欧国家纷纷组织专门机构，制定特别法律条款，给予财政资助、减免税收等保障废塑料回收处理者的利益，促进并规范废塑料回收处理技术的发展。废塑料的回收处理与其讲是技术问题，不如说是经济问题，这也是废弃物处理的共性问题。共处置技术的发展与经济效益密切相关。

2.1.2.1 国外废塑料排放及回收管理

废弃塑料可以分为两大类，即生活废弃塑料和企业废弃塑料。企业废弃物相对规模较大、种类单一、杂质较少，有利于回收和集中处理；而生活废弃塑料的来源复杂，种类繁多，且杂质较多，难以回收并进行分类，这给废塑料的处理带来很大困难。分类回收是废塑料集中处理十分重要的前提。

（1）日本对于废塑料回收利用有着完整和严格的管理体制。首先，再生及处理工厂需由国家和地方政府批准，不是谁都可以进行处理的，管理部门有通产省、厚生省。通产省和厚生省专门制定再生资源利用的法律法规，并对每年的回收量在数量上制定明确的目标。

由市政府决断某种废弃物的处理方法，是焚烧、填埋或是共处置。全日本共有 3200 个这样的市政府来做这样的决断工作。

厚生省还规定，从事回收工作的人员，要持有考试合格证，即使从事焚烧工作的人也要有考试合格证。

在日本实行废塑料产生户支付制度。产生废塑料的工厂或农户把废塑料送至回收厂处理时，要按质按量支付回收厂回收处理费用，废品越干净，支付给回收厂的经费就越低。政府对其进行监管，对随意丢弃或填埋的行为进行处罚。这种机制保障了废塑料的回收渠道，也在一定程度上保证了回收厂家的效益。

（2）德国在回收塑料包装废弃物方面的法规是全世界最为完善的，其管理态度非常明确：首先是“避免产生”，然后才是“循环使用”和“最终处理”。1990 年 6 月，德国政府颁布了第一部包装废弃物处理法规——《包装废弃物的处理法令》。它规定对不可避免的一次性塑料包装废弃物必须进行再利用或再循环，并强制性要求各企业承担回收责任，但也可委托回收公司代替完成。根据该法令成立了专门从事废弃物回收的公司，即德国双向系统（Dual Svstem Deutschland），简称 DSD，也称绿点公司。

在《包装条例》中，曾推行严格的生活垃圾分类，其中要求消费者把塑料袋或塑料包装材料投入黄色垃圾桶以便回收。目前对于塑料废弃物的法规有所改变。2002 年 12 月，德国最高法院颁布了最新法令：要求所有商店从 2003 年 1 月开始向顾客收取罐装和瓶装饮料的包装回收押金。

（3）美国是世界塑料生产大国，在 20 世纪 60 年代就已展开废旧塑料回收利用的广泛研究，从地方部门、县到州，都制定了限制使用和丢弃塑料制品的法规。

佛罗里达州在1988年规定，一定规格范围内的硬包装容器都要付ADF，即推进废塑料处理费。又在1993年修改为使用20%废塑料的容器或在本州内回收25%塑料容器的厂商可免ADF。

纽约州1989年开始禁止使用非生物降解蔬菜袋，对生产降解塑料的厂家给予补贴，并要求居民将可再生与不可再生垃圾分开，否则罚款500美元。

美国还有不少全国性组织在促进废塑料的回收工作，如：美国塑料工业协会（SPI）、塑料回收基金会（PRE）、塑料回收研究中心（CPRR）、乙烯基研究学会（SPI的一个分会）等。美国一些大型塑料生产公司也参与废塑料回收，如阿莫科、莫比尔、波利萨、赫茨曼、阿尔科、雪弗隆和道芬娜等八家最大PS生产商成立了PS回收中心。

（4）欧盟制定的相关法规与实际操作基本上借鉴于德国，欧盟各国还相继制定了塑料包装回收的具体目标。

根据英国法律文件《生产者的责任和义务（包装废弃物）》，各包装生产者及使用者都必须达到预定的回收利用率。英国从20世纪80年代后期就开始了废塑料的回收循环。

2.1.2.2 高炉喷吹废塑料的共处置工艺

A 工艺发展

高炉喷吹废塑料工艺最早由德国DSD公司支持和组织，由不来梅钢铁公司开展试验。在经过1年多的试验后，于1995年2月经政府批准开始建设向高炉喷吹7万吨/年废塑料的装置，采取将废塑料粉碎造粒后从风口喷入的方式。全套装置包括存储量达1000t的4个料仓和粉碎、造粒及向2个高炉风口喷入的设施。不来梅钢铁公司于1995年7月在2号高炉喷加废塑料每月3000t，经过18个月试喷结果良好，从1996年底又开始在1号高炉试喷，并很快达到7万吨/年的水平。随后DSD公司重点扶持高炉喷吹废塑料技术，并在克虏伯/赫施钢铁公司等单位也陆续在高炉喷吹废塑料。

日本钢管公司（NKK）学习德国不来梅厂经验，1995年也成功在高炉喷吹废塑料。在政府和塑料协会支持下，投资15亿日元在京滨厂4093m^3高炉建成3万吨/年喷吹产业废塑料装置，并于1996年10月开始试喷产业废塑料，目标为200kg/t铁。虽然结果未达目标，但其节能环保效果良好。在将农用薄膜造粒和将PET瓶粉碎后的喷吹试验中获得较好的成果。日本钢铁联盟对NKK大高炉试喷废塑料十分重视，于1996年组织各企业编制2010年以减排CO_2为中心的节能、环保企业自主行动计划时，要求各大钢厂高炉喷吹废塑料100万吨，从而推动了喷吹废塑料工作的进一步开展。经过发展和完善，京滨厂高炉喷吹废塑料由3万吨/年喷吹量扩大到4万吨/年，同时发展了含氯废塑料用回转窑脱氯后再喷吹的新工艺，并将氯以盐酸回收后用于钢材冷加工酸洗。2000年4月以前在京滨厂和福山厂各建成4万吨/年含脱氯工艺的塑料加工装置1套，全年喷吹量达到9万吨。2001年扩大到喷吹15万吨，2010年喷吹30万吨。为保证废塑料的供应，已成立32个废塑料回收公司，并按2万~2.6万日元/吨的委托费回收废塑料。

B 工艺管理

a 工艺简介

高炉喷吹废塑料技术实质上是将废塑料作为原料制成适宜粒度喷入高炉，来取代焦炭或煤粉，同时处理废塑料的一种方法。

废塑料作为代替重油、煤粉的喷吹料，也可起到代替焦炭的作用。废塑料的碳、氢含量和重油接近，发热量一般为（9000~10000）×4.184kJ/kg，与油的置换比为1:1；煤由于碳、氢含量相对较低，灰分高，因此发热量低，废塑料与煤的置换比为1:3左右。高炉喷吹废塑料是从风口喷入以代煤、油，由于成分接近，且可同时用部分风口喷吹，如京滨厂4093m^3高炉共有40个风口，目前只用4个风口喷吹废塑料，故技术较易过关。

加工后的废塑料粒和煤粉以同样方式喷入专用风口后，在炉内风口前端区首先和热风中的氧反应燃烧，可燃分碳和氢分别生成CO_2和H_2O，除给炉内提供热量外，进一步进入风口前端区和周围的焦炭反应，又生成CO和H_2，成为对铁矿石中氧化铁起还原作用的还原气，起到了和煤、重油、焦炭同样的作用。

b 废塑料的加工处理

为了达到高炉喷吹废塑料的要求，对混合废塑料经过人工或机械适当分选后通过不同方式进行加工。

（1）对于薄膜状废塑料通过摩擦粉碎机的摩擦热在被粉碎的同时可熔融，再通过急冷后便可造成2~4mm的小球，即可送入储仓供喷吹。对于PVC等含氯薄膜废塑料在上述熔融造粒过程中便可将氯排出95%，故在分选后回收HCl即可。

（2）对于不含氯的固体废塑料，经破碎、粉碎至2~4mm的细粒，即可送入储仓待喷。

（3）对于含氯的固体废塑料，一般采取在回转窑内经200~350℃加热，95%的HCl即可排出，经以盐酸形式回收后供钢材冷加工酸洗之用。脱氯后的废塑料已成发泡状，极易粉碎成2~4mm的小粒供喷吹。

为了提高废塑料在高炉内的燃烧速度，需要对废塑料进行粉末化加工。粉末化处理的废塑料可以在高炉回旋区进行一次燃烧。JFE钢铁公司研究人员开发了废塑料粉末化技术。通过研究发现，从燃烧性能的观点看，较细的塑料粉末更易于燃烧；但从加工处理的观点看，应该有合适的颗粒尺寸。当废塑料颗粒尺寸与煤粉相同时，废塑料的燃烧和气化效率比煤粉高 10%。如果废塑料要获得与煤粉同样的燃烧性，则其平均粒径为 0.2 ~0.4mm。

基于对废塑料可燃性和其他性能的研究，JFE 钢铁公司在其东日本钢厂安装了废塑料粉末化生产设备。整个设备的生产过程包括废塑料的熔化、混合、脱氯以及粉碎。该设备每年可生产 8000t 粉末化废塑料（平均粒径 0.2 ~0.4mm）。目前，该设备运转平稳，为降低高炉还原剂消耗做出很大贡献。

c　对入炉废塑料的管理要求

高炉中可喷吹共处置废塑料量的上限与以下各项重点因素有关。

（1）废塑料的种类和添加剂的影响。日本的大宗废塑料有 PE（占总产量的 22.6%）、PP（占 18.6%）、PVC（占 17.1%）和 PS（占 10.3%）等，由于其成分不同，最大可喷吹量也不同。塑料在加工时为了改善其加工和使用性能，会加入一些填充剂（有碳酸钙、硅酸钙和玻纤等）和添加剂等，也会对塑料喷吹量产生影响。但已查明除铜进入铁水会产生不良影响外，其他杂质进入炉渣中均对炉渣作为水泥原料无影响。故认为对于一般非含氯废塑料，杂质不是影响喷入量的主要因素。

（2）废塑料中含氯高，在燃烧过程中，容易生成 HCl，对金属产生腐蚀，且有产生二噁英等剧毒物质的危险（通常规定二噁英不大于 0.5g/m^3）。不来梅钢铁厂根据德国含氯塑料占 4% 的特点，一般只控制入炉废塑料中的氯含量不大于 2% 即可达标；日本以含氯 10% 的废塑料做了试验，结果是每吨铁水喷吹量低于 10kg 时无害，超过此限后务必采取脱氯后再喷吹的措施。由于日本含氯塑料的生产比高达 17%，因此要利用比重法选出含氯塑料再进行脱氯处理后才能够喷入高炉。

（3）风口前端区的燃烧气化特性。高炉前端区为保持焦炭正常燃烧、气化和对铁矿石还原及熔化为铁水，温度应保持在 2000 ~2200℃，伴随重油、煤粉和废塑料喷入量的增大，其本身及喷吹用气体将使风口前端区的炉温下降，从而成为一定风温、风湿条件下最大喷入量的限制因素。经试验验证，按风口前端区炉温下限为 2000℃，则每吨铁水的最大喷吹量为：250kg 煤粉、170kg 废 PS、150kg 废 PE、120kg 重油、100kg 高灰废塑料。

（4）粒度也会对高炉喷吹量产生影响，如粒度为 3 ~4mm 时比粒度为 0.85mm 时可多喷 70%~80%，有利于减少粉碎工作量。

考虑高炉实际操作波动等因素，建议高炉废塑料的最大喷吹量以 150kg/t 为宜。

2.1.2.3　焦炉共焦化废塑料的共处置工艺

A　工艺发展

新日铁君津厂利用其掌握的废塑料油化的基础技术，于 2000 年成功开发出在炼焦煤中掺入1%废塑料供炼焦利用的技术。由于在密闭条件下干馏，废塑料的20%形成焦炭，其余形成焦炉煤气和化工副产品各40%，使能量利用率高达94%，远高于高炉喷吹能量利用率的75%。同时PVC等含氯废塑料的使用上限也放宽到5%，故很快推广到名古屋厂，其后又成功完成将掺入比扩大到2%的技术，并进一步扩大到八幡厂、室兰厂和大分厂。2002年在八幡钢铁厂与室兰钢铁厂及2005年在大分钢铁厂先后建设了废塑料再生资源化设备，设计2010年废塑料利用量达36万吨/年。到2007年共利用废塑料约20万吨，已领先于高炉喷吹的16万吨，甚至连JFE钢铁的京滨厂也试用0.5万吨。

新日铁将君津厂、名古屋厂、八幡厂、室兰厂和大分厂等5家钢铁厂作为接受日本废塑料再生资源的厂家，2007年处理废塑料15.1万吨，相当于日本全年回收废塑料的30%。2000～2008年，新日铁累计处理废塑料已达100万吨，相当于减排320万吨的CO，并避免了40万立方米废塑料的填埋量。

B 工艺管理

a 工艺简介

利用焦化工艺处理废塑料技术是基于现有炼焦炉的高温干馏技术，将废塑料转化为焦炭、焦油和煤气，实现废塑料的100%资源化利用和无害化处理。其工艺流程为：废塑料容器和包装物经预处理破碎、去除杂质和压缩成型后，与混煤混合，装入焦炉，在最高温度为1200℃无氧条件下进行分解，大约产生20%的焦炭、40%的焦油和轻油，及40%的焦炉煤气（富氢煤气）。收集后用作化学原料。焦炭在高炉中用来还原铁矿石，焦油和轻油用作制造塑料等的原料，焦炉煤气可作为清洁能源在发电厂使用等。

焦炉共处置废塑料生产焦炭工艺的特点是在利用钢铁厂焦炉高效率热分解废塑料的同时，以现成的附属设备对所产生的油分和气体进行精炼处理，从而使废塑料作为化学原料基本上获得了完全的再循环利用，故被确认为有效的化学再循环的再资源化技术。

b 对入炉废塑料的管理

（1）焦炉共处置废塑料工艺对废塑料原料及预处理加工要求相对较低，废塑料的颗粒范围可以在5～80mm之间。只需对废塑料进行破碎、热缩和成型处理即可与煤混合入炉炼焦。

（2）新日铁是最早开发该技术的企业，建立的年处理废塑料达12万吨工业生产线采用废塑料多级分选与多级破碎的加工方法，然后将废塑料挤塑成型，制成塑料型块后再与煤粉混合入炉炼焦。新日铁为使废塑料达到装入焦炉所需的质量与形状要求，需预先粗碎，去除金属、玻璃片、泥砂等异物，然后再破碎压形。该过程中对废塑料进行两次破碎，使其尺寸小于20mm。另外，为了提高与煤一起加入焦炉时的操作性，需进行块状塑料的球化减容处理，将之变成直径约

25mm 的球团。

（3）与煤炼焦相比，添加 1%~4% 的配比废塑料与煤共炼焦的焦炭产率变化不大，提高焦油产率和煤气产率较明显，显著降低了水的收率，呈现“增油减水”效应；随增加废塑料配比而增加焦油和煤气产率，焦炭产率和水分收率整体降低。

冶金焦率、焦炭反应性（CRI）、反应后强度（CSR）和焦炭孔结构为焦炭 4 项冶金性能，在 1%~2% 废塑料配比内，煤加掺废塑料共炼焦能提高冶金焦率，加大废塑料配比会降低共炼焦所得的冶金焦率；添加 1% 废塑料与煤共炼焦可显著降低焦炭反应性，提高焦炭反应后强度；随增加废塑料配比，焦炭反应性提高，而相应降低反应后强度；与煤炼焦的焦炭相比，煤掺加 2%~6% 配比废塑料，随增加废塑料配比，会增加焦炭孔隙率。

经日本焦炉共处置技术研究和生产的实际经验，废塑料在煤粉中的配比不能超过 1.5%，否则会影响焦炭强度。

c 对设备影响及二次污染控制

焦炉共处置废塑料技术对炼焦炉和焦化产品回收及煤气净化回收系统无需任何改动即可完成废塑料干馏及产物回收净化全过程；并且这项技术允许含氯废塑料进入焦炉，因为含氯废塑料在干馏过程中产生的氯化氢可以在上升管喷氨冷却过程中被氨水中和，形成氯化铵进入氨水中，从而有效避免氯化物造成的二次污染和对设备及管道的腐蚀。

2.1.2.4 相关法律法规及政策

A 日本

（1）再生及处理工厂由国家和政府规定。标准部下设的通产局每年下现场检查工作。合格的工厂可存在下去，不合格的予以取消。从事回收工作的人员，即使是从事焚烧工作的人员，处理量在 100kg/h 以上的操作人员，也必须通过严格的考试，取得资格证书后方可上岗。

（2）为了便于分类，塑料类型在产品上有明显的标记，以示区别

（3）日本政府 1995 年为促进垃圾中废物的再生利用，学习德国经验颁布了《包装容器再生法》。

（4）政府出资重点资助了废塑料再生利用技术的开发。

（5）日本钢铁联盟对 NKK 大高炉试喷废塑料十分重视，于 1996 年组织各企业编制 2010 年以减排 CO_2 为中心的节能、环保企业自主行动计划时，要求各大钢厂和地方自治体协作，通过高炉喷吹废塑料 100 万吨，从而推动了喷吹废塑料工作的进一步开展。

（6）日本《容器包装再生法》的相关规定和流程为：居民分类投放→市镇

村分别收集→由日本容器包装再生协会按合同集中→以交付委托处理费方式招标选定后交再生利用户（也允许市镇村直接交再生利用户），所用费用向容器包装生产户征收。

B 德国

（1）1990 年 6 月，德国政府颁布了第一部包装废弃物处理法规——《包装废弃物的处理法令》。它规定对不可避免的一次性塑料包装废弃物必须进行再利用或再循环，并强制性要求各企业承担回收责任，但也可委托回收公司代替完成。

（2）德国于 1991 年颁布《垃圾减量法》，要求居民减少生活垃圾。

（3）成立德国废物回收利用公司（简称 DSD 公司），积极组织开发垃圾中有用废物的再生利用技术，支持不来梅钢铁公司开展了高炉喷吹塑料的试验。DSD 公司对技术开发进行补助，如不来梅钢铁公司喷吹废塑料技术中的造粒费用，由 DSD 公司每吨补助 150 马克。

（4）1995 年政府颁布了《循环经济法》，进一步明确了对物资要循环利用和由制造厂主要负责的原则。

C 欧盟

欧盟制定的相关法规与实际操作基本上借鉴于德国，欧盟各国还相继制定了塑料包装回收的具体目标。

欧盟于 2004 年对容器指令作了修订，其中塑料容器到 2008 年的再生利用目标为 22.5%。德国对 PET 瓶以外的再生利用目标定为 60%，其中用于材料再生目标为 36%。法国仅对 PET 瓶和洗涤剂用 PE 瓶再生利用，目标为 22.5%。

根据英国法律文件《生产者的责任和义务（包装废弃物）》，各包装生产者及使用者都必须达到预定的回收利用率。

法国于 1992 年 4 月 1 日出台了包装条例（No. 92-377），包装条例以环境管理为名，要求组建包装废弃物回收公司，责成分装商与进口商对他们的包装废弃物负责，并制定包装废弃物的回收目标。

2.1.3 国外钢铁厂粉尘共处置工艺的管理

钢铁生产各工序中，均有大量的粉尘、污泥产生，其主要品种有：高炉煤气干法除尘灰、高炉煤气湿法洗涤污泥、转炉污泥、电炉除尘灰，以及各工序的岗位环境除尘中捕集的含铁粉尘，其总量要占到企业钢产量的 4%~7%。这些类钢铁厂粉尘中通常都含有铅锌粉尘。此类粉尘主要来自于铁矿，产生的粉尘中锌含量相对较低。电炉在冶炼的过程中产生大量的含锌粉尘，其中锌含量较高。锌可作为钢铁产品的表面涂层。大量的统计数据表明，电炉的废钢原料中带有镀锌层的废钢比重正在增长，因此，电炉粉尘中锌含量也在增加。欧共体环保法规定电炉排出的粉尘是有害的。世界上其他国家也开始规定其为有害物。

2.1.3.1 国外钢铁厂粉尘排放及回收管理

早期钢铁企业的含铁含锌粉尘主要通过烧结等方式直接投入高炉冶炼系统中进行回收利用，但由于高炉对炉料锌含量的限制，这种回收含锌粉尘的工艺具有较大的局限性。事实上，钢厂粉尘作为炼铁、炼钢原料回收利用时，会受到高炉、转炉、电炉等工艺及操作条件的某些限制。如高炉使用时，要求较低的锌含量和强度；而转炉和电炉使用时，着重要求其硫含量和金属含量。

世界平均电炉处理粉尘比率为40%。欧洲粉尘中锌含量39%，粉尘利用率81%；美国粉尘中锌含量20%，粉尘利用率75%；亚洲粉尘中锌含量21%，粉尘利用率35%；其他国家粉尘中锌含量20%，粉尘利用率5%。钢厂粉尘回收利用工艺主要有Waelz工艺（占电炉粉尘回收的80%以上）、转底炉工艺和循环流化床工艺等。日本采用转底炉直接还原工艺和欧洲采用Waelz回转窑工艺处理钢铁含锌粉尘都取得了成功经验。

（1）钢厂粉尘的收集。在电炉冶炼系统中，采用电炉炉内一次排烟、电炉密闭罩及厂房屋顶二次排烟及精炼炉、上料系统排烟、风机加压送入电炉除尘系统主管道相结合的烟气捕集、滤袋过滤的干式除尘工艺。常用的布袋除尘器的滤料为涤纶针刺毡，其过滤原理是依据布袋表面的一次粉尘层（尘饼）来实现过滤。但是电炉烟尘具有轻、细、分散性大和流动性差的特点，极易堵塞布袋。

转炉一次除尘方式很多，基本都采用两级文氏管，分为干法、半干法和传统的OG湿法。常用除尘设备有两类：一类是布袋、滤筒等过滤式除尘器，更多是采用湿式电除尘器，特别是对于风量大、压升高的场合。由于转炉粉尘即使不直接喷水也具有黏性，事实上不适合采用干式静电除尘器，也不适合采用干式布袋类的过滤式除尘器。比较适合和可靠的是选择环缝文氏管或湿式电除尘器。干法回收粉尘可以在炼钢厂内压球用于转炉造渣，也可送烧结或球团做原料；湿法都是采用真空压滤污泥或直接以水过滤泥浆形式送烧结做原料。

大型高炉的除尘系统一般可分为三个系统：高炉供料除尘系统、高炉出铁场除尘系统和高炉炉顶加料除尘系统。高炉除尘基本上采用干法，通过旋风除尘器、布袋除尘等方式将冶炼过程中产生的粉尘进行收集并由刮板机输送到钢灰仓储存。钢灰仓中的灰由仓泵气体输送到固体废弃物处理站处理后回收利用；或者由钢灰仓下加湿机加湿后汽车外运。

（2）粉尘的输送。为了简化输送环节，减少故障率，除尘器收集的粉尘采用除尘器高架布置，由刮板输送机直接把粉尘输送到高位储灰仓中。为了避免卸灰时的二次污染，储灰仓的粉尘用粉尘自卸罐车运出，减少运输过程中的粉尘撒漏。

在奥钢联，转炉排放的气体中所含粉尘在冷却器和电过滤器中分离出来，即粗大颗粒从冷却器分离出来，含锌量少的细粉尘从电过滤器分离出来。粉尘因含锌量较高和含有生石灰，易形成自燃，因此必须进行特殊的处理。由于炼钢除尘灰温度较高（200～300℃），无法采用罐车进行密封运输，只能考虑加湿后运输。但是除尘灰中 CaO 含量较高，CaO 吸水消化发生放热反应，在运输过程中可能发生严重的“喷爆”现象，二次扬尘严重，而且在使用过程中也会造成现场污染。

2.1.3.2 回转窑处理钢铁厂粉尘的共处置工艺

A 工艺发展

a Waelz 法

Waelz 技术即用低度含锌物料提取氧化锌并回收有价金属，又称回转窑还原烟化法或回转窑还原挥发法。其核心是在回转窑内用焦炭还原金属氧化物，如锌、铅、镉等。该技术最先用于提炼低品位的锌矿，然后用于提炼锌渣中的金属锌，并在过去的 30 多年内，成功用于电炉的粉尘处理。该项技术既可用于钢铁工业，也可用于锌冶炼工业。

Waelz 回转窑是目前世界上应用最广泛的钢铁厂中含锌粉尘处理工艺，可从低品位和其他废物中浓缩锌。在欧洲、美国、日本大约有 100 万吨电弧炉烟尘采用该法处理。该工艺最早在德国 Upper Selesia 厂开始应用，随后日本、伊朗、土耳其、美国等国家都相继使用，工艺比较成熟，包括原料准备系统和 Waelz 工艺生产线及最终洗涤设备。其工艺流程为：将钢铁厂内各种来源的废料经预处理后同还原剂混合送入还原窑，在炉内被加热装置加热至 1373～1573K，使废料中的铁和锌的氧化物被还原，其中锌在窑温下蒸发并与排出的烟气一起离开回转窑，经过收集装置富集锌，锌在收集装置中被空气氧化，转化为粗氧化锌送往冶炼厂进行精炼。直接还原铁产品排入回转冷却器内冷却，然后直接送往高炉冶炼或烧结厂进行烧结。

Waelz 法有一段式和二段式两种工艺。在欧洲和日本主要采用一段式工艺，此工艺采用球团给料，将粉尘与大约 25% 的焦粉（或无烟煤）混合制成湿球团，然后加入略微倾斜的带有耐火衬的长回转窑内，回转窑废烟气降温后采用袋式除尘器或电除尘器收集粉尘。其中氧化锌含量约为 55%～60%，窑内可得到直接还原铁作为高炉原料。二段 Waelz 工艺由美国 HRDC 公司开发与应用，其第一段与一段式工艺相似，即电炉粉尘在回转窑中进行锌、铅、镉、氯与铁的分离，并得到含铁 51%～58% 的直接还原块；然后含锌、铅、镉、氯的蒸气进入第二个回转窑进行再处理，得到粗级氧化锌和镉氯化物，产品粗氧化锌作为常规锌冶炼原料。Waelz 工艺主要用于处理电弧炉粉尘，具有处理能力大、技术成熟、经济效益好等优点。但生产过程中容易发生回转窑结圈现象。

b　日本回转窑法处理钢厂粉尘工艺

日本新日铁公司投产了世界最大的回转窑，用于处理来自君津厂的炉尘和残渣，年处理能力为 31 万吨。新日铁炼钢生产和涂层线每年生产 280 万吨含锌炉尘和残渣，可以在回转窑中处理成为无锌的含铁块，用于高炉生产。

日本国内已实际应用的含锌粉尘处理工艺。作为高炉/转炉生产中产生含锌粉尘的处理工艺，从 20 世纪 70 年代起，日本各钢铁公司开发了回转窑式处理炉，但目前只有住友金属工业公司鹿岛厂仍在采用，自 2000 年以后，新日铁公司的各钢铁厂开始采用转底炉式处理工艺。作为电炉粉尘处理工艺，从 70 年代后期开始，各厂采用了被称作“威尔兹式回转窑”的处理炉和半熔融式 MF 炉，最近开始采用熔融式 DSM 法。

B　工艺管理

a　工艺简介

Waelz 法主要是通过回转窑来对含锌钢铁厂粉尘进行处理的工艺。各类粉尘在进行干燥后，配入 40%～50% 的燃料（焦或煤粉），经皮带运输机通过下料溜槽，由窑尾加入回转窑内，在 1000～1300℃ 的高温下进行处理。粉尘中的金属化合物与碳质燃料充分接触，被 C 和 CO 还原为金属挥发而进入气相，在气相中又被氧化成氧化物（ZnO、PbO、In_2O_3、GeO_2 等）。在窑内炉气经冷却（或经余热锅炉换热）后导入收尘系统，使氧化物被收集。粉尘中的 Fe、Cu、Ag、Au 等留在炉渣中，而 Zn、Pb、In、Bi 等有价金属均不同程度地富集在烟尘中，使大量的 Fe、SiO_2 与其分离，从而便于进一步回收利用。

b　对回收利用含锌粉尘的管理要求

（1）从铁源的回收和节能的角度来看，对于还原铁特性的要求是金属化率高、具有适合高炉使用的粒度和强度、锌能充分清除，这些都是很重要的因素。根据公开发表的数据，编者调查了原料粉尘中的碳和被还原氧的摩尔比（C/O 比）与还原铁的金属化率的关系。采用转底炉，C/O 比为 1.3 时，金属化率为 70%～75%。无论采用何种工艺，都要抑制还原铁的再氧化。

（2）为了防止产生物对环境造成二次污染，Waelz 工艺具备洗涤系统，并对残渣进行检测。满足 pH = 5.5～6.45，CSB < 15mg/L，Cl < 10mg/L，SO_4^{2-} < 50mg/L，Pb < 0.5mg/L，Zn < 0.05mg/L，Cr < 0.05mg/L，Cd < 0.01mg/L，Hg < 0.01mg/L。另外，由 Waelz 设备产生出的酸渣经过了 UN-H14 的环境测试。

（3）采用 RHF 法生产高质量还原产品的重要技术之一就是对粉尘进行预处理，以获得适于 RHF 使用的粉料。

（4）通常要求粉尘中的（Zn + Pb）含量超过 20%。

2.1.3.3 转底炉共处置工艺介绍

A 工艺发展

采用转底炉处理钢铁厂含锌粉尘的典型工艺是 Fastmet 工艺。工艺过程主要包括配料制团、还原、烟气处理及烟尘回收和成品处理 4 个部分。含锌粉尘和其他尘泥与经破碎的还原剂混合制团、干燥，然后送入转底炉中，在 1300 ~ 1350℃ 高温下快速还原处理，得到直接还原铁，同时被还原的 Zn、Pb、K、Na 等有色金属挥发进入烟气。从排出转底炉的高温烟气中回收余热，随后进入收尘器回收烟尘，得到 40%~70% 的粗氧化锌烟尘。

新日铁公司的君津厂于 1998 ~2000 年引进美国技术，对因含锌高而无法利用导致填埋处理的含铁粉尘用转底炉进行脱锌处理的同时生产出金属化球团，加入高炉代替烧结矿使用后，不仅降低燃料比的节能效果明显，而且节约了生产相应烧结矿和焦炭的工序能耗，节能效果巨大。按年处理含铁粉尘 17.5 万吨计，年节能折合石油 2 万千升，经济效果达 15 亿日元。同时还有减少矿石进口和节约填埋处理占地等综合效果。

2001 年新日铁公司又将此项技术适当改进后，用于专门生产不锈钢专业厂的电炉粉尘和酸洗沉渣、轧钢氧化铁皮的回收利用，在脱锌和回收铁的同时还回收了废渣中的 Ni、Cr 等价格昂贵的合金成分。并根据这些废渣含水量大、含碳很少的特点，对工艺作了适当改进，即对废渣先经干燥脱水，再配入还原用焦粉，然后压制成形为更易还原的椭圆体，其效果更好。由于利用了其中所含的 Ni、Cr 等价格昂贵的合金成分，其节能和经济效果更好。从 2001 年 6 月投产以来运行较为正常，作业率保持在 80% 左右。通过配料比等使铁的金属化率达 70%~80%。

新日铁还利用神户制钢开发并制造的生产直接还原铁的转底炉技术，对广畑厂的转炉含铁粉尘作了回收利用。广畑厂 ϕ21.5m 还原炉于 2000 年 4 月投产，年处理利用转炉粉尘加入煤粉造成的干球 19 万吨，生产 DRI 14 万吨。在 1300℃ 下高温还原，DRI 于 1000℃ 出炉后即高温加入喷吹煤粉和氧气的转炉以代替部分生铁进行炼钢。粉尘中的氧化锌经还原为锌后气化蒸发进入烟气，在烟气中再度成为氧化锌，在除尘器处作为粗氧化锌被回收后出售给锌冶炼厂作原料，故节能和经济效果亦优于君津厂，神户制钢对此已推广。

2002 年君津厂又建成 12 万吨/年转底炉，并加上尾气中回收氧化锌的装置，从此该厂的固废全部得到利用；2007 年新日铁支援韩国浦项钢铁建设 2 × 15 万吨/年含锌钢铁粉尘处理装置；新日铁和神钢于 2008 年成立合资公司于广畑厂建设 2 × 15 万吨/年转底炉处理粉尘装置，以回收国内未处理的含锌钢铁粉尘集中处理后应用。

B　工艺管理

a　工艺简介

转底炉处理含锌钢铁厂粉尘工艺的基本流程是将含铁粉尘混合后通过圆盘造球机造球，再经干燥机干燥后加入转底炉内，经煤气加热升温至1300℃，经10～20min后再利用粉尘中的碳将氧化铁还原为金属化球团的同时，大部分氧化锌被C和CO还原为Zn并被气化后和烟气一并排出。金属化球团出炉后通过外部淋水的鼓式冷却器冷却后送入储料仓，再通过皮带机送入高炉原料仓以直接加入高炉。从环形炉出来的烟气通过换热器进行余热利用后再经袋式除尘器净化后外排。经过转底炉处理后，挥发性金属锌最终以氧化物的形式在烟尘中得到富集，可以进行回收利用。

b　对回收利用含锌粉尘的管理

（1）脱锌后的还原球团需达到某强度条件才能直接加入高炉中。通过改变入炉料配比和还原条件，使产出的还原球团的断面为均匀的金属化组织，压碎强度达100kg/cm^2以上。

（2）转底炉处理高锌粉尘的工艺需要合理控制反应温度和反应时间等参数，得到最佳处理量、球团强度、脱锌效率等。

（3）在各类粉尘处理工艺中，无论采用何种工艺，处理的大多是湿粉尘，从其装卸、装入还原炉前的水分管理和回收产品的品位等来看，装入还原炉前的干燥、混合和制粒等预先处理技术十分重要。

（4）冷固结含碳球团是实现转底炉直接还原工艺的关键因素。含碳球团制造所采用的研磨、配料、混合设备必须保证球团的化学成分精确及矿煤的均匀混合，煤粉的粒度应在0.25mm以下，矿粉粒度小于0.1mm。还原剂用煤一般为无烟煤，要求固定碳高于75%、挥发分低于20%、低灰分、低硫。挥发分高，球团还原后强度差，不能满足熔分炉的要求。

（5）目前所生产的含碳球团的强度指标一般为：湿球0.5m落下次数4～7次，湿球抗压6～7kg/个；干球1m落下次数10～15次，干球抗压75～95kg/个。这样的球团强度才能够满足转底炉生产的要求。

2.1.3.4　相关法律法规及政策

（1）1997年以后为完成《京都议定书》规定的2010年比1990年减排CO_2 6%的目标，钢铁工业制定了自主行动计划，要求生产过程中产生的钢铁渣和含铁尘泥的利用率从1990年的95%提高至99%。除加强企业内部的回收利用外，还应加强与利废企业的配合，共同开发新用途。

（2）日本工业废物管理的基本政策是减少工业废物的产生量和促进废物的再循环，以减少需要最后处理的工业废物总量。

工业废物管理采取的措施：一是将工业废物聚集在一个小的地区内，通过65%的高焚烧率减少固体废物数量。二是工业废物处理过程不要局限在一个单位或一种工业之内，而是将工业废物在不同的单位和工业中广泛交换，以减少工业废物数量和促进再循环。三是沿着工业废物的产生到储藏、收集、运输、中间处理和最终处理的整个过程对产生者和承包商给予监督和指导，建立有利于促进再循环、减少费用和风险的信息管理系统，以促进工业废物的适当管理。四是公众参与工业废物的管理。

（3）从1976年起，美国环保机构（EPA）将含锌、铅等元素的钢铁厂粉尘划为有毒固体废料；1988年开始，这类粉尘被禁止以传统的方式填埋、弃置，必须对其中的锌、铅进行回收或钝化处理后，方可填埋。

继美国之后，欧盟及日本、韩国等都制定了类似的法律。

2.2 我国冶金工业高温窑炉共处置危险废物管理现状

我国是钢铁大国，目前我国粗钢产能达11.4亿吨。然而巨大的产能背后是高污染、高能耗的环境代价。钢铁行业结构调整尚未完成，落后产能仍在行业内占有较大的比重。更重要的是钢铁工业由于其自身的特点，不可避免地成为高污行业。据统计，目前我国冶金工业固体废弃物年产量约4.3亿吨，综合利用率为18.03%。其中工业尾矿产生量为2.84亿吨，利用率1.5%；高炉渣产生量7557万吨，利用率65%；钢渣产生量3819万吨，利用率10%；化铁炉渣60万吨，利用率65%；尘泥1765万吨，利用率98.5%；自备电厂粉煤灰和炉渣494万吨，利用率59%；工业垃圾436万吨，利用率45%。随着2009年颁布实施的《循环经济促进法》，冶金渣的综合利用成为钢铁行业的当务之急。

2.2.1 我国冶金行业中的固废资源综合利用标准

2.2.1.1 通用标准

根据《中华人民共和国固体废物污染环境防治法》的要求，目前可适用于危险废物管理的标准和规范主要分为两个方面，即鉴别标准和污染防治标准。

A 危险废物鉴别标准

根据《中华人民共和国固体废物污染环境防治法》，危险废物是指列入国家危险废物名录或根据危险废物鉴别标准和方法认定的具有危险特性的固体废物。

（1）国家危险废物名录：1998年实施的《国家危险废物名录》是危险废物管理、分类和鉴别的重要技术文件，列出了危险废物的类别、编号、主要危害和主要产生来源。冶金行业中涉及的危险废物包括钢铁冶金、有色冶金、炼焦、热处理等工艺中，如焦油渣、含重金属烟尘、污泥、废液沉降物等废物。2008年发布实施新版，目前正对修订稿征求意见。

（2）危险废物鉴别标准：1996 年国家环境保护总局颁布了《危险废物鉴别标准》——腐蚀性鉴别、急性毒性初筛和浸出毒性鉴别。与标准配套的还制定了固体废物或危险废物实验方法或分析方法标准。现标准号分别为 GB 5085.1—2007、GB 5085.2—2007 和 GB 5085.3—2007。

B 危险废物污染防治标准和规范

自 1999 年开始，国家环境保护总局陆续颁布了危险废物污染控制系列标准：《危险废物焚烧污染控制标准》（GB 18484—2001，正征求修订意见）、《危险废物填埋污染控制标准》（GB 18598—2001）和《危险废物贮存污染控制标准》（GB 18597—2001）。这 3 个标准通过不同的控制指标对危险废物的处理处置提出了具体的要求。

2.2.1.2 钢铁行业相关标准

我国从 20 世纪 50 年代开始了钢铁固体废弃物处理的利用研究，对我国冶金固体废物资源化利用情况进行了调研，并制修订了一系列国家、行业标准，构架出冶金固体废弃物资源化利用的标准体系。标准本身的结构划分为基础、试验方法、产品三个部分。

（1）基础标准，主要包括术语、分类、取制样、施工及应用技术规范、堆放规定、运输安全规范等。目前已制定标准包括：《钢铁渣及处理利用术语》（YB/T 804—2009）、《钢渣混合料路面基层施工技术规程》（YB/T 4184—2009）、《硅系铁合金电炉烟气净化及回收设施技术规范》（YB/T 4166—2007）、《尾矿砂浆应用技术规程》（YB/T 4185—2009）、《钢铁工业含铁尘泥回收及利用技术规范》（GB/T 28292—2012）。冶金工业信息标准研究院的仇金辉认为应补充制定分类、取制样、应用技术规程、堆放、安全等标准。

（2）产品标准，钢铁废弃物综合利用按钢铁生产流程所产生的废弃物分为四大类：高炉渣、铁合金渣、钢渣和粉尘污泥（表 2-2）。

表 2-2 钢铁废弃物综合利用相关标准

废弃物种类	具体类别	相关标准
高炉渣	高炉炉渣	《用于水泥和混凝土中的粒化高炉矿渣粉》（GB/T 18046—2008）、《用于水泥中的粒化高炉矿渣》（GB/T 203—2008）、《混凝土用高炉重矿渣碎石》（YB/T 4178—2008）
铁合金渣	包括锰铁渣、硅锰合金渣、硅铁渣、钼铁渣、镍铁渣、铬铁渣等	《用于水泥和混凝土中的硅锰渣粉》（YB/T 4229—2010）、《用于水泥和混凝土中的锂渣粉》（YB/T 4230—2010）

续表 2-2

废弃物种类	具体类别	相关标准
钢 渣	转炉电炉钢渣、精炼炉渣、铸余渣	《冶金炉料用钢渣》(YB/T 802—2009)、《烧结熔剂用高钙脱硫渣》(GB/T 24184—2009)、《用于水泥和混凝土中的钢渣粉》(GB/T 20491—2006)、《用于水泥中的钢渣》(YB/T 022—2008)、《低热钢渣硅酸盐水泥》(JC/T 1082—2008)、《工程回填用钢渣》(YB/T 801—2008)、《泡沫混凝土砌块用钢渣》(GB/T 24763—2009)、《外墙外保温抹面砂浆和粘结砂浆用钢渣砂》(GB 24764—2009)、《混凝土多孔砖和路面砖用钢渣》(YB/T 4228—2010)、《普通预拌砂浆用钢渣砂》(TB/T 4201—2009)、《钢渣砌筑水泥》(JC/T 1090—2008)、《透水沥青路面用钢渣》(GB/T 24766—2009)、《耐磨沥青路面用钢渣》(GB/T 24765—2009)、《道路用钢渣》(GB/T 25824—2010)、《道路用钢渣砂》(YB/T 4187—2009)、《道路用钢渣》(YB/T 803—1993)、《钢渣道路水泥》(JC/T 1087—2008)
粉尘污泥	烟尘、污泥	《电炉回收二氧化硅微粉》(GB/T 21236—2007)、《铁氧体用氧化铁》(GB/T 24244—2009)

(3)试验方法标准，为了检测钢渣产品实际的物理化学性能而制定，主要分为两大类：物理试验方法和化学分析方法。目前物理试验方法相关标准包括：《钢渣稳定性试验方法》(GB/T 24175—2009)、《冶炼渣粉颗粒粒度分布测定 激光衍射法》(YB/T 4183—2009)、《冶炼渣易磨性试验方法》(YB/T 4186—2009)、《钢渣中磁性金属铁含量测定方法》(YB/T 4188—2009)、《不锈钢钢渣中金属含量测定方法》(YB/T 4227—2010)；化学分析方法标准主要包括钢铁废弃物综合利用产品的化学成分分析标准：《钢渣化学分析方法》(YB/T 140—2009)、《钢渣中全铁含量测定方法》(YB/T 148—2009)、《炉渣 X 射线荧光光谱分析方法》(YB/T 4177—2008)等。

2.2.1.3 有色行业相关标准

为了控制有色金属工业固体废物对环境的污染，1985 年制定了《有色金属工业固体废物污染控制标准》(GB 5085—1985)。本标准是我国最早的对有色金属行业固体废物控制的标准文件，该文件于 1996 年废止，并由《危险废物鉴别标准》代替。

有色金属工业固体废物是指采矿、选矿、冶炼和加工过程及其环境保护设施中排出的固体或泥状的废弃物。其种类包括采矿废石、选矿尾矿、冶炼弃渣、污泥和工业垃圾，无处理设施、长期堆存并对环境造成影响的生产过程排出的固体物，也列为固体废物。有色金属工业有害固体废物是指具有浸出毒性、腐蚀性、放射性和急性毒性四种中的一种或一种以上的固体废物。

使用有色金属行业鉴别危险废物的标准包括：《危险废物鉴别标准 腐蚀性鉴别》(GB 5085. 1—2007)、《危险废物鉴别标准 急性毒性初筛》(GB 5085. 2—2007)、《危险废物鉴别标准　浸出毒性鉴别》(GB 5085. 3—2007)、《危险废物鉴别标准　易燃性鉴别》(GB 5085. 4—2007)、《危险废物鉴别标准　反应性鉴别》(GB 5085. 5—2007)、《危险废物鉴别标准　毒性物质含量鉴别》(GB 5085. 6—2007)、《危险废物鉴别标准　通则》(GB 5085. 7—2007) 等。

上述这些标准表明，凡具有环境效益、经济效益和社会效益的有色金属工业固体废物，必须积极开发利用。有色金属工业固体废物的综合利用应采用新技术，并防止产生再次污染。其过程所产生的固体废物应执行现行有关标准。

2. 2. 2　我国危险废弃物的管理制度

《中华人民共和国固体废物污染环境防治法》(以下简称《固体法》) 于 1996 年制定颁布，于 2004 年重新修订。该法的制定使得固体废物的环境管理得到了高度重视。《固体法》全面规定了固体废物环境管理制度和体系，包括监督管理、污染防治、危险废物管理特别规定、法律责任和附则等部分，在危险废物污染环境防治特别规定中对危险废物的产生、收集、运输、转移、包装、储存、利用、处置、设施建设、监督管理等活动有比较系统的要求，明确规定了危险废物管理的具体方案和责任。对于危险废物的管理制度主要包括以下 8 个方面。

(1) 申报登记制度：《固体法》规定，国家实行工业固体废物申报登记制度。产生工业固体废物的单位必须按照国务院环境保护行政主管部门的规定，向所在地县级以上地方人民政府环境保护行政主管部门提供工业固体废物的种类、产生量、流向、储存、处置等有关资料。1992 年国家环境保护局制定了《排放污染物申报登记管理规定》，规定了产生固体废物的单位应进行申报登记。

(2) 统一鉴别制度：《固体法》规定，国务院环境保护行政主管部门应当同国务院有关部门制定国家危险废物名录，规定统一的危险废物鉴别标准、鉴别方法和识别标志。世界上许多国家采用了“名录”或“清单”的方式来确定危险废物的种类和范围。对列入名录的危险废物实行严格管理。如美、英、日、德、比利时、瑞典、丹麦、荷兰等国，均在法律中规定或确认了这一制度，1998 年我国颁布了《国家危险废物名录》，列出了 47 个类别的危险废物；而 1996 年发布了《危险废物鉴别标准》。

(3) 代处置制度：产生危险废物的单位，必须按照国家有关规定处置危险废物，不得擅自倾倒、堆放；不处置的，由所在地方政府环保部门责令限期改正；逾期不处置或者处置不符合国家有关规定的，由所在地方政府环保部门指定单位按照国家有关规定代为处置，处置费用由产生危险废物单位承担。

（4）排污收费制度：以填埋方式处置危险废物不符合国务院环境保护行政主管部门规定的，应当缴纳危险废物排污费。2003 年，国务院颁布了《排污费征收使用管理条例》，并配套制定了《排污费征收标准管理办法》，对危险废物排污费的征收标准、征收方式和使用要求作出了规定。

（5）经营许可证制度：从事收集、储存、处置危险废物经营活动的单位，必须向县级以上地方政府环保部门申请领取经营许可证。2004 年国务院颁布的《危险废物经营许可证管理办法》规定了这一方面的要求。

（6）转移联单制度：转移危险废物的，必须按照国家有关规定填写危险废物转移联单，并按规定进行申报。1999 年国家环境保护总局颁布了《危险废物转移联单管理办法》，规定了危险废物转移联单制度的具体实施办法。

（7）预提留制度：重点危险废物集中处置设施、场所的退役费用应当预提，列入投资概算或者经营成本。但是到目前为止，还没有制定具体的管理办法，因此也没有正式实施。

（8）管理计划制度：产生危险废物的单位，必须按照国家有关规定制定危险废物管理计划，并向所在地县级以上地方人民政府环境保护行政主管部门申报危险废物的种类、产生量、流向、储存、处置等有关资料。

2.2.3 我国冶金行业在共处理废物环境风险控制方面的不足

我国作为一个发展中国家，由于受经济能力和技术水平等因素限制，固体废物处理处置技术研究工作起步较晚，与发达国家存在一定的差距。但是近些年来，环境问题频发，政府将生态文明建设作为国家的基本国策，大大促进了各个行业尤其是重污染型行业加大环保管理、减少废物排放、消纳已有废物的工作力度。废物处理技术得以发展，相关技术标准和政策得以完善，但是在发展的过程中仍然存在各方面的不足，主要体现在政策和技术标准等方面。

2.2.3.1 加强现行管理标准及规范的执行

我国自《固体废物污染环境防治法》颁布以来，标志着对环境的保护上升至法律监管的层面，但是由于机制还未完善健全，不少企业的固体废物仍在随意排弃，分散堆放，侵占粮田，造成环境污染。法律法规是环境保护的依据，标准和规范是技术的支撑和先进技术的引领。目前我国已制修订了 30 多项标准，加强对法规及标准的实施力度，才能真正将环保工作落实到位。

2.2.3.2 加强基础标准的制定

基础标准是一个领域标准化的主要基础，不完全的基础标准会使产品标准、方法标准不能很好地协调一致。在分类、堆放和安全等基础标准方面仍需补充。我国危险废物年产生量1000万吨，其中以储存、综合利用和处置为目的约各占1/3。尽管我国颁布了危险废物的焚烧、填埋和储存污染控制标准，但在实际操作过程中，这3个标准还不够完善，存在一些问题，并且缺乏以综合利用为目的污染控制标准和其他处置途径的污染控制标准。

危险废物鉴别标准和方法是危险废物管理的技术基础和关键环节。首先，我国到目前为止还没有建立完善的危险废物鉴别程序指导，危险废物的鉴别和分级管理比较混乱，这样增加了危险废物管理成本，效率也比较差；其次，由于没有深入研究我国危险废物产生特性和污染特征，我国制定的危险废物名录仅仅是参照《巴塞尔公约》编制的，造成了其既无法真正实施，也与我国的实际情况相差很大；最后，在目前实行的危险废物鉴别标准中缺乏有关易燃性、反应性、感染性等危险特性的鉴别标准。在腐蚀性鉴别标准中缺乏非水溶液腐蚀性、液态物质腐蚀性等标准项目，其中浸出毒性鉴别主要以无机重金属为主，而有机物的浸出毒性鉴别标准目前还没有制定，并且鉴别体系缺乏完整的理论基础，与鉴别标准配套的分析方法还不完善，很多都是参考了水质量标准规定的方法和国外标准方法。

2.2.3.3　补充针对性的固废管理标准及规范

我国现行的环保标准如《危险废物鉴别标准》《危险废物焚烧污染控制标准》《危险废物填埋污染控制标准》《危险废物贮存污染控制标准》等均是基础性标准，不具有针对性，因此在具体实施的过程中就难免会有纰漏和不足。同时危险废物在处理过程中也会增加管理成本，降低了效率。因此，对于大宗具有代表性的固体废物，建立专门的管理标准和处理规范是十分重要的。

2.2.3.4　固废处理技术没有形成技术规范

我国固体废弃物处理技术起步和发展较晚，虽然有国外先进处理工艺作为借鉴，但是由于技术垄断等原因，相当数量的共处置技术没能在我国形成规模发展。由于危险废物处理处置技术和标准的不完善，使得大量的危险废物处于储存状态，危险废物储存管理制度和储存设施技术规范的不统一致使储存的方式多种多样，并且储存点分散。这样不仅导致了重复建设，浪费大量资金，也不利于进行统一管理，并且对于储存废物的安全性也很难得到保证，由于危险废物所具有的特殊性质，其处于这样一种不稳定状态的临时储存设施内，仍然具有极大的危险性。由于没有先进有效的处理技术作为指导，储存的大量固体废弃物得不到及时有效的处理和利用。因此，在充分研究的基础上制定相关标准，能够为解决钢铁固废综合利用的问题规范工艺制度，促进工艺发展和推广。

2.2.3.5 缺少危废处理过程的环境保护标准

尽管从统计数据上分析，综合利用量占危险废物总量的1/3以上，但综合利用水平还处于一个较低的水平，基层单位对综合利用的理解也有差别，二次污染较为严重。处理废弃物过程中产生的二次污染是处理工艺在开发过程中就需要着重注意的问题，应通过处理方式、预处理、限制条件、后处理等方式保证二次污染在可控制的范围内。因此急需制定各种危险废物的综合利用污染控制标准和综合利用产品的环境保护质量标准。对形成的固体废弃物处理工艺的技术规范应有相应的环保标准，既保证固废处理技术的发展积极性，也利于有效控制二次污染。

3 冶金工业高温窑炉热工特性

钢铁工业高温窑炉共处置热工特性
烧结—高炉冶炼系统
焦炉冶炼系统
回转窑冶炼系统
矿热炉冶炼系统
转炉及电弧炉冶炼系统
有色工业高温窑炉共处置热工特性
鼓风炉冶炼系统
反射炉冶炼系统
闪速炉冶炼系统

3.1 钢铁工业高温窑炉热工特性

3.1.1 烧结—高炉冶炼系统及共处置特性

3.1.1.1 烧结—高炉冶炼系统概况

炼铁生产是指将含铁物料以及还原物料、造渣料等通过高温设备冶炼生产得到铁水的过程。高炉是炼铁生产中最为典型的主体生产设备，全国8亿吨的生铁产能中有95%以上来自于高炉。但是高炉生产流程不是单一设备，而是一个完整的生产系统，包括高炉、烧结机、热风炉、炼焦炉，以及其他辅助设备，如上料系统、渣铁处理系统和煤气清洗处理系统等，如图3-1所示。通常高炉炼铁系统以铁物料流为主线，包括烧结机生产烧结矿和高炉生产铁水的工艺。

高炉是炼铁生产的主体设备，主要目的是用铁矿石经济而高效率地得到温度和成分合乎要求的液态生铁。其冶炼过程是在密闭的竖炉内进行的，在炉料与煤气逆流运动的过程中完成多种化学反应和物理变化，一方面是矿石中金属元素（主要是Fe）和氧元素的化学分离，即还原过程；另一方面是已经被还原的金属与脉石的机械分离，即熔化与造渣的过程。全过程是在炉料自上而下、煤气自下

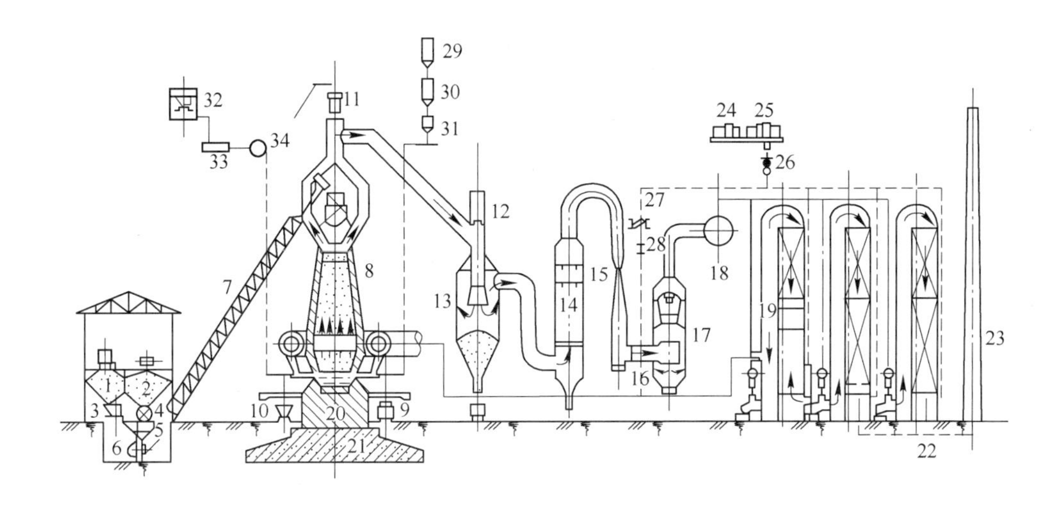

图 3-1 典型高炉炼铁工艺流程及其主要设备示意图

1—贮矿槽；2—焦仓；3—称量车；4—焦炭筛；5—焦炭称量漏斗；6—料车；7—斜桥；8—高炉；9—铁水罐；10—渣罐；11—放散阀；12—切断阀；13—除尘器；14—洗涤塔；15—文氏管；16—高压调节阀组；17—灰泥捕集器（脱水器）；18—净煤气总管；19—热风炉；20—基墩；21—基座；22—热风炉烟道；23—烟囱；24—蒸汽透平；25—鼓风机；26—放风阀；27—混风调节阀；28—混风大闸；29—收集罐；30—储煤罐；31—喷吹罐；32—储油罐；33—过滤器；34—油加压泵

而上的相互紧密接触过程中完成的。低温的矿石在下降的过程中被煤气由外向内逐渐夺去氧而还原，同时又自高温煤气得到热量。矿石升到一定的温度界限时先软化，后熔融滴落，实现渣铁分离。已熔化的渣铁之间及与固态焦炭接触过程中，发生诸多反应，最后调整铁液的成分和温度达到终点。按照炉型物理分区，高炉本体由上而下依次包括炉喉、炉身、炉腰、炉腹和炉缸（图3-2）；按照冶炼功能分区包括固体炉料区、软熔区、疏松焦炭区、压实焦炭区、渣铁储存区以及风口焦炭循环区。

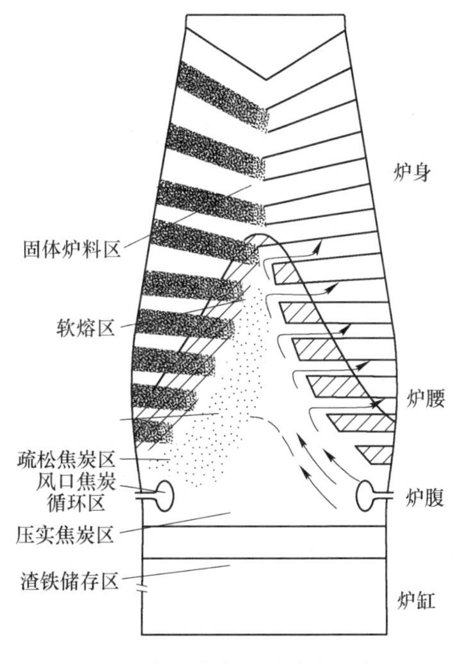

图 3-2 高炉内各区域分布示意图

烧结是在烧结机上进行的，是为了满足高炉对入炉料（主要是铁矿）的粒度、强度等要求，将散状粉料制成块状入炉料的生产工艺。现代烧结生产是一种抽风烧结过程，即将铁矿粉、熔剂、燃料、代用品及返矿按一定比例组成混合料，配以适量水分，经混合及造球后，铺于带式烧结机的台车上，在一定负压下点火，整个烧结过程是在9.8～15.7kPa负压抽风下，自上而下进行的（图3-3）。现在广泛采用的连续式烧结机是带式烧结机，具有烧结过程机械化、工作连续、生产率高和劳动条件较好等优点。带式烧结机的主要组成部分有台车、行走轨和导轨、烧结机驱动装置、密封装置、抽风箱、装料装置和点火装置等。

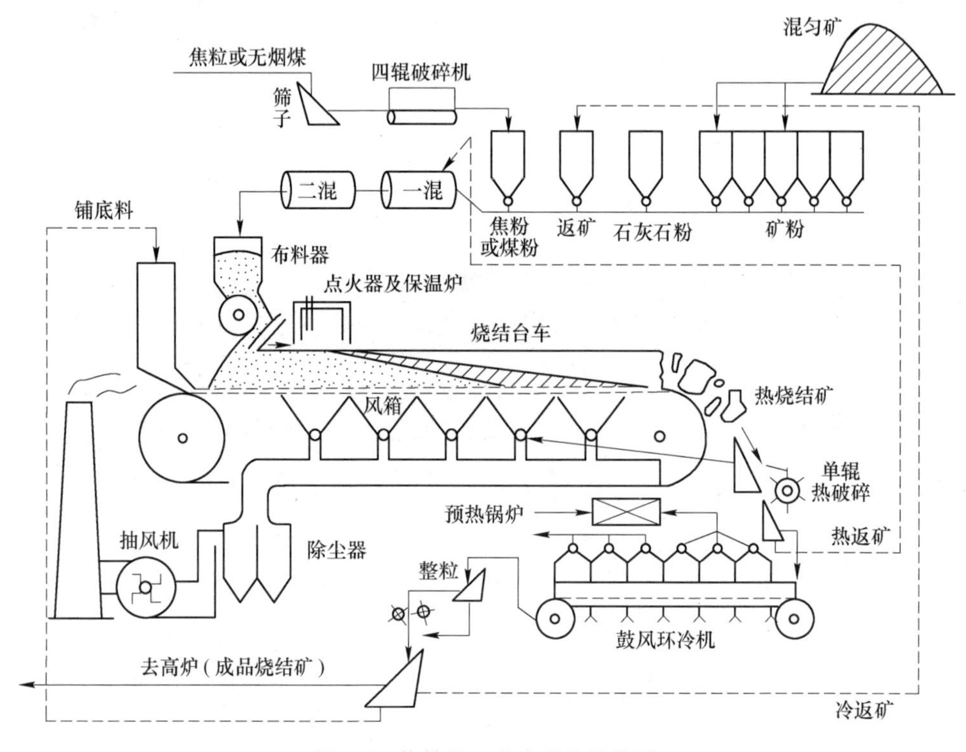

图3-3　烧结机工艺流程及结构图

3.1.1.2　高炉冶炼特性的分析

在高炉冶炼特性分析中，可以通过建立模型来模拟高炉内部的温度、气氛、流场以及氧化铁转化分数、碳溶解分数、气体体积分数等诸多参数，从而对高炉冶炼特性有准确的分析和研究。

A　模拟的高炉尺寸

通过建模分析，研究了有效容积约为2500m^3的高炉，各部尺寸如图3-4所示。

B　高炉内各相的温度分布

高炉内部的温度分布如图3-5所示。气相和粉相的温度分布几乎一致，在回旋区的后面温度最高，当它们穿过软熔带时温度突然下降，然后随着气相和粉相不断上升，温度逐渐下降，在布料面，中心线附近的温度最高。在堆料区，固相温度分布与气相的温度分布相似，但是由于吸热反应，软熔带的温度几乎是不变的。由于焦炭的加热，从软熔带到回旋区，温度逐渐升高。液相温度随着液相从软熔带滴落到炉缸而逐渐升高。

C 高炉内各相体积分数分布

图 3-6 为高炉内各相在不同位置的体积分数。在炉喉处的矿焦比和颗粒直径的分布导致固相径向体积分布的不同。软熔带下面液相径向分布与布料层矿的分布呈比例。粉相在回旋区的后面迅速积聚。由于气流速度高，细粉在软熔带上方和软熔带附近的含量也很小，这主要是由于穿过软熔带时的气流速度很快。在高炉的上部区域和炉喉，由于气流速度的降低，粉相含量略有增大，而这与高炉上部直径变小、中心气流优先流出也有关系。

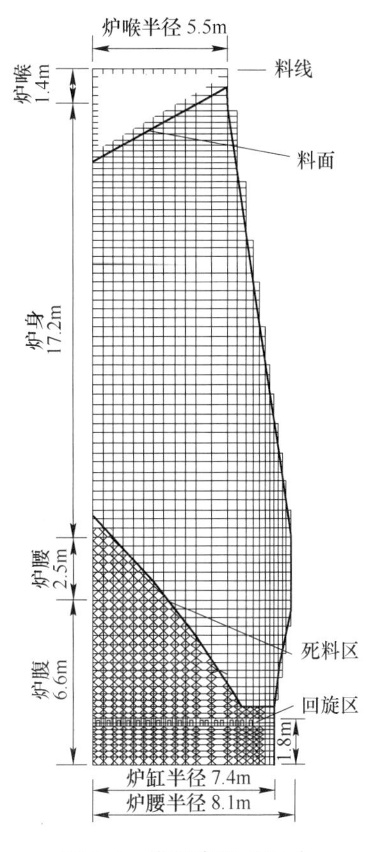

图 3-4 模拟高炉的尺寸

D 高炉内气相各组分百分数分布

图 3-7 是模拟的高炉气相组分 CO 和 CO_2的质量分数分布。图中只画出了一半竖直横截面，死料区、回旋区和软熔带用虚线表示。CO 浓度在软熔带最高，这主要是由于直接还原反应、溶损反应以及水煤气反应可产生 CO。随着气体的上升，CO 的浓度逐渐下降，这主要是在上升过程中发生间接还原反应。相反，CO_2的浓度随着气体的上升而逐渐增大，这主要是由于上升过程中间接还原反应产生 CO_2。在接近高炉中心线附近，由于矿的体积分数很低还原的速率很小，因此 CO_2的浓度较低。

E 还原度与气相组成

图 3-8 是在 $r/R=0.67$ 处，还原度与气相组成的纵向分布。由图 3-7（a）和（b）可以看出，还原过程中存在磁铁矿 Fe_3O_4 转变为氧化亚铁的停滞。这种磁铁矿转变为氧化亚铁的停滞不是由于化学反应平衡引起的，而是由于磁铁矿转变为氧化亚铁反应的速率常数由反应温度决定。磁铁矿转变为方铁矿反应的停滞，以至于其发生的温度范围太高，但后续氧化亚铁转变为铁的反应并没有停滞，而且反应很快。

F 高炉内各相的流场分布

计算得出高炉内各相流场如图 3-9 所示。为了帮助区分固、气和细粉图，在

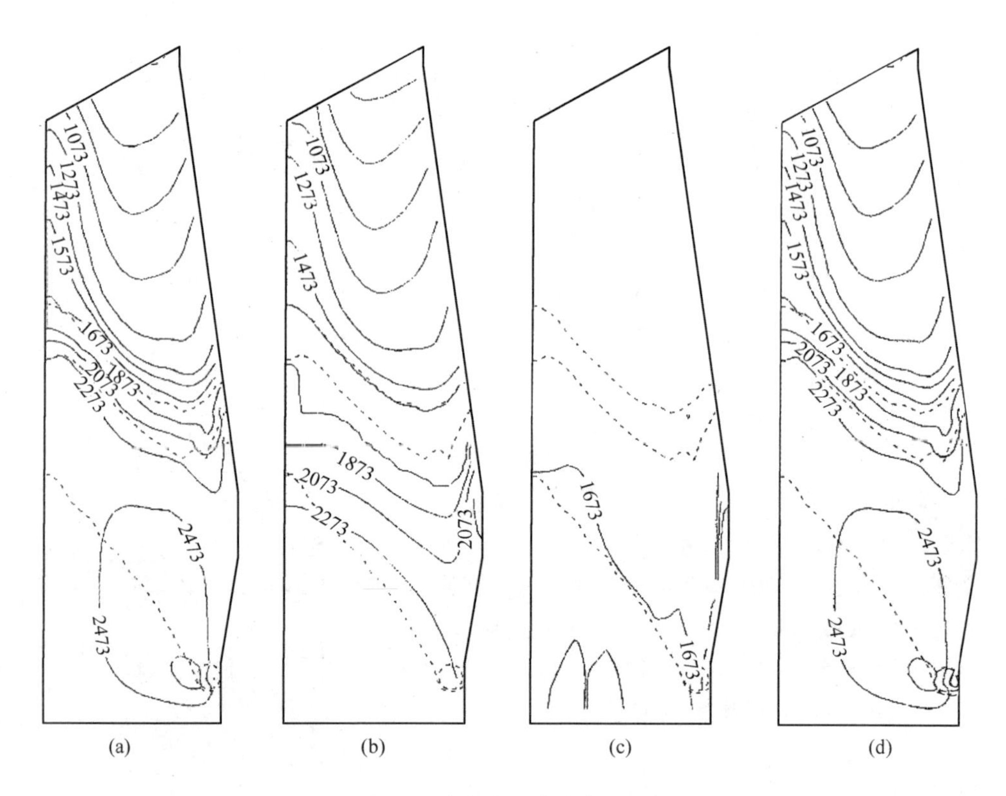

图 3-5　各相的温度分布（K）
（a）气相；（b）固相；（c）液相；（d）粉相

回旋区没有画出矢量。虚线表示软熔带、回旋区和死料区。通过软熔带的气体方向突然改变，说明在软熔带阻力很大。在软熔带下方，软熔带的阻力使气体向中心线的方向汇聚。“W”形的软熔带是焦炭体积分数布料分布的反映。倾斜的布料表面和中心线附近粗糙的固体颗粒使得气流向中心线移动。在软熔带下面，固相在回旋区周围汇聚。固体阻力在高炉炉墙和死料区附近很明显。液相明显不受气相流的影响，只是由于喷吹而有些偏离炉腹的炉墙。粉相流的流场与气相流的流场很相似，说明其受气相流的影响较大。

3.1.1.3　高炉性质区域特性

高炉生产过程是固体物料自上而下，气体自下而上的逆流过程。如图 3-2 所示，为高炉在生产过程中的主要的性质区域。物料从炉顶进入高炉后，依次经过块状带、软熔层、焦炭活动区、风口回旋区、渣铁区等，进入炉缸渣铁分离。各性质区域如下：

（1）块状带。自高炉炉顶至矿石开始软熔这段区域为块状带，也称固体炉料区。焦与矿呈层状交替分布，皆呈固体状态，以气固相反应为主。发生的反应

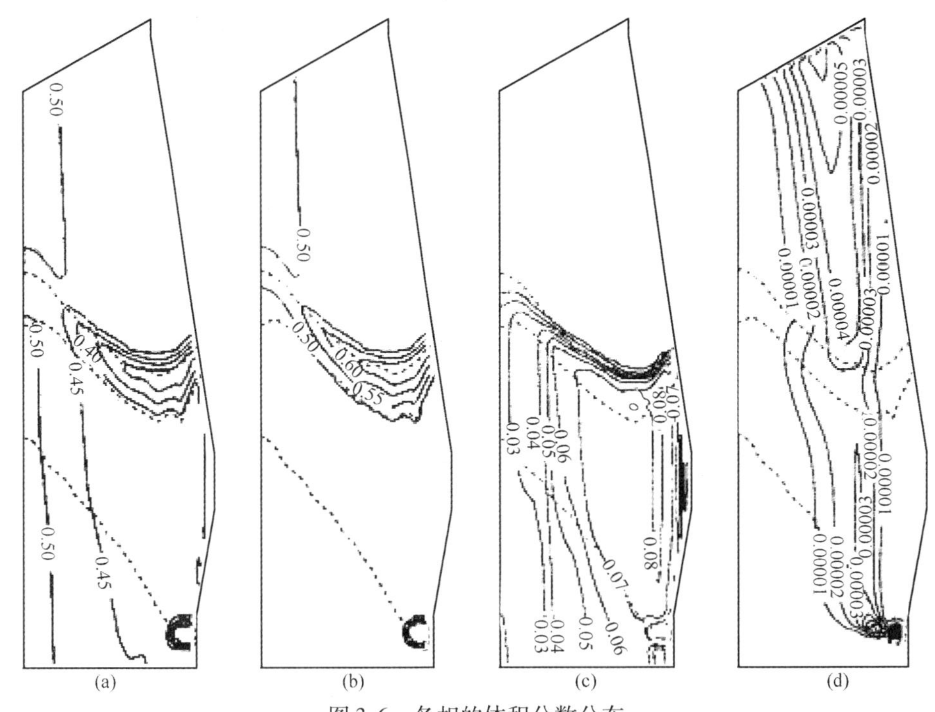

图 3-6　各相的体积分数分布

（a）气相；（b）固相；（c）液相；（d）粉相

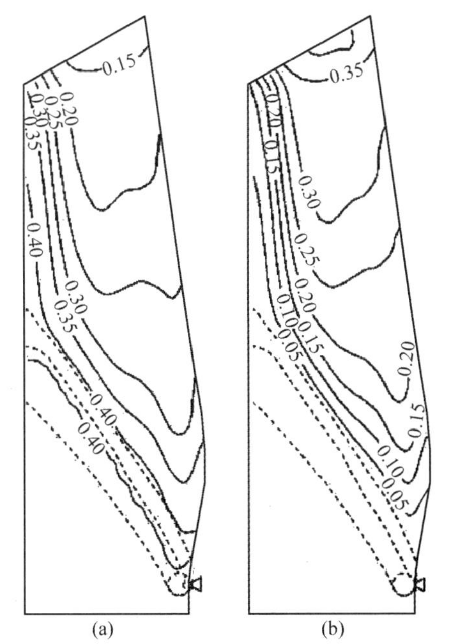

图 3-7　高炉气相中各组分质量分数分布

（a）CO 分数；（b）CO_2 分数

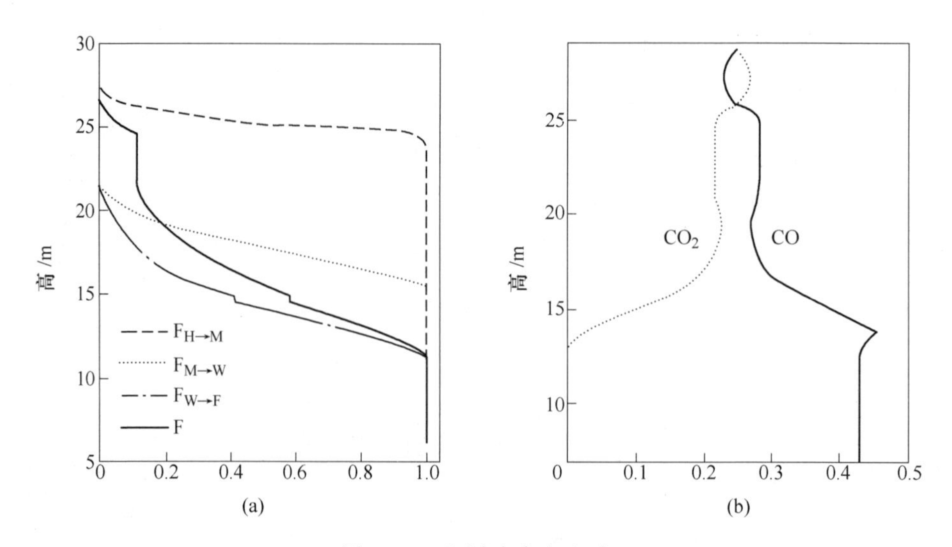

图 3-8　还原度与气相组成

(a) 还原度；(b) CO 和 CO_2 的组成

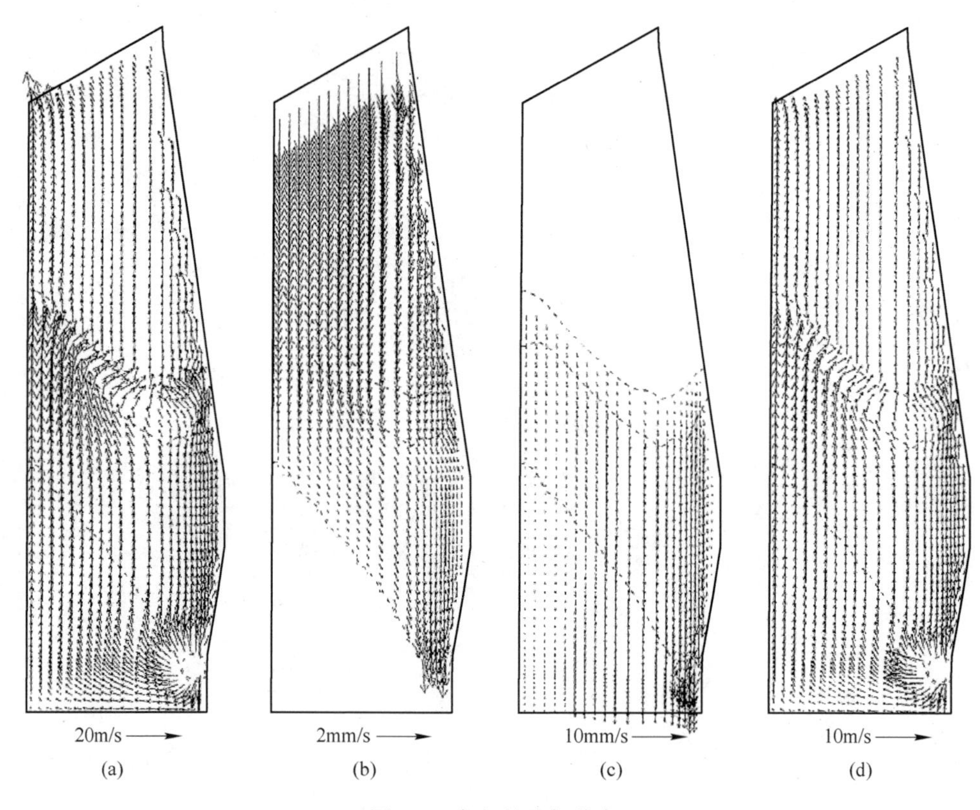

图 3-9　各相的流场分布

(a) 气相；(b) 固相；(c) 液相；(d) 粉相

主要有间接还原，炉料中水分蒸发及受热分解，矿物质分解，以及少量的直接还原和炉料与煤气间的热交换。该区域自炉顶料线开始至软熔带，约0～6m的跨度（中心线处与料线的距离），温度从100℃升至约800℃左右。反应时间约2h，气流通过时间约为2～3s。

（2）软熔区。当温度达到900～1100℃时，炉料开始软化黏结，炉料开始软化至熔融滴落的区域为软熔区，也称软熔带。在软熔带上部边界炉料开始软化，而在下部边界熔融滴落，为固—液—气间的多相反应，软熔的矿石层对煤气流的阻力很大，焦窗的总面积和分布决定了煤气流动及分布。在此区域发生的反应主要是直接还原和造渣。该区域自上部固体炉料下边界至滴落区，距料线6～9m，约3m的跨度，温度从900℃升至1200℃。反应时间约1h，气流通过时间约为1～1.5s。当温度达到1200℃左右时，金属铁间开始结合，随着温度和还原反应的继续进行，矿石中心残存的浮氏体也逐渐消失，此时成为渣铁共存的十分致密的整体，矿石层中凡处于同一等温线的部分几乎黏结成一个整块，形成了软熔层。

（3）疏松焦炭区。当温度高于1400～1500℃时，软熔层开始熔化，渣铁分别聚集并滴落下来，炉料中铁矿石消失。此时料柱完全由尚未到达风口燃烧的焦炭组成，称为疏松焦炭区或焦炭活动区。该区域的主要特征是松动的焦炭流不断地落向焦炭循环区，其间夹杂着向下流动的渣铁液滴。发生的主要反应为向下滴落的液态渣铁与煤气及固体碳之间进行的多种复杂的质量传递及传热过程。这个区域自软熔区下边界，距料线10～16m，约6m的跨度。温度从1300℃升至1500℃，反应时间约2h，气流通过时间约为2～3s。

（4）压实焦炭区。疏松焦炭区的松动焦炭不断落下，在下部积压形成了压实焦炭区，又称焦炭循环区。该区域下临风口，主要发生焦炭的燃烧、焦炭与渣铁间的反应等。该区域上部与疏松焦炭区没有明显物相变化，主要通过风口循环区划分，下部直接与液态渣铁相邻；距料线18～24m，约6m跨度，并集中在中心堆积。上部区域及靠近风口处主要是碳的燃烧，因此焦炭消耗更新较快，气流通过时间约为1～2s；下部及中心区域不参与燃烧，而是主要通过渗碳溶解、直接还原以及少部分被渣铁浮起挤入燃烧带气化消耗，因此消耗更新很慢，大约需要7～10d。该区域的反应相对呆滞，因此也称作死料区。温度不再是沿纵深发展，而是沿径向越靠近四周风口温度越高，从1500℃升至2000℃。

（5）风口回旋区。位于压实焦炭区四周风口处，是由于热风喷射及焦炭燃烧形成的约600mm大小的区域，其外围是一层厚约100～200mm的中间区。在这个区域中焦炭及喷入的辅助燃料与热风发生燃烧反应，产生高热煤气，并主要向上部快速逸出。焦块急速循环运动，既是煤气产生的中心也是上部焦炭得以连续下降的“漏斗”，是炉内高温的焦点。温度在2000℃以上。风口的喷射速度能达到10m/s以上，完成燃烧反应约在10～20ms。

（6）渣铁储存区。位于压实焦炭区下部，主要是液态渣铁停留储存的区域，位于炉缸。共1～1.5m的深度。在此区域渣铁层相对静止，只有在周期性渣铁放出时才有较大的扰动。在铁液滴穿过渣层瞬间及渣铁层间的交界面上发生液—液反应，由风口得到辐射热并在渣铁层中发生热传递。温度在1500～1600℃左右，停留时间由出铁时间决定，约1h。

3.1.1.4 元素在高炉中的行为

A 挥发性物质

易挥发性物质可以分为两类，即不反应性挥发物质和反应性挥发物质。不反应性挥发物质是指物质本身就具有沸点低、易挥发等特性，如 H_2O、S、P、挥发分以及部分有机物，如汽油、乙醇等物质。这一类物质的特征是沸点较低（沸点小于500℃），或具有挥发性，进入高炉中在固体炉料区域时未发生化学反应就气化随烟气排出。

$$M_{(s,l)} \longrightarrow M_{(g)} \uparrow$$

反应性挥发物质是指物质本身不具有挥发性，但是通过化学反应得到了易气化的物质，如ZnO、PbO、K_2O、Na_2O、硫酸盐和磷酸盐等物质。这一类物质的特征是易被还原，且可生成具有挥发性的物质。在进入高炉中后，在高温和还原性气氛的作用下，生成的气化物质，如Zn、Pb、K、Na、SO_2、P_2O_5等进入烟气中，一部分随其排出，一部分被氧化后排出或在高炉上部凝结。

$$MO_{(s)} + CO \longrightarrow M_{(g)} \uparrow + CO_2$$

B 易分解性物质

易分解性物质主要是指在高温条件下，由于结构不稳定发生分解生成气化物的物质，如 $FeCO_3$、$MnCO_3$、结晶水合物、铵盐等。在进入高炉中后，随物料进入高温区后逐渐分解生成 CO_2、H_2O、NH_3气体和金属氧化物。气体进入烟气排出，金属氧化物进入下个区域。其中白云石和石灰石为难分解化合物，但在高炉的高温环境中也会发生分解，因此也属此类。

$$MCO_{x(s)} \longrightarrow MO_{x(s)} + CO_{2(g)} \uparrow$$

$$MO_x \cdot H_2O_{(s)} \longrightarrow MO_{x(s)} + H_2O_{(g)} \uparrow$$

$$NH_4MO_{x(s)} \longrightarrow MO_{x(s)} + NH_{3(g)} \uparrow + H_2O_{(g)} \uparrow$$

C 易还原性金属氧化物

在冶金理论中，通常可以由埃林汉姆图，即氧势图（图3-10）来判断在高炉内部各种类型氧化物是否可以被CO还原。易还原性金属氧化物就是指可以被CO还原的金属氧化物。

如图3-10所示，这类物质主要有FeO、CuO、NiO、CoO、Cr_2O_3、V_2O_3、

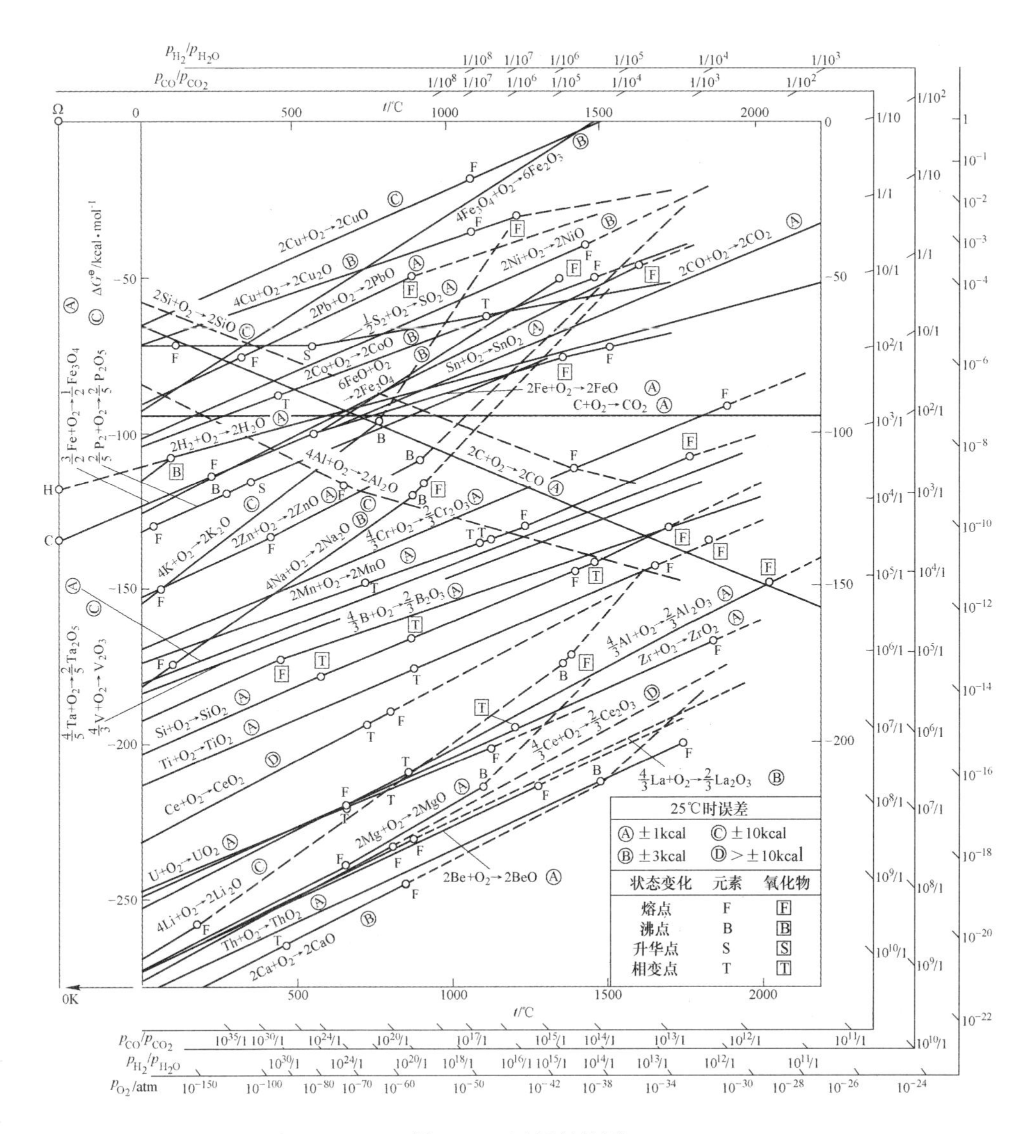

图 3-10 还原氧势图

MnO、SnO_2等，以及 Na_2O、ZnO、PbO 等易挥发性金属氧化物。这类物质在进入高炉后，虽然反应的温度条件从 200～1500℃，而且一些金属在与 CO 的间接还原中就可被完全还原，一些需要与 C 发生直接还原反应，但这些物质在高炉中均可被还原为金属单质。

$$MO_{x(s)}+CO_{(g)}\longrightarrow M_{(s)}+CO_{2(g)}\uparrow$$

$$MO_{x(s)}+C_{(s)}\longrightarrow M_{(s)}+CO_{(g)}\uparrow$$

生成的金属单质绝大部分进入铁水中，如 Cu、Ni、Cr、Co 等，部分金属在铁液和渣中均有分布，如 Mn 等，其分布可参考金属元素渣铁间分配比，见表 3-1。

表 3-1 部分金属元素的渣铁间分配比

元素	Fe	Ni	Cr	Mn	Co	V	Nb	Ti	Cu	K，Na
铁	0.998	0.95	0.85	0.7	0.95	0.8	0.7	0.1	1.0	
渣	0.002	0	0.15	0.3	0	0.2	0.3	0.9	0	0.95

D 惰性还原性金属氧化物

还有一类金属氧化物进入高炉后，在高炉的温度和还原条件下仍不能够被还原，从而全部进入液相渣中，这类物质称为不易还原性金属氧化物，包括 TiO_2、CaO、MgO、Al_2O_3等。

$$MO_{x(s)} \longrightarrow MO_{x(l)}$$

E 非金属氧化物

非金属氧化物中如 SO_2、P_2O_5属于易气化物质，在 a、b 类中均有出现。还有一类非金属氧化物既不会气化进入烟气中，也不会被还原，属于不易还原性非金属氧化物，如 SiO_2、B_2O_3等。这类氧化物在进入高炉中后，全部进入液相渣中。

$$MO_{x(s)} \longrightarrow MO_{x(l)}$$

F 金属硫化物

在矿物中，金属氧化物矿物通常会伴生金属硫化物，并且在多类有色冶金废弃物中都有金属硫化物存在，如 CuS、ZnS、FeS 等。这类物质在进入高炉后首先会反应生成金属氧化物和 SO_2，再以金属氧化物的形态进入下个区域。

$$MS_{x(s)} + 2O \longrightarrow MO_{x(l)} + SO_{2(g)} \uparrow$$

$$MO_{x(s)} + CO_{(g)} \longrightarrow M_{(s)} + CO_{2(g)} \uparrow$$

G 有机物质

有机物质因其主要为碳质，因此加入高炉中后主要发生燃烧反应。这类物质主要分为两类，即易挥发性有机物质，如汽油、乙醇；不易挥发性有机物质，如重油渣、焦油渣、塑料、橡胶等。考虑高炉投加位置，只有从风口进入才能发生氧化燃烧反应，生成气态物质和残留物等。

$$C_xH_yM_{z(s,l,g)} + O_{2(g)} \longrightarrow CO_{(g)} + H_2O_{(g)} + MO$$

H 其他类化合物

除了以上类别的物质外，还有氟化物、氯化物以及复杂复合氧化物等。由于工艺限制，通常高炉是不能处理氯元素的，因为氯会产生氯气进入烟气中造成污染，并形成严重危害。氟化物有改善炉渣流动性的功能，一部分进入渣中，也会有一部分氟以 SiF_4形式进入烟气中。复杂复合氧化物在进入高炉中后会在高温条件下分解成简单氧化物，然后按照各种不同化合物类型的走向各自发生反应。

3.1.1.5 烧结冶炼特性的分析

根据生产过程中对料层温度的测量，得到点火后不同时间沿料层高度的温度分布，如图 3-11 所示。

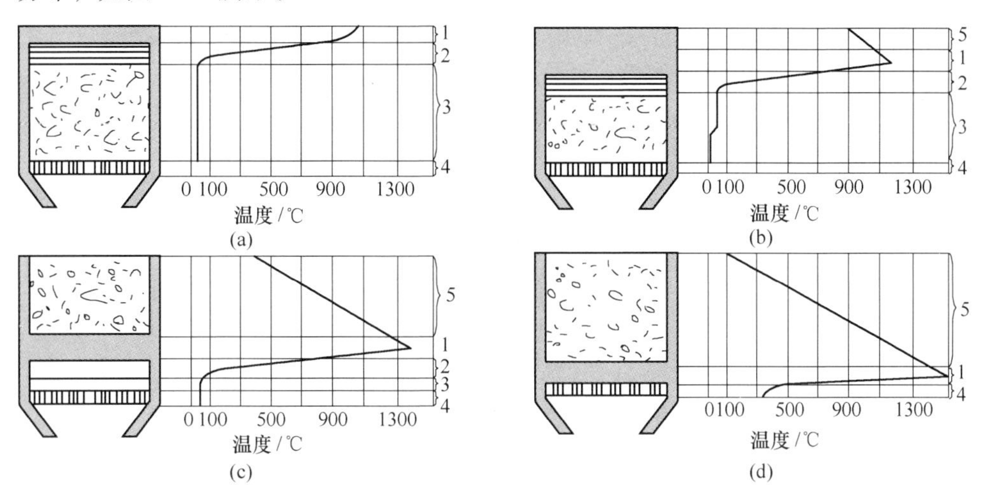

图 3-11 烧结冶炼过程的温度分布

(a) 点火开始；(b) 点火后 1～2min；(c) 烧结开始后 7～8min；(d) 烧结终了以前

1—燃烧层；2—干燥及预热层；3—原始混合料；4—箅条；5—烧结矿层

以上 4 个温度曲线分别是点火开始、1～2min、7～8min 以及烧结终了前这 4 个时间点的各层温度。在烧结层上部及烧结矿层区域，热烧结矿将热量传给气体，使气体温度很快升高，在燃烧层以下的区域，炽热的废气将热量传给烧结料，温度又很快降低，燃烧层是温度最高的一层，一方面是由于此层进行碳的燃烧放出大量的热，另一方面是由于参加燃烧的空气在上部被预热带来大量的物理热。烧结矿层相当于加热空气的蓄热器，具有蓄热作用，对燃烧层的温度影响很大，可以提供燃烧层所需全部热量的 38%～40%，同时也提高了热量的利用率。

热废气的温度在预热层和干燥层迅速降低，而预热层和干燥层烧结料的温度急剧升高。在预热层，烧结料的升温速度，高的可达 1700～2000℃/min，低的也有 450～650℃/min；在干燥层高的可达 500℃/min，低的也有 100℃/min。主要是因为烧结料粒度细，传热表面积很大，传热速度很快；过湿层热交换作用不强，废气和混合料温度变化不大。

3.1.1.6 烧结机性质区域划分

A 烧结性质区域

现代烧结生产是一种抽风烧结过程，即将铁矿粉、熔剂、燃料、代用品及返矿按一定比例组成混合料，配以适量水分，经混合及造球后，铺于带式烧结机的台车上，在一定负压下点火，整个烧结过程是在 9.8 ~ 15.7kPa 负压抽风下，自上而下进行的，烧结风速一般为 $(90 \pm 10)m^3/(m^2 \cdot min)$，气体总停留时间约为 0.4s。在某一烧结时刻，烧结料从上至下形成了四层，即成矿层、燃烧层、预热层、冷料层。各层情况大致如下：

（1）成矿层。主要反应是液相凝固、析出新矿物、预热空气。表层受冷空气剧冷作用，温度低，矿物来不及析晶，故表层强度较差。

（2）燃烧层。主要是固体燃料的燃烧，引起料层温度的升高和液相的生成。主要反应是燃料燃烧，温度可达 1100 ~ 1500℃，混合料在固相反应下形成低熔点矿物在高温下软化，进一步产生液相，此层厚 15 ~ 50mm。该层对烧结矿的产量影响很大，过厚，影响料层透气性，导致产量降低；过薄，烧结温度低，液相数量不足，烧结固结不好。燃烧层内还发生碳酸盐和硫酸盐的分解、磁铁矿的氧化、赤铁矿的热分解以及固体燃料颗粒的周围高级氧化物的还原等反应。

（3）预热层。由于烧结过程的气流速度很快，烧结料又是细粒散料，所以烧结料温度能迅速提高，在一个很窄的区域（13 ~ 30mm）内完成干燥过程。主要过程是混合料被燃烧层下来的热废气干燥和预热，特点是热交换进行的迅速剧烈，以致废气温度很快从 1100 ~ 1500℃ 降至 60 ~ 70℃。在相应的温度下，层内发生的主要反应是结晶水和碳酸盐分解、矿石的氧化还原以及固相反应等，此层厚度一般为 20 ~ 40mm。在此层内发生部分碳酸盐的分解，硫酸盐的分解和磁铁矿的局部氧化，以及烧结料各成分之间的固相反应。

（4）冷料层。也称过湿层，由于上层废气中带入较多的水分，进入本层时，温度降到露点以下而冷凝析出，形成料层过湿，过湿出现的重力水破坏已造好的混合料小球，从而影响烧结透气性。

B 烧结料层的燃烧特点

烧结料层中的燃烧特点：为了使碳的燃烧充分，通常空气的过剩系数为 1.4 ~ 1.5；燃烧过程主要集中在一个厚度约 15 ~ 50mm 的高温区进行；烧结过程传热条件很好，废气温度降低很快，因此固体碳燃烧过程中的所有二次反应，即 $CO_2 + C = 2CO$，$2CO + O_2 = 2CO_2$，都不会有明显的发展，废气中不仅有 CO_2 和 CO，还会有残余的 O；料层中气氛既存在还原区，也存在氧化区。固体碳颗粒表面附近为还原区，此处 CO 浓度高，O_2 和 CO_2 浓度低，又因碳粒与矿粒接触紧密，使铁的高级氧化物还原成低级氧化物；而离碳粒较远的地方则为氧化区。由于炭量少和分布稀疏，总的烧结过程属于氧化气氛；由于燃烧层温度高，燃烧反应速度非常快，固体碳的燃烧处于扩散速度控制，缩小粒度、增加气流速度和空气中含氧量都会加快燃烧速度。

C 烧结料层的气氛性质

烧结料层中的气氛性质对其反应有重要影响。在烧结料层的废气成分中自由含氧量一般为2%~6%，是属于氧化性或弱氧化性气氛。根据烧结矿的成分来看$Fe^{2+}/Fe_{全}$的比值，比原料中的$Fe^{2+}/Fe_{全}$的比值或高或低。根据固体碳的燃烧机理，在碳粒表面附近是CO浓度较高而O_2及CO_2浓度较低的还原区，因碳粒与矿粉紧密接触，存在铁氧化物的还原，促使CO生成，加强了还原气氛。还原区的相对量取决于单位体积烧结料中燃料的表面积。

D 烧结机烟道系统

在钢铁冶金行业中，高炉、炼焦炉、转炉等高温窑炉产生的废气通常作为二次能源进行燃烧供热，因此烟气经除尘、余热利用后进入下个系统中，不外排。烧结机产生的烟气热值低，未做回收而经过除尘脱硫等处理后从烟道外排。

（1）烧结烟气。烧结生产过程中会产生大量的粉尘和废气。其中粉尘主要是在原料准备过程中，即原料的接收、混合、破碎、筛分、运输和配料等设备以及混合料系统中的转运、加水、混合过程中产生。烟气中主要为CO_2、CO、O_2、N_2、SO_2、NO_x等。烧结烟气的重度（标态）采用1.27kg/m³，大多数日本企业采用1.329kg/m³（不包括水蒸气的干气体），英国的戴维公司采用1.25kg/m³。烧结烟气成分及粉尘成分见表3-2及表3-3。

表3-2 烧结机头烟气化学成分（标态）

厂 名	CO_2 /kg·m⁻³	CO /kg·m⁻³	O_2 /kg·m⁻³	N_2 /kg·m⁻³	SO_2/kg·m⁻³	含尘/g
宝钢1号机	5	0.2	15.8	79	脱硫：500~1032 非脱硫：100~310	0.5~3
鞍钢一烧4号机	4.8	1.13	15.33	78.73		3.1
	5.45	2.3	14.05	78.20		
武钢三烧	5~6	0.4~0.6	18.5	76.1	SO_2：157.2~686 NO_x：100.8~138.6	1.0~3.0
唐钢烧结	5.1	0.63	17.1	77.17		1.24~1.57

表3-3 武钢三烧机头烟气中粉尘的化学成分 （%）

TFe	SiO_2	CaO	Al_2O_3	MgO	MnO	Na_2O	S	P	C
44.5	0.32	10.89	2.14	2.92	0.125	0.141	1.30	0.05	3.54

（2）烟气的温度及流速。烧结过程中，气体温度经过烧结料层时，在成矿层与烧结矿换热升温；在燃烧层温度迅速升至最高，约为1100~1500℃；在预热层和冷料层将热量传递给物料，气体温度降低，最终形成小于150℃的烟气，进入烟道排放。现在一些工艺中对热烧结矿进行余热利用，对气体进行预热，预热后的气体引入烧结机。

烧结抽风机烟道流速一般取12~18m/s（热烟气状态），烟囱出口流速一般为15~20m/s（热烟气状态）。

（3）烟气的监测。烧结系统中在烟囱排放位置进行环保监测，一般烟囱上环保监测内容有两部分，即烟囱出口处污染源数据和气象参数。污染源数据有烟囱出口处烟气流速、烟气温度及烟气中各种有害物及浓度。一般烧结烟气要求测定的污染物有粉尘、SO_2、NO_x 和 CO 及其浓度。气象参数有大气的温度、风向和风速。

以200m的高烟囱为例，配有三种自动监测装置：

1）污染源检测：在烟囱47m高处监测烟气中的SO_2、NO_x、O_2含量。

2）烟气流量监测：烟气流量测定位置设在主抽烟机入口烟道上，由插入式文氏管进行测定，经压差变送器转换成电信号，送至烧结厂中央操作室。

3）高空气象观测：在烟囱的27.3m、45.0m、63.6m、96.5m、145.1m、185.0m处平台上部2m处分别安装6组风向计、风速计、温度计；在烟囱里距地面1.5m处安装温度计，以观测从地面至200m高空的风向、风速和温度的变化情况，判断是否出现逆温现象和逆温高度，研究高空气象排放污染物扩散影响的规律。

3.1.1.7 烧结过程中的反应

烧结过程是复杂的物理化学反应的综合过程，根据温度和反应气氛条件，主要进行的反应有：

（1）燃料燃烧反应。烧结所用的燃料主要是焦粉或无烟煤粉，固定碳含量较高，在700℃即可着火。烧结料中燃料同空气中氧气进行氧化燃烧时放出大量的热及CO_2气体，是烧结过程一切物料化学反应的基础。混合料层碳燃烧具有以下的特点：

1）生产1t烧结矿所需的$(1.3 \sim 1.7) \times 10^5$kJ热量中，有80%~90%是燃烧燃料提供的。但燃料仅占混合料总量的3%~5%，按体积计不到10%，在料层中分布稀疏，为保证迅速完全燃烧，就需要有较大的空气过剩系数（1.4~1.5），其主要反应为$C + O_2 = CO_2$。

2）在局部燃料较集中的地方或燃料颗粒较大时，会发生不完全燃烧，其反应为$2C + O_2 = 2CO$。

3）在高温条件下，还有可能产生$CO_2 + C = 2CO$的反应。由于燃烧层很薄，废气温降很快，故产生CO的反应受到一定限制。

总的来说，烧结废气中除N_2外，以CO_2为主，还有很少量的CO及自由氧。可以认为烧结过程是弱氧化性气氛，但在碳粒周围的局部区域是还原性气氛。

（2）分解反应。烧结混合料中经常含有一些结晶水，在烧结加热至一定温度时会分解。如褐铁矿中结晶水在250~300℃时分解，脉石中高岭土（$Al_2O_3 \cdot 2SiO_2 \cdot 2H_2O$）结晶水分解温度为500℃以上。结晶水分解吸热，因此在使用含结晶水的物料烧结时，应适当增加燃料用量。当生产熔剂性烧结矿时，烧结料中常配入一定量的熔剂（白云石和石灰石），这些碳酸盐在烧结过程中达到一定温度时会发生分解反应：

$$CaCO_3 = CaO + CO_2 \quad (750℃以上)$$

$$MgCO_3 = MgO + CO_2 \quad (720℃)$$

由于烧结过程很短，为使碳酸盐完全分解，要求配入的熔剂粒度小于3mm。

(3) 还原与再氧化反应。在烧结过程中，靠近燃料颗粒处存在着还原性气体CO以及炽热的燃料粒，因此混合料中的铁、锰等氧化物将被还原。

$$3Fe_2O_3 + CO = 2Fe_3O_4 + CO_2$$

$$Fe_3O_4 + CO = 3FeO + CO_2$$

在远离燃料的混合料中，特别是在烧结矿层的冷却过程中，会发生Fe_3O_4和FeO的再氧化现象。

$$2Fe_3O_4 + 1/2O_2 = 3Fe_2O_3$$

$$3FeO + 1/2O_2 = Fe_3O_4$$

(4) 去硫反应。烧结过程是一个有效脱硫的过程，一般脱硫效率可达90%以上。烧结料中硫以有机硫、硫化物和硫酸盐形式存在。有机硫在烧结过程中挥发或燃烧成SO_2逸出，大部分硫化物通过氧化被脱除。

$$2FeS_2 + 11/2O_2 = Fe_2O_3 + 4SO_2$$

$$2FeS + 7/2O_2 = Fe_2O_3 + 2SO_2$$

生成的SO_2及S_2排入大气，对环境污染严重。烧结过程中，还能去除其他有害元素，如As、Pb、Zn、K、Na等。

3.1.2 焦炉冶炼系统及共处置特性

炼焦是随着钢铁工业的发展而发展起来的。炼焦炉是将焦煤炼制成焦炭的大型工业炉组，现代炼焦炉是以室式炼焦为主的蓄热式焦炉，炉体主要由耐火材料砌筑而成。现代焦炉主要由炭化室、燃烧室、斜道区、蓄热室和炉顶区组成，蓄热室以下为烟道与基础。炭化室与燃烧室相间布置，蓄热室位于其下方，内放格子砖以回收废热，斜道区位于蓄热室顶和燃烧室底之间，通过斜道使蓄热室与燃烧室相通，炭化室与燃烧室之上为炉顶，其结构如图3-12所示。

大型焦炉一般为21～$24m^3$，大容积焦炉为35～$50m^3$，超大容积焦炉已超过$90m^3$。顶装焦炉机械设备由装煤车、推焦机、拦焦机、电机车、熄焦车和液压交换机组成，分别安装在焦炉的炉顶、机焦两侧及焦炉煤塔下，以完成装煤、出焦、熄焦和炉内加热气流换向等作业。侧装焦炉机械设备由捣固机、摇动给料

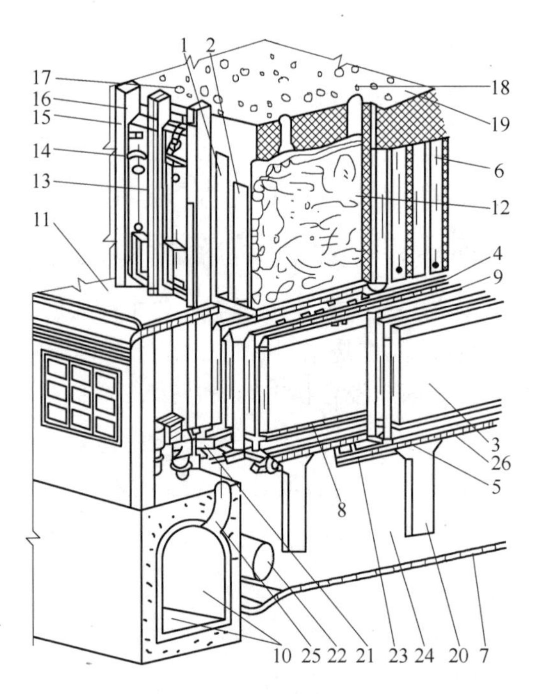

图 3-12 焦炉结构示意图

1—炭化室；2—燃烧室；3—蓄热室；4—斜道；5—小烟道；6—立火道；7—焦炉底板；8—箅子砖；9—砖煤气道；10—烟道；11—操作台；12—焦炭；13—炉门；14—炉门框；15—炉柱；16—保护板；17—上升管孔；18—装煤孔；19—看火孔；20—混凝土柱；21—废气开闭器、两叉部；22—高炉煤气管道；23—焦炉煤气管道；24—地下室；25—烟道弯管；26—焦炉顶板

机、捣固装煤车、推焦机、拦焦机、电机车、熄焦车、导烟车和液压交换机组成，分别安装在焦炉煤塔下、机焦两侧及焦炉炉顶。捣固机将煤捣固成一定尺寸的煤饼，由捣固装煤车推入炭化室，最终完成出焦、熄焦的任务。

3.1.2.1 焦炉性质区域特性

焦炉的结构如图 3-12 所示，主要部分包括炭化室、燃烧室和蓄热室。

A 炭化室

大型焦炉的炭化室长度为 14m 左右，大容积焦炉为 16m 以上。增加炭化室长度，焦炉生产能力相应提高，但过长易受长向加热均匀和推焦杆热态强度的限制。高度一般为 4 ~ 5m，炭化室上部在装煤后应留出 200 ~ 300mm 的空间，供荒煤气顺利排出。由于煤的热导率很小，炭化室宽度较小，一般大型焦炉平均宽度为 400 ~ 500mm，小型焦炉的炭化室宽度为 300 ~ 350mm。小型焦炉锥度为 20mm，大型焦炉锥度为 50mm，大容积焦炉锥度为 60 ~ 70mm，锥度随炭化室的长度不同而变化，炭化室越长，锥度越大。在长度不变的情况下其锥度越大越有利于推焦，但不宜太大，否则将导致焦炭块度不均。炭化室除了利用不同墙厚来达到高向加热均匀外，通常厚度上下是一致的，一般为 100 ~ 105mm。

焦炉生产时，炭化室平均温度约为1100℃，局部温度更高。炭化室内温度随时间变化如图3-13所示。

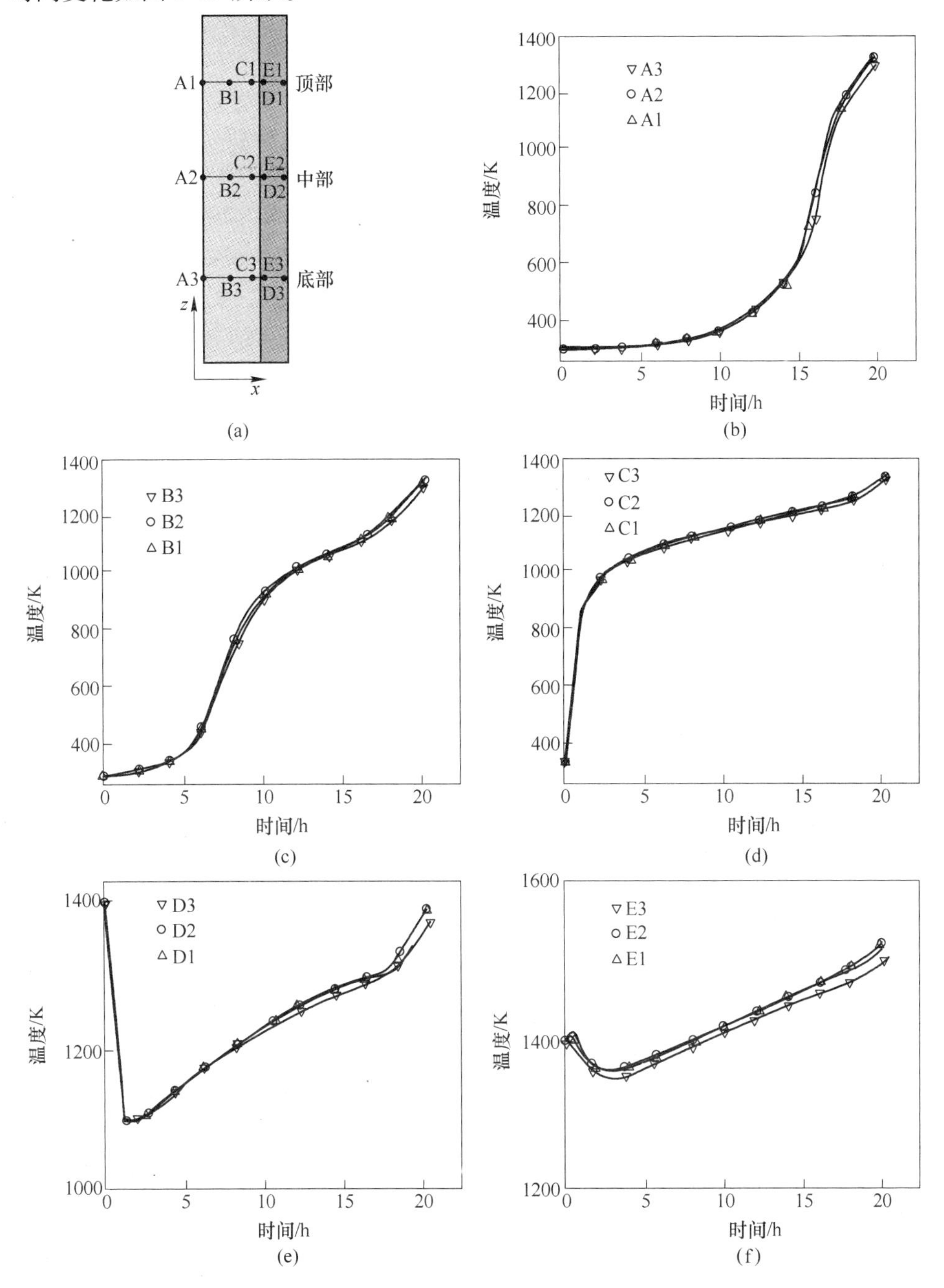

图3-13 炭化室内温度随时间的变化

(a) 监测点分布；(b) A监测点；(c) B监测点；(d) C监测点；(e) D监测点；(f) E监测点

在炭化室中发生干馏的过程大致如下：

温度为 15～20℃ 的配合煤装入炭化室内后，受到炉墙和炉底（1000～1100℃）传来的热量加热。由炉墙到中心面，煤料的各层要依次经过结焦过程的各个阶段：

（1）干燥和预热（20～200℃）。湿煤装入后，开始蒸发水分。在水分未蒸干前，湿煤的温度低于 100℃。此阶段需要大量的热和很长的时间。随后煤受到预热，在此阶段会放出吸附于煤中的 CO_2、CH_4等气体。

（2）开始分解（200～350℃）。变质程度越低的煤开始分解温度越低。气煤为 210℃，肥煤为 260℃，焦煤为 300℃，瘦煤为 390℃。此时主要产生 H_2O（结晶水）、CO_2、CO、CH_4等气体。生成的焦油蒸气和液体较少。

（3）生成胶质体（350～450℃）。煤进一步分解，产生大量液体（焦油和沥青等）。在此阶段产生膨胀、黏结作用，使分散的煤粒黏合在一起。

（4）胶质体固化（黏结）（450～500℃）。变质程度越高的煤，胶质体固化的温度也越高。此阶段有大量挥发物放出。

（5）半焦的收缩（500～650℃）。半焦中的挥发物主要为 CH_4、H_2等气体，胶质体变紧密，产生收缩裂纹。

（6）半焦转变为焦炭（650～950℃）。继续放出气体，主要为 H_2，进一步收缩，胶质体变紧、变硬、裂纹扩大。

炭化室内主要为固相碳质物质，生产周期内停留 15～20h。在高温下释放气相蒸馏物质，迅速排出。

B 燃烧室

燃烧室与炭化室依次相间，为调节和控制燃烧室长向的加热，现代焦炉的燃烧室均分隔成若干立火道，一般中小型焦炉为 12～19 个立火道，大型焦炉的燃烧室为 26～32 个立火道。两个燃烧室砌体之间的空间即是炭化室，燃烧室的锥度和炭化室相同但方向相反，燃烧室中心距和炭化室中心距相等，大型焦炉为 1100～1143mm；小型焦炉为 600～800mm；大容积焦炉可以达到 1300～1500mm。燃烧室内立火道个数随炭化室长度增加而增加，国内多采用宝塔砖结构设计。火道中心距随炉型不同而各异，一般大型焦炉多取 460mm 或 480mm。

焦炉生产时，燃烧室墙面平均温度约为 1300℃。燃烧室内的气相迅速燃烧，产生大量热量，停留时间通常不超过 1s，随后废气即随气流排出。相比于炭化室，燃烧室内的气流要复杂很多，如图 3-14 和图 3-15 所示。

在烟囱升力的作用下，燃烧需要的空气由废气盘风门进入，经蓄热室格子砖预热后，从斜道进入立火道底部，与进入立火道的煤气混合燃烧。燃烧产生的废气经跨越孔（或水平集合焰道）到下降火道，再经过斜道、下降气流蓄热室、小烟道、分烟道到烟囱根部，被烟囱抽走排往大气。在这个过程中，烟气的温度变化也十分巨大。立火道内烟气的温度可达 1300℃，而当烟气行至小烟道出口时

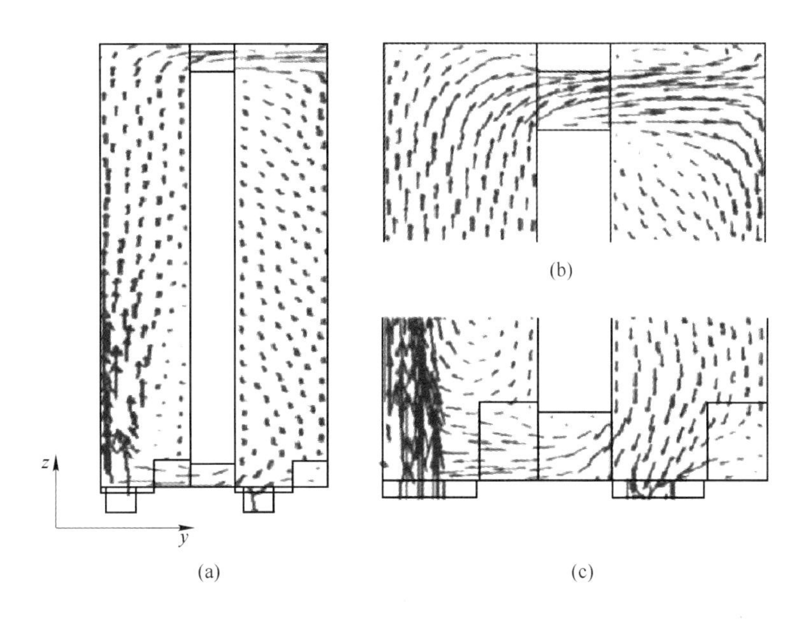

图 3-14 燃烧室流场分布

（a）$x=0$ 时的速度变化；（b）转折口；（c）循环口

温度降到 350 ~ 400℃，到烟囱根部时降到250℃。

C 蓄热室

按照预热气体的种类，蓄热室分为煤气室和空气室。

为了提高焦炉热效率，充分利用焦炉加热产生的高温烟气余热，现代焦炉设有蓄热室。蓄热室位于斜道下部，通过斜道与燃烧室相通，是废气与空气（高炉煤气）进行热交换的部位。在蓄热室里装有格子砖，当由立火道下降的积热废气经过蓄热室时，其热量大部分被格子砖吸收，每隔一定时间（20 ~ 30min）进行换向，上升气流为冷空气或高炉煤气，格子砖便将热量传递给空气或高炉煤气。通过上升与下降气流的换向，不断进行热交换，使废气由 1200℃左右经过蓄热室降到 400℃以下，而经过蓄热室的上升气体（空气和高炉煤气）被预热到 1000℃以上，从而使高炉煤气和空气在立火道内的燃烧温度得以提高。

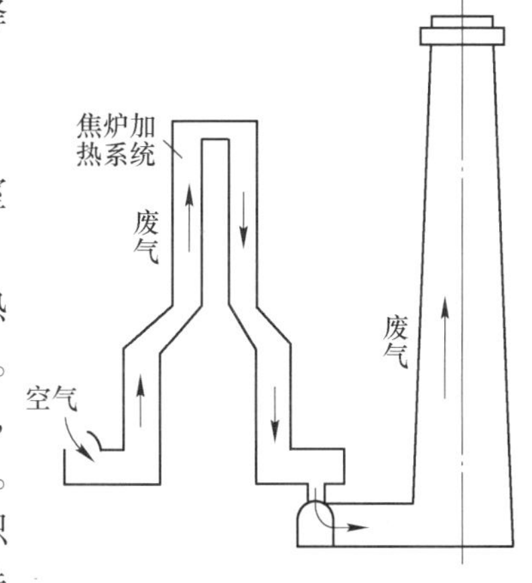

图 3-15 助燃空气的流动

3.1.2.2 元素在焦炉中的行为

在焦炉生产过程中，发生化学及物理反应的位置有炭化室和燃烧室。炭化室作为生产的主要区域，以煤炭的隔绝空气干馏为基本功能。燃烧室主要是煤气燃烧供热给炭化室。

A 元素/物质在炭化室中的行为

在炭化室内通常是隔绝空气和高温加热的环境。因此非碳质物质如金属单质、金属及非金属氧化等在进入到炭化室内后不会发生变化；而碳质物质在进入到炭化室后会与配煤一同进行干馏形成焦炭。

a 挥发性物质

不反应性挥发物质，如 H_2O、S、P、挥发分以及部分有机物，如汽油、乙醇等，进入焦炉炭化室后未发生化学反应就气化随烟气排出。

$$M_{(s,l)} \longrightarrow M_{(g)} \uparrow$$

反应性挥发物质，如 ZnO、PbO、K_2O、Na_2O、硫酸盐和磷酸盐等，在进入炭化室后，在高温和还原性气氛的作用下，生成的气化物质，如 Zn、Pb、K、Na、SO_2、P_2O_5等进入烟气中，一部分随其排出，一部分被氧化并在烟道凝结。

$$MO_{(s)} + CO \longrightarrow M_{(g)} \uparrow + CO_2$$

b 易分解性物质

易分解性物质，如 $FeCO_3$、$MnCO_3$、结晶水合物、铵盐等，在进入炭化室后，随物料进入高温区后逐渐分解生成 CO_2、H_2O、NH_3气体和金属氧化物。气体进入废气排出，金属氧化物则保留在焦炭中，进入钢铁流程中。其中白云石和石灰石为难分解化合物，但在高温环境中也会发生分解，因此也属此类。

$$MCO_{x(s)} \longrightarrow MO_{x(s)} + CO_{2(g)} \uparrow$$

$$MO_x \cdot H_2O_{(s)} \longrightarrow MO_{x(s)} + H_2O_{(g)} \uparrow$$

$$NH_4MO_{x(s)} \longrightarrow MO_{x(s)} + NH_{3(g)} \uparrow + H_2O_{(g)} \uparrow$$

c 金属氧化物、非金属氧化物、硫化物

炭化室内具备高温和还原性，可以使得部分金属氧化物、非金属氧化物、硫化物被还原。除极个别元素能够形成低价态气态氧化物（如 SiO、Al_2O 等）外，由于炭化室内冶炼条件的限制，此类物质加入后无论是否能够被还原，最终都会形成固体残留物，进入焦炭中。而且，通常金属氧化物会对焦炭质量产生不良影响，因此应该尽量避免此类物质的带入。

$$MO_{(s)} + CO \longrightarrow M_{(s)} + CO_2$$

d 碳质物质

碳质物质主要是指具有一定固定碳含量的物质、含碳的可燃物，如煤、木料、石油、沥青等物质，以及有机物、高分子化合物，如橡胶、塑料、醇类等。此类物质进入炭化室后与配煤一起在高温及隔绝空气的条件下会发生干馏反应，排出挥发分和气体并最终形成具有较高固定碳含量的类焦。

$$CHO \longrightarrow C_{(s)} + CH_4 \uparrow + CO_2 \uparrow + CO \uparrow$$

e 有机物质及高分子化合物

此类物质主要包括橡胶、塑料等物质，能与煤发生良好的协同效应，能作为配煤炼焦的黏结剂，减少炼焦煤的用量，同时能够获得焦化副产品煤焦油、煤气。同时，物质中含有的卤族及S等元素形成卤化氢、H_2S、SO_2被蒸馏排出。

$$CHOM \longrightarrow C + M + CH_4\uparrow + CO_2\uparrow + CO\uparrow$$

B 元素/物质在燃烧室的行为

焦炉燃烧室内主要发生可燃物质的燃烧放热反应。为保证充分燃烧，因此燃烧室是氧化性气氛，且温度较高。进入燃烧室内的物质只有通过氧化和受热气化两种方式产生变化。

a 可燃性物质

可燃性物质按照物态可分为三类，即固态（煤、橡胶、塑料等）、液态（石油、醇类等）、气态（煤气、天然气等）；按照有无固态残留主要分为无残留物质（如煤气、天然气、醇类等）、有残留物质（如煤、橡胶等）。该类物质进入燃烧室后主要发生C或H或两者都有的氧化反应，生成气体排出。当物质中含有Cl、S等元素时，产生HCl、SO_2等二次污染。部分物质产生灰分残留。

$$CHX_{(s)} + O_2 \longrightarrow H_2O + CO_2 + X$$

b 非可燃性挥发物质

此类物质主要是指具有挥发性而且不是通过氧化发生气化变化。主要包括H_2O、HCl等物质。一些物质，如K、Na、Pb等本身熔点很低，能够气化，但是在氧化气氛中会被氧化后形成高熔点固体物质。

$$M_{(s)} \longrightarrow M_{(g)}$$

c 易分解性物质

易分解性物质，如$FeCO_3$、$MnCO_3$、结晶水合物、铵盐等，进入燃烧室中，随即在高温条件下发生分解，生成CO_2、H_2O、NH_3气体和固体化合物。气体进入烟气排出，固体形成残留。但是通常燃烧室不允许会产生固体残留的物质进入。

$$MCO_{x(s)} \longrightarrow MO_{x(s)} + CO_{2(g)}\uparrow$$

$$MO_x \cdot H_2O_{(s)} \longrightarrow MO_{x(s)} + H_2O_{(g)}\uparrow$$

$$NH_4MO_{x(s)} \longrightarrow MO_{x(s)} + NH_{3(g)}\uparrow + H_2O_{(g)}\uparrow$$

d 金属硫化物

金属硫化物如CaS、FeS等在燃烧室的氧化气氛中会被氧化生成金属氧化物和SO_2。因此物质中的S气化排出，金属元素形成固态残留。同样需要控制此类物质进入燃烧室。

$$MS_{x(s)} + O_2 \longrightarrow MO_{x(l)} + SO_{2(g)}\uparrow$$

e 其他类型物质

其他类型的物质主要是指在燃烧室内既不会被氧化也不会气化的物质，主要包括大部分的金属、金属氧化物、复合氧化物等。

$$M_{(s)} \longrightarrow M_{(s)}$$

3.1.3 回转窑冶炼系统及共处置特性

钢铁工业中的回转窑分为两类，即用于球团氧化焙烧的氧化性回转窑和用于生产海绵铁的还原性回转窑。氧化性回转窑采用铁精矿、熔剂造成小球，通过窑头供风供热，对窑内的球团进行氧化焙烧，使球团固结成具有一定粒度和强度的小球的工艺。还原性回转窑采用铁精矿、熔剂、还原剂等造成小球，通过窑头设置的主燃料烧嘴和还原煤喷入装置，提供工艺过程需要的部分热量，并补充还原剂，实现球团物料的直接还原，形成直接还原海绵铁的工艺。两种工艺的主体冶炼设备均为回转窑设备。

如图 3-16 所示，回转窑是一个稍呈倾斜放置在几对支撑轮（托轮）上的筒形高温反应器。作业时，窑体按一定的转速旋转，含铁原料造成的小球从窑尾加料端连续加入。随着窑体的转动，固体物料不断地翻滚，向窑头排料端移动。排料端设置的主燃料烧嘴提供工艺过程需要的部分热量。物料在移动的过程中被逆向高温气流加热，进行物料的干燥、预热、焙烧过程中的主要反应，并形成最终产品。

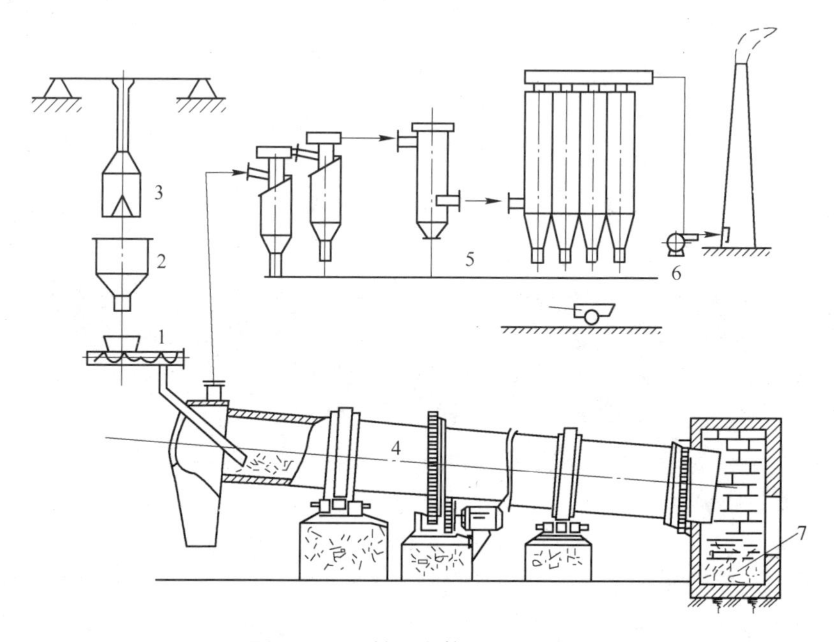

图 3-16 回转窑主体结构示意图

1—螺旋加料；2—原料斗；3—活动加料桶；4—回转窑；5—收尘系统；6—排烟机；7—渣池

物料是用粉煤、重油或煤气作燃料，窑的加热温度取决于生产工艺的要求，有高达1600℃的，也有900～1500℃的。物料从入料端进入筒体，由导料板迅速推向扬料板。由于机体的倾斜和回转，物料连续不断地在周向被带起并抛散，同时在筒内做纵向运动，并与筒体的高温介质进行强烈的热交换，最后到达出料口排出。

3.1.3.1 回转窑性质区域特性

回转窑冶炼为气固的逆向运动方式。回转窑的头部烧嘴产生高温气体，由下而上，由头部至尾部的流向与从窑尾投加的物料形成逆流。高温气流在与表层物料和被扬起的物料的接触中进行热交换，并在高温窑炉环境中完成冶炼过程。

如图3-17所示，根据回转窑炉内的温度分布，回转窑可分为三个区域。

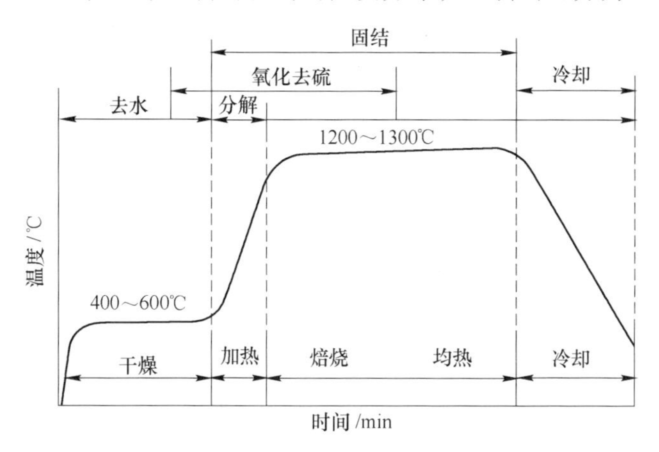

图3-17 球团焙烧过程示意图

（1）预热干燥区。预热区主要是指回转窑窑尾从进料口开始的一段区域，约占窑长30%。物料从布料机进入窑尾后，在预热区受到由窑头过来的气体的加热，在热交换过程中，小球逐渐升温。发生水分蒸发、结晶水分解、碳酸盐分解等反应。固态物料的温度在10～20min内升至600～700℃，气体温度降至约250～450℃，以1.5～2m/s的速度从窑尾排出。

（2）中温区。中温区主要是指回转窑内物料从低温固态向高温半熔融态过渡的中段区域。该区域内，物料靠近窑头，炉温升高，在窑头高温热气和燃料燃烧热量下物料升温开始反应，并出现低熔点物质。固态物料在中温段停留约5～10min，温度由600～700℃升温至1100℃。

（3）高温焙烧区。高温焙烧区是回转窑主要冶炼区域，位于回转窑窑头区域，约占回转窑总长度的50%～60%。高温区的热量主要靠从窑头伸入炉内的鼓风喷嘴喷吹的燃料燃烧放热或物料内燃料及 CO 或挥发分与鼓入炉内的氧气反应放热。物料在高温区停留时间为 20 ~ 30min，最高温度达到 1200 ~ 1300℃，完成还原冶炼或氧化焙烧，最终形成海绵铁或氧化球团，从窑头落下排出回转窑。

回转窑采用微负压操作，炉内压力为 -30 ~ 50Pa，气体流速随工艺制度不同而不同，一般为 1.2 ~ 2.0m/s。

3.1.3.2　元素在回转窑中的行为

回转窑根据其用途和冶炼特性总体上可分为氧化回转窑和还原回转窑。如钢铁企业中生产氧化球团的回转窑为氧化回转窑，而处理高炉、转炉及电炉粉尘的回转窑和铁合金行业使用的回转窑为还原回转窑。由于其冶炼特性的不同，物质加入其中的行为也会存在差异，因此对物质在两类回转窑内的行为进行差别描述。

焙烧气氛的性质以气流中燃烧产物的自由氧含量决定：氧含量大于 8%，为强氧化气氛；氧含量在 4% ~ 8% 之间，为正常氧化气氛；氧含量在 1.5% ~ 4% 时，为弱氧化性气氛；氧含量为 1% ~ 1.5% 时，为中性气氛；氧含量小于 1%，为还原性气氛。

A　元素/物质在氧化回转窑中的行为分析

生球干燥后，在进入焙烧之前，存在一个过渡阶段，即预热阶段。预热的温度范围为 300 ~ 1000℃。在预热阶段发生几种不同的反应，如磁铁矿转变为赤铁矿、结晶水蒸发、水合物和碳酸盐的分解及硫化物的煅烧等，这些反应是平行进行或者是依次连续进行的。随后进入回转窑焙烧段，温度一般为 1200 ~ 1300℃，其受热方式主要为窑体高温辐射热和窑壁的热传导传热。链箅机预热阶段尚未完成的反应如分解、氧化、脱硫、固相反应等也在此继续进行。主要反应有铁氧化物的结晶和再结晶、晶粒长大、固相反应以及由此产生的低熔点化合物的熔化，形成部分液相，球团矿体积收缩及结构致密化。

a　挥发性物质

回转窑内具有从窑头到窑尾的高温气流，最高温度能达到约 1000 ~ 1300℃。不反应性挥发物质加入回转窑内后会气化进入烟气中并随之排出。

$$M_{(s,l)} \longrightarrow M_{(g)} \uparrow$$

反应性挥发物质，如 As、Se 等，在进入回转窑后，在高温和氧化性气氛的作用下，生成的物质如 As_2O_3、SeO_2 等气化物质进入烟气中排出。

$$M_{(s)} + O_2 \longrightarrow MO_{x(g)} \uparrow$$

b　易分解性物质

易分解性物质可以分为简单分解物质（固态物质分解为多种固态物质）、分解后产生气态或易挥发物质和分解后可被氧化的物质。如 $FeCO_3$、$MnCO_3$、HgO、结晶水合物、铵盐等进入回转窑后在高温环境中发生分解，生成 CO_2、H_2O、NH_3以及 Hg 气体和固体物质。气体进入烟气排出，固体进入固相。其中白云石和石灰石为难分解化合物，但在高温环境中也会发生分解，因此也属此类。

$$MCO_{x(s)} \longrightarrow MO_{x(l)} + CO_{2(g)} \uparrow$$

$$MO_x \cdot H_2O_{(s)} \longrightarrow MO_{x(l)} + H_2O_{(g)} \uparrow$$

$$NH_4MO_{x(s)} \longrightarrow MO_{x(l)} + NH_{3(g)} \uparrow + H_2O_{(g)} \uparrow$$

c 金属硫化物

金属硫化物主要有 CuS、ZnS 以及 PbS 等。在进入回转窑后，在氧化气氛中可被氧化，形成金属氧化物，同时硫化物形成 SO_2进入烟气中。

$$MS_{x(s)} + O_{2(g)} \longrightarrow MO_{(s)} + SO_{2(g)} \uparrow$$

d 金属氧化物及非金属氧化物

金属氧化物可分为低价金属氧化物和高价金属氧化物。低价态金属氧化物如 FeO、TiO、MnO 等，在进入回转窑内后会被氧化生成高价态氧化物；高价态金属氧化物及非金属氧化物在回转窑内基本不产生变化。

$$MO_{x(s)} + O_2 \longrightarrow MO_{y(s)}$$

$$MO_{x(s)} \longrightarrow MO_{x(s)}$$

e 可燃性物质

可燃性物质主要是指碳质物质。此类物质在回转窑的氧化性气氛中能够燃烧并放出热量，C、H、Cl 等进入烟气，灰分进入物料中。部分卤族元素会形成金属卤化物进入固相中。

$$CHOM + O_2 \longrightarrow MO + H_2O \uparrow + CO_2 \uparrow$$

B 元素/物质在还原回转窑中的行为分析

还原回转窑作为钢铁回转窑中除链箅机—回转窑生产球团矿工艺的重要补充，主要应用于铁合金以及返矿和尾渣处理中。其工艺流程和设备与氧化回转窑相似，主要控制窑内气氛为还原性气氛，以实现焙烧和还原的工艺目的。

a 挥发性物质

不反应性挥发物质加入回转窑内后会气化进入烟气中并随之排出。

$$M_{(s,l)} \longrightarrow M_{(g)} \uparrow$$

反应性挥发物质，如 ZnO、PbO、K_2O、Na_2O 以及硫酸盐和磷酸盐等，在进入回转窑后，在高温和还原性气氛的作用下，生成的气化物质如 Zn、Pb、K、Na、SO_2等进入烟气，部分随烟气排出，部分物质被氧化而在烟道或低温固态物料上凝结。

$$MO_{x(s)} + C \longrightarrow M_{(g)} \uparrow + CO$$

$$MO_{x(s)} + CO \longrightarrow M_{(g)} \uparrow + CO_2$$

b 易分解性物质

在此易分解性物质可以分为简单分解物质（固态物质分解为多种固态物质）、分解后产生气态或易挥发物质和分解后可被还原的物质。如 $FeCO_3$、$MnCO_3$、结晶水合物、铵盐等进入回转窑后在高温环境中发生分解，生成 CO_2、H_2O、NH_3和固体物质。气体进入烟气排出，固体进入固相。其中白云石和石灰石为难分解化合物，但在高温环境中也会发生分解，因此也属此类。

$$MCO_{x(s)} \longrightarrow MO_{x(l)} + CO_{2(g)} \uparrow$$

$$MO_x \cdot H_2O_{(s)} \longrightarrow MO_{x(l)} + H_2O_{(g)} \uparrow$$

$$NH_4MO_{x(s)} \longrightarrow MO_{x(l)} + NH_{3(g)} \uparrow + H_2O_{(g)} \uparrow$$

c 金属氧化物及金属硫化物

在还原回转窑内碳还原性气氛及高温条件下，可以使得部分金属氧化物、金属硫化物以及少量非金属氧化物被还原，如 Fe_2O_3、Fe_3O_4、NiO、CuO、FeS、CuS 等。还原后得到低价态金属氧化物或者金属存在于固相中，同时生成 CO、CO_2和 SO_2等气相进入烟气中。

$$MO_{x(s)} + C \longrightarrow M_{(s)} + CO$$

$$MS_{x(s)} + 2CO_2 \longrightarrow M_{(s)} + 2CO + SO_2$$

d 惰性金属氧化物及非金属氧化物

惰性金属氧化物及非金属氧化物主要是指在还原回转窑的温度和还原气氛下不能够被还原的物质，如 CaO、MgO、Al_2O_3、SiO_2等，不仅不会发生化学反应，同时熔点较高，很难熔融。适量地加入以上这些物质能够调节物料的熔融性质并产生如脱硫、除砷等效果。

$$MO_{x(s)} \longrightarrow MO_{x(s)}$$

e 碳质物质

碳质物质，如煤、焦、石油、沥青等物质，以及有机物、高分子化合物，如橡胶、塑料、醇类等，更适合从烧嘴位置加入，直接与氧接触发生燃烧反应。随物料从窑尾加入回转窑的碳质物质在高温作用下首先被碳化，挥发分及其他杂质气化进入烟气，碳化物质同金属氧化物等氧化性物质发生氧化还原反应。

$$CHOM \longrightarrow C_{(s)} + MO + CH_4 \uparrow$$

$$MO_{x(s)} + C \longrightarrow M_{(s)} + CO \uparrow$$

3.1.4 矿热炉冶炼系统及共处置特性

3.1.4.1 *矿热炉系统概况*

矿热炉又称电弧电炉或电阻电炉，又称还原电炉或矿热电炉，电极一端埋入料层，在料层内形成电弧并利用料层自身的电阻发热加热物料。矿热炉是以装入炉内的原料为电阻，通过电阻热熔化炉料，根据冶金化学反应进行高温还原的冶炼窑炉，主要用于难熔矿的冶炼、熔体的保温和炉渣的贫化。矿热炉是冶炼铁合金和重有色金属的主要方法，其产量占全部铁合金产量的70%以上。在有色冶炼中，矿热炉用于铜、镍难熔精矿的熔炼，锡、铅、锌精矿的还原熔炼，钛铁矿的还原熔炼及从烟尘中回收、提取有价金属。近年来，随着火法冶炼工艺技术的发展，矿热炉在矿石冶炼中的应用逐步减少，在炉渣贫化中的应用仍较为普遍。矿热炉还广泛应用于各种铁合金的熔炼，电石、黄磷及电熔刚玉的生产中。

A 主体设备简介

矿热炉基本上都是采用埋入式，即将电极埋入原料层内，通过炉内的热交换及冶金化学反应进行冶炼，供电相数包括单相和三相，单相仅用于一部分小型炉子，大型炉子都是三相。根据炉顶结构可分类为敞口式、半封闭式、封闭式、有盖式；根据不同的炉缸形式，又可分为固定式、回转式、倾动式等。现在通常采用大型封闭式，主要为了提高生产能力并防止污染，增加余热的利用。炉体结构如图3-18所示，多呈圆形、短炉身。炉壳用钢板制成，内砌耐火材料和碳素砖；电极多为自焙电极。生产时，混合好的炉料从炉口加入，电极埋在炉料中，电流通过电极导入。熔化的金属和炉渣集聚在炉底，通过出铁口定期放出。合金在铸铁模中冷凝成合金锭，经过精整和破碎成成品。冶炼过程中随炉料的熔化料面下沉，不断补入新炉料维持一定的料面高度，进行连续生产。

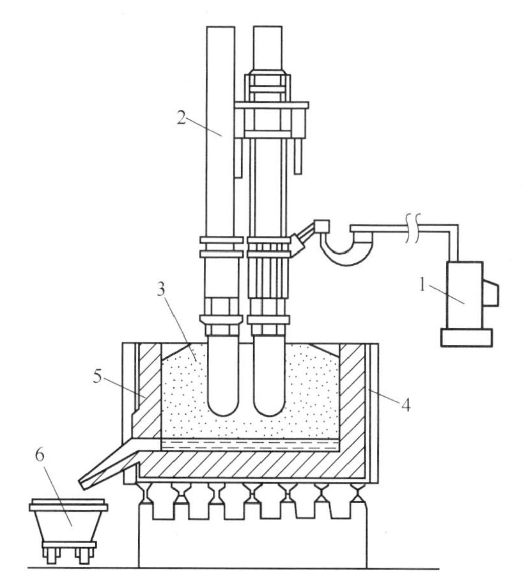

图3-18 矿热炉结构示意图

1—变压器；2—电极；3—炉料；4—炉壳；5—耐火材料；6—铁罐

矿热炉类型较多，一般有下列几种分类方法：

（1）按用途与产品可分为铁合金炉、冰铜炉、电石炉、黄磷炉、电熔刚玉炉等（表3-4）。

表 3-4　矿热炉的主要类型

类　别			主 要 原 料	产　品	反应温度/℃
铁合金炉	硅铁炉	45%硅铁	硅铁、废铁、焦炭	硅　铁	1550 ~ 1770
		75%硅铁			
	锰铁炉		锰矿石、废铁、焦炭、石灰	锰　铁	1300 ~ 1400
	铬铁炉		铬铁矿、硅石、焦炭	铬　铁	1600 ~ 1750
	钨铁炉		钨精矿石、焦炭	钨　铁	2400 ~ 2900
	硅铬炉		铬铁、硅石、焦炭	硅铬合金	1600 ~ 1750
	硅锰炉		锰矿石、硅石、废铁、焦炭	硅锰合金	1350 ~ 1400
炼钢电炉			铁矿石、焦炭	生　铁	1500 ~ 1600
电石炉			石灰石、焦炭	电　石	1900 ~ 2000
碳化硼炉			氧化硼、焦炭	碳化硼	1800 ~ 2500

（2）按炉料进行的化学反应，可分为还原熔炼炉（如铅、锌、锡精矿的还原熔融炉）以及氧化熔炼炉。熔炼反应不同，炉体结构上也会产生差异。还原熔炼炉多为敞口固定式，氧化熔炼炉常见带盖的倾动式和旋转倾动式。

（3）按工艺过程特点，可分为无渣熔炼炉（如硅铁炉）与有渣熔炼炉，后者又可细分为少渣熔炼炉（如铬铁炉）以及多渣熔炼炉（如冰铜、粗铅熔炼炉）。渣量多少、渣层厚薄的不同会导致熔炼工艺和热工与电工制度的差异。

（4）按电源相数与电极根数，可分为单相单极、单相双极、三相三极以及三相六极等矿热炉。工业上多为后两类。

B　设备概况

a　炉体设备

炉体由炉壳和炉衬组成，由于需承受装入的原料和储存高温金属液，炉壳用钢板制成，炉内采用耐火砖和碳素材料砌筑。在一般情况下炉缸使用碳素材料砌筑，在其下面砌筑耐火砖。生产品种不同则炉衬的砌筑方式也不同。炉型多采用圆筒形或圆锥形。矿热炉炉底温度较高，一般采用架空炉底，架空炉底采用自然通风或强制吹风进行冷却，以保护炉底。采用拱形炉顶时拱形炉顶中心角一般为45°~60°。拱顶砖厚度小型炉为230mm，大型炉通常为300mm，也有采用捣制或预制耐热混凝土炉顶结构的形式。

b　炉盖设备

炉盖需要采用冷却设备，目前多采用在水冷梁的骨架内砌筑耐火砖，或者水套式炉盖内衬以不定形耐火材料的结构。在大型炉子的炉盖上，为防止涡电流，在电极周围用非磁性的不锈钢制作。电极孔采用特殊的密封装置，防止升降移动电极时出现漏气现象。

c 炉缸回转装置及炉体倾动装置

矿热炉多采用炉身回转装置，以防止炉内出现冶炼状况及温度分布不均匀的现象，避免炉衬侵蚀产生集中。回转方法有向同一方向转动的整周回转式和在一定范围内往复回转的方式。回转速度根据炉子大小及品种而不同，一般是 30～500h/r 的极低速度旋转。倾动装置大多应用于间断冶炼，其构造与炼钢用电弧炉相同。

d 电极及辅助设备

矿热炉的电极设备主要包括电极、电极移送装置、升降装置以及供电设备等。大型矿热炉多采用自焙电极，在冶炼过程中电极下端不断消耗，从上部添加电极糊，经炉内的热量和电流的焦耳热缓慢焙烧，在保持器的下部完全焙烧成电极，起到向炉内输入电能的作用。

e 装料设备

大部分矿热炉在炉上设有原料罐，以便向炉内供料。首先将配好的原料由输送机供给原料罐，通过原料罐由下料罐装入炉内。装料方式有间断装料与连续装料两种。间断装料方式多用于敞口式炉子，连续装料多用于密闭式炉子。矿热炉设置了固体料加入孔，分布在电极周围。大型熔炼矿热炉的加料管沿炉长方向布置，一般布置成 4 列，电极每侧各 2 列。加料管管径按炉料最大块度选择。加料管的倾斜角通常不小于 50°～65°。投加物料的块度与加料管径的关系见表 3-5。

表 3-5 物料块度与加料管径的关系

物料的最大块度/mm	20	40	80	100
加料管直径/mm	300	350	400	450

f 除尘设备

矿热炉在冶炼的时候反应生成的炉气以及气体中卷入的粉尘都会造成公害。在密闭冶炼炉中，平均每吨产品产生 500～1000m^3的反应生成气体，含粉尘 20～100g/m^3。在敞口式冶炼炉中，由于反应生成气体在炉顶燃烧，形成高温，并从炉子周围吸入大量的空气，因此炉气量为密闭炉的 60～100 倍。为了除去炉气中粉尘，敞口式炉子上广泛使用布袋除尘器、电除尘器等，而在密闭式炉子主要采用湿式除尘法。

3.1.4.2 矿热炉性质区域特性

某硅铁熔炼炉膛区域分布如图 3-19 所示。

A 熔池的流动特性

矿热炉熔池内熔态金属存在两种典型的流动模型——平推流（活塞流）和全混流（返混流），为两种极端情况的理想流动状况。

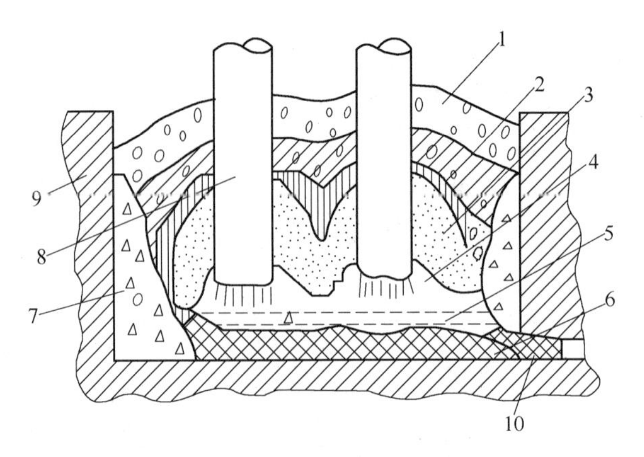

图 3-19 某硅铁熔炼炉膛区域分布

1—预热区；2—烧结区；3—还原区；4—电弧区；5—熔池区；6—假炉底；7—死料区；8—电极；9—炉衬；10—出铁口

根据平推流的含义，所有物料在反应器内停留时间相同，不存在返混。由于矿热炉的装料及熔炼产物放出具有半连续的性质，在达到稳定工况以后，反应物（炉料）的转化率不随时间而变化，径向截面速度分布比较均匀，以上属于平推流的特点。但不断加入的炉料的熔化与原有物料迅速地混合，又使各处物料的浓度趋于一致，属于返混流的特点。以上是两种理想流动模型，实际反应器是非理想流动，而且除了以上两种流动外，还有一部分流体流动得较慢成为“死流”。死流不是绝对静止的，根据 O. Levenspiel 定义，死流的停留时间为物料平均停留时间的 2 倍，如矿热炉的冰铜层熔体没有对流流动，电极下面的区域也被称为停滞区，这些部位可视为熔池的死流区，所以矿热电炉熔池的流动现象可以视为平推流—全混流—死流的组合模型。矿热炉熔体流动状况如图 3-20 所示。

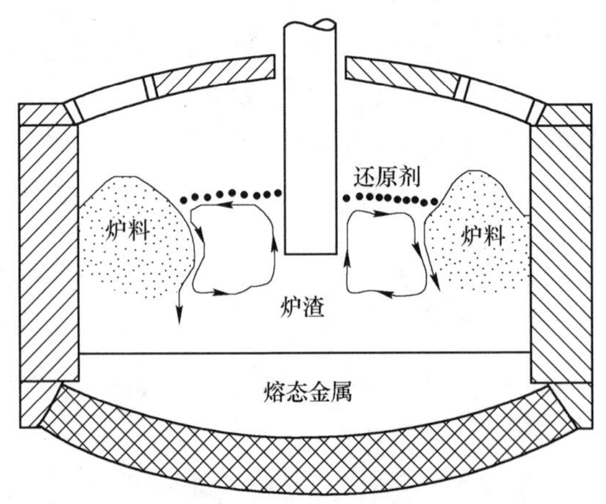

图 3-20 矿热炉熔体流动示意图

电能主要在矿热炉电极附近转变为热能，约占输出功率的50%~90%，因此电极附近是炉子温度最高的地方，渣的温度可达到1500℃或更高；远离电极靠近炉墙的部分和电极下面不导电，因而温度较低，渣温只有1200℃。由于炉渣温度场不均匀，在电极附近过热的炉渣比重小，炉渣沿电极升到熔池表面；炉渣中的氧化物被电极碳还原，以及炉料发生物理化学反应放出的SO_2、CO_2、H_2O等气体促使渣流上浮到熔池表面；在惯性力和电磁力的作用下，炉渣到表面后离开电极向外缘流动，再从边缘流向电极附近，形成炉渣的循环流动，这是矿热炉内熔池流动的主流。电极插入越深，单位功率越大，炉料越靠近电极，炉渣的强制对流作用越显著，冷炉料浸入渣内越深，自然对流越强烈。炉渣的循环流动就是强制对流与自然对流共同作用的结果。

炉料的导热系数较小，其熔化主要靠炉渣作为载热体的对流给热，因此炉渣流动的速度很关键，直接影响对流给热系数的大小，影响电炉的工作指标。渣流速度随着功率的增大而加快。炉渣的强制对流与电极插入深度有关，电极插入越深熔渣激烈对流的厚度越深，容积速度相应增大。但当电极插入过深时电极与炉渣接触面所放出的功率比例下降，而电流直接通过熔融炉渣放热的比例增加，到一定程度（渣层厚的50%）后变化不大。

B 熔池的温度特性

图3-21、图3-22为矿热炉横截面上的热流分布与等温线。

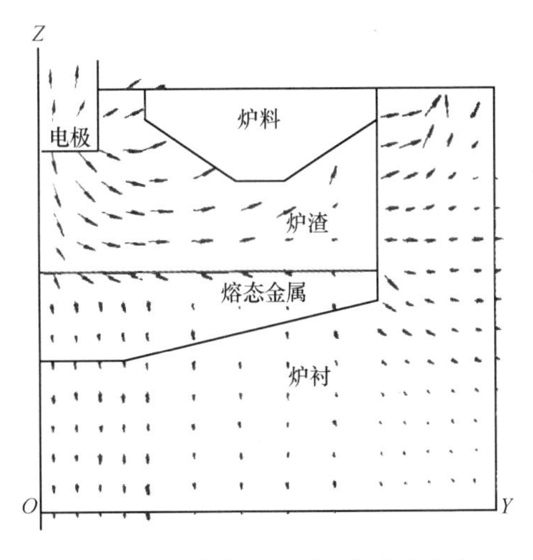

图3-21 矿热炉横截面上的热流分布

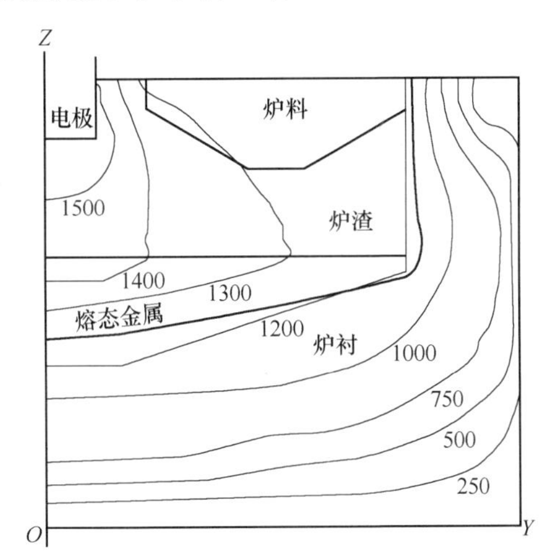

图3-22 矿热炉横截面上的等温线（℃）

矿热电炉炉料的熔化不是依靠炽热的火焰向炉料料坡传热。电炉熔池表面被料堆和漂浮在渣面上的还原剂所覆盖，所以炉气的温度比较低。我国矿热电炉炉气平均温度只有500~550℃，炉气实际上并未积极参与炉料的加热与熔化，炉气的流动对炉子热工影响不大。

3.1.4.3 元素在矿热炉中的行为

这里主要研究还原矿热炉的冶炼特性。还原矿热炉多应用于铁合金的冶炼工艺中，通常采用电极供电将电能转化为高温热能，使温度达到1600℃以上。同时采用焦炭作为还原剂，主要采用直接还原的方式进行还原。加入矿热炉的物料在高温和还原性气氛的作用下，迅速发生着脱水、分解、熔化、还原等反应。

A 挥发性物质

不反应性挥发物质，如 H_2O、S、P、挥发分等进入矿热炉熔池内未发生化学反应就气化随烟气排出。

$$M_{(s,l)} \longrightarrow M_{(g)} \uparrow$$

反应性挥发物质，如 ZnO、PbO、K_2O、Na_2O、硫酸盐和磷酸盐等，在进入熔池后，在高温和还原性的作用下，生成的物质如 Zn、Pb、K、Na、SO_2、P_2O_5 等气化物质进入烟气中，一部分随其排出，部分物质被氧化而在烟道或低温固态物料上凝结。

$$MO_{x(s)} + C \longrightarrow M_{(g)} \uparrow + CO$$
$$MO_{x(s)} + CO \longrightarrow M_{(g)} \uparrow + CO_2$$

B 易分解性物质

易分解性物质，如 $FeCO_3$、$MnCO_3$、结晶水合物、铵盐等，进入矿热炉熔池后在高温环境中发生分解，生成 CO_2、H_2O、NH_3气体和固体物质。气体进入烟气排出，固体在熔池中熔化或者进入渣中，或者被还原进入铁水中。其中，白云石和石灰石为难分解化合物，但在矿热炉的高温环境中也会发生分解，因此也属此类。

$$MCO_{x(s)} \longrightarrow MO_{x(l)} + CO_{2(g)} \uparrow$$
$$MO_x \cdot H_2O_{(s)} \longrightarrow MO_{x(l)} + H_2O_{(g)} \uparrow$$
$$NH_4MO_{x(s)} \longrightarrow MO_{x(l)} + NH_{3(g)} \uparrow + H_2O_{(g)} \uparrow$$

C 易还原性金属氧化物及硫化物

矿热炉熔池中主要是碳热还原的还原性气氛，主要发生直接还原反应，同时也伴随间接还原。根据直接还原的特性，易被还原的金属元素进入到铁水中，氧元素形成 CO 进入烟气中。这类物质主要有 FeO、CuO、NiO、CoO、Cr_2O_3、V_2O_3、TiO_2、MnO、SnO_2等。硫化物中的金属元素被 C 还原成金属进入到铁水中，硫元素最终形成 SO_2，随烟气排出。

$$MO_{(s)} + C \longrightarrow M_{(l)} + CO \uparrow$$
$$MS_{(s)} + 2/3O_2 \longrightarrow MO_{(s)} + SO_2 \uparrow$$

铁合金中常见的氧化物的易还原性由强到弱的顺序是：P_2O_5、FeO、Cr_2O_3、MnO、V_2O_5、SiO_2、TiO_2、Al_2O_3、MgO、CaO。

D 惰性金属氧化物及非金属氧化物

惰性金属氧化物及非金属氧化物主要是指在矿热炉的温度和还原气氛下不易被还原的物质，如 CaO、MgO、Al_2O_3、SiO_2 等。这类物质不仅不会发生化学反应，同时熔点较高，很难熔融，但在矿热炉的高温条件下，最终熔化进入渣中。这类物质通常作为造渣剂，生成 $CaO \cdot SiO_2$、$2CaO \cdot SiO_2$ 等熔点相对较低的复合氧化物以降低炉渣熔点，是火法冶金中普遍使用的，对于炉况顺行和降低冶炼温度能耗等工艺条件有十分重要的意义。

$$MO_{(s)} \longrightarrow MO_{(l)}$$

E 碳质物质及有机物质

在还原矿热炉中不具有发生燃烧反应的条件，因此碳质物质主要分为两类，即高固定碳物质和普通碳质物质。高固定碳含量物质如焦丁、无烟煤等，具有较高的还原活性，在进入熔池后可作为还原剂还原金属氧化物，最终形成 CO、CO_2 进入烟气排出。普通碳质物质如橡胶、塑料等，在矿热炉内首先分解，其中的硫、氯等进入烟气排出，形成的炭黑等物质反应活性较弱，部分可还原，部分进入渣中。

$$CHOM \longrightarrow C_{(s)} + MO + CH_4 \uparrow$$

$$MO_{x(s)} + C \longrightarrow M_{(s)} + CO \uparrow$$

3.1.5 转炉及电弧炉冶炼系统及共处置特性

3.1.5.1 炼钢系统概况

A 氧气转炉

氧气转炉炼钢法是当前国内外主要的炼钢方法。氧气转炉炼钢自 20 世纪 40 年代初问世以来，在世界各国得到了广泛的应用，技术不断进步，设备不断改进，工艺不断完善。在短短的数十年里，从顶吹发展到底吹、侧吹和复合吹炼。氧气转炉炼钢的飞速发展，使炼钢生产进入了一个崭新的阶段，钢的产量不断增加，成本不断下降。转炉炼钢将主要原料即铁水、铁块和废钢等装入炉内，在合适的冶炼阶段加入生石灰、石灰石、萤石及氧化铁等辅助原料，再从液面上方吹入氧气进行吹炼，得到温度、成分均满足要求的钢水。

氧气转炉的炉体是里面砌有耐火材料炉衬的钢板制成的容器，炉体根据其形状的不同有对称型和非对称型之分，根据其构造的不同则可分为可拆型炉底和不可拆型炉底两种。转炉的构造主要包括炉壳、托圈、耳轴及倾动机构等，如图 3-23 所示。炉壳由锥形炉帽、圆筒形炉身及球形炉底组成；托圈与炉身相连，主要作用是支撑炉体，传递倾动力矩；耳轴为了满足炉体正反旋转 360°，在不同操作期间，炉子要求处于不同的倾动角度；倾动机构的作用是倾动炉体，以满足兑铁水、加废钢、取样、出钢和倒渣等操作要求。其他还包括供氧设备、供料设备、烟气回收及处理设备等附属设备。

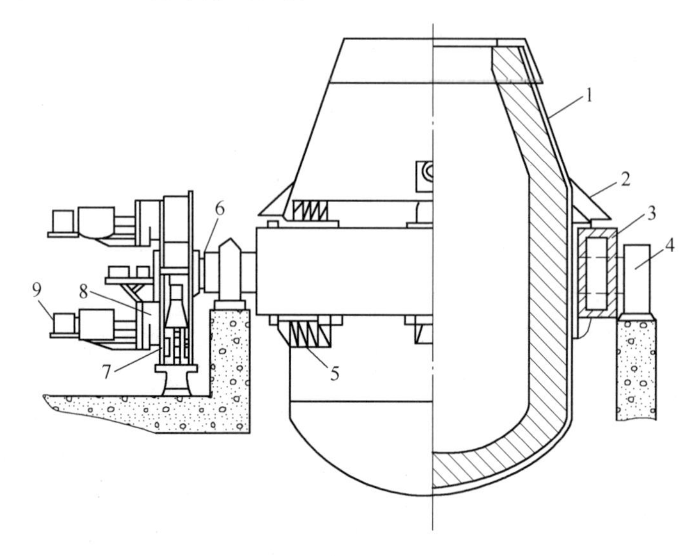

图 3-23 转炉炉体结构

1—炉壳；2—挡渣板；3—托圈；4—轴承及轴承座；5—支撑系统；6—耳轴；7—制动装置；8—减速机；9—电动机及制动器

氧气顶吹转炉的炉型按其金属熔池形状的不同，大体可分为筒球形、锥球形和截锥形三种，如图 3-24 所示。

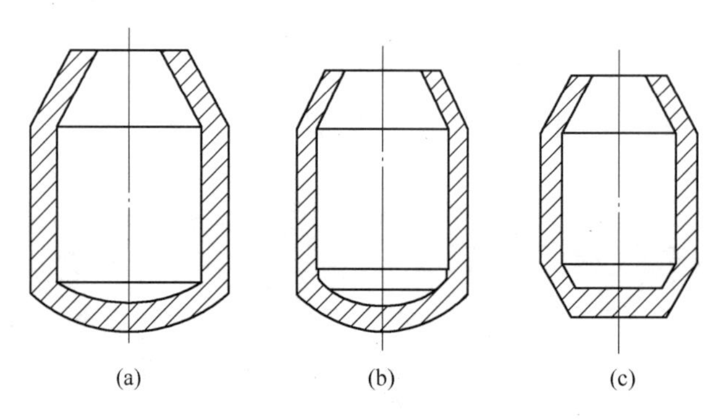

图 3-24 转炉炉型

（a）筒球形；（b）锥球形；（c）截锥形

转炉的炉型是耐火材料砌筑的炉衬内型。合理的炉型能适应吹炼过程中炉内金属、炉渣、炉气和氧气射流的运动规律，以利于加速炉内物理化学反应，减少喷溅和延长炉衬寿命。炉型对熔池内金属熔液的运动方式也有影响。国内外大、中型转炉普遍采用筒球形，我国中型转炉则多采用锥球形。筒球形转炉炉身为圆柱体，炉底为球缺体，其形状较简单，炉壳制造容易，炉衬砌筑简便，且形状接近于金属液循环的轨迹，炉衬侵蚀比较均匀。

B 炼钢电炉

电炉炼钢主要是指电弧炉（简称 EAF）炼钢，是目前国内外生产特殊钢的主要方法。电弧炉主要利用电极与炉料间放电产生电弧发生的热量来炼钢，电炉冶炼的热效率比较高；冶炼温度高，可以迅速熔化各种炉料，且温度容易调整和控制，可以满足冶炼不同钢种的要求；炉内气氛可以控制，既可造成氧化气氛，又可造成还原气氛，具有很强的去除钢中有害杂质磷、硫的能力，同时还有很强的脱氧能力，适用于冶炼各种合金钢及优质钢。

电弧炉炼钢的发展经历了普通功率电弧炉→高功率电弧炉→超高功率电弧炉的过程，其冶炼功能也随之发生了根本的变化，由传统的“三期操作”发展为只提供初炼钢水的“二期操作”。现代电弧炉炼钢工艺只保留了熔化、升温和必要的精炼操作，如脱磷、脱碳，而把其余的精炼过程均转移到炉外精炼工序中进行。以上工艺的变化使电弧炉设备的生产能力得以提高，向大功率方向发展。

如图 3-25 所示，炉体是电炉的最主要装置，用来熔化炉料和进行各种冶金反应。电弧炉的炉体由金属构件和耐火材料砌成的炉衬两部分组成，炉体的金属构件又包括炉壳、炉门、出钢槽（现代电炉多数已无出钢槽而采用偏心炉底出钢）、炉顶圈和电极密封圈等。炉壳包括圆形炉身、炉壳底和上部加固圈三部分，其作用主要是承受炉衬、钢、渣的重量和自重，同时还需要承受高温和炉衬的膨

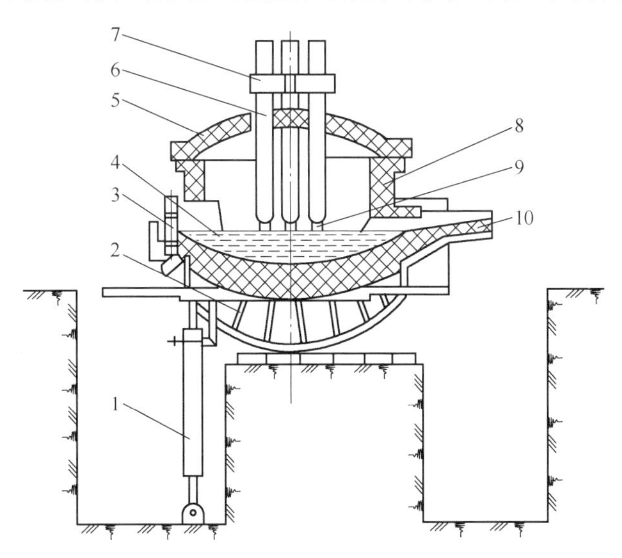

图 3-25 炼钢电弧炉示意图

1—倾炉用液压缸；2—倾炉摇架；3—炉门；4—熔池；5—炉盖；6—电极；7—电极夹持器；8—炉体；9—电弧；10—出钢槽

胀作用；炉门包括炉门盖、炉门框、炉门坎和炉门升降机构等部分；出钢口为圆形或者矩形孔，一般正对炉门；炉顶圈由钢板焊成，用来支撑炉盖耐火材料，并采用水冷炉顶圈；电炉设备中，自耗电极及相关辅助设备包括电极密封圈、电极夹持器、电极升降机构等，是电炉产生电弧熔融物料、保证冶炼正常进行的主要部分；电炉出钢时要求炉体能够向出钢槽一侧倾动40°～50°，在扒渣时向炉门一侧倾动10°～15°，因此需要倾动装置。

国内目前使用的多为锥球形熔池，上部分为倒置的截锥，下部分为球冠。球冠型炉底使得熔化了的钢液能积蓄在熔池底部，迅速形成金属熔融区，有利于加快炉料的熔化及早造渣去磷。截锥型电炉炉坡倾角为45°，使被侵蚀后的炉坡容易得到修补（补炉镁砂的自然堆角为45°），且有利于顺利出净钢水。

3.1.5.2 转炉性质区域特性

转炉冶炼的操作过程由装料、吹炼、测温、取样、出钢、出渣构成。吹炼时间与炉容量没有直接联系，氧枪吹炼时间通常为11～20min，冶炼周期约为25～40min。按照冶炼任务划分，转炉冶炼周期可分为氧化期、还原期和出钢。

A 熔池的流动特性

氧气顶吹转炉中氧气流股从喷嘴喷出后，以一定的速度冲击熔池，引起熔池内金属液的循环运动，从而起到机械搅拌的作用，影响熔池内金属液的运动。搅拌作用的强弱和均匀程度，与氧气射流对熔池的冲击状况和熔池的运动情况有关，一般以熔池产生的冲击深度和冲击面积来衡量。距喷孔出口越远，流股的冲击力越小，截面越大。氧压和枪位的不同，氧流对金属熔池产生的冲击深度和冲击面积也不同，对金属液的循环运动也不同，从而使吹炼效果也有差别。根据吹炼效果的不同，主要分为硬吹和软吹，如图3-26所示。

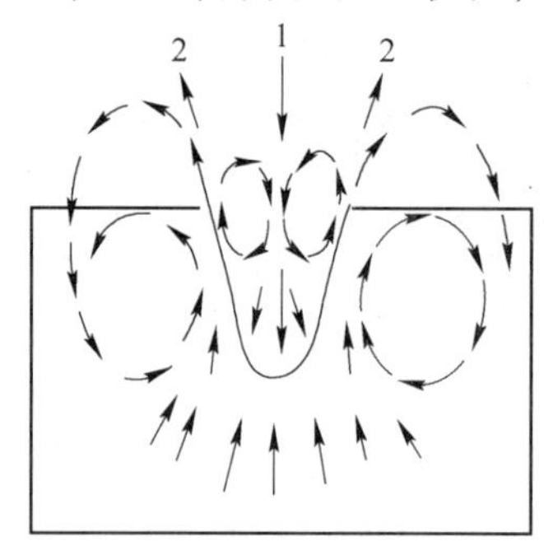

(a)

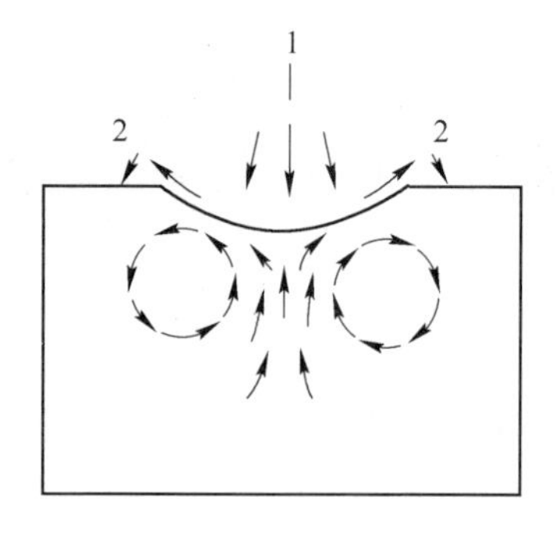

(b)

图3-26 顶吹氧气引起的熔池运动

（a）硬吹；（b）软吹

1—氧流方向；2—喷溅方向

当枪位较低或使用较高氧压时氧流对液面有较高的冲击压力，金属液被冲击成一个深坑，此时氧流作用区（冲击面积）较小，一部分金属液被粉碎成液滴，从深坑中沿切线方向喷溅出来，进入熔池上面空间被大量氧化，然后又被卷入熔池，使熔池受到强烈的搅拌而进行循环运动，即为硬吹。

当枪位较高或使用较低氧压时，氧气流股对液面的冲击力较低，金属液被冲击成一个浅坑，冲击面积较小。被击碎的金属液滴从浅坑沿切线喷出的方向较平，熔池内金属液的循环运动较弱，即为软吹。

三孔喷头射流的截面压力分布如图 3-27 所示，四孔喷头射流的截面速度分布如图 3-28 所示。

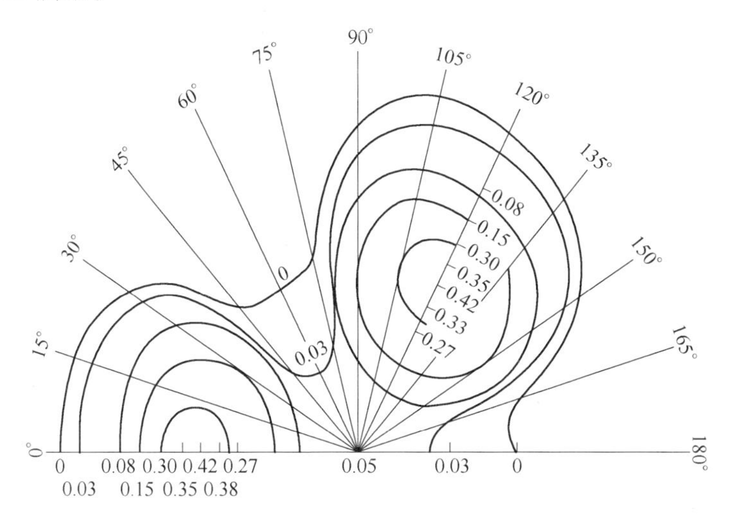

图 3-27　三孔喷头射流的截面压力分布（10^4 Pa）

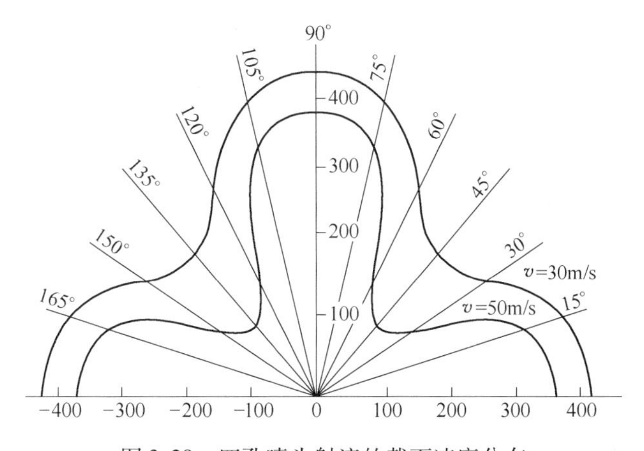

图 3-28　四孔喷头射流的截面速度分布

在氧气射流冲击和 CO 气泡上浮的联合作用下，引起氧气流股与金属、炉渣之间的相互破碎，因而在熔池上部造成金属、炉渣和炉气三相的剧烈混合。

B　熔池的温度特性

吹炼开始前，铁水的温度约为1200～1300℃。随着吹炼过程的进行，熔池温度逐渐升高，平均升温速度为20～30℃/min。熔池的升温是非线性的，吹炼初期，由于硅、锰的氧化迅速所以升温较快，此阶段持续3～4min（约占吹炼时间的20%），熔池的平均温度不超过1400℃。接下来10min的吹炼时间内，熔池升温稍缓，从1400℃逐渐升至1400℃以上。到吹炼末期的6min吹炼时间内，升温速度又有所加快，最终温度达到1600℃（图3-29）。

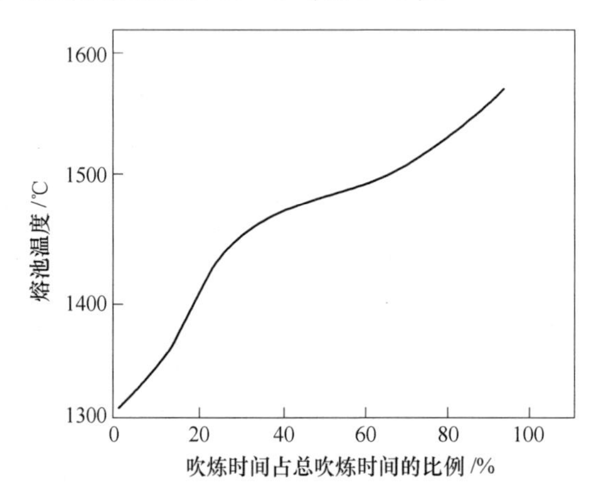

图3-29　吹炼过程中转炉熔池温度变化

C　熔池的气氛特性

在转炉30～40min的冶炼周期内，有约20min为吹氧冶炼，因此转炉熔池内主要为氧化性气氛。吹氧初期，当氧气与熔池面接触时，碳、硅、锰开始氧化，称为点火。点火后约几分钟，炉渣形成，覆盖于熔池面上。吹炼中期开始脱碳反应，渣中氧化铁降低（表现为氧化性降低）。脱碳反应的主要产物是CO，形成气泡从钢液中逸出。熔池中的氧化性主要表现为两部分，即吹氧区由氧气表现氧化性；熔渣区由FeO表现氧化性。

3.1.5.3　电弧炉性质区域特性

电弧炉最常规、应用最广泛的生产工艺是氧化法碱性炼钢工艺。其特点是有氧化期，炉料熔清后，加矿石或吹氧进行脱磷和脱碳，使熔池沸腾，去除钢中的气体和夹杂物。由补炉、装料、熔化期、氧化期、还原期和出钢六个阶段组成，其中最主要的阶段是熔化期、氧化期和还原期（图3-30）。

（1）熔化期。废钢铁炉料被装入电弧炉后即可通电，炉料开始进入熔化过程，一般可将其分为以下几个过程：

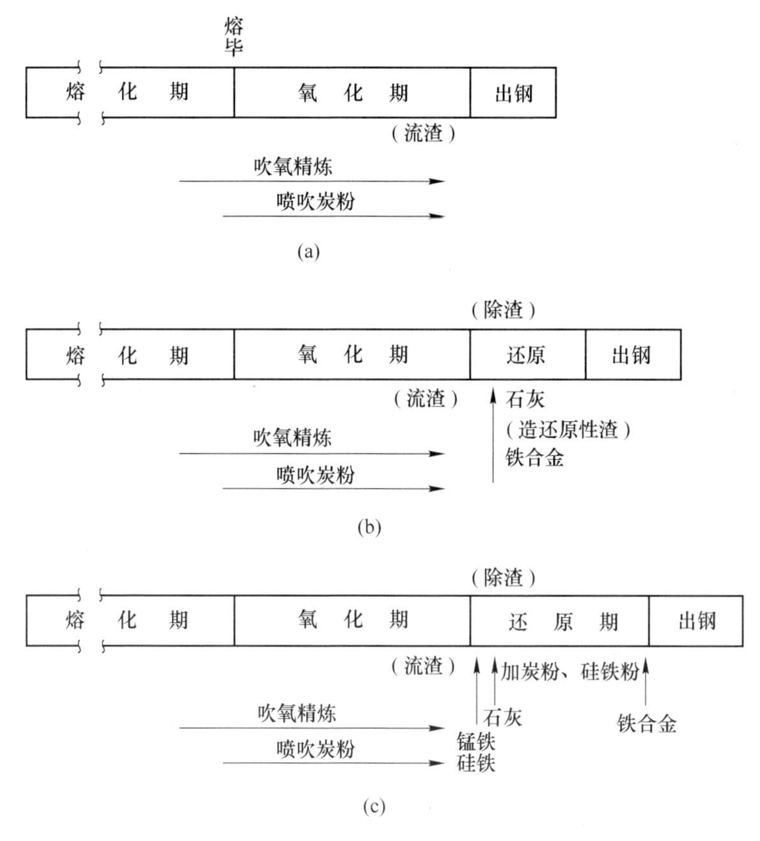

图 3-30 电弧炉炼钢吹炼过程
(a) 单渣法；(b) 半双渣法；(c) 双渣法

1）起弧。自通电开始到电极进入钢铁料距离约 1.5 倍电极直径时为止。这一阶段的时间约有 3～5min。

2）穿井。自起弧阶段至电弧逐渐降至最低位置时为止。一般高功率或超高功率电弧炉的穿井时间为 5～7min。

3）主熔化阶段。随着钢水的增多，电极自最低位置逐渐升起，直至炉料基本熔清且炉衬暴露于电弧。

4）平熔池阶段。这时电弧暴露于熔池面上，炉衬在热交换过程中起极为重要的作用。

熔化期熔池钢液温度约为 1500～1540℃。

（2）氧化期。氧化期主要完成脱磷、脱碳、去除钢中气体和夹杂物以及加热钢液温度高于出钢温度 10～20℃。氧化期需要向炉内加入石灰、矿石以及吹氧，并在氧化期结束时将氧化渣全部扒除。通常工艺中氧化期存在时间约 20min，连续吹氧时间不少于 5min。

(3) 还原期。扒除氧化渣后，加入石灰和萤石重新造渣，开始进入还原期，主要完成脱氧、脱硫、调整钢液化学成分以及温度等任务。需要分批向渣面均匀加入炭粉、硅铁粉等脱氧剂进行脱氧和脱硫。并根据冶炼钢种的需要加入铁合金，调整钢液的化学成分，最后在出钢前插铝进行终脱氧。

但是在炼钢大流程中，随着炉外精炼的普及，现代电弧炉炼钢大多数缩短或完全取消还原期，还原精炼任务由炉外精炼完成。

A 熔池的流动特性

电弧炉炼钢工艺中也需要吹氧冶炼，与转炉不同的是电弧炉吹氧是从侧面喷吹的，因此氧气流对熔池的作用与转炉稍有不同。电弧炉普遍采用超声速炉壁氧枪技术，加大供氧强度，在电弧炉炼钢过程中，在熔化段氧气烧嘴主要作用是氧燃助熔，促进冷区炉料熔化；在氧化段氧气烧嘴主要作用是加强熔池搅拌，对缩短冶炼时间、均匀钢液温度和成分有重要意义。在传统电弧炉工艺上又发展出底吹电弧炉和顶底复吹电弧炉，实现冶炼和增加熔池搅动等作用。

影响熔池流动特性的主要是底部吹气。电弧炉在底部设置了喷气孔，向上喷吹 N_2。N_2在逸出供气口后在钢液中形成气泡并上浮长大，从而引起钢液的流动。根据供气口的数量和分布，可分为中心底吹和3孔偏吹，如图3-31和图3-32所示。

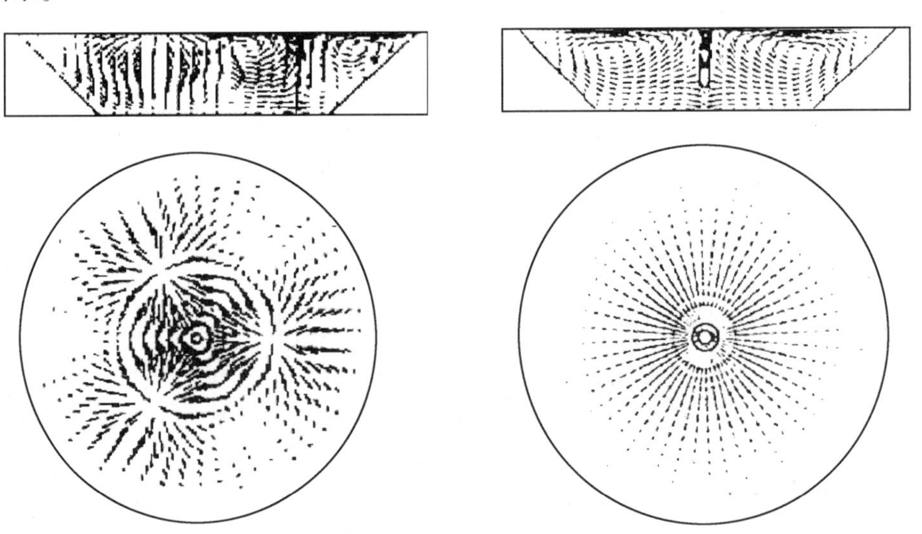

图3-31 底吹电弧炉熔池流动状态（3孔） 图3-32 底吹电弧炉熔池流动状态（1孔）

无论是中心喷吹还是3孔喷吹，都可将熔池内的流体流动分为3个区域，即主循环区、漩涡区和死区。主循环区由气—液两相区、表面附近区域、侧壁附近区域和熔池下部区域构成。在该区域内，流体做大循环流动，流动速度较高，由于循环流动，大大加快了流体内部质量传递。漩涡区位于主循环区的中心，在该区域内，大部分流体作局部循环流动，且流动速度较低。在电弧炉熔池底部及表面与侧壁交界的附近区域内，流体速度极低，不参与主流的循环流动，即死区。

当气体吹入熔池后，气体抽引周围液体进入气—液两相区，然后向上运动到表面后气体逸出到大气中。而钢液则形成环流，呈放射状向四周散开，水平流在熔池壁附近转向下方流动。由于惯性力的作用，向下流层的厚度大约为熔池在涡心高度半径（R）的1/3处。循环流场涡心位置大约在距底部壁3/4熔池深度（H）处，距中心（3/5）R处。

B　熔池的温度特性

电弧炉炼钢与转炉不同的是转炉原料以铁水为主，主要利用铁水的物理热和氧化期脱碳产生的热量，而电弧炉的原料以固态废钢、海绵铁等为主，主要利用电弧产生的热能熔化物料并提供冶炼耗能。因此，在电弧炉冶炼过程中存在熔化升温的过程。三根电极下的电弧温度高达5000℃，在电极和助燃氧气作用下，固体物料逐渐升温达到约1200℃即开始熔化，随后温度继续上升。当熔池熔清后进入氧化期，熔池的温度不小于1550℃，吹氧时吹氧管口部的钢液温度很高，可达1800～1900℃。还原期的温度范围为1550～1650℃，一般高出所炼钢种80～150℃。表3-6中列举了主要钢种在冶炼不同阶段熔池钢液的温度。

表3-6　电炉冶炼各期的钢液温度制度

钢　种	熔毕［C］/%	氧化温度/℃	出渣温度/℃	出钢温度/℃
低碳钢	0.6～0.9	1590～1620	1630～1650	1620～1640
中碳钢	0.9～1.3	1580～1610	1620～1640	1610～1630
高碳钢	≥1.30	1570～1600	1610～1630	1590～1620

C　熔池的气氛特性

电弧炉除了可以在氧化期营造与之相似的氧化性气氛外，通过在还原期采取加入还原性材料（炭粉或硅铁粉等）以及杜绝空气进入等措施，可以迅速造成强还原性气氛，有利于钢的脱氧和脱硫，并大大减少易氧化合金元素如铝、钛、硼等的烧损。但是在炼钢大流程中，随着炉外精炼的普及，现代电弧炉炼钢大多数缩短或完全取消还原期，还原精炼任务由炉外精炼完成。吹氧过程中的气氛特性与转炉熔池类似，此处不再赘述。

三根电极下的电弧温度高达5000℃，超过炉料中大部分元素的沸点，使电弧区内部分元素产生蒸发，进入烟气形成电炉粉尘。其中以铁的损失最大，以Fe_2O_3烟尘形式从电极孔逸出。同时炉料中的铁锈、氧化铁皮、加入的矿石、炉气及吹入的氧气等将炉料中的许多元素被氧化而损失，其中如硅、铝、钛等几乎全被氧化；锰损失约为50%～60%。

3.1.5.4　元素在转炉及电炉中的行为

炼钢主要将铁水或者废钢通过吹氧冶炼等工业实现脱碳、脱磷、脱氧、脱硫以及调整钢液温度等任务。根据冶炼任务的不同，通常将冶炼周期划分为氧化期和还原期。随着炼钢技术的发展以及精炼工艺的兴起，现在转炉和电炉的冶炼主要围绕氧化任务，划分为吹炼前期、吹炼中期和吹炼后期。因此，氧化气氛是炼钢的主要气氛环境，吹氧冶炼时间约占整个炼钢冶炼周期的60%以上。

在熔池吹炼时，根据熔池温度变化铁水中各元素的氧化顺序如表3-7所示。

表3-7　炼钢熔池内元素的氧化顺序

温度范围/℃	元素被氧化顺序
<1400	Si、V、Mn、C、P、Fe
1400~1530	Si、C、V、Mn、P、Fe
>1530	C、Si、V、Mn、P、Fe

A　挥发性物质

不反应性挥发物质，如H_2O、S、P、挥发分，进入炼钢熔池内未发生化学反应就气化随烟气排出。

$$M_{(s,l)} \longrightarrow M_{(g)} \uparrow$$

反应性挥发物质，如As、Se等物质，进入熔池后，在高温和氧化性的作用下，生成的气化物质如As_2O_3、SeO_2等进入烟气中，一部分随其排出，并随烟气氧化成粉尘固结。

$$M_{(s)} + O_2 \longrightarrow MO_{x(g)} \uparrow$$

特别应指出的是在电弧炉熔池内，电弧的温度高达4000~6000℃，因此造成电极附近的金属元素的挥发。元素除了直接挥发外，还可能先形成氧化物，然后氧化物在高温下挥发逸出，如钼、钨等元素主要是间接挥发损失。金属元素的挥发损失约为炉料总重的2%~3%。各金属元素的沸点见表3-8。

表3-8　金属元素的沸点（0.1MPa）

元　素	Al	Mn	Cr	Si	Ni	Fe	Mo	W
沸点/℃	2447	2051	2665	2787	2839	2857	4847	5527

元素的氧化主要是由于吹氧助熔及炉料中存在有氧（钢铁料表面的铁锈所致）。元素的氧化损失和氧与该元素的亲和力大小有关。通常铝、钛、硅等易氧化元素几乎全部氧化，锰氧化一般为50%~60%，铁的氧化损失通常为2%~6%。

B 易分解性物质

易分解性物质，如 $FeCO_3$、$MnCO_3$、结晶水合物、铵盐等，在进入炼钢熔池后在其高温环境中发生分解，生成 CO_2、H_2O、NH_3气体和固体物质。气体进入烟气排出，固体在熔池中熔化或者进入渣中，或者被还原进入铁水中。其中白云石和石灰石为难分解化合物，但在转炉的高温环境中也会发生分解，因此也属此类。

$$MCO_{x(s)} \longrightarrow MO_{x(l)} + CO_{2(g)} \uparrow$$

$$MO_x \cdot H_2O_{(s)} \longrightarrow MO_{x(l)} + H_2O_{(g)} \uparrow$$

$$NH_4MO_{x(s)} \longrightarrow MO_{x(l)} + NH_{3(g)} \uparrow + H_2O_{(g)} \uparrow$$

C 金属氧化物和非金属氧化物

在炼钢熔池内，主要为氧化性气氛，因此加入熔池的金属氧化物（CuO、NiO、CoO、PbO 等除外）和非金属氧化物在熔池内只发生熔化，不发生化学反应。熔化的物质进入渣中，形成复合氧化物。

$$MO_{x(s)} \longrightarrow MO_{x(l)}$$

例外的物质包括 CuO、NiO、CoO、PbO 等，由于它们的氧势高，在熔池内可被钢中的 Fe 元素还原，形成金属单质熔体进入钢液中。Pb 由于熔点较低，会产生部分气化，该部分最终形成 PbO 进入烟尘中。

$$MO_{x(l)} + xFe \longrightarrow [M] + x(FeO)$$

D 金属硫化物

炼钢氧化气氛不利于脱硫反应的进行，因此加入熔池内的硫不会马上进入渣中，而是溶解在铁液中或者在氧化气氛下氧化分解。硫在铁液中的溶解度很高，在 1600℃时的极限溶解度能够达到 38%。硫能够和钙形成最稳定的硫化物 CaS 这是脱硫反应的主要原理。金属离子形成氧化物进入渣中或者被还原成金属单质进入铁液中。

$$MS_{(s)} \longrightarrow M^{2+} + [S]^{2-}$$

$$M^{2+} + O^{2-} \longrightarrow (MO)$$

$$M^{2+} + Fe \longrightarrow [M] + Fe^{2+}$$

在氧化性较强，或者脱氧不充分的熔池内，则按照如下反应分解。

$$MS_{(s)} + 1/2O_2 \longrightarrow MO + [S]$$

随着冶炼的进行，在脱硫反应中硫形成 CaS 进入渣中，实现脱硫。

$$S^{2-} + Ca^{2+} \longrightarrow (CaS)$$

$$[S] + Si + 2CaO \longrightarrow (CaS) + (CaSiO_2)$$

E 可燃性物质

碳质物质及有机物质的特征是可燃并具有一定热值，在进入炼钢熔池中后能够被吹氧区的富氧气氛氧化燃烧，进入烟气，部分灰分进入熔渣中。

$$CHOM + O_2 \longrightarrow MO + H_2O\uparrow + CO_2\uparrow$$

3.2 有色工业高温窑炉热工特性

3.2.1 鼓风炉冶炼系统及共处置特性

3.2.1.1 鼓风炉系统概况

鼓风炉熔炼具有热效率高、单位生产率大、金属回收率较高、成本低、占地面积小等特点，是有色火法冶炼的重要冶炼设备。据估计，世界上约有80%的粗铅是由鼓风炉熔炼获得的。对于难分选的铅锌混合精矿采用鼓风炉熔炼，更显出它的优越性。我国中小型冶炼厂多数采用密闭式鼓风炉直接处理铜精矿，简化了原料制备过程，提高了烟气中SO_2的浓度，有利于对烟气进行综合利用，及防止环境污染。另外，鼓风炉也用来处理镍的硫化矿、钴土矿及某些冶金中间产品（如铅浮渣）。鼓风炉能使铜铅镍等矿石中的SiO_2等杂质在炉内通过造渣去掉，同时用焦炭等使氧化物还原得到粗金属。鼓风炉多用来炼铅、锌。

鼓风炉是一种具有垂直作业空间的圆形或矩形竖井状火法冶炼设备（图3-33、图3-34），炉料和燃料从炉子上部加入，空气经过炉壁下部的风口鼓入。由于燃料燃烧时生成的热或硫化物氧化时放出的反应热，或两者同时发生的热，使炉料熔化，并形成液体熔炼产物——粗铅和炉渣。在铅精矿里加入熔剂，混成含铅40%~50%，含硫约6%的料，用烧结机脱硫并烧结成块。烧结矿和焦炭从鼓风炉顶装入，从炉子下部风口鼓入空气，在炉内熔炼（还原）烧结矿内的氧化铅。熔化的液态相中含有冰铜、熔渣和粗铅，由于比重的不同，铅与冰铜和熔渣分离。炉内最高温度1400℃，粗铅通过精炼工序再制成铅锭。

铅锌烧结块，预热冶金焦炭从炉顶加入鼓风炉内。在高温和强还原气氛中进行还原熔炼。在熔炼过程中，脉石和其他杂质等造渣除去，有价金属被还原出来。铅和渣呈液体定期从炉子下部渣口放出，一起进入前床。在前床进行铅、渣分离，分别得到粗铅和炉渣。粗铅转到下一道工序精炼成精铅。炉渣经过烟化炉处理，进一步回收有价金属。锌呈气态随炉气（Zn 5%~7%；CO 20%~22%；CO_2 10%~12%）逸出料面，升温到1273K，然后进入铅雨冷凝器。经过铅雨冷凝吸收形成铅锌混合物，用铅泵抽到冷却流槽进行冷却分离得到粗锌。粗锌转到下一步工序精炼成精锌。炉气经过冷凝吸收后，洗涤、升压，含CO的炉气用来做低热值煤气回收利用。

鼓风炉熔炼按熔炼过程的性质可分为还原熔炼法（如铅烧结块的熔炼、铅锌混合精矿的熔炼），氧化熔炼法（如铜烧结块和铜精矿、铜镍精矿和矿石的造锍熔炼）及还原造锍熔炼（如氧化镍矿熔炼成镍冰铜）。按结构特点分为敞开式炉

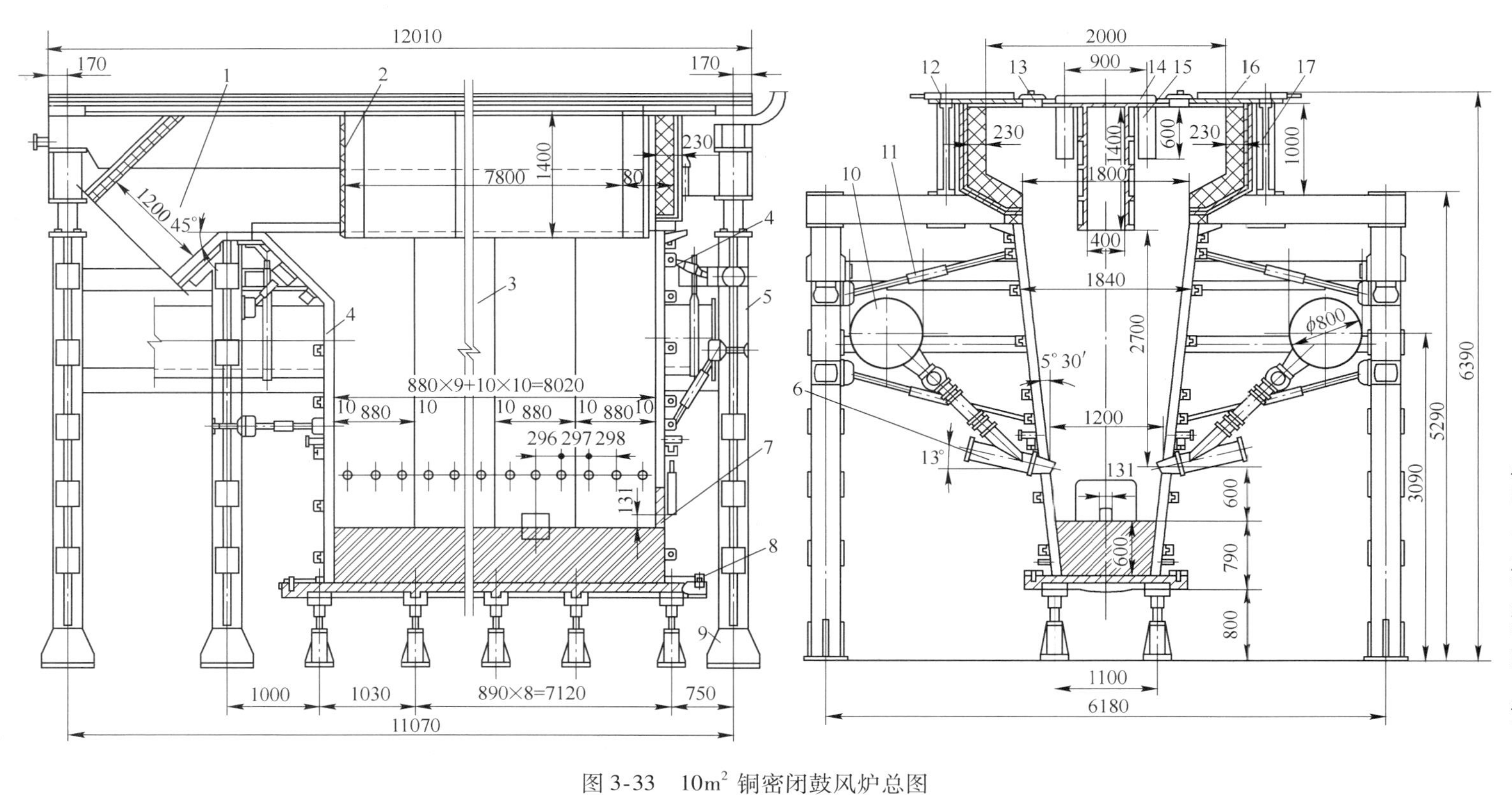

图3-33 10m² 铜密闭鼓风炉总图

1—烟道；2—加料斗；3—侧水套；4—端水套；5—立柱；6—风口及支风管；7—烟喉口；8—本床底板；9—炉底支座；10—送风围管；11—支撑螺栓；12—炉顶水套；13—炉顶操作孔；14—加料皮带车轨；15—水套梁；16—炉顶盖板；17—炉顶大梁

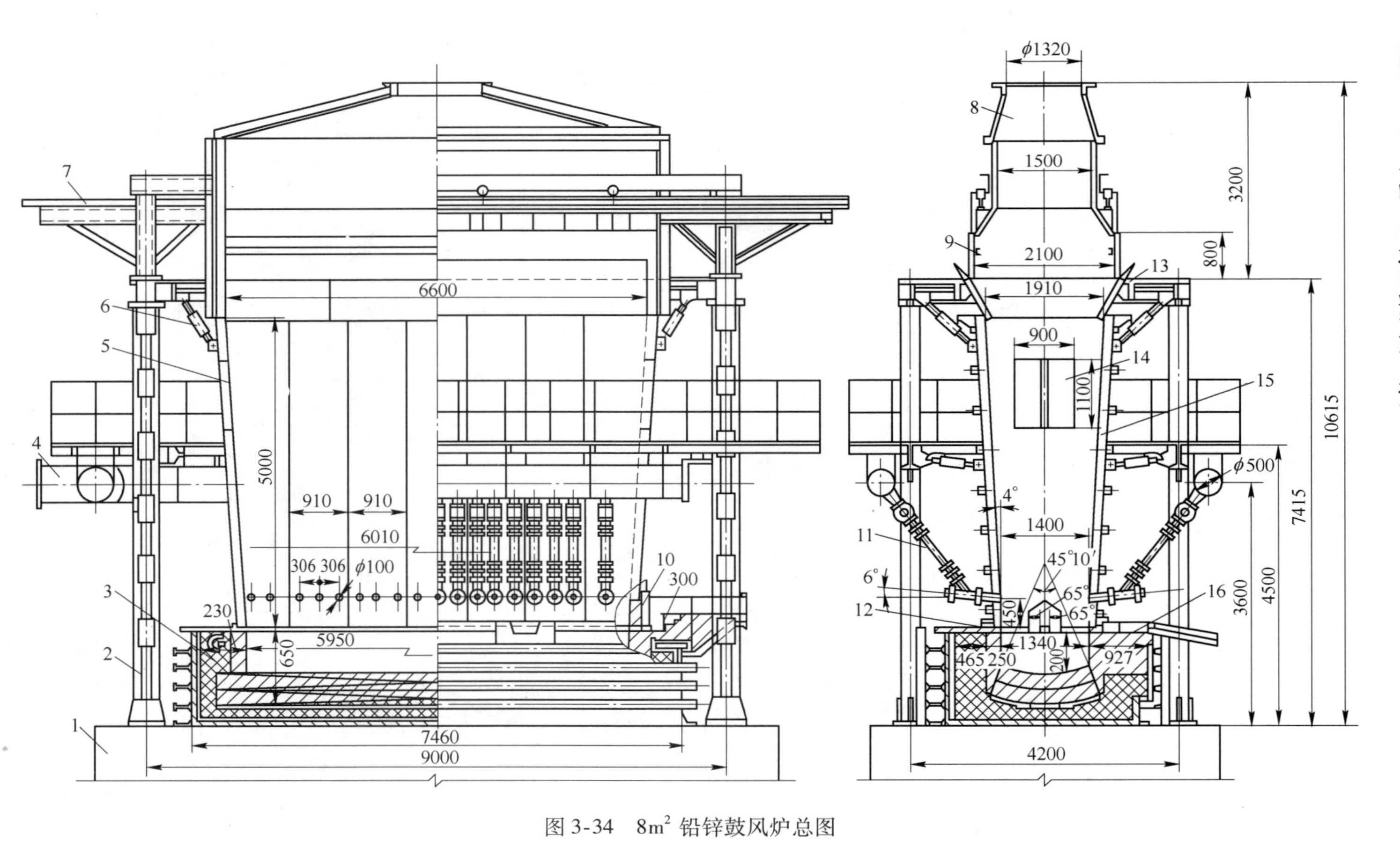

图 3-34　8m² 铅锌鼓风炉总图

1—炉基；2—骨架；3—炉缸；4—送风围管；5—端水套；6—千斤顶；7—炉门轨道；8—烟罩；9—加料门；10—烟喉口；11—风口及支风管；12—水套压板；13—下料板；14—除炉结门；15—侧水套；16—虹吸道及虹吸口

和密闭式炉、全水套炉和半水套炉。

鼓风炉主体由炉身、炉顶（包括加料装置）、炉缸、风口装置及烟喉口等组成。炉型根据冶炼过程特点和原料性质的不同存在多种形式。按风口区横截面形状分，有圆形、椭圆形、长方形三种。圆形及椭圆形炉型的炉内气流分布均匀，炉结生成较慢且易于清除。通常，圆形炉直径受到鼓风穿透能力的限制，只适用于小型炉。按纵断面形状分，有向上扩张型、直筒型、椅型（双排风口）和向下扩张的倒炉腹型。我国多数工厂采用向上扩张型炉，有利于气流沿横截面均匀分布，并可减少灰尘。直筒型炉适用于气流沿粉料较多的场合，有利于减慢炉结的生长；倒炉腹型和椅型（双排风口）可降低焦炭消耗并提高单位生产率，国外将其应用于镍氧化矿的造锍熔炼及铅还原熔炼。

3.2.1.2 鼓风炉性质区域特性

A 鼓风炉中料层的下降运动及上升气流

鼓风炉冶炼过程中的氧化还原反应以及热交换都是在物料下降和气流上升的对流中进行的。物料从上方进料口不断加入，在炉腔内形成具有透气性的料柱，随着下部物料的不断消耗和熔化，料层逐渐向下移动。同时从炉体下部的风口不断有空气吹入，形成煤气后向上流动，气流从料层的孔隙中不断地向上流动，在与物料接触的过程中发生氧化还原反应和热交换，同时也对物料有支撑的作用。因此，气固间的对流不仅影响了反应进行效果和热效率，同时对炉况的顺行有十分重要的意义。

在鼓风炉内，物料依靠自身的重力向下运动。由于炉料块径仅相当于炉子直径的几十分之一甚至更小，故可将这些块状炉料组成的料柱视为散料层。散料层内由于物料颗粒之间的内摩擦作用，在颗粒之间形成摩擦阻力，运动较慢的颗粒，就会阻碍运动较快颗粒的向下运动。同时由于料柱重量沿水平方向传给侧墙，形成的对侧墙的旁压力，当料块向下运动时，在旁压力作用下，料块与侧墙之间也形成摩擦阻力。由于两种摩擦力的反作用，使料块自身的重力作用在炉底上的垂直压力减小。也就是说料柱本身的重量在克服了各种摩擦力之后，作用于炉底的重量要比实际重量小得多，即有效重量。当料柱超过一定高度后有效重量停止增加，即发生悬料现象。生产中为了使炉料顺利下降，料层高度不能过分增加，或为了避免悬料，在较大型鼓风炉上部选取向下扩张的炉型。

鼓风炉从下部侧面周围向炉内喷吹气体，形成上升气流。为了保证炉料的顺利下料，应该控制上升气流的反压力，使物料的有效重量保持大于上升气流的反压力。适当增大炉腹角和减小炉身角，适当增加风口数量，有利于减少炉墙对物料的摩擦力，相应地提高有效重量。改善物料的透气性，控制上升气流的速度和密度等措施都有利于促进物流顺行。通常，鼓风炉内最大的容许速度为速度极限值（决定料层稳定状态时的气流速度）的 80%～90%。极限速度可由如下公式计算：

$$V_{vm} = \frac{12.3A_g}{\varphi}\sqrt{\frac{dg}{K}\frac{\gamma_{ch} - \gamma_g}{\gamma_g}}$$

式中　A_g——物料间自由通道面积，以炉子横截面百分数表示；

φ——形成的煤气量，m^3；

γ_{ch}，γ_g——气体重度和颗粒的容积重度，N/m^3；

K——系数，取决于 Re 及接触面的形状，理论值对平面为 2，对球面则相当于平面的 2/3。

实际上，在熔炼鼓风炉内，由于物料的熔化、压碎或黏结，会大大减小按固体料层测得的自由通道断面，因此实际的极限速度比理论计算值要小很多。

铅鼓风炉在高料柱（3.6～6.0m）操作时，鼓风强度为 25～35$m^3/(m^2 \cdot min)$；低料柱操作时，鼓风强度为 40～60$m^3/(m^2 \cdot min)$，而鼓风压力主要取决于炉内料柱的阻力，并随炉况而波动，当高料柱操作时，一般为 11～20kPa；低料柱操作时，一般为 6.7～11kPa。

B　鼓风炉内气流的分布

鼓风炉内气流沿料层截面均匀上升，是使炉气与炉料均匀进行反应从而获得炉子截面上温度均匀分布，保证炉料均匀下降的重要条件。要使炉气均匀分布，就要保证料层空间有均匀的透气性。影响气流分布的另一因素，就是进风条件的不同。向鼓风炉送风，一般是从炉子两侧或周围，通过若干风口将空气鼓入料层。当料层透气性均匀、高度相等时，气流以风口为中心，形成放射形气流。

当采用单一进风口时，由于左侧气流由风口到顶面的距离较小，即阻力较小，因此气流速度较大；而右侧距离风口较远，流速较小。因此，沿风口一侧炉壁的气体流量较多，中心部分流量较少。在风口附近等压线比较密集，即压力变化较大，且与距离不成正比，如图 3-35 所示。

当采用两个对向风口送风时，对向送风时，气流之间发生相互干扰，两侧的气流量仍然较大，中心部分仍然有风量不足的可能，如图 3-36 所示。鼓风炉中气体流场大致如此。

在进风速度较大时，气体给风口附近的动能可以推动炉料运动使其松散而形成空洞，即风口气袋，如图 3-37 所示。风口气袋内气流与部分炉料形成循环区，使气流向炉子中心和风口两旁扩展。其扩展的深度，主要取决于进风的初始动量。同时在一定的程度上也取决于风嘴向炉内伸出的程度。

鼓入鼓风炉的热风，一般控制在 800～1000℃，调节风温可以迅速改变炉内熔炼情况，控制还原气氛和炉渣。当炉内还原气氛弱、渣含锌高、温度偏低时，

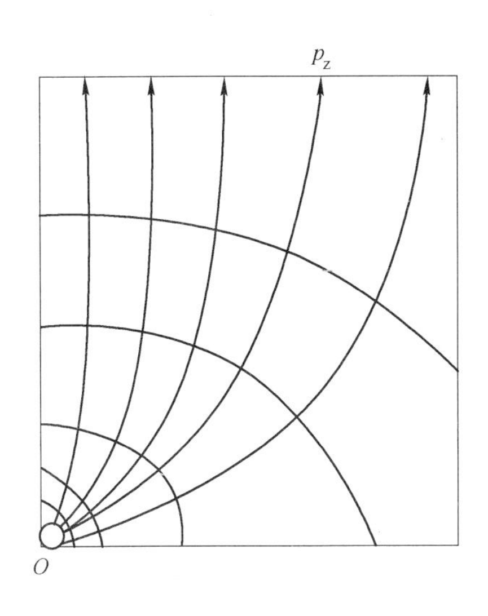

图 3-35 单一进风口形成的放射形气流

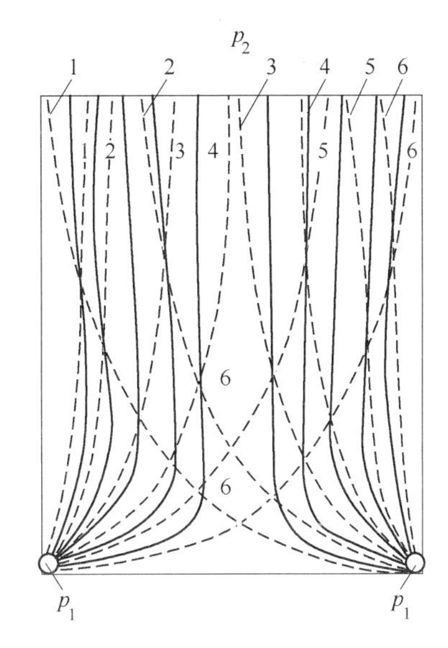

图 3-36 对向进风口形成的放射形气流

应提高风温；当炉内还原气氛强、温度过高、出现铁还原时，应降低风温。高风温操作直接给我们带来的好处就是降低了能耗，减少了炉渣量，从而提高鼓风炉直收率。

C 鼓风炉内炉温分布及反应特性

为了描述铅鼓风炉的温度分布，可将其自上而下分为四个区域，即预热区、上部还原区、下部还原区、熔化区、风口区和炉缸区。纵向炉温的大致分布如图 3-38 所示。

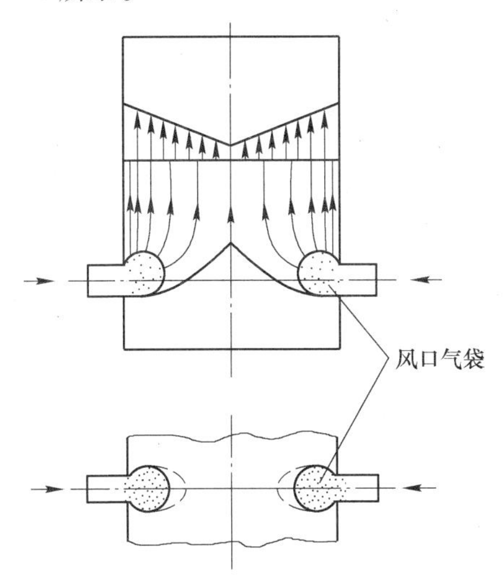

图 3-37 鼓风炉内形成的风口气袋

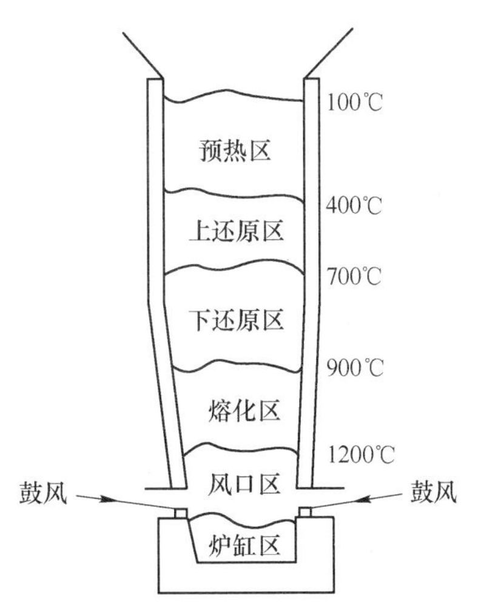

图 3-38 鼓风炉温度纵向分布

通常铅液的放出温度为 800～1000℃，炉渣温度为 1100～1200℃。为了防止炉顶冒烟和大量漏风，控制为微负压操作，炉顶压力为 -10～-50Pa。铅锌密闭鼓风炉的炉顶压力为 2900～4900Pa；炉顶温度为 1000～1050℃；排烟口烟气出口速度一般为 8～15m/s。

鼓风炉内物料从上部加入后，在不同的温度条件下，发生了不同的化学反应及热量交换。物料和气体的温度变化如图 3-39 所示。

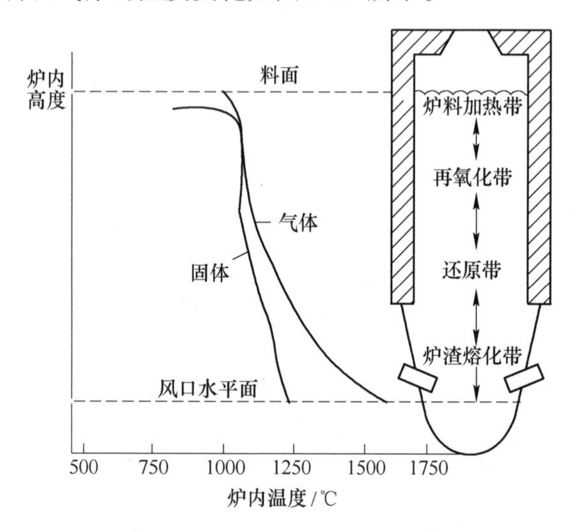

图 3-39　鼓风炉冶炼区域划分及温度变化

（1）炉料加热带。加入炉内的烧结块温度为 400℃左右，在此带内烧结块从炉气中吸收热量，而被迅速加热到 1000℃，从料面逸出的炉气温度则被降低到 800～900℃。在这种温度变化范围内，炉气中的锌有部分重新被氧化，放出热量给炉气。所以在此带加热炉料的热量来自炉气的显热和锌蒸气重新被氧化时放出的热。氧化反应产生的 ZnO 在随固体物料下降至高温区时，需要消耗焦炭的燃烧热来还原挥发。所以这部分锌的还原与氧化具有热量传递的作用。

炉料加热带的温度较低，除了锌再氧化外，只有 PbO 开始被还原。

（2）再氧化带。在此带，炉内炉料与炉气的温度相等，主要发生 $CO_2 + C \rightarrow 2CO$ 的反应吸收热量，以及 Zn 被氧化放出热量。因此，在这一带炉气与炉料的温度几乎保持不变，维持在 1000℃左右。

（3）还原带。这一带的温度范围为 1000～1300℃，是炉料中的 ZnO 与炉气中 CO 和 CO_2 保持平衡的区域。炉气中 Zn 的浓度达到最大值。主要发生 $ZnO + CO \rightarrow Zn + CO_2$ 和 $CO_2 + C \rightarrow 2CO$ 反应，均为吸热反应，主要靠炉气的显热来供给。因此炉气通过此带后，温度降低 300℃左右。

通过这一带的炉气中 Pb、PbS 和 As 的含量达到最大值，当到达上部较低温区时，有部分冷凝在较冷的固体炉料上，随炉料下降至此带高温区时又挥发。所以这些易挥发的物质有一部分在这带循环。大量被还原的 Pb 在此带溶解其他被还原的金属，如 Cu、As、Sb、Bi 等，同时还捕集 Au 和 Ag，最后从炉底放出粗铅。

（4）炉渣熔化带。此带温度在 1200℃以上。炉渣在此带完全熔化，熔于炉渣中的 ZnO 在此带还原，焦炭则在此带燃烧，造成 1400℃的高温来保证炉渣熔化与过热。在此带从液态炉渣中还原大部分的 ZnO，需要消耗大量的热；同时炉渣完全熔化也要消耗大量的热。所以炉料通过这一带消耗的热最多。

炉内气体的压力一般接近 0.1MPa。

D　造渣制度

铅鼓风炉还原熔炼所产生的炉渣的特点是渣含 ZnO 较高，一般为 5%~25%。而通常 SiO_2、FeO、CaO 和 ZnO 之和占总渣量的 85%~90%。在一定范围内提高 CaO 含量能够降低渣中铅含量，提高铅的收得率。处理高锌炉料时，适当提高渣中 FeO 含量，有利于锌在渣中的富集。铅鼓风炉炉渣成分见表 3-9。

表 3-9　铅鼓风炉炉渣典型成分　（%）

Pb	SiO_2	FeO	CaO	ZnO	Al_2O_3	MgO	S	Cu
1~3	19~33	24~38	11~21.5	5~25	3~8	2~5	1~3	0.1~1.0

炉渣的产出率一般为 45%~60%，其熔点一般不低于 1000℃，宜在 1100℃以上。炼铅鼓风炉炉渣熔化温度为 1000~1100℃，炼锌鼓风炉熔化温度为 1200~1300℃；炼铅鼓风炉产出的炉渣量为粗铅量的 0.8~1.5 倍，炼锌鼓风炉产出炉渣量为粗铅量的 2~2.5 倍。

3.2.1.3　元素在鼓风炉中的行为

鼓风炉与高炉相似，主要工艺过程为烧结物料和焦炭从上部加料口投入，下部鼓入热风。固相和气相在相对运动中进行热交换和氧化还原反应。鼓风炉的应用范围较广，不同的工艺中其氧化还原性质也不同。

A　元素/物质在还原鼓风炉中的行为分析

如铅烧结块的熔炼、铅锌混合精矿的还原熔炼中的鼓风炉为还原性气氛。在熔炼过程中，炉料中的氧化铅、硅酸铅和铁酸铅被还原为粗铅；炉料中的脉石成分和锌进入炉渣；炉料中的贵金属富集在粗铅中；铜一般也进入粗铅中，当铜含量高时，为了不使粗铅含铜过高，熔炼时要造铜锍（铅冰铜），使部分铜进入铜锍中；当砷、锑含量高时，可造黄渣排除掉大量的砷、锑，降低粗铅中的砷、锑含量；镍、钴通常富集在黄渣中，如镍、钴含量高，也可造黄渣使其富集。

a　挥发性物质

鼓风炉内有从下向上与物料逆流的高温气流，不反应性挥发物质加入鼓风炉后会气化进入烟气中并随之排出。

$$M_{(s,l)} \longrightarrow M_{(g)} \uparrow$$

反应性挥发物质，如 ZnO、PbO、K_2O、Na_2O 以及硫酸盐和磷酸盐等，进入鼓风炉后，在高温和还原性气氛的作用下，生成的气化物质如 Zn、Pb、K、Na、SO_2等进入烟气中，部分随烟气排出，部分物质被氧化而在烟道或低温固态物料上凝结。

$$MO_{x(s)} + C \longrightarrow M_{(g)} \uparrow + CO$$
$$MO_{x(s)} + CO \longrightarrow M_{(g)} \uparrow + CO_2$$

当物质的还原反应为吸热反应时，通常需要在较高的温度条件下才能发生，即在鼓风炉的中下部，靠近风口区。产生的挥发物质尤其是 Zn、Pb 等类物质在气化上升过程中会重新氧化凝结，在炉内形成富集循环。

在熔炼过程中，砷有一部分以 As_2O_3 挥发，一部分还原为金属砷溶入粗铅中，也有一部分与镍、钴形成砷化物（黄渣）。锑的行为与砷相似，也分配在挥发物、粗铅和黄渣中。锡则多数进入渣中，极少还原进入铅中。镉几乎都挥发进入烟尘。金、银、铋则绝大部分进入粗铅。

b 易分解性物质

易分解性物质如 $FeCO_3$、$MnCO_3$、结晶水合物、铵盐等，进入鼓风炉后在其高温环境中发生分解，生成 CO_2、H_2O、NH_3和固体物质。气体进入烟气排出，固体进入固相。其中白云石和石灰石为难分解化合物，但在高温环境中也会发生分解，因此也属此类。

$$MCO_{x(s)} \longrightarrow MO_{x(l)} + CO_{2(g)} \uparrow$$
$$MO_x \cdot H_2O_{(s)} \longrightarrow MO_{x(l)} + H_2O_{(g)} \uparrow$$
$$NH_4MO_{x(s)} \longrightarrow MO_{x(l)} + NH_{3(g)} \uparrow + H_2O_{(g)} \uparrow$$

c 金属氧化物及金属硫化物

在鼓风炉内碳还原性气氛及高温条件下，可以使得部分金属氧化物、金属硫化物以及少量非金属氧化物被还原，如 Fe_2O_3、Fe_3O_4、NiO、CuO、FeS 等。还原后得到低价态金属氧化物或者金属存在于固相中，同时生成 CO、CO_2和 SO_2等气相进入烟气中。

$$MO_{x(s)} + C \longrightarrow M_{(s)} + CO$$
$$MS_{x(s)} + 2CO_2 \longrightarrow M_{(s)} + 2CO + SO_2$$

（1）铅。烧结块中的铅以氧化铅、硅酸铅、铁酸铅、硫酸铅、硫化铅和金属铅等形态存在。金属铅和易还原的氧化铅中的铅在熔炼时以金属状态进入炉缸。硫酸铅被溶剂分解后可还原为金属铅，若被还原则只能获得硫化铅。硫化铅在熔炼时或进入冰铜，或部分挥发，或与加入的铁屑进行沉淀反应。硅酸铅在熔炼时亦被还原。铁酸铅比硅酸铅更易被还原。

(2) 铁。烧结块中的铁以氧化铁、四氧化三铁、硅酸铁、硫化铁等形态存在。铁的高价氧化物被还原成 FeO，并与 SiO_2 造渣。在铅还原熔炼时，FeO 还原为金属铁，在理论上是不可能的。但是，由于鼓风炉内气氛和温度的不稳定性，也有生成金属铁的可能。

(3) 铜。铜主要以硫化亚铜、氧化亚铜和硅酸铜存在于烧结块中。Cu_2S 进入冰铜。氧化亚铜和硅酸铜或被硫化（硫化剂为 FeS）成 Cu_2S 进入冰铜，或被还原成金属铜，或以氧化物形态进入渣中。

(4) 锌。锌主要以氧化锌、硫化锌和硫酸锌的形态存在。在高温下，硫酸锌离解为 ZnO 或还原为 ZnS。ZnS 是炼铅炉渣中最有害的杂质，会使炉渣的黏度增大，熔点升高，渣含铅也增大。ZnS 极少被还原，但可被铁置换。ZnO 也部分被还原成金属锌。挥发的锌蒸气随炉气上升形成炉结，部分锌溶入粗铅中。ZnO 则可部分地在熔渣中溶解。

d 惰性金属氧化物及非金属氧化物

惰性金属氧化物及非金属氧化物主要是指在鼓风炉的温度和还原气氛下不能够被还原的物质，如 CaO、MgO、Al_2O_3、SiO_2 等，不仅不会发生化学反应，同时熔点较高，很难熔融。适量的加入以上这些物质能够调节物料的熔融性质，并产生如脱硫、除砷等效果。

$$MO_{x(s)} \longrightarrow MO_{x(s)}$$

脉石成分的 SiO_2、CaO、MgO、Al_2O_3 等均与 FeO 一起进入渣中。

e 碳质物质

碳质物质更适合从风口烧嘴位置加入，直接与氧接触发生燃烧反应，形成高温 CO 气体上升，与下降的物料发生热交换和氧化还原反应。碳化物质同金属氧化物等氧化性物质发生氧化还原反应。

$$CHOM \longrightarrow C_{(s)} + MO + CH_4 \uparrow$$

$$MO_{x(s)} + C \longrightarrow M_{(s)} + CO \uparrow$$

表 3-10 为铅鼓风炉熔炼过程中的金属分布实例。

表 3-10 铅锌鼓风炉熔炼过程中金属元素的分配

元 素	沈 冶				株 冶			
	粗铅	炉渣	烟尘	损失	粗铅	炉渣	烟尘	合计
Pb	96.71	1.55	1.13	0.61	95	2	3	100
Cu	93.27	5.10	0.81	0.82	79	20.8	0.2	100
Zn	0.27	96.55	2.47	0.71	2	95	3	100
Bi	96.94	0.90	1.34	0.82	93	7		100
Cd	6.26	4.45	59.74	29.55	10	11	79	100

续表 3-10

元素	沈冶				株冶			
	粗铅	炉渣	烟尘	损失	粗铅	炉渣	烟尘	合计
Sb	89.08	8.90	1.20	0.82	96	3	1	100
Sn					80	18	2	100
In	49.32	45.75	4.03	0.90	49	49	2	100
Ge		97.46	1.56	0.98		99	1	100
Se					71	16	13	100
Te	35.34	61.73	2.20	0.73	75	10	15	100
As	81.85	17.31		0.84	82	17	1	100
Au	99.03		0.57	0.40				
Ag	96.18	2.80	0.72	0.30				

B 元素/物质在氧化鼓风炉中的行为分析

铜烧结块和铜精矿、铜镍精矿和矿石的造锍熔炼氧化熔炼中的鼓风炉为氧化性气氛。铜精矿密闭鼓风炉熔炼属于半自热氧化熔炼，过程所需的热量由硫化物氧化和燃料燃烧供给。炼铜鼓风炉从上至下分为预备区、焦点区和本床区3个区域。预备区温度由250~600℃至1000~1100℃，进行炉料的预热、干燥、脱水，高价硫化物和石灰石的分解，硫化物的氧化，以及精矿的固结和烧结；焦点区温度为1250~1300℃，进行焦炭的燃烧、炉料的熔化、熔融硫化物的氧化，以及完成造渣和造冰铜过程；炉子的本床区熔体温度降至1200~1250℃，在此炉渣和冰铜成分相互调整，少量的Cu_2O被再硫化。鼓风炉熔炼过程中铁的硫化物氧化是主要的氧化反应，氧化后主要生成FeO造渣，Fe_3O_4形成较少。焦炭完全作为加热剂，燃烧热约占全部热收入的60%。

a 挥发性物质

不反应性挥发物质加入鼓风炉后会气化进入烟气中并随之排出。

$$M_{(s,l)} \longrightarrow M_{(g)} \uparrow$$

反应性挥发物质，如As、Se等进入鼓风炉后，在高温和氧化性气氛的作用下，生成的气化物质如As_2O_3、SeO_2等进入烟气中排出。在熔炼时，三价的砷和锑挥发进入烟尘，五价的砷和锑以砷酸盐和锑酸盐进入炉渣。

$$M_{(s)} + O_2 \longrightarrow MO_{x(g)} \uparrow$$

b 易分解性物质

易分解性物质，如$FeCO_3$、$MnCO_3$、HgO、结晶水合物、铵盐等进入鼓风炉后，在高温环境中发生分解，生成CO_2、H_2O、NH_3以及Hg气体和固体物质。气体进入烟气排出，固体进入固相。其中白云石和石灰石为难分解化合物，但在高温环境中也会发生分解，因此也属此类。

$$MCO_{x(s)} \longrightarrow MO_{x(l)} + CO_{2(g)} \uparrow$$

$$MO_x \cdot H_2O_{(s)} \longrightarrow MO_{x(l)} + H_2O_{(g)} \uparrow$$

$$NH_4MO_{x(s)} \longrightarrow MO_{x(l)} + NH_{3(g)} \uparrow + H_2O_{(g)} \uparrow$$

c 金属硫化物

金属硫化物主要有 CuS、FeS 等。炼铜鼓风炉中存在很强的硫气氛。硫化物在进入炼铜鼓风炉后，发生分解反应、硫化反应、氧化反应，生成硫化物、硫化铜、SO_2等物质。在氧化气氛中可被氧化，形成金属氧化物，同时 S 形成 SO_2进入烟气中。Cu、Fe、Pb 主要形成 Cu_2S 、FeS 和 PbS 进入冰铜；同时 Fe 也与 Zn、Pb 等其他金属元素形成氧化物进入渣中，挥发量不大。

$$MS_{2(s)} \longrightarrow MS_{(s)} + 1/2S_{(g)}$$

$$MS_{(s)} + CuO_{(s)} \longrightarrow CuS_{(s)} + MO_{(s)}$$

$$S_{2(g)} + 2O_2 \longrightarrow 2SO_{2(g)} \uparrow$$

ZnS 的熔点高，比重介于冰铜和炉渣之间。随炉料进入的 ZnS 除进入冰铜和炉渣中使其变黏外，还可能在两种熔体之间形成难熔且黏稠的横隔膜层，破坏它们的分离，并在温度变化时形成炉结。硫化锌是极有害的物质。

（1）铁的硫化物。常以黄铁矿（FeS_2）、磁黄铁矿（Fe_nS_{n+1}）的形式存在。当加热到 300℃以上时发生离解；温度升至 700 ~850℃时，硫化铁被氧化。得到 FeO、Fe_3O_4、Fe_2O_3，含量多少取决于焙烧温度和气氛。

（2）砷硫化物。主要有 FeAsS 及 As_2S_3。在焙烧时受热离解，然后氧化生成易挥发的 As_2O_3，若氧过剩则进一步被氧化为难挥发的 As_2O_5，进而与其他金属氧化物（如 PbO、FeO 等）形成砷酸盐。

（3）辉锑矿。Sb_2S_3在焙烧时被氧化成易挥发的 Sb_2O_3。若氧过剩则进一步被氧化为挥发性较小的 Sb_2O_5，其在 500℃以下不稳定，分解或形成锑酸盐。

（4）辉镉矿。CdS 在焙烧时被氧化成 CdO，还有一部分被氧化成硫酸镉。反应 $2CdO + CdS = 3Cd + SO_2$、$3CdS + 2ZnO = 2ZnS + 3Cd + SO_2$生成的金属镉沸点较低（767℃），迅速挥发。70%以上的 Cd 挥发富集在烟尘中。

（5）辰砂。HgS 在硫化物的焙烧时发生 $HgS + O_2 = Hg + SO_2$，反应在 285℃开始发生，随温度升高反应速度很快。在鼓风炉中 90%~98%的 Hg 挥发进入烟气。

d 金属氧化物及非金属氧化物

金属氧化物可分为低价金属氧化物和高价金属氧化物。低价态金属氧化物如 FeO、TiO、MnO 等，在进入鼓风炉后会被氧化生成高价态氧化物；高价态金属氧化物及非金属氧化物在鼓风炉内基本不产生变化。最终进入渣中。

$$MO_{x(s)} + O_2 \longrightarrow MO_{y(s)}$$

$$MO_{x(s)} \longrightarrow MO_{x(s)}$$

e　可燃性物质

可燃性物质在鼓风炉的氧化性气氛中能够燃烧并放出热量，C、H、Cl 等进入烟气，灰分进入物料中。部分卤族元素会形成金属卤化物进入固相中。

$$CHOM + O_2 \longrightarrow MO + H_2O\uparrow + CO_2\uparrow$$

3.2.2　反射炉冶炼系统及共处置特性

3.2.2.1　反射炉系统概况

火焰反射熔炼炉简称反射炉，是传统的火法冶炼设备之一。反射炉是利用燃烧着的火焰和所产生高温气体的热，直接从炉顶反射到被熔炼的金属上而产生加热作用的熔炼方法。反射炉具有结构简单、操作方便、容易控制、对原料及燃料的适应性较强、生产中耗水量较少等优点。反射炉生产成本低，可以通过氧化、还原等精炼方法除掉部分杂质；适于大量生产铜、锌等有色金属。因此，反射炉在熔炼铜、锡、铋精矿和处理铅浮渣以及金属的熔化和精炼等方面得到广泛的应用。到目前为止反射炉仍然是我国火法炼铜的主要方法，其生产能力占世界产铜的一半以上。但是反射炉冶炼工艺的热效率低，无法严格控制温度；不易控制合金成分，不能用于熔炼合金；金属易受燃料中杂质（如硫）的污染；且金属熔炼损耗大，劳动环境差，占地面积大、耐火材料消耗量大等。反射炉熔炼方法被用来熔炼矿石、冰铜以获得粗铜，并且反射炉也是熔炼紫铜、铝及铝合金的主要设备之一。

反射炉主体结构是一个用优质耐火材料作内衬的长方形熔炼室，炉内熔池分为熔炼区和澄清区两部分。均匀混合的粉状物料从炉顶两侧加料孔加到炉内形成料坡，在 1500 ~ 1550℃的高温下熔化形成冰铜和炉渣，因两者比重不同，故可以在澄清区分层并分别放出。炉气进入废热回收和烟道系统。反射炉采用端部烧嘴加热，燃料主要为粉煤或重油，炉内温度可达到 1500℃左右。

反射炉是火焰式炉，主要利用炉壁和炉顶的辐射热，以及炙热气体火焰的辐射将热能传到炉料上，使炉料熔化。为了充分利用炉壁、炉顶、炙热气流和火焰的辐射热，炉膛不能太高。为使燃料在炉膛内充分燃烧，炉膛一般较长，否则燃料尚未燃烧完毕就进入烟道，造成能源浪费。反射炉一般使用重油、煤气或天然气作燃料，也可以用块煤或煤粉作燃料。用煤作燃料的劳动强度大、工作条件恶劣，已较少采用。

反射炉由炉基、炉底、炉墙、炉顶、加料口、产品放出口、炉门和烟道等部分构成，其附属设施有加料装置、鼓风装置、排烟装置和余热利用装置等。图 3-40为铜反射精炼炉结构。

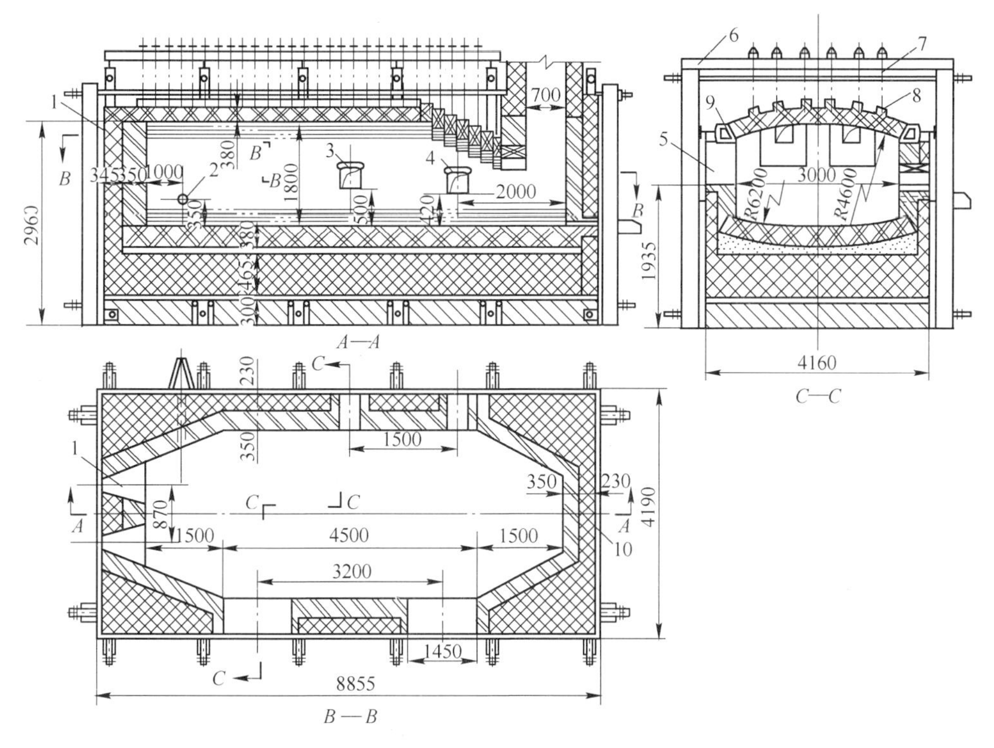

图 3-40 铜反射精炼炉

1—燃烧器前室；2—浇模口；3—吹风口；4—扒渣口；5—加料口；
6—吊顶梁；7—吊链；8—筋砖；9—水冷梁；10—放铜口

(1) 炉基。炉基通常用混凝土制成，基础内有通道，利用空气自由流通冷却炉底。炉基上盖铸铁板，其上砌红砖和黏土砖。

(2) 炉体。炉体包括炉底、炉墙、炉顶等。根据生产率来确定熔池面积，熔池的平均深度为 300 ~450mm，最大深度可达 750mm。

(3) 装料口和炉门。装料口一般为 1 ~2 个，装料口的大小取决于原料的外形尺寸和装料机械的设备情况。

(4) 炉体支架。砖砌体的外部有铸铁板和工字钢构成的炉体支架。在反射炉烤炉和停炉的过程中，随着炉体的膨胀和收缩，要及时松紧拉杆，以调节拉杆的拉紧程度。

熔炼反射炉一般采用吊挂式炉顶，大型熔炼反射炉炉顶采用吊压式拱顶结构。为了防止炉底砌体上浮，最上一层炉底砖砌成反拱，反拱的上面采用冶金镁砂和氧化铁粉加卤水捣打一层镁铁捣打料，通过烘烤和 1600℃左右的高温烧结，形成整体的镁铁烧结炉底。

3.2.2.2　反射炉性质区域特性

A　反射炉内的辐射热

反射炉熔炼所需要的热量主要是依靠燃料燃烧供给的。如铜熔炼反射炉，熔炼所需要的热量85%~90%是靠燃料燃烧供给的；随炉料带入炉内的物理热和炉料各组分之间的化学反应产生的热，在炉子热收入中只占15%~20%。

在反射炉内燃料燃烧产生的炽热气体温度高达1500℃以上。这种炽热炉气以辐射和对流的方式将所含的热量传递给被加热或熔化的物料、炉顶和炉墙。炉顶和炉墙所取得的部分热量又以辐射方式传递给被加热或熔化的物料，使物料熔化。物料加热和熔化所需要的热量，90%以上是靠辐射传热获得的，即依靠高温的炉气、炉墙和炉顶的辐射作用传递的。在熔炼生精矿或焙砂的熔炼反射炉中，由于炉料的导热性小，热量从炉料表面向炉料深处传递很慢，于是炉料很快被加热到熔点，熔化后流入熔池中，下面的料层又暴露出来，新暴露出来的料层又从炉气、炉墙和炉顶获得热量变成液态，并连续不断地流入熔池。因此，熔炼反射炉内炉料的熔化过程是在相当薄的炉料表面层中进行的。

炉料依靠辐射和对流所获得的热量为：

$$Q_M = 1.05 C_{g\varpi M}\left[\left(\frac{T_0}{100}\right)^4 - \left(\frac{T_M}{100}\right)^4\right]A_M$$

式中　$C_{g\varpi M}$——综合传热系数，$W/(m^2 \cdot K^4)$；

T_0——炉气绝对温度，K；

T_M——物料表面绝对温度，K；

A_M——物料受热面积，m^2；

1.05——系数，考虑炉内对流传热占辐射传热的5%。

物料温度T_M随被处理的物料而异。对于铜熔炼反射炉所使用的炉料，如精矿、焙砂和烟尘等，其多数熔化温度为1070~1280℃。

B　反射炉的模型

从温度场的分布（图3-41）可以清楚地看出，整个燃烧室的高温区分布在炉内上部区域，最高温度出现在距离燃烧器喷口约1m位置处，且达到了2279K。高温区聚集在炉内顶部，使反射炉炉顶温度过高，而其他部位的相对温度较低。

从浓度场（图3-42、图3-43）来看，大部分燃料在离开喷口很短的距离内就燃烧完毕，而剩余的少量CO则要延伸至反射炉内距离燃烧器喷口5.5m左右处。在烟气出口附近，O_2的体积分数均值约为1.8%，而CO体积分数均值约为10×10^{-6}，由此可知过剩空气系数偏大且炉内燃烧组织较差。

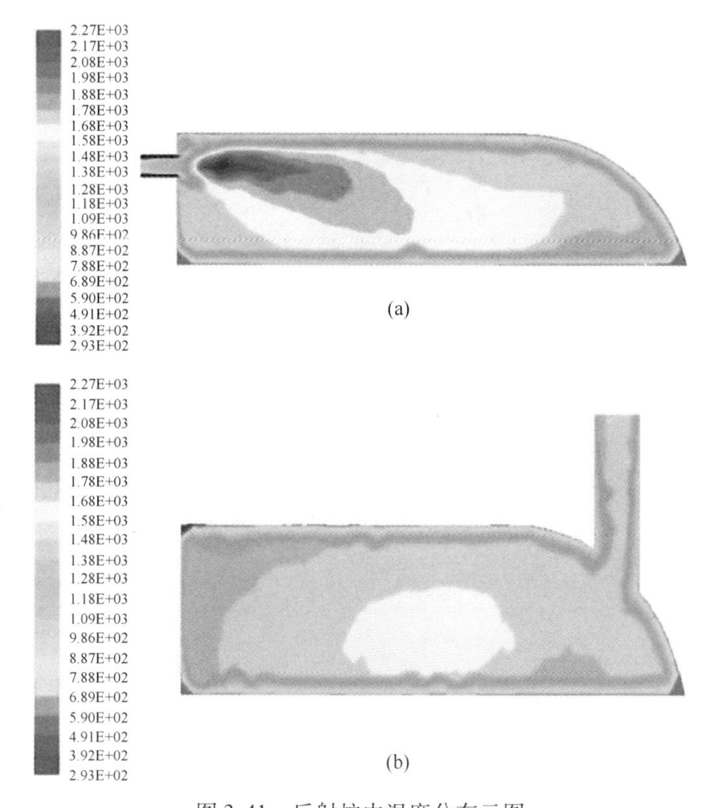

图 3-41 反射炉内温度分布云图

（a）入口截面的温度场；（b）出口截面的温度场

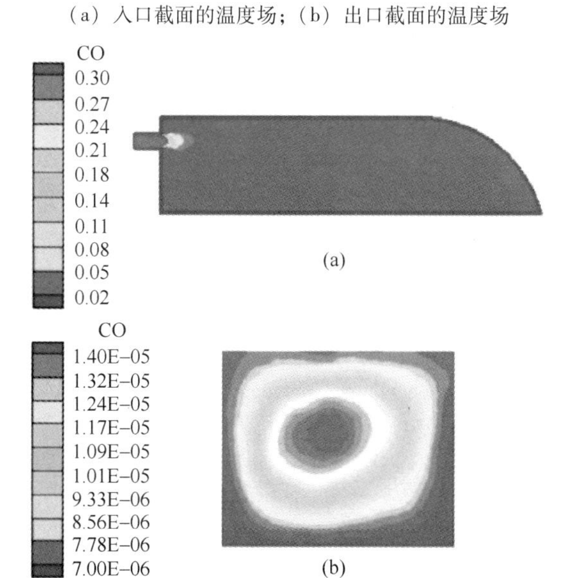

图 3-42 反射炉内 CO 分布

（a）入口截面处 CO 体积分数（%）；（b）出口处 CO 体积分数（%）

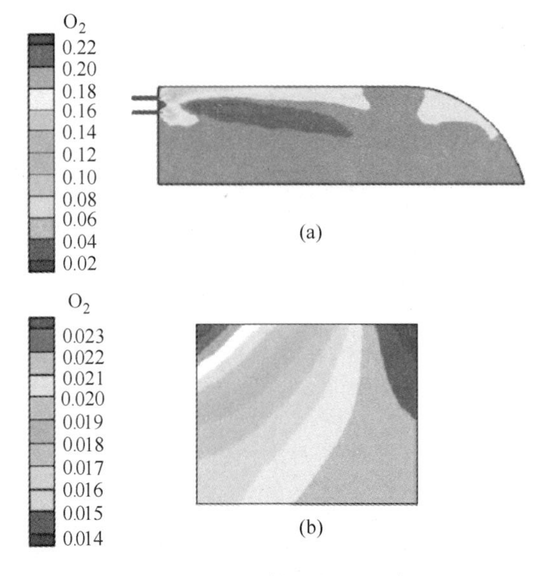

图 3-43 反射炉内 O_2 分布

(a) 入口截面处 O_2 体积分数（%）；(b) 出口处 O_2 体积分数（%）

C 反射炉内的实测温度

各种燃料的燃烧器都应使燃料可充分沿炉长分布，形成广泛的高温区，使大部分炉料在这里发生熔炼作用，燃烧气体距燃烧器端7~8m处温度最高，热量传给炉料及炉渣表面。燃烧气体在接近炉尾时，温度稳定下来，使铜锍和炉渣沉降分离。高炉烟气温度比炉渣温度高 50~100℃，将烟气引入废热锅炉可利用约50%~60%的显热。

从表3-11可以看出，熔炼反射炉炉头温度一般为1500~1550℃，炉尾温度为1250~1300℃，炉料及熔池表面温度为1250℃左右，出炉烟气温度为1200℃左右。

表 3-11 反射炉内温度分布实测举例

实 例	炉床面积/m^2	炉内压力/Pa	炉头温度/℃	炉温温度/℃	烟气温度/℃
大冶	217	15~20	1450~1520	1200~1300	1200
大冶	270	0~20	1450~1500	1200~1250	1150
白银	210	-5~15	1500~1550	1250~1300	1200
犹他	360	约18	1360~1477	1200~1340	1200~1310
钦诺	215		1593		1270

冰铜温度约为1150℃，熔渣温度约为1200℃，烟气温度为1250~1300℃，沿上升烟道排出，炉内最高温度能达到1500~1600℃，炉内的温度分布如图3-44所示。

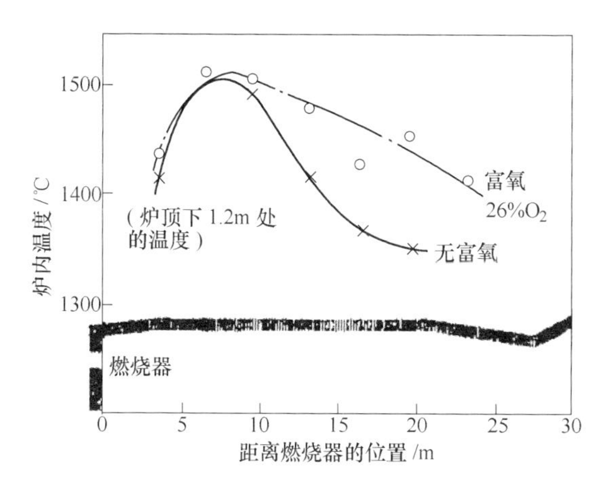

图 3-44 发射炉熔炼内腔的温度分布

熔炼反射炉一般保持微负压（0 ~ -20Pa）操作，也有保持微正压的。压力测点一般设在距烟气出口烟道2 ~3m处的炉顶中心，炉内压力一般由废热锅炉后的闸门自动控制。

3.2.2.3 元素在反射炉中的行为

反射炉冶炼铜精矿为造锍熔炼。铜矿中的主要伴生元素/杂质有 Ni、Co、Pb、Zn、As、Sb、Bi、Se、Te、Au、Ag、Pt 族等。其中贵金属、Se、Te、Ni、Pb 等在熔炼过程中进入铜锍；易氧化造渣元素如 CaO、MgO、SiO_2、Al_2O_3以及 Zn、Fe、Co 等进入渣中；而易挥发元素如 Zn、Pb、As、Sb、Bi 等进入烟尘。

Zn 和 Fe 趋向于变为氧化物入渣，Co 则要在更高的氧势下才氧化，然后再富集在转炉渣中，Bi、Ag、Pb、Ni、Sb 等可能以金属态存在。在 p_{SO_2} = 10kPa 的熔炼条件下铜锍品位稍高一些，Ni、Co、Pb 可以硫化物形态入铜锍，Bi、Sb、Ag、Pb 和 Ni 以金属态溶于铜锍中。Sb、Pb、Bi 是精炼过程中的有害元素，想通过氧化作用使它们造渣分离，困难较大。Ni 希望在铜锍中回收，Sn 和 Co 亦如此，但趋向于氧化随渣损失掉。Zn 和 Fe 几乎全部氧化入渣。图 3-45 为 1300℃下各种元素的 M-S-O 系硫氧势图。

A 挥发性物质

不反应性挥发物质加入反射炉后会气化进入烟气中并随之排出。

$$M_{(s,l)} \longrightarrow M_{(g)} \uparrow$$

反应性挥发物质，如 As、Se 等进入反射炉后，在高温和氧化性气氛的作用下，生成的物质如 As_2O_3、SeO_2等气化物质进入烟气中排出。在熔炼时，三价的砷和锑挥发进入烟尘，五价的砷和锑以砷酸盐和锑酸盐进入炉渣。

$$M_{(s)} + O_2 \longrightarrow MO_{x(g)} \uparrow$$

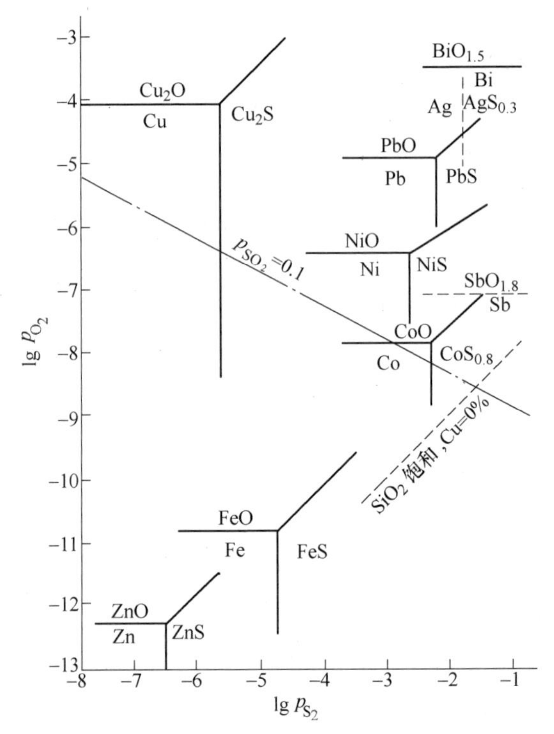

图 3-45 1300℃下各种元素的 M-S-O 系硫氧势图

B 易分解性物质

易分解性物质，如 $FeCO_3$、$MnCO_3$、HgO、结晶水合物、铵盐等进入反射炉后，在高温环境中发生分解，生成 CO_2、H_2O、NH_3 以及 Hg 气体和固体物质。气体进入烟气排出，固体进入固相。其中白云石和石灰石为难分解化合物，但在高温环境中也会发生分解，因此也属此类。

$$MCO_{x(s)} \longrightarrow MO_{x(l)} + CO_{2(g)} \uparrow$$

$$MO_x \cdot H_2O_{(s)} \longrightarrow MO_{x(l)} + H_2O_{(g)} \uparrow$$

$$NH_4MO_{x(s)} \longrightarrow MO_{x(l)} + NH_{3(g)} \uparrow + H_2O_{(g)} \uparrow$$

C 金属硫化物

金属硫化物主要有 CuS、FeS 等。与炼铜鼓风炉相同，反射炉中存在很大的硫气氛，硫化物在进入反射炉后，发生分解反应、硫化反应、氧化反应，生成硫化物、硫化铜、SO_2 等物质。在氧化气氛中可被氧化，形成金属氧化物，同时硫形成 SO_2 进入烟气中。Cu、Fe、Pb 主要形成 Cu_2S 、FeS 和 PbS 进入冰铜；同时 Fe 也与 Zn、Pb 等其他金属元素形成氧化物进入渣中，挥发量不大。

$$MS_{2(s)} \longrightarrow MS_{(s)} + 1/2S_{(g)}$$

$$MS_{(s)} + CuO_{(s)} \longrightarrow CuS_{(s)} + MO_{(s)}$$

$$S_{2(g)} + 2O_2 \longrightarrow 2SO_{2(g)} \uparrow$$

ZnS 的熔点高，比重介于冰铜和炉渣之间。随炉料进入的 ZnS 除进入冰铜和炉渣中使其变黏外，还可能在两种熔体之间形成难熔且黏稠的横隔膜层，破坏它们的分离，并在温度变化时形成炉结。硫化锌是极有害的物质。

D 金属氧化物及非金属氧化物

低价态金属氧化物如 FeO、TiO、MnO 等，在进入反射炉后会被氧化生成高价态氧化物；高价态金属氧化物及非金属氧化物在反射炉内基本不产生变化。最终进入渣中。

$$MO_{x(s)} + O_2 \longrightarrow MO_{y(s)}$$

$$MO_{x(s)} \longrightarrow MO_{x(s)}$$

E 可燃性物质

可燃性物质在反射炉的氧化性气氛中能够燃烧并放出热量，C、H、Cl 等进入烟气，灰分进入物料中。部分卤族元素会形成金属卤化物进入固相中。

$$CHOM + O_2 \longrightarrow MO + H_2O \uparrow + CO_2 \uparrow$$

F 炉料中主要组分的行为

反射炉熔炼过程中，在高温炉气作用下，炉料受热并进行脱水、分解、熔化、溶解，同时在料坡上进行各种化学反应和形成初期的冰铜，分解出来的硫被氧化成 SO_2。主要物质的化学反应如下：

$$FeS_2 = FeS + 1/2S_2$$

$$2CuFeS_2 = Cu_2S + 2FeS + 1/2S_2$$

$$2CuS = Cu_2S + 1/2S_2$$

$$S_2 + 2O_2 = 2SO_2$$

$$2CuO = Cu_2O + 1/2O_2$$

$$CaCO_3\ (MgCO_3) = CaO\ (MgO) + CO_2$$

$$MSO_4 = MO + SO_2 + 1/2O_2$$

炉料中各组分在反射炉内高温环境下的行为如下。

（1）铁的化合物。铁在反射炉熔炼过程中会以 FeS、FeO、Fe_3O_4 等物质形态存在。其中 Fe_3O_4 会造成炉渣黏稠，不利于冰铜与炉渣分离。部分 Fe_3O_4 在高温下被还原造渣：

$$3Fe_3O_4 + FeS + 5SiO_2 = 5(2FeO \cdot SiO_2) + SO_2$$

铁在反射炉熔炼时的最终产物是与 Cu_2S 形成冰铜的 FeS，与 SiO_2 造渣的 FeO，分配于冰铜和炉渣之间的 Fe_3O_4。部分 Fe_3O_4 可能沉入炉底形成炉结。

（2）铜的化合物。各种铜的硫化物在熔炼时都转变成 Cu_2S。由于大量的 FeS 存在，即使存在有 Cu_2O 也都完全被硫化成 Cu_2S。

$$Cu_2O + FeS = Cu_2S + FeO$$

熔炼时可能生成的金属铜也被 FeS 硫化：

$$2Cu + FeS = Cu_2S + Fe$$

生成的金属铁会迅速被 SO_2 或 Fe_3O_4 氧化为 FeO 造渣。因此，铜绝大部分以 Cu_2S 与 FeS 等构成冰铜，进入渣相的量很少。

（3）锌的化合物。当锌以 ZnO、$ZnO \cdot Fe_2O_3$、$2ZnO \cdot SiO_2$ 存在，则进入渣中；若以 ZnS 存在，则会因为熔点（1650℃）高且比重大，从而会在冰铜与炉渣之间形成难熔且黏稠的横膈膜层，以致影响冰铜与炉渣的澄清分离，并在温度变化时形成炉结，造成堵塞。

（4）铅的化合物。熔炼过程中 PbS 大部分进入冰铜，PbO 则进入炉渣与其他氧化物形成低熔点化合物。Pb 的挥发量不大，仅占总铅量的 20%。

（5）辉锑矿。Sb_2S_3 在焙烧时被氧化成易挥发的 Sb_2O_3。若氧过剩则进一步被氧化为挥发性较小的 Sb_2O_5，其在 500℃以下不稳定，分解或形成锑酸盐。

（6）辉镉矿。CdS 在焙烧时被氧化成 CdO，还有一部分被氧化成硫酸镉。反应 $2CdO + CdS = 3Cd + SO_2$、$3CdS + 2ZnO = 2ZnS + 3Cd + SO_2$ 生成的金属镉沸点较低（767℃），迅速挥发。70% 以上的镉挥发富集在烟尘中。

（7）辰砂。HgS 在硫化物焙烧时发生 $HgS + O_2 = Hg + SO_2$，反应在 285℃开始发生，随温度升高反应速度很快。在反射炉中 90%~98% 的汞挥发进入烟气。

（8）其他。在熔炼时，三价的砷和锑都挥发进入烟尘，五价的砷和锑一般以砷酸盐和锑酸盐进入炉渣。硒和碲的化合物进入冰铜，少部分进入炉渣和烟尘。镍以 Ni_3S、金银以金属状态进入冰铜。

在反射炉熔炼过程中，由于条件复杂，炉料中各种金属和元素在渣金间的分布情况见表 3-12。炉料中的贵金属（金、银和铂族元素）、钴和镍等几乎全部进入铜锍中。

表 3-12　反射炉内元素的分布情况

元　素	分布/%			元　素	分布/%		
	铜锍	炉渣	挥发		铜锍	炉渣	挥发
金银及铂族元素	99	1		镍	98	2	
				硒	40		60
锑	30	55	15	碲	40		60
砷	35	55	10	锡	10	50	40
铋	10	10	80	锌	40	50	10
镉	60	10	30	碱金属、碱土金属和铝、钛		100	
钴	95	5					
铅	30	10	60				

注：挥发不包括从炉子吹出的固体烟尘损失。

3.2.3 闪速炉冶炼系统及共处置特性

3.2.3.1 闪速炉系统概况

闪速炉是由芬兰奥托昆普公司开发的铜镍等熔炼用炉，主要用于铜、镍等硫化物精矿熔炼。闪速炉熔炼是现代火法炼铜的主要方法，目前世界约50%的粗铜冶炼产能采用闪速炉工艺。闪速熔炼是充分利用细磨物料的巨大活性表面，强化冶炼反应过程的熔炼方法，其强化熔炼通过控制高富氧浓度、总氧量实现反应精确可控。利用铜精矿巨大表面面积的粉状物料，在炉内充分与氧接触，在高温下，以极高的速度完成硫化物的可控氧化反应。反应放出大量的热供给熔炼过程，使用含硫高的物料，有可能实现自热熔炼。闪速炉具有生产率高、能耗低、烟气中二氧化硫浓度高的特点。

烟气量相对较小，SO_2浓度高，利于制酸，可减少环境污染，是一种较清洁的金属提取技术；单台生产能力大，反应塔处理能力高达40～100t/(m^2·d)；节约能源，熔炼能耗约为0.1～0.3t标准煤，综合能耗低；过程空气富氧浓度可在23%～95%范围内选择，有利于设备选择和控制烟气总量；过程控制简单，容易实现自动化。

闪速炉工艺主要用于铜、镍等硫化矿的造锍熔炼，是铜、镍、钴火法冶金过程中的一个重要工序。虽然具有单体生产能力大、能耗低、污染低等优点，但也存在对原料要求高、烟尘率较高，而且渣含铜比较高，需要进行贫化处理等缺点。

闪速炉是一种强化的高温冶金设备，铜精矿经过精确配料和深度干燥后，与热风以及作为辅助热源的燃料一起以100m/s的速度自精矿喷嘴喷入反应塔内，呈悬浮状态的精矿颗粒在近1400℃的反应塔内于2s完成熔炼的化学反应过程。充分利用铜精矿巨大的比表面积和高速反应的特点，通过精矿中部分硫和铁的氧化来实现闪速熔炼，其方法与粉煤的燃烧十分相似。

闪速炉炉体由精矿喷嘴、反应塔、沉淀池和直升烟道等四个主要部分组成(图3-46)。反应塔是完成氧化反应、造冰铜和造渣等冶金过程的设备；沉淀池主要起着烟气与熔体、冰铜与炉渣的分离作用。整个炉腔用耐火砖和钢板将炉内与大气完全隔绝，减少了SO_2造成的污染，提高了硫黄回收率。不需要进行焙烧的精矿粉在干燥后供给闪速炉，干燥后含水小于0.3%的精矿和富氧空气或预热空气通过精矿喷嘴进行混合并高速吹入反应塔。在塔内的高温作用下，迅速进行氧化脱硫、熔化、造渣等反应，精矿中的部分FeSi、FeS等氧化，利用此时产生的氧化反应热，再补充热风显热和辅助燃料以维持温度，使熔炼反应继续进行。塔内产生的熔融液在沉淀池分离成冰铜和熔渣。炉气经直升烟道送入锅炉。闪速炉内温度约1300～1400℃。炉渣大多用贫化电炉回收铜之类的有用金属，然后冲成水淬渣。

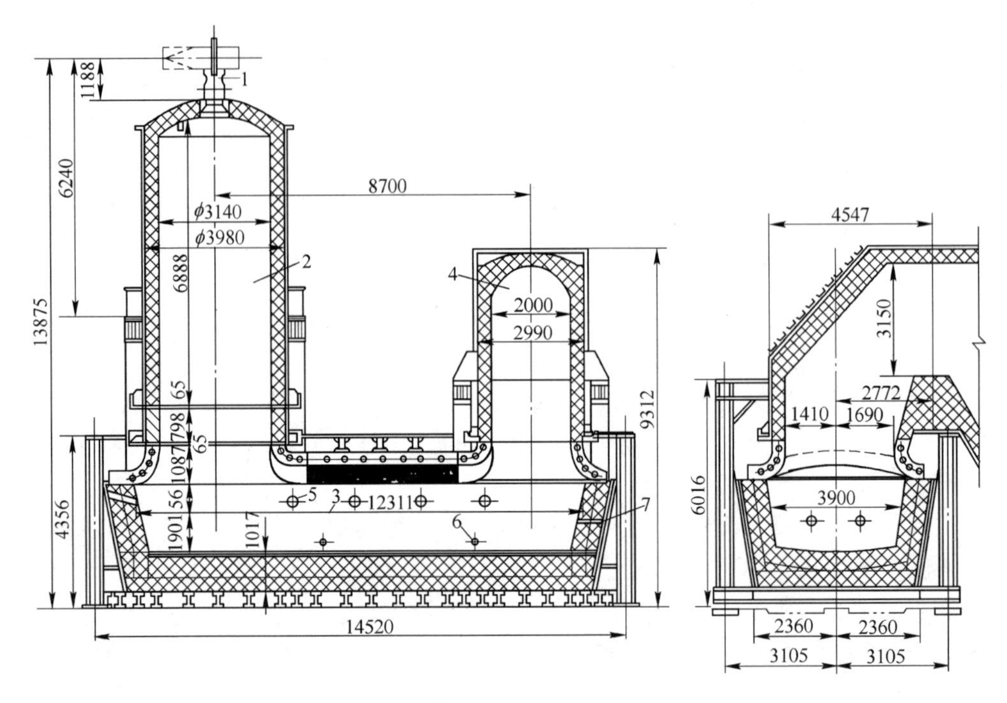

图 3-46　闪速炉结构

1—精矿喷嘴；2—反应塔；3—沉淀池；4—直升烟道；5—浇油孔；6—冰铜口；7—渣口

（1）反应塔。反应塔位于沉淀池上方，熔炼过程和主要化学反应在反应塔内进行。塔上部温度为900～1200℃，下部温度可达1350～1500℃。由于高温炉料的冲刷和化学腐蚀等原因，要求塔壁衬里具有良好的耐高温和抗腐蚀性能。

反应塔一般为竖式圆筒形，由砖砌体、铜板水套、冷却铜管、外壳、支架等构成。塔顶有拱形与平顶两种形式，一般采用直接结合铬镁砖。平顶炉顶砖由金属吊挂件悬挂。塔顶上有精矿喷嘴孔、辅助供热油喷嘴孔、检测观测孔等。

（2）沉淀池。沉淀池设在反应塔与上升烟道的下面，其主要作用是进一步完成造渣反应并沉淀分离熔体。沉淀池类似反射炉结构。炉顶有拱形炉顶和吊挂炉顶、拱吊结合炉顶等结构形式。大型炉子一般多采用吊挂炉顶，小型炉子多采用拱形炉顶。沉淀池侧墙渣线附近容易受高温熔体的腐蚀和冲刷，尤其是反应塔下面的沉淀池侧墙和端墙部位更为严重。

（3）渣口、锍口及其他端口。在沉淀池尾部，分布着渣口和锍口，用以排出炉渣和铜锍。炉渣的排放分为连续排放和间断排放两种。间断排放时，每次放出的炉渣深度一般不大于100mm，以免带出已沉淀的锍。大型沉淀池的渣口一般设在炉尾的侧墙或端墙；小型沉淀池一般设在炉尾的端墙上。锍口设置在沉淀池的侧墙上或端墙上，目前有的工厂采用虹吸放铜代替打眼放铜。一般均设置两个以上锍口轮流使用。

在端墙或侧墙上按需要设若干重油喷嘴或天然气烧嘴；沉淀池顶设生铁投入口、检测口或天然气烧嘴孔；在端墙或侧墙适当位置设观察孔以及事故处理口。

（4）上升烟道。上升烟道有圆形断面和矩形断面两种结构形式。用镁砖或铬砖砌筑，外部设有同反应塔类似的支撑和加固的金属结构，以保持上升烟道的稳定性。上升烟道与沉淀池通常为垂直布置。为了减少烟道积灰和结瘤，烟道底部水平部分的长度尽量取短。上升烟道的上部容易结瘤的位置设置一个或两个以上的燃烧装置，必要时烧熔黏结物。

（5）精矿喷嘴。精矿喷嘴的作用是将炉料与空气充分混合并使其沿塔横截面尽量均匀分布；另外通过喷嘴的高速气流对物料产生引射作用，使下料顺畅。

闪速炉熔炼法除了用于铜冶炼外，也可用于处理镍精矿、铜镍精矿、硫精矿及铅精矿等。依不同的技术特点，铜的闪速炼可分为两种类型：

（1）奥托昆普型。技术特点是反应塔鼓风多为低温或常温的高浓度富氧空气，炉体采用简单的外部冷却结构，闪速炉渣多采用浮选法处理。

（2）改良奥托昆普型。技术特点是，反应塔鼓风多为中温或高温的空气或富氧空气，炉体采用强化的立体冷却方式，闪速炉渣采用电炉进行贫化处理。又可细分为以下三种不同的类型：

1）中温鼓风闪速炉。反应塔鼓风温度为450℃。我国贵溪冶炼厂即采用这种闪速炉。

2）高温鼓风闪速炉。反应塔鼓风温度为1000℃左右。日本佐贺关冶炼厂、日立冶炼厂即采用这种闪速炉。

3）自电极闪速炉。在沉淀池中直接插入炉渣贫化用电极，闪速炉一次可得到弃渣，从而取消了专门的炉渣贫化电炉。如菲律宾熔炼精炼联合公司等即采用这种闪速炉。

目前世界闪速炉技术已由闪速熔炼、PS转炉吹炼向闪速熔炼、闪速吹炼方向发展。近年来，炼铜闪速炉在向大型化发展，反应塔直径达6～8m以上，塔高超过11m，喷嘴从1个增加到3～4个，生产能力超过1500t/d。

3.2.3.2 闪速炉性质区域特性

闪速炉生产中采用一次性热电偶检测，主要控制反应塔出口、沉淀池出口及上升烟道出口三处烟气温度。反应塔出口烟气温度是反映塔内精矿化学反应良好与否的重要参数，一般由于难以实际测量，通常通过热平衡计算及测定耐火材料温度进行推测。通常反应塔出口烟气温度为1350～1400℃。沉淀池及上升烟道出口烟气温度由热电偶测定。沉淀池出口烟气温度控制在1400～1420℃。上升烟道出口烟气温度控制在1300～1350℃，控制较低的上升烟道出口烟气温度有利于减轻废热锅炉的烟尘黏结。闪速炉炉内压力一般控制沉淀池拱顶为微负压。通过设于电收尘器与排风机之间的蝶阀自动控制。

A 闪速炉内流场分布

从喷嘴喷出的精矿和空气，由于分散锥和分散风的影响，在进入反应塔后气流向两边分散，在运动的过程中不断衰减和均匀化。在反应塔中下部又开始向中间靠拢，并到达底部后从出口流出闪速炉。流体的冲击以及熔融滴落的熔体的高速下落，使沉淀池底部熔体向上翻起，朝离开入口的方向运动，在沉淀池上部形成较大的溅起。同时由于沉淀池边壁的阻挡作用，边部的熔体朝主流方向运动，导致熔池边部速度较大、中部速度较小。在熔池的中下游区域，熔体流动平缓，流向比较一致，即朝渣口方向流动，形成漩涡。在同一截面上，速度有变化，靠近两侧壁的流体流速较大，中心处的流体流速小，有些局部区域甚至出现静止的死区。主要是由于入口熔体的扰动对中下游流场产生了影响。

B 锍液滴在沉淀池内的运动

大小不同的熔滴（渣与锍的混合物）自反应塔落入沉淀池后，由于锍液滴密度较大向熔池底部沉降，而渣的密度较小向上浮，因此，在沉淀池内熔体上下分为渣层和锍层。锍滴在熔渣中的运动可看成水平方向和垂直方向运动的合成。在水平方向上，锍液滴和渣一起向出渣口方向运动。在垂直方向上，锍液滴要穿过渣层向熔池底部的锍层沉降。直径较大的锍液滴经过一段时间后穿过渣层进入锍层，直径较小的锍液滴没有足够的沉降时间进入锍层，随渣流出沉淀池，形成机械夹杂损失。锍液滴的直径和渣层厚度是影响渣锍分离的直接因素。对渣层厚度为0.2m时的渣锍分析可知，当锍液滴直径小于0.07mm时，需在渣中停留2h以上才能沉入锍层。实际生产中，渣在熔池的停留时间在2h左右，因此直径小于0.07mm的锍液滴不能沉入锍层。当锍液滴直径为0.1mm时，锍液滴只需1h便可进入锍层。

沉淀池中的熔体是高温熔体两相分层流动。流场的仿真表明，在熔池的入口区，熔体的运动状况比较紊乱。高温混合熔体以2.8m/s的速度从反应塔进入沉淀池后受到沉淀池内熔体阻力的作用，速度衰减很快，在0.5m深处，流体垂直向下的速度衰减为0.002m/s左右，达到主流场的水平速度。

C 闪速炉内温度分布

常温富氧空气从喷嘴喷入闪速炉反应塔内部后，首先在喷入的过程中被炉内空气加热，在加热的过程中，O_2与精矿颗粒以及颗粒释放出来的硫蒸气发生剧烈的氧化反应，释放出大量的热量，温度迅速上升。除了喷嘴部分外，闪速炉反应塔内部的温度比较均匀，温度较高，最高能达到1430℃。反应塔内温度的分布如图3-47所示。

沉淀池内的高温区集中在入口附近，且存在较大的温度梯度。与之相比，主流区的温度低、温度梯度较小，温度呈现出沿主流运动方向逐渐降低的趋势。入口处从反应塔落下的高温熔体与沉淀池中温度相对较低的熔体混合，下落的熔体温度急剧降低，形成较大的温度梯度。此外，熔体在流动过程中，通过壁面散热，且在渣线附近的冷却水套带走大量的热，使熔体在沉淀池中的流动温度不断降低。

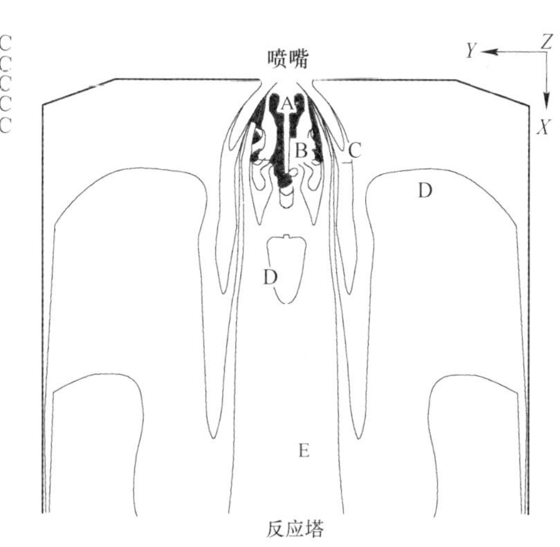

图 3-47 闪速炉的反应塔内温度分布

D 闪速炉内 O_2及 SO_2浓度

为了增加助燃效果，通常闪速炉工艺采用富氧空气，氧气的最高质量分数为95%~97%。在闪速炉的内部大部分区域没有氧分压。富氧空气从炉顶中央位置的喷嘴喷出后，浓度迅速降低，被氧化反应消耗。

在精矿进入炉体后，立即有 SO_2产生，主要是由于在高温辐射下，颗粒的温度快速上升，造成颗粒迅速达到分解温度，从而释放出硫蒸气，硫蒸气与颗粒所带入的空气发生氧化反应，生成 SO_2气体。在炉顶下部及精矿喷吹风柱附近区域 SO_2浓度较高。在反应塔大部分区域 SO_2的分压都比较高。

闪速炉反应塔内 O_2及 SO_2的浓度如图 3-48 和图 3-49 所示。

3.2.3.3 元素在闪速炉中的行为

闪速炉冶炼工艺主要是用来处理铜、镍的硫化矿，进行造锍熔炼。在闪速炉内进行的主要化学反应包括硫化物的离解反应、燃料的燃烧反应、硫与铁的氧化反应、烟尘的熔化分解反应以及造锍和造渣反应等。

A 闪速炉内主要化学反应

(1) 高价硫化物的分解。硫化铜精矿的主要矿物组成是 $CuFeS_2$、CuS、FeS_2、ZnS、PbS 等。精矿喷入炉内后，高价硫化物迅速发生分解反应。

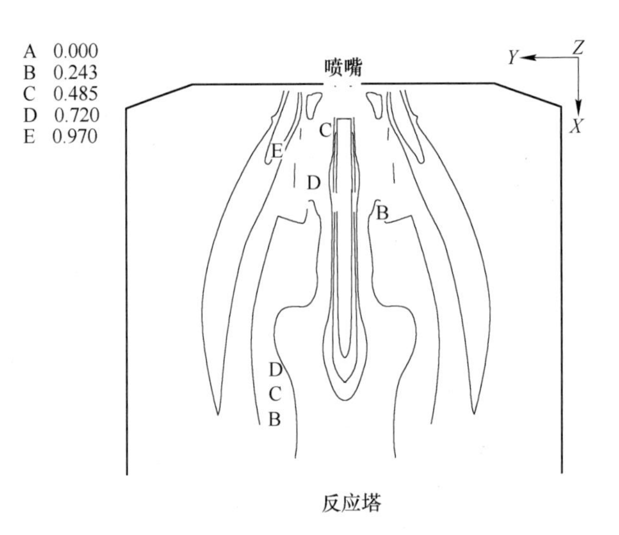

图 3-48 喷口局部 O_2浓度分布

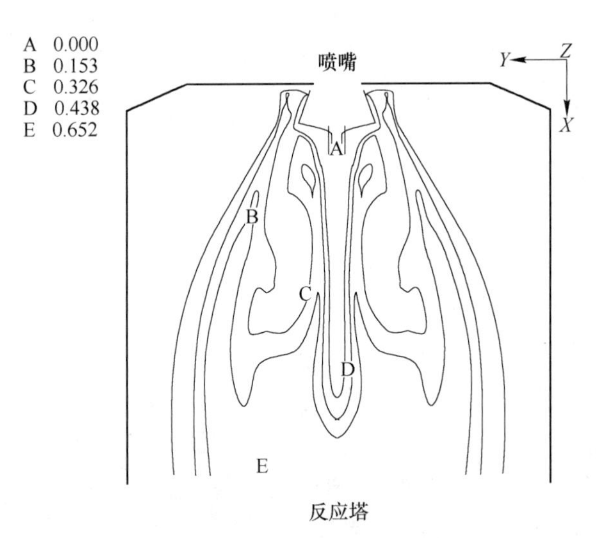

图 3-49 喷口局部 SO_2浓度分布

$$2CuFeS_2 = Cu_2S + 2FeS + 1/2S_2$$

$$2CuS = Cu_2S + 1/2S_2$$

$$FeS_2 = FeS + 1/2S_2$$

分解产生的硫蒸气在气相内燃烧生成 SO_2。

$$S + O_2 = SO_2$$

(2) 硫化物的主要氧化反应。由于反应塔内的强氧化气氛，熔炼过程中不仅离解产物迅速被氧化，部分高价硫化物也直接发生氧化反应，少量化合物反应还将生成高价氧化物。

$$FeS + 3/2O_2 \longrightarrow FeO + SO_2$$

$$3FeS + 5O_2 \longrightarrow Fe_3O_4 + 3SO_2$$

$$2CuFeS_2 + 5/2O_2 \longrightarrow Cu_2S \cdot FeS + FeO + 2SO_2$$

$$2FeS_2 + 7/2O_2 \longrightarrow FeS + FeO + 3SO_2$$

$$6FeO + O_2 \longrightarrow 2Fe_3O_4$$

$$2Cu_2S + 3O_2 \longrightarrow 2Cu_2O + 2SO_2$$

（3）造渣反应。

$$2FeO + SiO_2 \longrightarrow 2FeO \cdot SiO_2$$

（4）氧化物与硫化物的相互反应。反应塔内氧化反应强烈，因此，反应产物中有少量的 Cu_2O 和 Fe_3O_4。当熔融混合物由反应塔降落到沉淀池内，在澄清分离过程中，铜锍中的硫化物与炉渣中金属氧化物还将进一步发生反应，从而完成造锍与造渣过程。

$$Cu_2O + FeS \longrightarrow Cu_2S + FeO$$

$$3Fe_3O_4 + FeS \longrightarrow 10FeO + SO_2$$

$$3Fe_3O_4 + FeS + 5SiO_2 \longrightarrow 5(2FeO \cdot SiO_2) + SO_2$$

B　主要物相及杂质元素的行为

在闪速炉反应塔空间内，铁的硫化物氧化占主要地位。氧化形成 FeO 与炉料中其他组分一起造渣，形成的 Fe_3O_4 进入熔体内，未氧化的 FeS 与 Cu_2S 构成冰铜。Cu_2S 实际上没有被氧化而进入冰铜内，在有足够的 FeS 存在时，Cu_2O 被硫化成 Cu_2S。

金属的存在形态，主要根据硫化物的氧化熔炼的以下热力学计算讨论：

$$M_{(固液)} + 1/2S_2 \longrightarrow MS_{(固液)}$$

$$M_{(固液)} + 1/2O_2 \longrightarrow MO_{(固液)}$$

根据平衡常数的对数 $\lg K_a$ 和 $\lg K_b$ 在 1573K 下的计算结果见表 3-13。

表 3-13　主要元素氧化熔炼的热力学数据

元　素	Cu	Au	Ag	Pb	Bi	As	Sb
$\lg K_a$	2.88		0.74	1.12	−1.32	—	−0.22
$\lg K_b$	2.61	−4.62	<2.25	2.42	1.63	3.525	3.49
元　素	Sn	Ni	Co	Fe	Zn	Se	Te
$\lg K_a$	1.35	1.34	1.15	2.39	3.27		
$\lg K_b$	4.00	3.18	3.90	5.40	6.16	−1.235	0.829

各元素稳定态 S—O 位化学位图见表 3-13，根据此图可以大致判断元素在冶

炼过程中的变化趋势。金属元素在闪速炉中行为与在反射炉中行为相似，见3.2.2.3节。

表3-14为金属元素在锍渣中的分配比。

表3-14 金属元素在锍渣中的分配比

元　素	Cu	Au	Ag	Pb	Bi	As	Sb
锍渣分配比	—	172	2.4	11.5	3.1	9.0	13.6
元　素	Sn	Ni	Co	Fe	Zn	Se	Te
锍渣分配比	9.3	3.1	1.12	0.20	0.97	0.74	0.113

精矿中各有价元素的分布与送风含氧浓度、铜锍品位、操作温度等条件有关。各元素进入渣的总量，取决于其热力学稳定性、氧化物在渣中的活度系数以及产出的渣量。闪速炉中由于富氧空气的作用，强化了熔炼过程，对常规炼铜中的杂质变化的一般规律也有影响，特别是As、Sb、Bi的脱除比常规氧化熔炼的脱除较少。

杂质元素也可能以金属、硫化物或氧化物的形态，在熔炼的高温下挥发进入烟气中。随着熔炼所产生冰铜品位的升高，硫化物挥发分压降低，氧化物挥发的分压升高。

C　物质在闪速炉中的行为

a　挥发性物质

不反应性挥发物质加入闪速炉后会气化进入烟气中并随之排出。

$$M_{(s,l)} \longrightarrow M_{(g)} \uparrow$$

反应性挥发物质，如As、Se等进入闪速炉后，在高温和氧化性气氛的作用下，生成的物质如As_2O_3、SeO_2等气化物质进入烟气中排出。在熔炼时，三价的砷和锑挥发进入烟尘，五价的砷和锑以砷酸盐和锑酸盐进入炉渣。

$$M_{(s)} + O_2 \longrightarrow MO_{x(g)} \uparrow$$

b　易分解性物质

易分解性物质如$FeCO_3$、$MnCO_3$、HgO、结晶水合物、铵盐等进入闪速炉后，在高温环境中发生分解生成CO_2、H_2O、NH_3以及Hg气体和固体物质。气体进入烟气排出，固体进入固相。其中白云石和石灰石为难分解化合物，但在高温环境中也会发生分解，因此也属此类。

$$MCO_{x(s)} \longrightarrow MO_{x(l)} + CO_{2(g)} \uparrow$$

$$MO_x \cdot H_2O_{(s)} \longrightarrow MO_{x(l)} + H_2O_{(g)} \uparrow$$

$$NH_4MO_{x(s)} \longrightarrow MO_{x(l)} + NH_{3(g)} \uparrow + H_2O_{(g)} \uparrow$$

c　金属硫化物

金属硫化物主要有CuS、FeS等。闪速炉中存在很大的硫气氛。硫化物在进入闪速炉后，发生分解反应、硫化反应、氧化反应，生成硫化物、硫化铜、SO_2等物质。在氧化气氛中可被氧化，形成金属氧化物，同时硫形成SO_2进入烟气中。Cu、Fe、Pb 主要形成Cu_2S 、FeS 和 PbS 进入冰铜；同时 Fe 也与 Zn、Pb 等其他金属元素形成氧化物进入渣中，挥发量不大。

$$MS_{2(s)} \longrightarrow MS_{(s)} + 1/2S_{(g)}$$

$$MS_{(s)} + CuO_{(s)} \longrightarrow CuS_{(s)} + MO_{(s)}$$

ZnS 的熔点高，比重介于冰铜和炉渣之间。随炉料进入的 ZnS 除进入冰铜和炉渣中使其变黏外，还可能在两种熔体之间形成难熔且黏稠的横隔膜层，破坏它们的分离，并在温度变化时形成炉结。硫化锌是极有害的物质。

d 金属氧化物及非金属氧化物

低价态金属氧化物，如 FeO、TiO、MnO 等，在进入闪速炉后会被氧化生成高价态氧化物；高价态金属氧化物及非金属氧化物在闪速炉内基本不产生变化。最终进入渣中。

$$MO_{x(s)} + O_2 \longrightarrow MO_{y(s)}$$

$$MO_{x(s)} \longrightarrow MO_{x(s)}$$

e 可燃性物质

闪速炉工艺中主要用到的是重油等液态燃料。此类物质在闪速炉的氧化性气氛中能够燃烧并放出热量，C、H、Cl 等进入烟气，灰分进入物料中，部分卤族元素会形成金属卤化物进入固相中。

$$CHOM + O_2 \longrightarrow MO + H_2O\uparrow + CO_2\uparrow$$

附录：

附表 3-1 烧结—高炉系统的冶炼及共处置特性与控制指标

区域划分		窑炉特性指标					投加点分析		控制指标		
冶炼区域	说明	物相	温度分布	停留时间	压力条件	气氛条件	投加位置	处理要求	限制类别	限制内容	量化指标
固体区	固体区是自高炉炉顶至软熔带位置的上部区域。炉料呈固态，与气相发生强烈的热交换和间接还原反应	固相	800℃	2h	200kPa	还原气氛	烧结配料投加位置	需经过制粉处理，满足粉料粒度 -0.074mm 占 80%，含水低于 12%	成分指标	K，Na	<0.2%~0.5%
		液相	—	—						S	<0.05%
		气相	1400℃降至400℃	2~3s						P	<0.05%
										Zn	<0.1%
										Pb	<0.1%
										As	<0.07%
										Cl	<0.05%
										Cu	<0.2%
风口区	风口区是自软熔带至高炉风口位置的中间区域。固体物料从出现液相到完全熔化并向下滴落，与焦炭发生强烈化学反应	固相	800℃升至1200℃	1h	346kPa	氧化气氛				Ti	<0.1%
										F	<0.05%
		液相	1200℃升至1500℃	3h						Sn	<0.08%
									碱度指标（烧结）	CaO/SiO_2	1.8~2.0
		气相	>1800℃	20~30ms			高炉风口投加位置	需经过预处理脱 Cl，并满足粒度小于 -0.074mm 占 80%，水分低于 2.0%		SiO_2	4.5%~5.0%
									碱度指标（高炉）	CaO/SiO_2	0.9~1.2
										MgO	<12%
										Al_2O_3	8%~12%
熔融区	熔融区是自高炉风口至炉缸位置的下部区域。物料完全熔化并使渣铁分离，该区域相对稳定，物相、热交换和化学反应很少	固相	—	—	—	—			物态控制（固体区）	水分	<12%
		液相	1500~1600℃	1h						粒度	-0.074mm 占比 80%
		气相	—	—					物态控制（风口区）	水分	2.0%
										粒度	-0.074mm
										液滴	<50μm

附表 3-2　焦炉系统的冶炼及共处置特性与控制指标

区域划分		窑炉特性指标					投加点分析		控制指标		
冶炼区域	说明	物相	温度分布	停留时间	压力条件	气氛条件	投加位置	物相处理要求	限制类别	限制内容	量化指标
炭化室	炭化室是配煤发生干馏反应，由煤变焦的主要区域。具有高温和隔绝空气的特点	固相	温度随时间上升，由200℃升至1100℃	15～20h	微正压（高于标压5～10Pa）	还原性气氛	炭化室（配煤机投加位置）	固相 需经过干燥和制粉处理，以满足水分和细度及粒度要求	物态指标	粒度	大于5mm低于10%；小于5mm占40%
										细度	小于3mm，75%～85%
		液相	—	—						水分	8.0%～10.0%
									成分指标	S	<0.5%～1.0%
										P	<0.05%
		气相	约1000℃							K_2O+Na_2O	<0.5%
										灰分	<12%
										挥发分	25%～32%
燃烧室	焦炉燃烧室内主要发生可燃物质的燃烧放热反应。为保证充分燃烧，因此燃烧室是氧化性气氛，且温度较高	固相	—	—	负压状态（低于标压0～5Pa）	氧化性气氛	燃烧室（燃料喷吹系统投加位置）	固、气、液相需经过脱水处理	可燃物	固态燃料	$Q_{固}>5000kcal/kg$
		液相	—	—						液态燃料	$Q_{液}>5500kcal/kg$
		气相	>1300℃	<1s						气态燃料	$Q_{气}>1500kcal/m^3$

附表 3-3 回转窑系统的冶炼及共处置特性与控制指标

区域划分		窑炉特性指标					投加点分析	
冶炼区域	说明	物相	温度分布	停留时间	压力条件	气氛条件	投加位置	物相处理要求
预热干燥区	干燥预热区主要指回转窑窑尾进料段区域。利用高温气体进行球团脱水干燥和预热	固相	400~600℃	10~20min	微负压，-50Pa	在生产球团的氧化回转窑内为氧化性气氛，含氧量4%~8%；处理粉尘的还原回转窑内为还原性气氛，氧含量小于1%	配料系统投加位置	固相 需经过干燥和制粉处理，以满足水分和粒度的要求
		液相	—	—				
		气相	250~450℃	10~20s				
中温区	中温区主要是指回转窑从低温固态向高温半熔态过渡的中段区域。通过窑尾高温废气和燃料燃烧热量，升温并发生化学反应	固相	600~1100℃	5~10min				
		液相	—	—				
		气相	1000~1100℃	7~10s				
高温焙烧区	焙烧区主要指回转窑靠近窑头区域，在窑内高温条件下发生氧化/还原反应	固相	1200~1300℃	20~30min	微负压，-30Pa		助燃系统投加位置	固、液、气相以上三种物相均需要进行脱水处理；同时固相还需要进行制粉处理以满足喷吹粒度要求，通常是-0.074mm占比80%以上
		液相	—	—				
		气相	1500~1600℃	10~15s				

控制指标		
限制类别	限制内容	量化指标
物态指标	粒度	-0.074mm占比>80%~90%
	水分	8%~10%
成分指标	S	<0.05%
	P	<0.05%
	K，Na	<0.5%
	As	<0.015%
	Zn	0.15%（氧化气氛）
	Pb	0.2%（氧化气氛）
	Cu	0.3%
	F	0.05%
碱度控制	CaO/SiO_2	0.9~1.3
	MgO	1.3%~1.8%
可燃物	低发热值	6000kcal/kg
	灰分	13%~15%
	硫	<0.5%

附表 3-4 矿热炉系统的冶炼及共处置特性与控制指标

区域划分		窑炉特性指标					投加点分析		控制指标		
冶炼区域	说明	物相	温度分布	停留时间	压力条件	气氛条件	投加位置	物相处理要求	限制类别	限制内容	量化指标
熔炼区	矿热炉结构相对简单，炉料从加料管投入后即落入熔炼区。其范围自上部物料线至下部熔池。主要发生电热熔融、碳直接还原及间接还原反应、分解反应	固相	温度范围随工艺变化，1500～3000℃	20～40min	微正压	还原性气氛	—	—	物态指标	水分	<3%
										粒度	>20mm
									成分指标	S	<0.02%～0.05%
										P	<0.03%～0.04%
										Pb	<0.1%
		液相	熔渣：1500～1800℃ 金属：1400～1500℃	1～2s						Zn	<0.15%
										K/Na	<1.5%
										Ti	<0.1%
										Cu	<0.2%～0.3%
									碱度控制	CaO/SiO_2	碱性，1.3～1.5
		气相	通常 500～600℃	30～50min					还原剂	固定碳	>80%
										磷	<0.04%
									其他	合金元素	根据工艺要求

附表 3-5　转炉及电弧炉系统的冶炼及共处置特性与控制指标

<table>
<tr><th colspan="2">区域划分</th><th colspan="5">窑炉特性指标</th><th colspan="2">投加点分析</th><th colspan="4">控制指标</th></tr>
<tr><th>冶炼区域</th><th>说明</th><th>物相</th><th>温度分布</th><th>停留时间</th><th>压力条件</th><th>气氛条件</th><th>投加位置</th><th>物相处理要求</th><th colspan="2">限制类别</th><th>限制内容</th><th>量化指标</th></tr>
<tr><td rowspan="7">熔融区</td><td rowspan="7">熔融区包括转炉和电炉中的绝大部分区域，主要发生铁水精炼以及脱气反应、气体搅拌等</td><td rowspan="3">固相</td><td rowspan="3">约 1200℃熔化</td><td rowspan="3"><10min</td><td rowspan="7">0.11～0.12MPa</td><td rowspan="7">Fe 引起的弱还原气氛</td><td rowspan="14">—</td><td rowspan="14">—</td><td colspan="2" rowspan="3">物态指标</td><td>压块</td><td>≤800mm×500mm×400mm</td></tr>
<tr><td>粒度</td><td>>1mm</td></tr>
<tr><td>水分</td><td><0.5%</td></tr>
<tr><td rowspan="3">液相</td><td rowspan="3">1500～1650℃</td><td rowspan="3">30～40min</td><td colspan="2" rowspan="5">成分指标</td><td>S</td><td><0.02%</td></tr>
<tr><td>P</td><td><0.02%</td></tr>
<tr><td>C</td><td>≤4%</td></tr>
<tr><td>气相</td><td>1500～1600℃</td><td>约 0.3s 0.7m/s</td><td>有色金属及氧化物 Cu、Pb、Zn、Sn、As 等</td><td>禁止进入</td></tr>
<tr><td rowspan="7">吹氧区</td><td rowspan="7">吹氧区是熔融区的一部分，集中在氧枪下部，由于氧气的吹入发生强烈的化学反应并释放大量热量</td><td rowspan="2">固相</td><td rowspan="2">—</td><td rowspan="2">—</td><td rowspan="7">3000kPa</td><td rowspan="7">氧化气氛</td><td>合金元素如 Cr、Ni、Co、Mn、V、Mo</td><td>根据冶炼钢种要求加以限制</td></tr>
<tr><td rowspan="6">渣制度指标</td><td rowspan="3">氧化期</td><td>碱度</td><td>2～3</td></tr>
<tr><td rowspan="2">液相</td><td rowspan="2">2100～2600℃</td><td rowspan="2">20min</td><td>MgO</td><td><10%</td></tr>
<tr><td>Al_2O_3</td><td><4%</td></tr>
<tr><td rowspan="3">气相</td><td rowspan="3">约 2500℃</td><td rowspan="3">0.2～0.5s</td><td rowspan="3">还原期</td><td>碱度</td><td>2.5～3</td></tr>
<tr><td>MgO</td><td>6%～8%</td></tr>
<tr><td>FeO</td><td><0.5%</td></tr>
</table>

附表 3-6　鼓风炉系统的冶炼及共处置特性与控制指标

<table>
<tr><th colspan="2">区域划分</th><th colspan="5">窑炉特性指标</th><th colspan="2">投加点分析</th><th colspan="4">控 制 指 标</th></tr>
<tr><th>冶炼区域</th><th>说　明</th><th>物相</th><th>温度分布</th><th>停留时间</th><th>压力条件</th><th>气氛条件</th><th>投加位置</th><th>物相处理</th><th>限制类别</th><th colspan="2">限制内容</th><th>量化指标</th></tr>
<tr><td rowspan="8">对流区</td><td rowspan="8">鼓风炉内自炉顶加料口至风口下部的一段区域，称为对流区。炉料呈固态，与气体在对流过程中发生强烈的热交换和氧化还原反应</td><td rowspan="3">固相</td><td rowspan="3">升至 1000 ~ 1300℃</td><td rowspan="3">2 ~ 3h</td><td rowspan="8">炉顶压力 2900 ~ 4900Pa</td><td rowspan="17">还原气氛</td><td rowspan="8">烧结配料投加位置</td><td rowspan="8">固相
大宗固体物料（如烧结块、焦块、熔剂等），通过加料口加入。要经过干燥、造块处理</td><td rowspan="5">物态指标</td><td rowspan="4">粒度</td><td>>9mm</td><td>8%~25%</td></tr>
<tr><td>6 ~ 9mm</td><td>15 ~ 35%</td></tr>
<tr><td>3 ~ 6mm</td><td>30%~40%</td></tr>
<tr><td rowspan="2">液相</td><td rowspan="2">—</td><td rowspan="2">—</td><td><3mm</td><td>35%</td></tr>
<tr><td colspan="2">水分</td><td>5%~7%</td></tr>
<tr><td rowspan="3">气相</td><td rowspan="3">1200℃降至 800 ~ 900℃</td><td rowspan="3">约 1s
8 ~ 15m/s</td><td rowspan="4">碳质物质</td><td colspan="2">固定碳</td><td>75%~80%</td></tr>
<tr><td colspan="2">热值</td><td>>6000kcal/kg</td></tr>
<tr><td colspan="2">粒度</td><td>50 ~ 100mm</td></tr>
<tr><td rowspan="9">熔融区</td><td rowspan="9">风口以下至熔池的区域称为熔融区，主要包括前床、熔池。物料完全熔化，并使渣和金属分离，该区域相对稳定，热交换和化学反应很少</td><td rowspan="3">固相</td><td rowspan="3">—</td><td rowspan="3">—</td><td rowspan="9">约 0.1MPa</td><td rowspan="9">鼓风炉炉顶投加位置</td><td rowspan="9">固相
固体物料需要进行干燥、制粉处理，满足水分及粒度要求</td><td colspan="2">水分</td><td><1%</td></tr>
<tr><td rowspan="6">成分指标</td><td colspan="2">Cu</td><td><2.5%</td></tr>
<tr><td colspan="2">S</td><td>0.2%~0.3%</td></tr>
<tr><td rowspan="4">液相</td><td rowspan="4">800 ~ 1000℃
1100 ~ 1200℃</td><td rowspan="4">0.5 ~ 1h</td><td colspan="2">Sn</td><td><0.07%</td></tr>
<tr><td colspan="2">As</td><td><0.3%~0.6%</td></tr>
<tr><td colspan="2">Sb</td><td><0.75%~0.9%</td></tr>
<tr><td colspan="2">Bi</td><td><0.2%~0.3%</td></tr>
<tr><td rowspan="2">气相</td><td rowspan="2">—</td><td rowspan="2">—</td><td rowspan="2">造渣制度</td><td colspan="2">CaO/SiO_2</td><td>1.2 ~ 1.7</td></tr>
<tr><td colspan="2">Fe</td><td>≥9.5%</td></tr>
</table>

附表 3-7　反射炉系统的冶炼及共处置特性与控制指标

<table>
<tr><th colspan="2">区域划分</th><th colspan="5">窑炉特性指标</th><th colspan="2">投加点分析</th><th colspan="3">控制指标</th></tr>
<tr><th>冶炼区域</th><th>说明</th><th>物相</th><th>温度分布</th><th>停留时间</th><th>压力条件</th><th>气氛条件</th><th>投加位置</th><th>物相处理</th><th>限制类别</th><th>限制内容</th><th>量化指标</th></tr>
<tr><td rowspan="9">辐射区</td><td rowspan="9">反射炉内自炉顶加料口至料坡下端的区域，称为辐射区。炉料呈固态，燃料燃烧产生热量并以辐射方式传递给炉料，发生熔化及化学反应</td><td rowspan="4">固相</td><td rowspan="4">升至 1100～1200℃开始熔化</td><td rowspan="4">3.5～5h</td><td rowspan="15">微负压（0～-20Pa）</td><td rowspan="15">氧化气氛</td><td rowspan="9">配料投加位置</td><td rowspan="9">固相
大宗固体物料（如铜精矿、转炉渣、回收粉尘等）通过进料槽加入。要经过干燥、制粒处理。满足水分和粒度要求</td><td rowspan="2">物相控制</td><td>水分</td><td><2%</td></tr>
<tr><td>粒度</td><td>3～6mm</td></tr>
<tr><td rowspan="5">成分控制</td><td>Zn</td><td><5%～6%</td></tr>
<tr><td>Cd</td><td><6%</td></tr>
<tr><td rowspan="3">液相</td><td rowspan="3">—</td><td rowspan="3">—</td><td>As</td><td><0.10%</td></tr>
<tr><td>F</td><td><0.08%</td></tr>
<tr><td>Pb</td><td><0.95%</td></tr>
<tr><td rowspan="2">气相</td><td rowspan="2">1500℃降至 1150～1200℃</td><td rowspan="2">约 4s
5～9m/s</td><td rowspan="3">造渣制度</td><td>SiO_2/Fe</td><td>1.2～1.3</td></tr>
<tr><td>SiO_2/CaO</td><td>2.4～3.4</td></tr>
<tr><td rowspan="6">熔融区</td><td rowspan="6">料坡以下至熔池的区域称为熔融区，主要包括前床、熔池。物料完全熔化，并使渣和金属分离，该区域相对稳定，热交换和化学反应很少</td><td rowspan="2">固相</td><td rowspan="2">—</td><td rowspan="2">—</td><td rowspan="6">燃料喷吹系统投加位置</td><td rowspan="6">固、液、气相
煤粉、重油、天然气等可由烧嘴加入助燃。固体物料需要进行干燥、制粉处理，满足水分及粒度要求</td><td>MgO</td><td><5%</td></tr>
<tr><td rowspan="5">可燃物</td><td>$Q_{固}$</td><td>>6000kcal/kg</td></tr>
<tr><td rowspan="3">液相</td><td rowspan="3">冰铜：1050～1150℃
渣：1150～1250℃</td><td rowspan="3">15～25h</td><td>$Q_{液}$</td><td>>8000kcal/kg</td></tr>
<tr><td>$Q_{气}$</td><td>>10000kcal/m^3</td></tr>
<tr><td>水分</td><td><1.5%</td></tr>
<tr><td>气相</td><td>—</td><td>—</td><td>粒度</td><td>-0.074mm 占比 80%～85%</td></tr>
</table>

附表 3-8 闪速炉系统的冶炼及共处置特性与控制指标

冶炼区域	说明	物相	温度分布	停留时间	压力条件	气氛条件	投加位置	物相处理
区域划分		窑炉特性指标					投加点分析	
反应区	闪速炉的反应塔内是发生各种熔炼反应、燃烧反应的集中区域，称为反应区，高7m。固态物料、助燃空气、燃料间的反应及传热在此区域剧烈发生	固相	升温并开始反应，至1100～1200℃开始熔化	2～3s	微负压（0～−10～−20Pa）	氧化气氛	精料喷嘴	固、气相 硫化铜精矿、空气或富氧空气、预热空气等，通过喷嘴加入。要经过干燥、制粉处理。满足水分和粒度要求
		液相	升温气化并燃烧	2～3s				
		气相	25～200℃升至1350～1400℃	2.5～3.5s 2.5～3.8m/s				
沉淀区	氧化或锍化的固相在下降的过程中受热熔化，滴落入沉淀池，该区域称为沉淀区。主要发生锍渣间的澄清，反应及热传导较少	固相	—	—			燃料烧嘴	固、液、气相 煤粉、重油、天然气等可由烧嘴加入助燃。固体物料需要进行干燥、制粉处理，满足水分及粒度要求
		液相	锍：1200～1220℃ 渣：1230～1250℃	渣：2.5～3h 锍：8～15h				
		气相	1350～1420℃	3～4s 5～9m/s				

限制类别	限制内容		量化指标
控制指标			
物态指标	水分		<0.3%
	粒度		0.074mm 占比>80%
成分指标	Zn		<0.6%
	As		<0.2%
	F		<0.08%
	Pb		<0.4%
	Cd		<0.6%
	Sb		<0.08%
	Bi		<0.10%
燃料控制	固态	粒度	−0.08mm 占比>90%
		$Q_{低}$	6000kcal/kg
	液态	$Q_{低}$	8000kcal/kg
	气态	$Q_{低}$	10000kcal/m^3
造渣制度	Fe/SiO_2		1.1～1.2

4 冶金危险废物特性

危险废物名录
危险废物的危害性
含铬、含铅锌废物及焦油类废物
　　来源
　　危害机理
　　控制标准

4.1 危险废物的基本性质

4.1.1 危险废物名录

危险废物的分类根据《中华人民共和国固体废物污染环境防治法》，列入名录的有49大类，见表4-1。危险废物种类多、成分复杂，具有毒性、易燃性、爆炸性、腐蚀性、化学反应性、传染性等危险特性，如果管理不善将对生态环境和人类健康造成严重的危害。我国作为具有13亿人口的发展中国家，危险废物产生量较大。按种类分，碱溶液和固态碱、无机氟化物、含铜废物、废酸或固态酸、无机氰化物、含砷废物、含锌废物、含铬废物等产生量较大；按地区分，贵州、四川、江苏、辽宁、山东、广西、广东、重庆、湖南、上海、河北、甘肃、云南等13个省市的废物产生量占全国总产生量的80%以上；按行业分，工业危险废物产生于99个行业，重点有20个行业，其中化学原料及化学制造业产生的危险废物占总产生量的40%。

4.1.2 危险废物的特点

危险废物的种类很多，成分复杂，具有毒性、腐蚀性、易燃易爆性，其污染具有潜在性、滞后性和突发性，不同的废弃物可能具有一种或数种危害特点。以下将这些危害性单独作介绍。

表 4-1 国家危险废物名录

（2008 年 8 月 1 日实施）

废物类别	行业来源	废物代码	危 险 废 物	危险特性
HW01 医疗废物	卫 生	851-001-01	医疗废物	In
	非特定行业	900-001-01	为防治动物传染病而需要收集和处置的废物	In
HW02 医药废物	化学药品原药制造	271-001-02	化学药品原料药生产过程中的蒸馏及反应残渣	T
		271-002-02	化学药品原料药生产过程中的母液及反应基或培养基废物	T
		271-003-02	化学药品原料药生产过程中的脱色过滤（包括载体）物	T
		271-004-02	化学药品原料药生产过程中废弃的吸附剂、催化剂和溶剂	T
		271-005-02	化学药品原料药生产过程中的报废药品及过期原料	T
	化学药品制剂制造	272-001-02	化学药品制剂生产过程中的蒸馏及反应残渣	T
		272-002-02	化学药品制剂生产过程中的母液及反应基或培养基废物	T
		272-003-02	化学药品制剂生产过程中的脱色过滤（包括载体）物	T
		272-004-02	化学药品制剂生产过程中废弃的吸附剂、催化剂和溶剂	T
		272-005-02	化学药品制剂生产过程中的报废药品及过期原料	T
	兽用药品制造	275-001-02	使用砷或有机砷化合物生产兽药过程中产生的废水处理污泥	T
		275-002-02	使用砷或有机砷化合物生产兽药过程中苯胺化合物蒸馏工艺产生的蒸馏残渣	T
		275-003-02	使用砷或有机砷化合物生产兽药过程中使用活性炭脱色产生的残渣	T
		275-004-02	其他兽药生产过程中的蒸馏及反应残渣	T
		275-005-02	其他兽药生产过程中的脱色过滤（包括载体）物	T
		275-006-02	兽药生产过程中的母液、反应基和培养基废物	T
		275-007-02	兽药生产过程中废弃的吸附剂、催化剂和溶剂	T
		275-008-02	兽药生产过程中的报废药品及过期原料	T
	生物、生化制品的制造	276-001-02	利用生物技术生产生物化学药品、基因工程药物过程中的蒸馏及反应残渣	T
		276-002-02	利用生物技术生产生物化学药品、基因工程药物过程中的母液、反应基和培养基废物	T
		276-003-02	利用生物技术生产生物化学药品、基因工程药物过程中的脱色过滤（包括载体）物与滤饼	T

续表 4-1

废物类别	行业来源	废物代码	危 险 废 物	危险特性
HW02 医药废物	生物、生化制品的制造	276-004-02	利用生物技术生产生物化学药品、基因工程药物过程中废弃的吸附剂、催化剂和溶剂	T
		276-005-02	利用生物技术生产生物化学药品、基因工程药物过程中的报废药品及过期原料	T
HW03 废药物、药品	非特定行业	900-002-03	生产、销售及使用过程中产生的失效、变质、不合格、淘汰、伪劣的药物和药品（不包括 HW01、HW02、900-999-49 类）	T
HW04 农药废物	农药制造	263-001-04	氯丹生产过程中六氯环戊二烯过滤产生的残渣；氯丹氯化反应器的真空汽提器排放的废物	T
		263-002-04	乙拌磷生产过程中甲苯回收工艺产生的蒸馏残渣	T
		263-003-04	甲拌磷生产过程中二乙基二硫代磷酸过滤产生的滤饼	T
		263-004-04	2，4，5-三氯苯氧乙酸（2，4，5-T）生产过程中四氯苯蒸馏产生的重馏分及蒸馏残渣	T
		263-005-04	2，4-二氯苯氧乙酸（2，4-D）生产过程中产生的含 2，6-二氯苯酚残渣	T
		263-006-04	乙烯基双二硫代氨基甲酸及其盐类生产过程中产生的过滤、蒸发和离心分离残渣及废水处理污泥；产品研磨和包装工序产生的布袋除尘器粉尘和地面清扫废渣	T
		263-007-04	溴甲烷生产过程中反应器产生的废水和酸干燥器产生的废硫酸；生产过程中产生的废吸附剂和废水分离器产生的固体废物	T
		263-008-04	其他农药生产过程中产生的蒸馏及反应残渣	T
		263-009-04	农药生产过程中产生的母液及（反应罐及容器）清洗液	T
		263-010-04	农药生产过程中产生的吸附过滤物（包括载体、吸附剂、催化剂）	T
		263-011-04	农药生产过程中的废水处理污泥	T
		263-012-04	农药生产、配制过程中产生的过期原料及报废药品	T
	非特定行业	900-003-04	销售及使用过程中产生的失效、变质、不合格、淘汰、伪劣的农药产品	T

续表 4-1

废物类别	行业来源	废物代码	危 险 废 物	危险特性
HW05 木材防腐剂废物	锯材、木片加工	201-001-05	使用五氯酚进行木材防腐过程中产生的废水处理污泥，以及木材保存过程中产生的沾染防腐剂的废弃木材残片	T
		201-002-05	使用杂芬油进行木材防腐过程中产生的废水处理污泥，以及木材保存过程中产生的沾染防腐剂的废弃木材残片	T
		201-003-05	使用含砷、铬等无机防腐剂进行木材防腐过程中产生的废水处理污泥，以及木材保存过程中产生的沾染防腐剂的废弃木材残片	T
	专用化学产品制造	266-001-05	木材防腐化学品生产过程中产生的反应残余物、吸附过滤物及载体	T
		266-002-05*	木材防腐化学品生产过程中产生的废水处理污泥	T
		266-003-05	木材防腐化学品生产、配制过程中产生的报废产品及过期原料	T
	非特定行业	900-004-05	销售及使用过程中产生的失效、变质、不合格、淘汰、伪劣的木材防腐剂产品	T
HW06 有机溶剂废物	基础化学原料制造	261-001-06	硝基苯-苯胺生产过程中产生的废液	T
		261-002-06	羧酸肼法生产 1，1-二甲基肼过程中产品分离和冷凝反应器排气产生的塔顶流出物	T
		261-003-06	羧酸肼法生产 1，1-二甲基肼过程中产品精制产生的废过滤器滤芯	T
		261-004-06	甲苯硝化法生产二硝基甲苯过程中产生的洗涤废液	T
		261-005-06	有机溶剂的合成、裂解、分离、脱色、催化、沉淀、精馏等过程中产生的反应残余物、废催化剂、吸附过滤物及载体	I，T
		261-006-06	有机溶剂的生产、配制、使用过程中产生的含有有机溶剂的清洗杂物	I，T
HW07 热处理含氰废物	金属表面处理及热处理加工	346-001-07	使用氰化物进行金属热处理产生的淬火池残渣	T
		346-002-07	使用氰化物进行金属热处理产生的淬火废水处理污泥	T
		346-003-07	含氰热处理炉维修过程中产生的废内衬	T
		346-004-07	热处理渗碳炉产生的热处理渗碳氰渣	T
		346-005-07	金属热处理过程中的盐浴槽釜清洗工艺产生的废氰化物残渣	R，T
		346-049-07	其他热处理和退火作业中产生的含氰废物	T

续表 4-1

废物类别	行业来源	废物代码	危险废物	危险特性
HW08 废矿物油	天然原油和天然气开采	071-001-08	石油开采和炼制产生的油泥和油脚	T，I
		071-002-08	废弃钻井液处理产生的污泥	T
	精炼石油产品制造	251-001-08	清洗油罐（池）或油件过程中产生的油/水和烃/水混合物	T
		251-002-08	石油初炼过程中产生的废水处理污泥，以及储存设施、油—水—固态物质分离器、积水槽、沟渠及其他输送管道、污水池、雨水收集管道产生的污泥	T
		251-003-08	石油炼制过程中 API 分离器产生的污泥，以及汽油提炼工艺废水和冷却废水处理污泥	T
		251-004-08	石油炼制过程中溶气浮选法产生的浮渣	T，I
		251-005-08	石油炼制过程中的溢出废油或乳剂	T，I
		251-006-08	石油炼制过程中的换热器管束清洗污泥	T
		251-007-08	石油炼制过程中隔油设施的污泥	T
		251-008-08	石油炼制过程中储存设施底部的沉渣	T，I
		251-009-08	石油炼制过程中原油储存设施的沉积物	T，I
		251-010-08	石油炼制过程中澄清油浆槽底的沉积物	T，I
		251-011-08	石油炼制过程中进油管路过滤或分离装置产生的残渣	T，I
		251-012-08	石油炼制过程中产生的废弃过滤粘土	T
	涂料、油墨、颜料及相关产品制造	264-001-08	油墨的生产、配制产生的废分散油	T
	专用化学产品制造	266-004-08	粘合剂和密封剂生产、配置过程产生的废弃松香油	T
	船舶及浮动装置制造	375-001-08	拆船过程中产生的废油和油泥	T，I
	非特定行业	900-200-08	珩磨、研磨、打磨过程产生的废矿物油及其含油污泥	T
		900-201-08	使用煤油、柴油清洗金属零件或引擎产生的废矿物油	T，I
		900-202-08	使用切削油和切削液进行机械加工过程中产生的废矿物油	T
		900-203-08	使用淬火油进行表面硬化产生的废矿物油	T
		900-204-08	使用轧制油、冷却剂及酸进行金属轧制产生的废矿物油	T
		900-205-08	使用镀锡油进行焊锡产生的废矿物油	T
		900-206-08	锡及焊锡回收过程中产生的废矿物油	T
		900-207-08	使用镀锡油进行蒸汽除油产生的废矿物油	T
		900-208-08	使用镀锡油（防氧化）进行热风整平（喷锡）产生的废矿物油	T
		900-209-08	废弃的石蜡和油脂	T，I
		900-210-08	油/水分离设施产生的废油、污泥	T，I
		900-249-08	其他生产、销售、使用过程中产生的废矿物油	T，I

续表 4-1

废物类别	行业来源	废物代码	危险废物	危险特性
HW09 油/水、烃/水混合物或乳化液	非特定行业	900-005-09	来自于水压机定期更换的油/水、烃/水混合物或乳化液	T
		900-006-09	使用切削油和切削液进行机械加工过程中产生的油/水、烃/水混合物或乳化液	T
		900-007-09	其他工艺过程中产生的废弃的油/水、烃/水混合物或乳化液	T
HW10 多氯（溴）联苯类废物	非特定行业	900-008-10	含多氯联苯（PCBs）、多氯三联苯（PCTs）、多溴联苯（PBBs）的废线路板、电容、变压器	T
		900-009-10	含有 PCBs、PCTs 和 PBBs 的电力设备的清洗液	T
		900-010-10	含有 PCBs、PCTs 和 PBBs 的电力设备中倾倒出的介质油、绝缘油、冷却油及传热油	T
		900-011-10	含有或直接沾染 PCBs、PCTs 和 PBBs 的废弃包装物及容器	T
		900-012-10	含有或沾染 PCBs、PCTs、PBBs 和多氯（溴）萘，且含量≥50mg/kg 的废物、物质和物品	T
HW11 精（蒸）馏残渣	精炼石油产品的制造	251-013-11	石油精炼过程中产生的酸焦油和其他焦油	T
	炼焦制造	252-001-11	炼焦过程中蒸氨塔产生的压滤污泥	T
		252-002-11	炼焦过程中澄清设施底部的焦油状污泥	T
		252-003-11	炼焦副产品回收过程中萘回收及再生产生的残渣	T
		252-004-11	炼焦和炼焦副产品回收过程中焦油储存设施中的残渣	T
		252-005-11	煤焦油精炼过程中焦油储存设施中的残渣	T
		252-006-11	煤焦油蒸馏残渣，包括蒸馏釜底物	T
		252-007-11	煤焦油回收过程中产生的残渣，包括炼焦副产品回收过程中的污水池残渣	T
		252-008-11	轻油回收过程中产生的残渣，包括炼焦副产品回收过程中的蒸馏器、澄清设施、洗涤油回收单元产生的残渣	T
		252-009-11	轻油精炼过程中的污水池残渣	T
		252-010-11	煤气及煤化工生产行业分离煤油过程中产生的煤焦油渣	T
		252-011-11	焦炭生产过程中产生的其他酸焦油和焦油	T

续表 4-1

废物类别	行业来源	废物代码	危 险 废 物	危险特性
HW11 精（蒸）馏残渣	基础化学原料制造	261-007-11	乙烯法制乙醛生产过程中产生的蒸馏底渣	T
		261-008-11	乙烯法制乙醛生产过程中产生的蒸馏次要馏分	T
		261-009-11	苄基氯生产过程中苄基氯蒸馏产生的蒸馏釜底物	T
		261-010-11	四氯化碳生产过程中产生的蒸馏残渣	T
		261-011-11	表氯醇生产过程中精制塔产生的蒸馏釜底物	T
		261-012-11	异丙苯法生产苯酚和丙酮过程中蒸馏塔底焦油	T
		261-013-11	萘法生产邻苯二甲酸酐过程中蒸馏塔底残渣和轻馏分	T
		261-014-11	邻二甲苯法生产邻苯二甲酸酐过程中蒸馏塔底残渣和轻馏分	T
		261-015-11	苯硝化法生产硝基苯过程中产生的蒸馏釜底物	T
		261-016-11	甲苯二异氰酸酯生产过程中产生的蒸馏残渣和离心分离残渣	T
		261-017-11	1，1，1-三氯乙烷生产过程中产生的蒸馏底渣	T
		261-018-11	三氯乙烯和全氯乙烯联合生产过程中产生的蒸馏塔底渣	T
		261-019-11	苯胺生产过程中产生的蒸馏底渣	T
		261-020-11	苯胺生产过程中苯胺萃取工序产生的工艺残渣	T
		261-021-11	二硝基甲苯加氢法生产甲苯二胺过程中干燥塔产生的反应废液	T
		261-022-11	二硝基甲苯加氢法生产甲苯二胺过程中产品精制产生的冷凝液体轻馏分	T
		261-023-11	二硝基甲苯加氢法生产甲苯二胺过程中产品精制产生的废液	T
		261-024-11	二硝基甲苯加氢法生产甲苯二胺过程中产品精制产生的重馏分	T
		261-025-11	甲苯二胺光气化法生产甲苯二异氰酸酯过程中溶剂回收塔产生的有机冷凝物	T
		261-026-11	氯苯生产过程中的蒸馏及分馏塔底物	T
		261-027-11	使用羧酸肼生产 1，1-二甲基肼过程中产品分离产生的塔底渣	T
		261-028-11	乙烯溴化法生产二溴化乙烯过程中产品精制产生的蒸馏釜底物	T
		261-029-11	α-氯甲苯、苯甲酰氯和含此类官能团的化学品生产过程中产生的蒸馏底渣	T
		261-030-11	四氯化碳生产过程中的重馏分	T

续表 4-1

废物类别	行业来源	废物代码	危 险 废 物	危险特性
HW11 精（蒸）馏残渣	基础化学原料制造	261-031-11	二氯化乙烯生产过程中二氯化乙烯蒸馏产生的重馏分	T
		261-032-11	氯乙烯单体生产过程中氯乙烯蒸馏产生的重馏分	T
		261-033-11	1，1，1-三氯乙烷生产过程中产品蒸汽汽提塔产生的废物	T
		261-034-11	1，1，1-三氯乙烷生产过程中重馏分塔产生的重馏分	T
		261-035-11	三氯乙烯和全氯乙烯联合生产过程中产生的重馏分	T
	常用有色金属冶炼	331-001-11	有色金属火法冶炼产生的焦油状废物	T
	环境管理业	802-001-11	废油再生过程中产生的酸焦油	T
	非特定行业	900-013-11	其他精炼、蒸馏和任何热解处理中产生的废焦油状残留物	T
HW12 染料、涂料废物	涂料、油墨、颜料及相关产品制造	264-002-12	铬黄和铬橙颜料生产过程中产生的废水处理污泥	T
		264-003-12	钼酸橙颜料生产过程中产生的废水处理污泥	T
		264-004-12	锌黄颜料生产过程中产生的废水处理污泥	T
		264-005-12	铬绿颜料生产过程中产生的废水处理污泥	T
		264-006-12	氧化铬绿颜料生产过程中产生的废水处理污泥	T
		264-007-12	氧化铬绿颜料生产过程中产生的烘干炉残渣	T
		264-008-12	铁蓝颜料生产过程中产生的废水处理污泥	T
		264-009-12	使用色素、干燥剂、肥皂以及含铬和铅的稳定剂配制油墨过程中，清洗池槽和设备产生的洗涤废液和污泥	T
		264-010-12	油墨的生产、配制过程中产生的废蚀刻液	T
		264-011-12	其他油墨、染料、颜料、油漆、真漆、罩光漆生产过程中产生的废母液、残渣、中间体废物	T
		264-012-12	其他油墨、染料、颜料、油漆、真漆、罩光漆生产过程中产生的废水处理污泥，废吸附剂	T
		264-013-12	油漆、油墨生产、配制和使用过程中产生的含颜料、油墨的有机溶剂废物	T
	纸浆制造	221-001-12	废纸回收利用处理过程中产生的脱墨渣	T
	非特定行业	900-250-12	使用溶剂、光漆进行光漆涂布、喷漆工艺过程中产生的染料和涂料废物	T，I
		900-251-12	使用油漆、有机溶剂进行阻挡层涂敷过程中产生的染料和涂料废物	T，I

续表 4-1

废物类别	行业来源	废物代码	危 险 废 物	危险特性
HW12 染料、涂料废物	非特定行业	900-252-12	使用油漆、有机溶剂进行喷漆、上漆过程中产生的染料和涂料废物	T，I
HW12 染料、涂料废物	非特定行业	900-253-12	使用油墨和有机溶剂进行丝网印刷过程中产生的染料和涂料废物	T，I
HW12 染料、涂料废物	非特定行业	900-254-12	使用遮盖油、有机溶剂进行遮盖油的涂敷过程中产生的染料和涂料废物	T，I
HW12 染料、涂料废物	非特定行业	900-255-12	使用各种颜料进行着色过程中产生的染料和涂料废物	T，I
HW12 染料、涂料废物	非特定行业	900-256-12	使用酸、碱或有机溶剂清洗容器设备的油漆、染料、涂料等过程中产生的剥离物	T，I
HW12 染料、涂料废物	非特定行业	900-299-12	生产、销售及使用过程中产生的失效、变质、不合格、淘汰、伪劣的油墨、染料、颜料、油漆、真漆、罩光漆产品	T，I
HW13 有机树脂类废物	基础化学原料制造	261-036-13	树脂、乳胶、增塑剂、胶水/胶合剂生产过程中产生的不合格产品、废副产物	T
HW13 有机树脂类废物	基础化学原料制造	261-037-13	树脂、乳胶、增塑剂、胶水/胶合剂生产过程中合成、酯化、缩合等工序产生的废催化剂、母液	T
HW13 有机树脂类废物	基础化学原料制造	261-038-13	树脂、乳胶、增塑剂、胶水/胶合剂生产过程中精馏、分离、精制等工序产生的釜残液、过滤介质和残渣	T
HW13 有机树脂类废物	基础化学原料制造	261-039-13	树脂、乳胶、增塑剂、胶水/胶合剂生产过程中产生的废水处理污泥	T
HW13 有机树脂类废物	非特定行业	900-014-13	废弃粘合剂和密封剂	T
HW13 有机树脂类废物	非特定行业	900-015-13	饱和或者废弃的离子交换树脂	T
HW13 有机树脂类废物	非特定行业	900-016-13	使用酸、碱或溶剂清洗容器设备剥离下的树脂状、粘稠杂物	T
HW14 新化学药品废物	非特定行业	900-017-14	研究、开发和教学活动中产生的对人类或环境影响不明的化学废物	T/C/In/I/R
HW15 爆炸性废物	炸药及火工产品制造	266-005-15	炸药生产和加工过程中产生的废水处理污泥	R
HW15 爆炸性废物	炸药及火工产品制造	266-006-15	含爆炸品废水处理过程中产生的废炭	R
HW15 爆炸性废物	炸药及火工产品制造	266-007-15	生产、配制和装填铅基起爆药剂过程中产生的废水处理污泥	T，R
HW15 爆炸性废物	炸药及火工产品制造	266-008-15	三硝基甲苯（TNT）生产过程中产生的粉红水、红水，以及废水处理污泥	R
HW15 爆炸性废物	非特定行业	900-018-15	拆解后收集的尚未引爆的安全气囊	R

续表 4-1

废物类别	行业来源	废物代码	危 险 废 物	危险特性
HW16 感光材料废物	专用化学产品制造	266-009-16	显、定影液、正负胶片、像纸、感光原料及药品生产过程中产生的不合格产品和过期产品	T
		266-010-16	显、定影液、正负胶片、像纸、感光原料及药品生产过程中产生的残渣及废水处理污泥	T
	印　刷	231-001-16	使用显影剂进行胶卷显影，定影剂进行胶卷定影，以及使用铁氰化钾、硫代硫酸盐进行影像减薄（漂白）产生的废显（定）影液、胶片及废像纸	T
		231-002-16	使用显影剂进行印刷显影、抗蚀图形显影，以及凸版印刷产生的废显（定）影液、胶片及废像纸	T
	电子元件制造	406-001-16	使用显影剂、氢氧化物、偏亚硫酸氢盐、醋酸进行胶卷显影产生的废显（定）影液、胶片及废像纸	T
	电　影	893-001-16	电影厂在使用和经营活动中产生的废显（定）影液、胶片及废像纸	T
	摄影扩印服务	828-001-16	摄影扩印服务行业在使用和经营活动中产生的废显（定）影液、胶片及废像纸	T
	非特定行业	900-019-16	其他行业在使用和经营活动中产生的废显（定）影液、胶片及废像纸等感光材料废物	T
HW17 表面处理废物	金属表面处理及热处理加工	346-050-17	使用氯化亚锡进行敏化产生的废渣和废水处理污泥	T
		346-051-17	使用氯化锌、氯化铵进行敏化产生的废渣和废水处理污泥	T
		346-052-17*	使用锌和电镀化学品进行镀锌产生的槽液、槽渣和废水处理污泥	T
		346-053-17	使用镉和电镀化学品进行镀镉产生的槽液、槽渣和废水处理污泥	T
		346-054-17*	使用镍和电镀化学品进行镀镍产生的槽液、槽渣和废水处理污泥	T
		346-055-17*	使用镀镍液进行镀镍产生的槽液、槽渣和废水处理污泥	T
		346-056-17	硝酸银、碱、甲醛进行敷金属法镀银产生的槽液、槽渣和废水处理污泥	T
		346-057-17	使用金和电镀化学品进行镀金产生的槽液、槽渣和废水处理污泥	T
		346-058-17*	使用镀铜液进行化学镀铜产生的槽液、槽渣和废水处理污泥	T
		346-059-17	使用钯和锡盐进行活化处理产生的废渣和废水处理污泥	T
		346-060-17	使用铬和电镀化学品进行镀黑铬产生的槽液、槽渣和废水处理污泥	T

续表 4-1

废物类别	行业来源	废物代码	危险废物	危险特性
HW17 表面处理废物	金属表面处理及热处理加工	346-061-17	使用高锰酸钾进行钻孔除胶处理产生的废渣和废水处理污泥	T
		346-062-17*	使用铜和电镀化学品进行镀铜产生的槽液、槽渣和废水处理污泥	T
		346-063-17*	其他电镀工艺产生的槽液、槽渣和废水处理污泥	T
		346-064-17	金属和塑料表面酸（碱）洗、除油、除锈、洗涤工艺产生的废腐蚀液、洗涤液和污泥	T
		346-065-17	金属和塑料表面磷化、出光、化抛过程中产生的残渣（液）及污泥	T
		346-066-17	镀层剥除过程中产生的废液及残渣	T
		346-099-17	其他工艺过程中产生的表面处理废物	T
HW18 焚烧处置残渣	环境治理	802-002-18	生活垃圾焚烧飞灰	T
		802-003-18	危险废物焚烧、热解等处置过程产生的底渣和飞灰（医疗废物焚烧处置产生的底渣除外）	T
		802-004-18	危险废物等离子体、高温熔融等处置后产生的非玻璃态物质及飞灰	T
		802-005-18	固体废物及液态废物焚烧过程中废气处理产生的废活性炭、滤饼	T
HW19 含金属羰基化合物废物	非特定行业	900-020-19	在金属羰基化合物生产以及使用过程中产生的含有羰基化合物成分的废物	T
HW20 含铍废物	基础化学原料制造	261-040-20	铍及其化合物生产过程中产生的熔渣、集（除）尘装置收集的粉尘和废水处理污泥	T
HW21 含铬废物	毛皮鞣制及制品加工	193-001-21*	使用铬鞣剂进行铬鞣、再鞣工艺产生的废水处理污泥	T
		193-002-21*	皮革切削工艺产生的含铬皮革碎料	T
	印 刷	231-003-21*	使用含重铬酸盐的胶体有机溶剂、黏合剂进行漩流式抗蚀涂布（抗蚀及光敏抗蚀层等）产生的废渣及废水处理污泥	T
		231-004-21*	使用铬化合物进行抗蚀层化学硬化产生的废渣及废水处理污泥	T
		231-005-21*	使用铬酸镀铬产生的槽渣、槽液和废水处理污泥	T
	基础化学原料制造	261-041-21	有钙焙烧法生产铬盐产生的铬浸出渣（铬渣）	T
		261-042-21	有钙焙烧法生产铬盐过程中，中和去铝工艺产生的含铬氢氧化铝湿渣（铝泥）	T
		261-043-21	有钙焙烧法生产铬盐过程中，铬酐生产中产生的副产废渣（含铬硫酸氢钠）	T
		261-044-21*	有钙焙烧法生产铬盐过程中产生的废水处理污泥	T

续表4-1

废物类别	行业来源	废物代码	危 险 废 物	危险特性
HW21 含铬废物	铁合金冶炼	324-001-21	铬铁硅合金生产过程中尾气控制设施产生的飞灰与污泥	T
		324-002-21	铁铬合金生产过程中尾气控制设施产生的飞灰与污泥	T
		324-003-21	铁铬合金生产过程中金属铬冶炼产生的铬浸出渣	T
	金属表面处理及热处理加工	346-100-21*	使用铬酸进行阳极氧化产生的槽渣、槽液及废水处理污泥	T
		346-101-21	使用铬酸进行塑料表面粗化产生的废物	T
	电子元件制造	406-002-21	使用铬酸进行钻孔除胶处理产生的废物	T
HW22 含铜废物	常用有色金属矿采选	091-001-22	硫化铜矿、氧化铜矿等铜矿物采选过程中集（除）尘装置收集的粉尘	T
	印　刷	231-006-22*	使用酸或三氯化铁进行铜板蚀刻产生的废蚀刻液及废水处理污泥	T
	玻璃及玻璃制品制造	314-001-22*	使用硫酸铜还原剂进行敷金属法镀铜产生的槽渣、槽液及废水处理污泥	T
	电子元件制造	406-003-22	使用蚀铜剂进行蚀铜产生的废蚀铜液	T
		406-004-22*	使用酸进行铜氧化处理产生的废液及废水处理污泥	T
HW23 含锌废物	金属表面处理及热处理加工	346-102-23	热镀锌工艺尾气处理产生的固体废物	T
		346-103-23	热镀锌工艺过程产生的废弃熔剂、助熔剂、焊剂	T
	电池制造	394-001-23	碱性锌锰电池生产过程中产生的废锌浆	T
	非特定行业	900-021-23*	使用氢氧化钠、锌粉进行贵金属沉淀过程中产生的废液及废水处理污泥	T
HW24 含砷废物	常用有色金属矿采选	091-002-24	硫砷化合物（雌黄、雄黄及砷硫铁矿）或其他含砷化合物的金属矿石采选过程中集（除）尘装置收集的粉尘	T
HW25 含硒废物	基础化学原料制造	261-045-25	硒化合物生产过程中产生的熔渣、集（除）尘装置收集的粉尘和废水处理污泥	T
HW26 含镉废物	电池制造	394-002-26	镍镉电池生产过程中产生的废渣和废水处理污泥	T
HW27 含锑废物	基础化学原料制造	261-046-27	氧化锑生产过程中除尘器收集的灰尘	T
		261-047-27	锑金属及粗氧化锑生产过程中除尘器收集的灰尘	T
		261-048-27	氧化锑生产过程中产生的熔渣	T
		261-049-27	锑金属及粗氧化锑生产过程中产生的熔渣	T

续表 4-1

废物类别	行业来源	废物代码	危 险 废 物	危险特性
HW28 含碲废物	基础化学原料制造	261-050-28	碲化合物生产过程中产生的熔渣、集（除）尘装置收集的粉尘和废水处理污泥	T
HW29 含汞废物	天然原油和天然气开采	071-003-29	天然气净化过程中产生的含汞废物	T
	贵金属矿采选	092-001-29	“全泥氰化—炭浆提金”黄金选矿生产工艺产生的含汞粉尘、残渣	T
		092-002-29	汞矿采选过程中产生的废渣和集（除）尘装置收集的粉尘	T
	印　刷	231-007-29	使用显影剂、汞化合物进行影像加厚（物理沉淀）以及使用显影剂、氨氯化汞进行影像加厚（氧化）产生的废液及残渣	T
	基础化学原料制造	261-051-29	水银电解槽法生产氯气过程中盐水精制产生的盐水提纯污泥	T
		261-052-29	水银电解槽法生产氯气过程中产生的废水处理污泥	T
		261-053-29	氯气生产过程中产生的废活性炭	T
	合成材料制造	265-001-29	氯乙烯精制过程中使用活性炭吸附法处理含汞废水过程中产生的废活性炭	T，C
		265-002-29	氯乙烯精制过程中产生的吸附微量氯化汞的废活性炭	T，C
	电池制造	394-003-29	含汞电池生产过程中产生的废渣和废水处理污泥	T
	照明器具制造	397-001-29	含汞光源生产过程中产生的荧光粉、废活性炭吸收剂	T
	通用仪器仪表制造	411-001-29	含汞温度计生产过程中产生的废渣	T
	基础化学原料制造	261-054-29	卤素和卤素化学品生产过程中产生的含汞硫酸钡污泥	T
	多种来源	900-022-29	废弃的含汞催化剂	T
		900-023-29	生产、销售及使用过程中产生的废含汞荧光灯管	T
		900-024-29	生产、销售及使用过程中产生的废汞温度计、含汞废血压计	T
HW30 含铊废物	基础化学原料制造	261-055-30	金属铊及铊化合物生产过程中产生的熔渣、集（除）尘装置收集的粉尘和废水处理污泥	T

续表 4-1

废物类别	行业来源	废物代码	危 险 废 物	危险特性
HW31 含铅废物	玻璃及玻璃制品制造	314-002-31	使用铅盐和铅氧化物进行显像管玻璃熔炼产生的废渣	T
	印　刷	231-008-31	印刷线路板制造过程中镀铅锡合金产生的废液	T
	炼　钢	322-001-31	电炉粗炼钢过程中尾气控制设施产生的飞灰与污泥	T
	电池制造	394-004-31	铅酸蓄电池生产过程中产生的废渣和废水处理污泥	T
	工艺美术品制造	421-001-31	使用铅箔进行烤钵试金法工艺产生的废烤钵	T
	废弃资源和废旧材料回收加工业	431-001-31	铅酸蓄电池回收工业产生的废渣、铅酸污泥	T
	非特定行业	900-025-31	使用硬脂酸铅进行抗黏涂层产生的废物	T
HW32 无机氟化物废物	非特定行业	900-026-32*	使用氢氟酸进行玻璃蚀刻产生的废蚀刻液、废渣和废水处理污泥	T
HW33 无机氰化物废物	贵金属矿采选	092-003-33*	“全泥氰化—炭浆提金”黄金选矿生产工艺中含氰废水的处理污泥	T
	金属表面处理及热处理加工	346-104-33	使用氰化物进行浸洗产生的废液	R，T
	非特定行业	900-027-33	使用氰化物进行表面硬化、碱性除油、电解除油产生的废物	R，T
		900-028-33	使用氰化物剥落金属镀层产生的废物	R，T
		900-029-33	使用氰化物和双氧水进行化学抛光产生的废物	R，T
HW34 废酸	精炼石油产品的制造	251-014-34	石油炼制过程产生的废酸及酸泥	C，T
	基础化学原料制造	261-056-34	硫酸法生产钛白粉（二氧化钛）过程中产生的废酸和酸泥	C，T
		261-057-34	硫酸和亚硫酸、盐酸、氢氟酸、磷酸和亚磷酸、硝酸和亚硝酸等的生产、配制过程中产生的废酸液、固态酸及酸渣	C
		261-058-34	卤素和卤素化学品生产过程中产生的废液和废酸	C
	钢压延加工	323-001-34	钢的精加工过程中产生的废酸性洗液	C，T
	金属表面处理及热处理加工	346-105-34	青铜生产过程中浸酸工序产生的废酸液	C

续表 4-1

废物类别	行业来源	废物代码	危 险 废 物	危险特性
HW34 废酸	电子元件制造	406-005-34	使用酸溶液进行电解除油、酸蚀、活化前表面敏化、催化、锡浸亮产生的废酸液	C
		406-006-34	使用硝酸进行钻孔蚀胶处理产生的废酸液	C
		406-007-34	液晶显示板或集成电路板的生产过程中使用酸浸蚀剂进行氧化物浸蚀产生的废酸液	C
	非特定行业	900-300-34	使用酸清洗产生的废酸液	C
		900-301-34	使用硫酸进行酸性碳化产生的废酸液	C
		900-302-34	使用硫酸进行酸蚀产生的废酸液	C
		900-303-34	使用磷酸进行磷化产生的废酸液	C
		900-304-34	使用酸进行电解除油、金属表面敏化产生的废酸液	C
		900-305-34	使用硝酸剥落不合格镀层及挂架金属镀层产生的废酸液	C
		900-306-34	使用硝酸进行钝化产生的废酸液	C
		900-307-34	使用酸进行电解抛光处理产生的废酸液	C
		900-308-34	使用酸进行催化（化学镀）产生的废酸液	C
		900-349-34*	其他生产、销售及使用过程中产生的失效、变质、不合格、淘汰、伪劣的强酸性擦洗粉、清洁剂、污迹去除剂以及其他废酸液、固态酸及酸渣	C
HW35 废碱	精炼石油产品的制造	251-015-35	石油炼制过程产生的碱渣	C，T
	基础化学原料制造	261-059-35	氢氧化钙、氨水、氢氧化钠、氢氧化钾等的生产、配制中产生的废碱液、固态碱及碱渣	C
	毛皮鞣制及制品加工	193-003-35	使用氢氧化钙、硫化钙进行灰浸产生的废碱液	C
	纸浆制造	221-002-35	碱法制浆过程中蒸煮制浆产生的废液、废渣	C
	非特定行业	900-350-35	使用氢氧化钠进行煮炼过程中产生的废碱液	C
		900-351-35	使用氢氧化钠进行丝光处理过程中产生的废碱液	C
		900-352-35	使用碱清洗产生的废碱液	C
		900-353-35	使用碱进行清洗除蜡、碱性除油、电解除油产生的废碱液	C
		900-354-35	使用碱进行电镀阻挡层或抗蚀层的脱除产生的废碱液	C
		900-355-35	使用碱进行氧化膜浸蚀产生的废碱液	C
		900-356-35	使用碱溶液进行碱性清洗、图形显影产生的废碱液	C
		900-399-35*	其他生产、销售及使用过程中产生的失效、变质、不合格、淘汰、伪劣的强碱性擦洗粉、清洁剂、污迹去除剂以及其他废碱液、固态碱及碱渣	C

续表 4-1

废物类别	行业来源	废物代码	危 险 废 物	危险特性
HW36 石棉废物	石棉采选	109-001-36	石棉矿采选过程产生的石棉渣	T
	基础化学原料制造	261-060-36	卤素和卤素化学品生产过程中电解装置拆换产生的含石棉废物	T
	水泥及石膏制品制造	312-001-36	石棉建材生产过程中产生的石棉尘、废纤维、废石棉绒	T
	耐火材料制品制造	316-001-36	石棉制品生产过程中产生的石棉尘、废纤维、废石棉绒	T
	汽车制造	372-001-36	车辆制动器衬片生产过程中产生的石棉废物	T
	船舶及浮动装置制造	375-002-36	拆船过程中产生的废石棉	T
	非特定行业	900-030-36	其他生产工艺过程中产生的石棉废物	T
		900-031-36	含有石棉的废弃电子电器设备、绝缘材料、建筑材料等	T
		900-032-36	石棉隔膜、热绝缘体等含石棉设施的保养拆换、车辆制动器衬片的更换产生的石棉废物	T
HW37 有机磷化合物废物	基础化学原料制造	261-061-37	除农药以外其他有机磷化合物生产、配制过程中产生的反应残余物	T
		261-062-37	除农药以外其他有机磷化合物生产、配制过程中产生的过滤物、催化剂（包括载体）及废弃的吸附剂	T
		261-063-37*	除农药以外其他有机磷化合物生产、配制过程中产生的废水处理污泥	T
	非特定行业	900-033-37	生产、销售及使用过程中产生的废弃磷酸酯抗燃油	T
HW38 有机氰化物废物	基础化学原料制造	261-064-38	丙烯腈生产过程中废水汽提器塔底的流出物	R，T
		261-065-38	丙烯腈生产过程中乙腈蒸馏塔底的流出物	R，T
		261-066-38	丙烯腈生产过程中乙腈精制塔底的残渣	T
		261-067-38	有机氰化物生产过程中，合成、缩合等反应中产生的母液及反应残余物	T
		261-068-38	有机氰化物生产过程中，催化、精馏和过滤过程中产生的废催化剂、釜底残渣和过滤介质	T
		261-069-38	有机氰化物生产过程中的废水处理污泥	T
HW39 含酚废物	炼 焦	252-012-39	炼焦行业酚氰生产过程中的废水处理污泥	T
		252-013-39	煤气生产过程中的废水处理污泥	T
	基础化学原料制造	261-070-39	酚及酚化合物生产过程中产生的反应残渣、母液	T
		261-071-39	酚及酚化合物生产过程中产生的吸附过滤物、废催化剂、精馏釜残液	T
HW40 含醚废物	基础化学原料制造	261-072-40	生产、配制过程中产生的醚类残液、反应残余物、废水处理污泥及过滤渣	T

续表 4-1

废物类别	行业来源	废物代码	危 险 废 物	危险特性
HW41 废卤化有机溶剂	印 刷	231-009-41	使用有机溶剂进行橡皮版印刷，以及清洗印刷工具产生的废卤化有机溶剂	I，T
	基础化学原料制造	261-073-41	氯苯生产过程中产品洗涤工序从反应器分离出的废液	T
		261-074-41	卤化有机溶剂生产、配制过程中产生的残液、吸附过滤物、反应残渣、废水处理污泥及废载体	T
		261-075-41	卤化有机溶剂生产、配制过程中产生的报废产品	T
	电子元件制造	406-008-41	使用聚酰亚胺有机溶剂进行液晶显示板的涂敷、液晶体的填充产生的废卤化有机溶剂	I，T
	非特定行业	900-400-41	塑料板管棒生产中织品应用工艺使用有机溶剂黏合剂产生的废卤化有机溶剂	I，T
		900-401-41	使用有机溶剂进行干洗、清洗、油漆剥落、溶剂除油和光漆涂布产生的废卤化有机溶剂	I，T
		900-402-41	使用有机溶剂进行火漆剥落产生的废卤化有机溶剂	I，T
		900-403-41	使用有机溶剂进行图形显影、电镀阻挡层或抗蚀层的脱除、阻焊层涂敷、上助焊剂（松香）、蒸汽除油及光敏物料涂敷产生的废卤化有机溶剂	I，T
		900-449-41	其他生产、销售及使用过程中产生的废卤化有机溶剂、水洗液、母液、污泥	T
HW42 废有机溶剂	印 刷	231-010-42	使用有机溶剂进行橡皮版印刷，以及清洗印刷工具产生的废有机溶剂	I，T
	基础化学原料制造	261-076-42	有机溶剂生产、配制过程中产生的残液、吸附过滤物、反应残渣、水处理污泥及废载体	T
		261-077-42	有机溶剂生产、配制过程中产生的报废产品	T
	电子元件制造	406-009-42	使用聚酰亚胺有机溶剂进行液晶显示板的涂敷、液晶体的填充产生的废有机溶剂	I，T
	皮革鞣制加工	191-001-42	皮革工业中含有有机溶剂的除油废物	T
	毛纺织和染整精加工	172-001-42	纺织工业染整过程中含有有机溶剂的废物	T
	非特定行业	900-450-42	塑料板管棒生产中织品应用工艺使用有机溶剂黏合剂产生的废有机溶剂	I，T
		900-451-42	使用有机溶剂进行脱碳、干洗、清洗、油漆剥落、溶剂除油和光漆涂布产生的废有机溶剂	I，T
		900-452-42	使用有机溶剂进行图形显影、电镀阻挡层或抗蚀层的脱除、阻焊层涂敷、上助焊剂（松香）、蒸汽除油及光敏物料涂敷产生的废有机溶剂	I，T
		900-499-42	其他生产、销售及使用过程中产生的废有机溶剂、水洗液、母液、废水处理污泥	T

续表 4-1

废物类别	行业来源	废物代码	危 险 废 物	危险特性
HW43 含多氯苯并呋喃类废物	非特定行业	900-034-43*	含任何多氯苯并呋喃同系物的废物	T
HW44 含多氯苯并二噁英废物	非特定行业	900-035-44*	含任何多氯苯并二噁英同系物的废物	T
HW45 含有机卤化物废物	基础化学原料制造	261-078-45	乙烯溴化法生产二溴化乙烯过程中反应器排气洗涤器产生的洗涤废液	T
		261-079-45	乙烯溴化法生产二溴化乙烯过程中产品精制过程产生的废吸附剂	T
		261-080-45	α-氯甲苯、苯甲酰氯和含此类官能团的化学品生产过程中氯气和盐酸回收工艺产生的废有机溶剂和吸附剂	T
		261-081-45	α-氯甲苯、苯甲酰氯和含此类官能团的化学品生产过程中产生的废水处理污泥	T
		261-082-45	氯乙烷生产过程中的分馏塔重馏分	T
		261-083-45	电石乙炔生产氯乙烯单体过程中产生的废水处理污泥	T
		261-084-45	其他有机卤化物的生产、配制过程中产生的高浓度残液、吸附过滤物、反应残渣、废水处理污泥、废催化剂（不包括上述 HW39、HW41、HW42 类别的废物）	T
		261-085-45	其他有机卤化物的生产、配制过程中产生的报废产品（不包括上述 HW39、HW41、HW42 类别的废物）	T
		261-086-45	石墨作阳极隔膜法生产氯气和烧碱过程中产生的污泥	T
	非特定行业	900-036-45	其他生产、销售及使用过程中产生的含有机卤化物废物（不包括 HW41 类）	T
HW46 含镍废物	基础化学原料制造	261-087-46	镍化合物生产过程中产生的反应残余物及废品	T
	电池制造	394-005-46*	镍镉电池和镍氢电池生产过程中产生的废渣和废水处理污泥	T
	非特定行业	900-037-46	报废的镍催化剂	T

续表 4-1

废物类别	行业来源	废物代码	危 险 废 物	危险特性
HW47 含钡废物	基础化学原料制造	261-088-47	钡化合物（不包括硫酸钡）生产过程中产生的熔渣、集（除）尘装置收集的粉尘、反应残余物、废水处理污泥	T
	金属表面处理及热处理加工	346-106-47	热处理工艺中的盐浴渣	T
HW48 有色金属冶炼废物	常用有色金属冶炼	331-002-48 *	铜火法冶炼过程中尾气控制设施产生的飞灰和污泥	T
		331-003-48 *	粗锌精炼加工过程中产生的废水处理污泥	T
		331-004-48	铅锌冶炼过程中，锌焙烧矿常规浸出法产生的浸出渣	T
		331-005-48	铅锌冶炼过程中，锌焙烧矿热酸浸出黄钾铁矾法产生的铁矾渣	T
		331-006-48	铅锌冶炼过程中，锌焙烧矿热酸浸出针铁矿法产生的硫渣	T
		331-007-48	铅锌冶炼过程中，锌焙烧矿热酸浸出针铁矿法产生的针铁矿渣	T
		331-008-48	铅锌冶炼过程中，锌浸出液净化产生的净化渣，包括锌粉—黄药法、砷盐法、反向锑盐法、铅锑合金锌粉法等工艺除铜、锑、镉、钴、镍等杂质产生的废渣	T
		331-009-48	铅锌冶炼过程中，阴极锌熔铸产生的熔铸浮渣	T
		331-010-48	铅锌冶炼过程中，氧化锌浸出处理产生的氧化锌浸出渣	T
		331-011-48	铅锌冶炼过程中，鼓风炉炼锌锌蒸气冷凝分离系统产生的鼓风炉浮渣	T
		331-012-48	铅锌冶炼过程中，锌精馏炉产生的锌渣	T
		331-013-48	铅锌冶炼过程中，铅冶炼、湿法炼锌和火法炼锌时，金、银、铋、镉、钴、铟、锗、铊、碲等有价金属的综合回收产生的回收渣	T
		331-014-48 *	铅锌冶炼过程中，各干式除尘器收集的各类烟尘	T
		331-015-48	铜锌冶炼过程中烟气制酸产生的废甘汞	T
		331-016-48	粗铅熔炼过程中产生的浮渣和底泥	T
		331-017-48	铅锌冶炼过程中，炼铅鼓风炉产生的黄渣	T
		331-018-48	铅锌冶炼过程中，粗铅火法精炼产生的精炼渣	T
		331-019-48	铅锌冶炼过程中，铅电解产生的阳极泥	T
		331-020-48	铅锌冶炼过程中，阴极铅精炼产生的氧化铅渣及碱渣	T

续表 4-1

废物类别	行业来源	废物代码	危 险 废 物	危险特性
HW48 有色金属冶炼废物	常用有色金属冶炼	331-021-48	铅锌冶炼过程中，锌焙烧矿热酸浸出黄钾铁矾法、热酸浸出针铁矿法产生的铅银渣	T
		331-022-48	铅锌冶炼过程中产生的废水处理污泥	T
		331-023-48	粗铝精炼加工过程中产生的废弃电解电池列	T
		331-024-48	铝火法冶炼过程中产生的初炼炉渣	T
		331-025-48	粗铝精炼加工过程中产生的盐渣、浮渣	T
		331-026-48	铝火法冶炼过程中产生的易燃性撇渣	R
		331-027-48 *	铜再生过程中产生的飞灰和废水处理污泥	T
		331-028-48 *	锌再生过程中产生的飞灰和废水处理污泥	T
		331-029-48	铅再生过程中产生的飞灰和残渣	T
	贵金属冶炼	332-001-48	汞金属回收工业产生的废渣及废水处理污泥	T
HW49 其他废物	环境治理	802-006-49	危险废物物化处理过程中产生的废水处理污泥和残渣	T
	非特定行业	900-038-49	液态废催化剂	T
		900-039-49	其他无机化工行业生产过程产生的废活性炭	T
		900-040-49 *	其他无机化工行业生产过程收集的烟尘	T
		900-041-49	含有或直接沾染危险废物的废弃包装物、容器、清洗杂物	T/C/In/I/R
		900-042-49	突发性污染事故产生的废弃危险化学品及清理产生的废物	T/C/In/I/R
		900-043-49 *	突发性污染事故产生的危险废物污染土壤	T/C/In/I/R
		900-044-49	在工业生产、生活和其他活动中产生的废电子电器产品、电子电气设备，经拆散、破碎、砸碎后分类收集的铅酸电池、镉镍电池、氧化汞电池、汞开关、阴极射线管和多氯联苯电容器等部件	T
		900-045-49	废弃的印刷电路板	T
		900-046-49	离子交换装置再生过程产生的废液和污泥	T
		900-047-49	研究、开发和教学活动中，化学和生物实验室产生的废物（不包括 HW03 、900-999-49）	T/C/In/I/R
		900-999-49	未经使用而被所有人抛弃或者放弃的；淘汰、伪劣、过期、失效的；有关部门依法收缴以及接收的公众上交的危险化学品（参见中华人民共和国环境保护部、国家发展和改革委员会 2008 第 1 号令《国家危险废物名录》附录）	T

注：1. 对来源复杂，其危害性存在例外的可能性，且国家具有明确鉴别标准的危险废物，本《名录》标注以“*”。

2. “废物类别”是按照《控制危险废物越境转移及其处置巴塞尔公约》划定的类别归类。

3. “行业来源”是某种危险废物的产生源。

4. “废物代码”是危险废物的唯一 8 位数字代码，第 1 ~3 位是危险废物产生的行业代码，第 4 ~6 位为废物顺序代码，第 7 ~8 位为废物类别代码。

5. “危险特性”中，“C”代表腐蚀性；“T”代表毒性；“I”代表易燃性；“R”代表反应性；“In”代表感染性。

4.1.2.1　腐蚀性

有的危险废弃物具有较高的酸性或碱性，满足下列条件之一可以界定其具有腐蚀性：

（1）水溶性物质或固体危废经水浸出后，其 pH 值小于 2 或大于 12.5；

（2）在 55℃条件下，腐蚀钢材的深度大于 6.35mm/a 的液体废弃物。

4.1.2.2　反应性

危险废弃物的反应性是指该物质具有如下一项或多项特征：

（1）性质不稳定，在没有爆炸时就发生剧烈变化；

（2）遇水能起剧烈反应或发生爆炸；

（3）遇水产生大量有毒气体、蒸汽或烟雾，对人体身心或环境产生危害；

（4）含氰化物或硫化物，当 pH 值处于 2 ~ 12.5 之间会产生有毒气体、蒸汽或浓烟，对人体身心或环境产生危害；

（5）在有引发源情况下或受压条件下引起爆裂或爆炸；

（6）在常温、常压下易发生爆炸或爆炸性反应；

（7）根据其他法规所定义的爆炸品。

4.1.2.3　易燃性

危险废弃物的易燃性是指在运输、储存或处置过程中能够引起燃烧的废弃物。如果具有如下特征之一，可判定为易燃废弃物。

（1）燃点低于 60℃的液体；

（2）经摩擦、吸湿或自发产生着火倾向的固体废弃物；

（3）可燃的压缩废气；

（4）氧化剂。

4.1.2.4　浸出毒性

危险废弃物浸出液中有害成分超过规定标准极限值，称为危险废弃物的浸出毒性。国家标准《危险废物鉴别标准　浸出毒性鉴别》（GB 5085.3—2007）规定，任何生产过程及生活所产生的固态的危险废弃物，按照标准浸出方法进行浸出试验，当浸出液中含有一种或数种有害成分，并且其浓度超过表 4-2 所列的标准极限值，则确定为危险废弃物。

4.1.2.5　急性毒性

急性毒性表征的是危险废弃物对生物体在短时间内的毒害特性，国外一般指

表 4-2 中国危险废物浸出毒性鉴别标准

序号	项　目	浸出液最高允许浓度 /mg · L^{-1}	序号	项　目	浸出液最高允许浓度 /mg · L^{-1}
1	有机汞	不得检出	8	锌及其化合物（以总锌计）	50
2	汞及其化合物（以总汞计）	0.05	9	铍及其化合物（以总铍计）	0.1
3	铅（以总铅计）	3	10	钡及其化合物（以总钡计）	100
4	镉（以总镉计）	0.3	11	镍及其化合物（以总镍计）	10
5	总　铬	10	12	砷及其化合物（以总砷计）	1.5
6	六价铬	1.5	13	无机氟化物（不包括氟化钙）	50
7	铜及其化合物（以总铜计）	50	14	氰化物	1.0

“能引起大（白）鼠（经口）在48h内半数死亡”的废弃物毒性。一种有害废弃物的急性毒性可能有许多种表示指标，如对卵（胚胎）、水生生物、陆生生物等的急性毒性数据等。目前我国在废弃物毒性方面的工作不多，积累数据少。

4.1.2.6 传（感）染性

由致病性生物包括病毒、细菌等微生物和其他生物所引起的，能够造成疾病从一个宿体传播到其他宿体或群体，在短时间内引发生物体大量个体感染、发病的性质统称为传染性。

4.1.2.7 放射性

一般指能够参与或自发地产生α粒子、β粒子，或者释放γ射线的属性。所有相对原子质量大于83的且具有同位素的元素都具有放射性。

4.1.2.8 相容性

相容性是指危险废弃物能够与其他物质或材料较好地“和平共处”的状态或属性。如果两种或多种废弃物相容，就是说它们相遇在一起并不发生剧烈的化学反应，不会发生起火及爆炸等急性危险。不相容的危险废弃物不能放在一起收集、运输、储存和处理处置，否则将会引起爆炸、起火等危险事故。

4.1.3 危险废物的污染与危害

在自然环境系统内，能量不断流动，物质也处于不断的变化循环过程中，各个圈层之间存在物质交换和能量流动。危险废弃物产生之后，经过迁移、转化等过程，最终可能会到达地球的各个角落，对生物物种、人类健康构成严重危险。表4-3和图4-1、图4-2分别描述了污染物的迁移、转化、归宿的环境效应。

表 4-3　污染物的迁移、转化作用及环境效应

作　　用		环境或生态效应
机械作用	在水、气中扩散	总量不变、但浓度降低
	水中重力沉降	颗粒物危及底栖生物
	空气中重力沉降	酸雨和降尘危及陆生生态系统
物理化学作用	挥　发	挥发性气体进入大气后直接危害陆生生物
	分　配	脂溶性物质在生物体内蓄积和土壤有机物中累积
	溶　解	水溶性增加，有机物易在水中分散和降解
	沉　淀	水中浓度降低，累积在沉积物中，生物有效性降低
	络合或螯合	无机配位体往往促进重金属转移，不溶性螯合物阻止重金属向水中转移
	吸　附	吸附到固体表面，水或气体中浓度减少
	解　吸	解吸后水或气体浓度增加
化学作用	氧化还原	无机物价态改变，毒性增强或降低
	水　解	有机物水解后毒性降低或增强，产物通常更加难降解
	光　解	有机物光解后易发生降解或更难降解
	聚　合	毒性减弱，但难以降解
	光化学转化	大气中的光化学反应使毒性增加
生物化学作用	生物转化	有机物毒性降低或增强，成为持久性污染物（POPs）
	生物降解	生物终极降解（矿化）后生成 CO_2、H_2O，完全解除毒害
	生物甲基化	重金属形成甲基混合物后一般比无机态毒性高，易迁移、脂溶

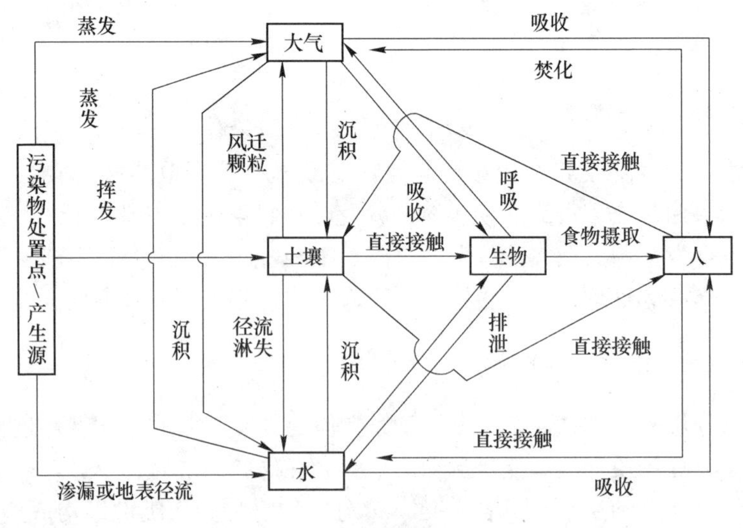

图 4-1　污染物迁移过程示意图

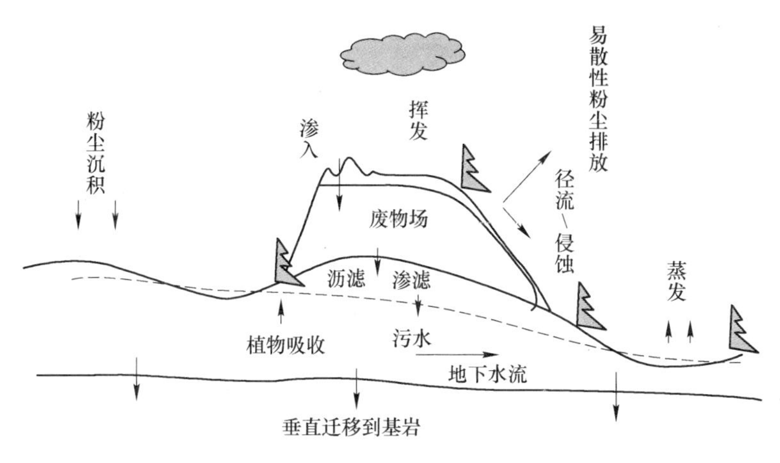

图4-2 污染物迁移、转化、归宿途径示意图

4.2 典型的冶金危险废物

冶金行业包括黑色冶金和有色冶金，涉及废渣、粉尘、酸洗污泥、废油等多种危险废物。与冶金行业相关的典型危险废物，包括含铬废弃物、含铜砷废渣、含铅锌废弃物、焦油渣等。本节重点介绍含铬废弃物、含铅锌废弃物以及焦油类废弃物，其中含铬废弃物、含铅锌废弃物来自黑色冶金、有色冶金、化工等行业；焦油类废弃物来自焦化、煤化工等行业。

4.2.1 含铬危险废物

含铬危险废物，在冶金行业主要与铬冶炼相关，包括不锈钢冶炼渣及粉尘、矿热电炉冶炼含铬渣、不锈钢酸洗污泥，其他行业还有电镀污泥、化工行业的铬盐铬渣等。含铬危险废物含有超量的六价铬（主要为水溶性和酸溶性的铬酸盐)，表现出强烈的毒性，是国际公认的危险性废物。

2011 年6 月在云南省曲靖市发生的严重铬污染事件，使铬这一有争议的物质再次成为人们关注的焦点。铬渣毒性污染事件由来已久，我国一些地方存在过铬渣污染。早年各地生产铬酸钠的化工厂历年会随生产排放铬废渣，2010 年中国环境状况公报显示，截止到2010 年底，全国仍有约100 万吨铬渣存放在12 个省份。我国因铬污染被迫先后关闭30 多个铬化工厂，遍及上海、苏州、青岛、杭州、哈尔滨、沈阳、江门、长沙、广州、韶关、开封、天津等地。这些工厂倒闭后，遗留下来数百万吨铬废料堆积在当地，成为污染当地环境的毒瘤。不少地区地下水被六价铬污染，有的面积达数平方千米以上，被铬渣污染的水流入当地的河流，直接影响到在流域沿线居住的千百万民众的生活，严重地威胁着当地人的身体健康。

4.2.1.1 含铬危险废弃物的来源

A 不锈钢渣

一般每生产5t不锈钢就会产生1t左右的废渣。按每吨不锈钢产生渣量为150～200kg/t计算，年产500万吨不锈钢会产生75～100万吨不锈钢渣。电炉（EAF）渣呈黑色，颗粒较大，主要矿物为Ca_2SiO_4和$Ca_3Mg(SiO_4)_2$，一般含有Cr_2O_3 2%～10%；AOD精炼炉渣由于金属含量较少而呈白色，在冷却过程中易粉化，呈粉尘状，主要矿物为Ca_2SiO_4，一般含有Cr_2O_3 0.8%～3%。不锈钢渣的主要化学成分见表4-4。

表4-4 不锈钢渣化学成分 (%)

成 分	SiO_2	Cr_2O_3	CaO	Fe_2O_3	Al_2O_3	MnO	MgO	TiO_2
含 量	26.9	1.8	51.9	3.6	1.8	0.4	12.9	0.1

对不锈钢渣进行了浸出实验，结果表明，Cr、Ni的最大浸出量超过GB 5085.3—2007允许的浸出量，尤其是Cr超过极限值4倍左右，这两种元素在某些不利的浸出环境下，浸出毒性会显著增加并造成污染，其他元素的浸出量基本没有超标的危险。

含有重金属的渣露天堆放，受雨雪淋浸，所含六价铬被溶出渗入地下水或进入河流、湖泊中，污染环境。严重污染带的水中六价铬含量可高达每升数十毫克，超过饮用水标准若干倍。防止铬渣危害的办法是进行高温处理，把六价铬还原为三价铬或金属铬，消除其毒性。

在有还原剂的碱性条件下，在有硫、碳和碳化物存在的高温、缺氧条件下，或在有碱金属硫化物、硫氢化物的碱性条件下，六价铬可还原为毒性较小的三价铬。

B 不锈钢粉尘

不锈钢粉尘指的是在不锈钢冶炼过程中在电弧炉、AOD/VOD等精炼炉或转炉中形成的、进入烟道并被布袋除尘器或电除尘器收集的含金属、渣等成分的混合物。由于其重金属，如Cr、Pb、Cd等含量较高，而与其他电弧炉粉尘、垃圾焚烧飞灰等一起被明确归类为危险固体废弃物。

1976年美国环境保护局（EPA）已将电弧炉烟尘列为代号为K061的有毒固体废弃物。据统计，每生产1t不锈钢粗钢大约可以产生18～33kg粉尘，粉尘中含丰富的Cr和Ni资源，Cr含量通常在8%～15%、Ni含量为3%～9%。

不锈钢厂电弧炉粉尘的化学成分见表4-5，其实它随冶炼钢种和炉料的改变而发生变化，其中主要元素为Fe和Cr。粉尘中的金属多以氧化物形态存在，其中铁以Fe_2O_3和Fe_3O_4的形式存在，铬以CrO和$FeCr_2O_4$的形式存在。

表 4-5 电弧炉粉尘化学成分 (%)

成分	Fe_2O_3	SiO_2	Al_2O_3	CaO	MgO	MnO	ZnO	NiO	Cr_2O_3	TiO_2
含量	49.93	12.56	3.52	1.96	1.21	1.98	1.59	2.35	11.99	0.30

C 不锈钢厂酸洗污泥

常用的不锈钢酸洗工艺分两步：（1）Na_2SO_4进行中性盐电解，经过一系列的反应使钢带表面的大部分氧化物生成$Fe(OH)_3$、$Cr(OH)_3$沉淀，且使Cr^{6+}从钢板上剥落，产生含铬废水。（2）在经过中性盐电解酸洗后，用HF加HNO_3进行混合酸洗工艺，将剩余的氧化物溶解，并使钢板表面产生钝化。酸洗后钢板至漂洗槽用水进行漂洗，因而连续产生含酸废水和酸洗机组排出的含铬废水。酸碱废水经过pH调节、还原、混凝、沉淀、污泥浓缩、脱水等工序后产生含铬污泥、酸碱污泥和一般污泥。

为处理主要污染物Cr^{6+}，采用H_2SO_4和$NaHSO_4$还原Cr^{6+}，使其转化为Cr^{3+}后，投加$Ca(OH)_2$产生$Cr(OH)_3$沉淀的方法去除。钢厂酸洗污泥的化学成分见表4-6。

表 4-6 不锈钢酸洗污泥化学成分（110℃干燥后干基组成） (%)

成 分	Fe	Cr	Ni	Ca	水分
含 量	18.53	3.26	1.79	25.60	57.37

D 电镀污染

电镀污泥是电镀废水处理过程中所产生的以Cu、Ni、Cr、Fe、Zn等重金属氢氧化物为主要成分的沉淀物，成分复杂。电镀污泥中主要含Cr、Fe、Ni、Cu、Zn等重金属化合物及其可溶性盐类。通过分析几家电镀企业产生的电镀污泥的化学组成及微观结构后，发现污泥中常规化合物主要有：Al_2O_3、Fe_2O_3、CuO、SiO_2、CaO、SO_3、Na_2O、MgO、NiO、Cr_2O_3等，其中Al_2O_3、Fe_2O_3、CaO、CuO、SiO_2、SO_3等含量较高，见表4-7。

表 4-7 几种电镀污泥成分 (%)

试样颜色	Na_2O	MgO	Al_2O_3	SiO_2	P_2O_5	SO_3	K_2O
棕黑色	2.04	0.91	37.88	10.12	0.37	7.55	0.07
浅蓝色	2.20	22.75	1.31	3.67	3.16	11.12	0.19
灰 色	1.75	1.06	19.51	11.88	13.34	4.59	0.16
黑 色	2.07	0.78	8.77	33.27	4.96	3.44	0.94
试样颜色	CaO	TiO_2	Cr_2O_3	Fe_2O_3	NiO	CuO	ZnO
棕黑色	9.52	0.80	0.04	17.78	0.1	10.35	0.19
浅蓝色	16.12	0.07	6.40	1.82	12.81	10.6	4.97
灰 色	1.42	0.13	3.16	19.88	21.08	0.75	0.48
黑 色	2.01	0.60	1.19	6.83	4.02	27.96	1.76

在铬酸电镀废水中，除占优势的六价铬外，即使在化学还原之前，也存在一定含量的三价铬。在电镀含铬废水中的六价铬浓度一般为 20 ~ 100mg/L，而在钝化液中的六价铬浓度则高达 1000 ~ 2000mg/L。这些废液若直接排入江河、废井和土壤，会造成环境污染。

E　铬盐和铬生产污染

我国有近 30 家不同类型的铬盐厂，其产生的铬渣的污染面很广。铬渣中含有 Ca、Mg、Fe 和 Cr_2O_3，还有 1%~3% 的水溶性铬钠（Na_2CrO_4）和酸溶性的铬酸钙（$CaCrO_4$）。每生产 1t 重铬酸钠，同时会产生 3 ~ 3.5t 铬渣。铬渣中的主要有害物质是铬酸和铬酸钙中的六价铬，加之铬渣又是强碱性物质，容易造成环境污染。在生产重铬酸钾的废液中也含有较多的铬，三价铬含量一般为 10 ~ 240mg/L，总铬含量为 800 ~ 1500mg/L。每生产 1t 重铬酸钾要排出 10 ~ 20m^3的含铬废液。在铬盐的生产过程中，还要排出大量的废气。每生产 1t 重铬酸钠，要排出约 $1.5 \times 10^4 m^3$的废气。

在铬盐生产中，由于原料、工艺和配方的差异，每生产 1t 红矾钠（重铬酸钠）将排出 1.7 ~ 3.2t 铬渣。而每生产 1t 的金属铬将排出 7t 铬渣。粗略统计，目前中国直接生产重铬酸盐的企业大大小小多达 30 家，总年产能超过 30 万吨，总产量居世界第一位。若按每生产 1t 铬盐同时产生 2.5 ~ 3t 铬渣，这就相当于全国每年实际产生约 75 万吨含铬的新生有毒废渣，加之历年堆存的，累计铬渣不低于 200 万吨。有相当量的含铬废弃物未经解毒即行排放，一些铬盐厂的安全、保健和环保工作不符合要求。

铬渣的颜色有黄绿色、赭绿色等，大多数呈粉末状，并有结块圈。铬渣均显碱性，pH 值为 11 ~ 13。铬渣中水溶性六价铬含量为 0.28%~1.34%，酸性六价铬含量为 0.90%~1.46%，是铬渣中的主要污染成分。铬盐铬渣中的主要物相及基本组成见表 4-8 和表 4-9。

表 4-8　铬盐铬渣中主要物相

物相名称	物相分子式	相对含量/%
四水铬酸钠	$Na_2CrO_4 \cdot 4H_2O$	2 ~ 3
铬铝酸钙	$3CaO \cdot Al_2O_3 \cdot CaCrO_4 \cdot 12H_2O$	1 ~ 3
碱式铬酸铁	$Fe(OH) \cdot CrO_4$	0 ~ 1
硅酸二钙	β-$2CaO \cdot SiO_2$	0 ~ 25
铁铝酸钙	$4CaO \cdot Al_2O_3 \cdot Fe_2O_3$	0 ~ 25
方镁石	MgO	0 ~ 20
α-亚铬酸钙	α-$CaCr_2O_4$	5 ~ 10
碳酸钙	Ca_2CO_3	0 ~ 3

续表 4-8

物相名称	物相分子式	相对含量/%
铬酸钙	$CaCrO_4$	0~1
铬铁矿	$(Mg \cdot Fe) \cdot Cr_2O_4$	中
α-水合氧化铝	α- $Al_2O_3 \cdot 6H_2O$	少
硅酸亚铁	$FeSiO_3$	中
水合铝酸钙	$3CaO \cdot Al_2O_3 \cdot 6H_2O$	少
硅酸铬	$CrSiO_3$	可能存在
氧化铬	Cr_2O_3	可能存在

表 4-9 铬盐铬渣基本组成 (%)

组 成	Cr_2O_3	Cr^{6+}	SiO_2	CaO	MgO	Al_2O_3	Fe_2O_3
含 量	3~7	0.3~1.5	8~11	23~36	20~33	5~8	7~11

F 铬矿冶炼污染

铬矿冶炼厂洗涤废液中的总铬平均含量为136mg/L，其中的六价铬平均含量为112mg/L，三价铬平均含量为24mg/L。喷淋塔排放水和铬铁合金冶炼厂矿渣加工废液中的三价铬含量分别为4.4mg/L和1964mg/L。

G 毛皮与制革污染

在毛皮与制革行业中，铬的主要作用为鞣制和媒染。在鞣制中，约有30%~40%的铬不能被裸皮吸收和利用，随着废水的排放而造成对环境的污染和资源的浪费。制革总废液中的铬主要以三价铬的配合物（Cr^{3+}、OH^-、SO_4^{2-}、有机小分子等配合而成）的形式存在，其总含量一般为10~70mg/L，而在铬鞣废液中的铬含量则高达3000~4000mg/L。全世界铬鞣剂的消耗为40万吨/年，就是说全世界每年有12万~16万吨铬鞣剂未得到充分利用而随废水排掉了。在使用含铬复鞣剂进行复鞣的废液中也含有一定量的铬。有的工厂利用重铬酸盐媒染和铬盐固色，这也是制革铬污染的来源之一。

H 纺织印染污染

在纺织印染中，铬一般是作为助染剂和媒染剂使用的。在其废水中，总铬量一般为600mg/L左右，其中既有三价铬也有六价铬。

4.2.1.2 六价铬的危害及毒性机理

从大气、水以及土壤中均能检测出铬的存在，铬在自然界中最常见的价态是正三价（Cr^{3+}）和正六价（Cr^{6+}）。铬的毒性与其存在的形态有很大关系，一般认为六价铬的毒性比三价铬高约100倍。和其他重金属一样，铬在生物体中也会由于富集作用随着生物链逐级积累。

A 铬对水体的污染

水体中铬的污染，主要来自有关铬生产所排放的废水。引起污染的有 Cr^{3+} 和 Cr^{6+} 两种价态。三价铬（Cr^{3+}），在水中会由于水解作用，生成氢氧化铬（$Cr(OH)_3$）沉淀，吸附在固体物质上面或附着在沉积物上进入水底，从而减小了其毒害作用。而六价铬（Cr^{6+}）在水体中能稳定存在，存在于铬酸根（CrO_4^-）和重铬酸根（$Cr_2O_7^{2-}$）中，只有在缺氧或还原剂硫离子、Fe^{2+} 离子、有机物等存在时，可被还原为三价铬。但是在水体中三价铬转化为六价铬才是主要过程，水体中的溶解氧、正三价铁离子（Fe^{3+}）等均可以作为氧化剂，有时被沉淀或吸附的三价铬还会转化为六价铬而被释放出来，从而增加其毒性。

水的 pH 值、温度、硬度，以及水体中有机物、氧化还原性物质等条件的影响，不同价态铬的化合物可相互转化。一般情况下，水体中的六价铬是以 CrO_4^{2-}、$HCr_2O_7^{2-}$、$HCrO_4^-$ 等 3 种阴离子形式存在，在水溶液中存在着以下平衡：

$$Cr_2O_7^{2-} + H_2O \rightleftharpoons 2HCrO_4^- \rightleftharpoons 2H^+ + 2CrO_4^{2-}$$

如果水溶液中酸、碱度发生变化，则平衡就会移动。六价铬的钠、钾、铵盐均溶于水。三价铬常以 Cr^{3+}、$Cr(OH)_2^+$ 等阳离子形式存在，三价铬的碳酸盐、氢氧化物均难溶于水。

无论是三价铬或是六价铬，其潜在危险是十分明显的。三价铬由于水解作用，并且 $Cr(OH)_3$ 的溶解度微小，在 pH 值大于 5.0 的水体中不会达到有害浓度。而六价铬不同，它能够稳定存在，不受介质条件的限制，可在水中达到很高的浓度。三价铬并非毒性不大，而是因为其存在形态在一般情况下不会达到很高的有害浓度水平。

铬污染的危害还表现在会影响水质的透明度，六价铬可使水呈黄色并具有异味，三价铬的化合物在水中能形成 $Cr(OH)_3$ 从而使水变混浊。铬渣具有高碱度，新排出的铬渣的 pH 值为 11 ~ 12，如此高的碱度会影响地下水、地表水的质量。铬污染对水中微生物、生物有明显的抑制和致死作用，并抑制水体自净过程。

B 铬对土壤的污染

在土壤中铬主要以三价铬形态存在，此外还会以亚铬酸根离子（CrO_2^-）和两种六价铬酸根离子（CrO_4^{2-}）和（$Cr_2O_7^{2-}$）形态存在。研究表明，三价铬的化合物进入土壤后 90% 以上迅速被土壤吸附固定，以铬和铁的氢氧化物的混合物存在，稳定并且不溶。六价铬进入土壤后大部分游离于土壤溶液中，仅有很少量（约 8.5%~36.2%）被土壤吸附固定。土壤吸附 Cr^{6+} 的能力受土壤和黏土矿物类型的影响。在土壤中三价铬和六价铬也可以相互转化，这种转化受土壤的酸碱性和存在的氧化剂影响。六价铬还原为三价铬，是有机质起主要作用，在有二氧化锰存在时，土壤中的三价铬可以很快转化为六价铬。

当含铬“三废”进入农田时，土壤无机胶体和有机胶体强烈吸附和固定三价铬，土壤中存在的有机质还能迅速地将六价铬转化为三价铬而被吸附固定。以上两种作用使铬在土壤中积累，由于铬在土壤中多以难溶三价化合物形态存在，所以难以迁移，减轻了对植物和人体的危害。但是在氧化物存在时，三价铬可以很快转化为六价铬，因此土壤中的三价铬仍然具有潜在的危害。并且三价铬的积累若超过了土壤的自净作用，则后果是相当严重的。土壤是许多细菌、真菌等微生物聚集的场所，这些微生物形成了一个生态系统，在大自然的物质循环中，担负着部分碳循环和氮循环的重要任务。而且这些微生物一般只能在一定的酸碱度条件下生存。铬渣具有较高碱性，当碱质等有害成分进入土壤，能消灭土壤中的微生物，使土壤丧失腐解能力，同时破坏土壤的原有结构，导致草木不生。

C 铬对生物体的危害

三价铬在植物中的含量为 $(0.23\sim1)\times10^{-6}$，在动物中的含量为 $(0.075\sim1)\times10^{-6}$，在正常人的肺、肾、脾、胃中的含量为 $(50\sim980)\times10^{-6}$。成人每天大约消耗 70μg 铬，才能维持人体正常的生理活动。但过量的铬对人体和动植物都有害。

（1）对植物的危害。低浓度铬会刺激植物生长和增长。铬对植物的危害主要是由六价铬引起的。六价铬对农作物的危害主要是影响植物生长和产量。不同于易被土壤吸附固定的三价铬，六价铬是可溶性的，主要分布在土壤表层，易被植物吸收。被吸收的六价铬主要保留在作物的根部，其次是茎、叶中，少量转移到籽粒中。铬对植物的生长起到明显的抑制作用。当六价铬为微量时，已使作物的产量有明显的下降，造成植株矮小，叶片内卷，根系变褐、变短，发育不良。多数研究认为，过量的铬对植物生长的抑制作用是因为铬不仅对植物本身造成危害，而且干扰了植物对其他元素的吸收和运输，从而破坏了作物的正常生理活动。

Cr^{6+} 可以和氨、尿素、有机酸以及蛋白质等物质形成配合物，这些相对稳定的配合物被水中的悬浮物吸附沉降到泥土中，被植物吸收造成对农作物和蔬菜的污染，在食物链中富集积累，进而危害到人体健康。

（2）对动物的危害。铬对动物体的危害主要表现为六价铬的强氧化作用。铬在动物体内可影响氧化、还原和水解过程，并可使蛋白质变性，沉淀核酸和核蛋白，干扰酶系统。铬进入血液后形成氧化铬，致使血红蛋白变成高铁血红蛋白，红细胞携带氧的功能发生障碍，导致细胞内窒息。Cr^{6+} 可被碳酸盐、硫酸盐和磷酸盐载体系统转入动物细胞。进入细胞的 Cr^{6+} 在谷胱甘肽等酶作用下迅速还原为具有活性的中间物质，如 Cr^{5+} 和 Cr^{4+}。这些中间物质具有较强的 DNA 破坏能力和细胞毒性。研究指出，六价铬和三价铬均有致癌作用，并且可诱发细胞染色体畸变；三价铬可透过胎盘屏障，抑制胎儿生长并产生致畸作用；六价铬有较强的致突变作用。

(3) 对人体的危害。铬如同铁、锌、铜、锰、钴、硒等其他元素一样，也是人体必需的微量元素。三价铬是生物所必需的微量元素之一，有激活胰岛素的作用，以增加对葡萄糖的利用，是人体维持糖代谢的必要物质，还能保持血清中胆固醇的恒定，缺铬会引起动脉粥样硬化和葡萄糖耐力受损，葡萄糖、脂肪等代谢紊乱，遗传不正常等。但是，过量的铬对人体有害。铬化合物对人体的毒害作用，主要是对皮肤及呼吸器官的损伤。可溶性铬酸钠、酸溶性铬酸钙等 Cr^{6+} 离子，对人体健康的毒害很大。Cr^{6+} 通过口腔进入人体后，可以引起一系列病变，甚至导致死亡。Cr^{6+} 以蒸气或粉尘方式通过呼吸道进入人体后，会引起鼻中隔穿孔、肠胃疾患、白血球下降及类似哮喘的肺部病变，当空气中铬酸酐的浓度达 0.15～0.31mg/m^{3}时，就可使鼻中肠穿孔。皮肤接触铬化物，可导致烧伤、接触性皮炎。更严重的是六价铬有致癌作用，致癌的部位主要是肺，已被确认为是致癌物，并能在人体内积蓄。六价铬是国际抗癌研究中心和美国毒理学组织公布的致癌物。

4.2.1.3　铬的迁移性和富集性

铬在自然界中的迁移性是十分活跃的。铬（包括各种铬酸盐）的迁移主要通过大气（主要为气溶胶和粉尘）、水体以及生物链进行。

来自于铬生产和自然界中的铬粉尘和细小颗粒，随着大气扩散，并最终沉降在地面上和水体中。大气迁移具有范围广、速度快、不易监测、难控制等特点，除了特殊场所，如铬生产车间等很少能达到危害浓度。大气中的铬可以直接通过呼吸系统以及皮肤进入人体从而危害到人体的健康。含铬工业废水的排放也是铬迁移扩散的主要途径。铬在水体中，一部分水解沉降到水底；一部分沿水体迁移，或随水体移动，污染河流湖泊甚至是近海水体；或进入土壤中，或由饮用水进入到生物体中。进入到土壤中的铬一部分会被吸附固定从而产生累积作用，一部分溶解在土壤溶液中，进而进入到植物体中，并开始随着食物链富集。土壤中的铬也会因为冲刷和渗透，进入到地表水甚至是地下水中。

铬在生物中会随着食物链富集。铬进入食物链的途径有多种，最主要的是由土壤溶液进入植物中，并开始在食植性动物体内积蓄，或者通过饮用水进入动物体中，进入到食物链中，并开始随着食物链富集，最终危害到人类的食品安全和生存环境。其他途径，如大气中的铬通过呼吸系统进入到动物体中等。农作物从被污染的水中和土壤中吸取大量的铬，如用含铬废水灌溉的土地和河水灌溉相比，胡萝卜的含铬量会高出正常水平的 10 倍，而白菜的含铬量则高出 4 倍。水生生物对铬的富集倍数更高，各类无脊椎动物体内的含铬量比正常条件下会高出2~9000倍，海藻则为60~120000倍，鱼约为2000倍。食物中的含铬浓度见表4-10。

表4-10 食物中含铬浓度 (mg/kg)

食 物	浓度范围	平均浓度
谷 物	0.017~0.16	0.07
豆、树籽、水果	0.078~0.66	0.38
叶 菜	0.065~0.182	0.12
根 菜	0.098~0.277	0.16
海 菜	1.1~3.4	2.0
鱼 贝	0.202~0.393	0.31
肉、卵、乳制品	0.058~0.208	0.14

铬的迁移性和富集性使铬污染有很高的并发性和潜伏性，这大大增加了其危害范围。

4.2.1.4 国家关于铬存在量的规定

我国规定三价铬在地面水中的最高允许限度为0.5mg/L，渔业用水中的铬含量不得超过1.0mg/L；在居民居住区的大气中六价铬的一次最高允许浓度为0.0015mg/m^3空气；作为农田灌溉的水中六价铬含量不得超过0.1mg/L。而铬生产厂中按《工业企业设计卫生标准》GBZ 1—2010规定车间空气中铬最高允许浓度（Cr^{6+}以Cr_2O_3计）为0.05mg/m^3。《污水综合排放标准》(GB 8978—1996）规定，铬盐厂铬渣必须将水溶性Cr^{6+}降至5mg/kg后方可投海、填坑；每吨红矾钠废水须经治理将水溶性Cr^{6+}降至0.3mg/L后方可排放。

鉴于铬可能对环境造成的污染，各国均制定了相应的限制标准。

（1）大气质量标准。

中国环境空气质量标准应按GB 3095—2012执行，且根据《工业企业设计卫生标准》(GBZ 1—2010）规定，空气中含铬最高允许浓度为：居住区大气中（以Cr^{6+}计）为0.015mg/m^3；车间空气中（六价铬以Cr_2O_3计）为0.05mg/m^3。

我国制定的《大气污染物综合排放标准》(GB 16297—1996）规定，大气中铬的最高允许排放浓度为：现有污染源：0.08mg/m^3；新污染源：0.07mg/m^3。同时制定了《工业炉窑大气污染物排放标准》(GB 9078—1996)，规定了各种工业炉窑烟尘及生产性粉尘最高允许排放浓度和烟气黑度限值。

（2）水质标准。我国陆续颁布实施了水污染防治标准，如《生活饮用水卫生标准》(GB 5749—2006）规定含铬最高允许浓度为：六价铬0.05mg/L；《农田灌溉水质标准》(GB 5084—2005)；后来颁布实施的《地表水环境质量标准》(GB 3838—2002）规定了各类地表水的六价铬浓度限值，而《海水水质标准》

（GB 3097—1997）则规定了各类海水总铬浓度限值。

我国制定的《重有色金属工业污染物排放标准》（GB 4913—1985）要求六价铬浓度限值为 0.5mg/L，后来又制定了《污水综合排放标准》（GB 8978—1996）。其中工业废水中的污染物分两类，第一类污染物能在环境或动植物体内积蓄，对人类健康产生长远的不良影响，含此类污染物的污水一律在车间或车间设施排放口处取样分析；第二类污染物的长远影响小于第一类，规定的取样地点为排污单位的排污口，其最高允许排放浓度按地面水使用功能的要求和污水排放去向，分别执行。铬属于第一类污染物，要求总铬浓度低于 1.5mg/L，六价铬浓度低于 0.5mg/L。

（3）土壤及废渣标准。我国制定了《农用污泥中污染物控制标准》（GB 4284—1984），规定铬及其化合物（以 Cr 计）：在酸性土壤中（$pH < 6.5$）600mg/kg 干污泥；在中性或碱性土壤中（$pH > 6.5$）1000mg/kg 干污泥。我国颁布实施的《土壤环境质量标准》（GB 15618—1995）规定了各类土壤中铬的含量限值。

我国于 1995 年 10 月颁布了《中华人民共和国固体废弃物污染环境防治法》，给予固体废弃物管理高度重视。《铬盐工业污染物排放标准》（GB 4280—1984）规定废渣中水溶性六价铬的最高允许浓度为：现有企业：8mg/kg 废渣；新建企业：5mg/kg 废渣。

新建企业与居民区间的卫生防护距离不小于 500m。

4.2.2　含铅、锌危险废物

含铅、锌的废渣和粉尘种类多、数量大，主要是指由锌铅冶炼、炼钢、锌电镀、锌铅合金及电池行业等产生的锌铅渣、烟道灰和下脚料等。据有关资料统计，我国的锌铅渣已累计达 1000 多万吨，并还在以 32 万吨/年的速度增长。锌废渣中含有大量锌、铅等重金属元素，根据《国家危险废物名录》的规定，其属于危险废物，这些含锌铅危险废物如不能得到有效处理，将对环境造成巨大危害。目前锌矿资源日益缺乏，随着冶金工业的发展和环保意识的提高，含锌废渣的处理已受到很大重视，该类危险废物处理工艺的研究已成为冶金行业的热点之一。

4.2.2.1　含铅、锌废弃物的来源

A　电炉粉尘

在电炉（EAF）炼钢过程中，由于废钢的加入，会产生易挥发金属并析出颗粒，挥发物在烟道中冷却沉积于金属和炉渣固体颗粒物之上，经袋式除尘器或电除尘器捕捉得到一种粉尘，称之为电炉粉尘。电炉粉尘中有较高的全铁含量，同

时还含有 Zn、Pb、Cr、Cd 等重金属元素（见表 4-11），具体的化学成分及含量与冶炼钢种有关，通常冶炼碳钢和低合金钢的粉尘含较多锌和铅等，冶炼不锈钢和特种钢的粉尘含铬、镍、钼等。炉料的成分以及电炉的操作状况决定了粉尘的发生量和特性，因此其化学成分因炉而异，比较复杂。电炉粉尘露天堆放时，在酸雨的作用下，重金属元素会渗入地下水，危害动植物以及人类的生存环境。我国已将其纳入危险废物名录中。

表 4-11 某种电炉炼钢粉尘的成分 （%）

成分	TFe	CaO	SiO_2	MgO	Al_2O_3	K_2O	Na_2O	Pb	Zn
含量	44.7	2.9	2.1	1.4	0.6	1.59	1.78	约 1	3.8

B 高炉粉尘、污泥

在高炉炼铁过程中，大量的高炉粉尘会随着高炉煤气而上升，高炉粉尘中含有煤粉、铁粉和焦粉等，并且还含有少量的 Si、Al、Ca、Mg 等元素，且由于各高炉的原料和燃料水平不同，有些高炉的粉尘中会含有 Zn、Pb、As 等有害元素（见表 4-12）。这些粉尘在除尘系统中被收集，其中布袋除尘所得到的高炉粉尘具有粒度细、重量轻、密度小等特点，这样的粉尘若不加以处理会对环境造成严重污染。采用湿法除尘处理，得到的是污泥，俗称瓦斯泥。

表 4-12 高炉粉尘化学成分 （%）

成分	TFe	CaO	SiO_2	MgO	Al_2O_3	C	K_2O	Na_2O	Pb	Zn
含量	24.2	3.5	2.0	4.2	1.9	33.3	0.92	0.38	0.15	6.70

高炉粉尘中含 Zn 高的原因是高炉粉尘直接返回烧结配料的环节，或者返回到造球环节，并不断地循环，造成了 Zn、Pb 等重金属的富集，对高炉冶炼和生态环境产生不利影响。

C 锌、铅冶炼行业的渣、粉尘或污泥

炼锌、炼铅行业产生锌渣、铅渣，这些渣中往往同时含有锌、铅两种重金属离子，锌渣主要成分见表 4-13。例如浸锌渣是湿法炼锌生产中采用中性—酸性复浸出工艺所得到的浸出过滤渣，每生产 1t 电解锌会产出 1t 左右的浸锌渣，全世界每年平均就会产生几百万吨这样的浸锌渣，并且逐年增长。目前除少量废渣被送去制造水泥或砖块外，大部分废渣被储存起来。

表 4-13 锌渣主要成分 （%）

成分	Zn	Pb	S	Fe	SiO_2	Al_2O_3
含量	4.5	6.7	9.7	13.5	18.3	3.4

D　废铅蓄电池

在各种电池中，铅酸蓄电池引起更多的关注。按照用途分类，铅酸蓄电池可分为车用启动电池、备用电池、牵引电池。随着中国汽车、摩托车、电动自行车、电信、信息和其他产业的发展，铅酸电池工业得到迅速发展，与之相关的废铅酸电池量也随着增大。废铅蓄电池是49类危险废品之一，我国每年产生量超过260万吨。

废旧电池如不经处理，经过长期机械磨损和腐蚀，其内部的重金属和酸、碱等会泄漏出来，进入土壤或水源，并且通过各种途径进入食物链，最终危害生物和人类自身。

E　电镀废液或污泥

一般电镀行业生产工艺由三部分组成，第一部分为前处理工艺，主要是起到清洁和活化金属表面作用，其处理工序包括除油、清洗、酸浸等；第二部分为电镀工艺，利用电化学过程将一层薄的金属沉淀于导电的工作表面上，形成电镀层；第三部分为后处理工艺，主要包括工件的清洗及干燥。在整个电镀生产过程中，前处理和电镀之后的工件都需要大量的水冲洗镀件，由此产生大量的电镀废水，一般为酸洗废水，含有Cu、Ni、Zn等重金属离子。经过中和后的电镀废液经沉淀转为电镀污泥，但上述重离子依然保留在电镀污泥中。

4.2.2.2　含铅、锌废弃物对环境的危害

含铅、锌废物（尾矿、废渣和烟灰等）属于危险废物，处理与处置费用较高，但同时也是回收金属的二次资源。含铅锌废物通常由于组成复杂，含多种金属，给回收工作带来较大的难度，因此大多数含铅锌废物被堆存起来，引起较大的环境问题，主要表现在以下几个方面。

（1）占用土地资源。矿山开采过程中产生的尾矿与冶金工业生产过程中产生的废渣需要大面积的堆置场地，从而导致对土地的过量占用。

（2）大气污染问题。由于含铅锌尾矿和烟尘粒度较细，露天堆放，容易扬尘，造成严重的大气环境污染。且含铅废物中的大部分重金属如Pb、Cd、As等，如由呼吸道吸入将会对人体健康造成很大的危害。

（3）水体污染问题。露天堆放的含铅锌废物受到雨水冲刷和地表径流影响后，会产生大量重金属（如Pb、Cd、As等）含量较高的废水，排放进入水体，将会带来严重的水体污染。

（4）土壤污染问题。含铅废物的大量堆存对周围的土壤造成严重污染，渗滤液如不加控制的随意乱流将会对废物堆放地附近的较大区域造成污染，破坏当地的生物多样性与生态环境，甚至造成寸草不生的荒凉景象。

4.2.2.3 铅锌中毒与解毒机理

A 铅中毒与解毒机理

铅及其化合物对人体各组织均有毒性，中毒途径可由呼吸道吸入其蒸气或粉尘，然后在呼吸道中吞噬细胞将其迅速带至血液；或经消化道吸收，进入血液循环而发生中毒。铅入人体后，被吸收到血液循环中，主要以二盐基磷酸铅、铅的甘油磷酸盐、蛋白复合物和铅离子等形态存在。最初分布于全身，随后约有95%以三盐基磷酸铅的形式贮积在骨组织中，少量存留于肝、肾、脾、肺、心、脑、肌肉、骨髓及血液。血液中的铅约有95%左右分布在红细胞内。铅可以抑制血红素的合成与铁、锌、钙等元素拮抗，诱发贫血，并随铅中毒程度加重而加重，血液和软组织中的铅浓度过高时，可产生毒性作用。体内铅大部分沉积于骨骼中，通过影响维生素 D_3 的合成，抑制钙的吸收，作用于成骨细胞和破骨细胞，引起骨代谢紊乱，发生骨质疏松。由于感染、创伤、劳累、饮用含酒精类的饮料或服酸性药物等而破坏体内酸碱平衡时，骨内不溶解的三盐基磷酸铅转化为可溶的二盐基磷酸铅移至血液；由于血液中铅浓度大量增加，可发生铅中毒症状，即血铅中毒。此外，铅还可抑制维生素 D 活化酶、肾上腺皮质激素与生长激素的分泌，导致儿童体格发育障碍。

中毒者一般有铅及铅化物接触史。口服 2 ~ 3g 可致中毒，50g 可致死。

当水体受到污染时，可采用中和法处理，即投加石灰乳调节 pH 值到 7.5，使铅以氢氧化铅形式沉淀而从水中转入污泥中。用机械搅拌可加速澄清，净化效果为 80%~96%，处理后的水铅浓度为 0.37 ~ 0.40mg/L，而污泥再做进一步的无害化处理。对于受铅污染的土壤，可加石灰、磷肥等改良剂，降低土壤中铅的活性，减少作物对铅的吸收。

B 锌中毒与解毒机理

锌对鱼类和水生动物的毒性比对人和温血动物大很多倍。锌在土壤中富集，会使植物体中也富集而导致食用这种植物的人和动物受害。用含锌污水灌溉农田对农作物特别是小麦影响较大，会造成小麦出苗不齐、植株矮小、叶片萎黄。过量的锌还会使土壤失去活性，细菌数目减少，土壤中的微生物作用减弱。

金属锌本身无毒，但在焙烧硫化锌矿石、熔锌、冶炼其他含有锌杂质的金属的过程中，以及在铸铜过程中产生的大量氧化锌等金属烟尘，对人有直接的危害。

过量的锌能抑制铁的利用，致使铁参与造血机制发生障碍，从而使人体发生顽固性缺铁性贫血，并且在体内高锌情况下，即使服用铁制剂，也很难使贫血治愈。长期大剂量锌摄入可诱发人体的铜缺乏，从而引起心肌细胞氧化代谢紊乱、单纯性骨质疏松、脑组织萎缩、低色素小细胞性贫血等一系列生理功能障碍。

锌不溶于水，但是锌盐如氯化锌、硫酸锌、硝酸锌等，则易溶于水。在温度为30～50℃的情况下，废水中常见的锌的羟基络合物有$Zn(OH)^+$以及$Zn(OH)_2 \cdot H_2O$。废水中的Zn^{2+}能用中和法处理的最低浓度极限值为10^{-7}mol/L。

土壤中的锌可分为水溶态锌、代换态锌、难溶态锌（矿物中的锌）以及有机态锌。土壤中的锌来自各种成土矿物。风化的锌以Zn^{2+}形态进入土壤溶液中，也可能成为一价络离子$Zn(OH)^+$、$ZnCl^+$、$Zn(NO_3)^+$等，有时则形成氢氧化物、碳酸盐、磷酸盐、硫酸盐和硫化物沉淀。锌离子和含锌络离子参与土壤中的代换反应，常有吸附固定现象。对植物起作用的锌主要是代换态锌。

锌及其化合物根据入侵途径，属低毒到中等毒类。吸入氧化锌烟尘，可引起铸造热。氯化锌烟尘在高浓度时毒性极大，氰化锌遇水分解而生成白色氰氧化锌，可引起不同程度的肺损害。锌盐具有收敛性、吸湿性和腐蚀性，并有消费作用，其收敛和消毒作用主要是由于它们可使蛋白质沉淀，从而对口服者的胃肠道产生强烈刺激。

4.2.2.4 国家对生活环境中铅锌含量的规定

（1）大气质量标准。中国环境空气质量标准应按GB 3095—2012执行，且根据《工业企业设计卫生标准》(GBZ 1—2010）规定，车间空气中氧化锌的最高允许浓度为5.0mg/m³，铅烟的最高允许浓度为0.03mg/m³，铅尘的最高允许浓度为0.05mg/m³，居住区大气中铅的最高允许浓度为0.0007mg/m³（日均值）。

我国制定的《大气污染物综合排放标准》(GB 16297—1996）规定，铅及其化合物最高允许排放浓度为：现有污染源0.90mg/m³。同时制定了《工业炉窑大气污染物排放标准》(GB 9078—1996)，规定了各种工业炉窑烟尘及生产性粉尘最高允许排放浓度和烟气黑度限值。

（2）水质标准。《生活饮用水卫生标准》(GB 5749—2006）规定锌含量不得超过1.0mg/L，铅最高允许浓度为0.05mg/L；《地表水环境质量标准》(GB 3838—2002）规定地表水中锌最高允许浓度为1.0mg/L，铅最高允许浓度为：Ⅰ类0.01mg/L，Ⅱ类0.05mg/L，Ⅲ类0.05mg/L，Ⅳ类0.05mg/L，Ⅴ类0.10mg/L；《海水水质标准》(GB 3097—1997）则规定铅最高允许浓度为：Ⅰ类0.001mg/L，Ⅱ类0.005mg/L，Ⅲ类0.010mg/L，Ⅳ类0.050mg/L。

（3）土壤及废渣标准。我国《土壤环境质量标准》(GB 15618—1995）规定土壤铅最高含量为：Ⅰ级35mg/kg，Ⅱ级250～350mg/kg，Ⅲ级500mg/kg。

GB 5058.3—1996规定固体废弃物浸出毒性鉴别标准值为3mg/L。

4.2.3 焦油类危险废物

焦化厂焦油类废物包括焦油渣和酸焦油等。

4.2.3.1 焦油类废物来源

A 焦油渣来源

炼焦生产过程中，生产的高温焦炉煤气在集气管或初冷器冷却的条件下，高沸点的有机化合物被冷凝形成煤焦油，与此同时，煤气中夹带的煤粉、半焦等也混杂在煤焦油中，形成大小不等的团块，这些团块称为焦油渣。焦油渣的数量与炼焦煤料的水分、粉碎程度、装煤方法和装煤时间等有关。一般焦油渣约占炼焦干煤的0.05%~0.07%，主要从机械化焦油氨水澄清槽中分离出来。焦油渣含有苯类等多种致癌物质，若直接外排，不仅会污染大气环境，而且经地表渗入地下后，还会污染地下水源。

焦化厂焦油渣主要有三个来源，第一是机械化焦油氨水澄清槽，焦油氨水混合物在机械化澄清槽内通过密度的不同进行分离，焦油渣沉积在澄清槽底部，通过刮板机连续排出，此处焦油渣为半固体物质，是焦化厂焦油渣的主要来源。第二是焦油经自然沉降后，还含有不易沉降的更细微的焦油渣，通过用超级离心机进一步进行分离，减少焦油中渣的含量，保证焦油深加工质量要求，通过离心机脱离出来的焦油渣，主要是带渣的焦油，为半液体物质，是焦油渣第二大来源。第三为焦油贮槽自然沉降后的清槽焦油渣，稠度介于机械化澄清槽焦油渣和超级离心机焦油渣之间。

焦化厂的焦油渣是生产过程中产生的工业固体废弃物，主要有煤灰、焦粉、沥青粉、炭化室顶部热解产生的游离碳及清扫上升管和集气管时所带入的多孔物质、焦油和沥青的聚合物等含碳物质。

焦油渣为黏稠状物质，易黏结，冬季易冻结成块状，对运输设备污染损坏严重。其主要化学组成有多环芳烃碳氢化合物、酚和萘、碳等。表4-14为某钢厂化工总厂焦油渣的物理化学性质。

表4-14 某钢厂焦油渣的物理化学性质

水分/%	灰分/%	挥发分/%	密度/$g \cdot cm^{-3}$	热值/$MJ \cdot kg^{-1}$	甲苯不溶物/%	喹啉不溶物/%
10.9	2.60	55.3	1.232	31.86	25.4	27.0

焦油渣中含有大量的固定碳和有机挥发物，其中固定碳含量约为60%，挥发分含量约为33%，灰分约为4%，气孔率约为63%，真密度为1.27~1.30t/m^3。焦油渣发热值较高，是一种有用的二次能源。

B 酸焦油来源

酸焦油是煤化工、石油化学制品加工过程中产生的有毒有害废料，其中焦化酸焦油是一种成分复杂的混合物，是包含树脂质并且流动性会变化的不可利用的黏稠固体。

焦化酸焦油又分为精苯酸焦油和硫铵酸焦油。精苯酸洗产生的酸焦油是焦化酸焦油的主要来源，其主要含有硫酸、磺酸、巯基乙酸等酸类15%～30%，含乙酰甲醛树脂等聚合物40%～60%，其余为苯、甲苯、二甲苯、萘、蒽、酚、苯乙烯、茚、噻吩等芳烃物质。其溶于水，含大量亚甲基蓝活性物质，呈黑褐色，温度35℃以上其流动性较好，温度低于25℃时，易呈熔融状，密度大于油类。

精苯酸焦油60%以上是聚合树脂，其余为苯族烃，废酸和少量水。新鲜的酸焦油为棕褐色至黑色的黏稠半固体，物体均一而具有良好的流动性，如果储存在密闭的容器中能保持很长时间不变质。但在露天情况下受热、阳光、空气和水等外界因素作用，具有与有机材料一样容易“老化”的通性，随着时间的延长，空气中的氧能引起酸焦油的进一步聚合和缩合作用，氧化聚合过程使酸焦油低分子化合物逐步变为高分子化合物，沸点较低的苯族烃因热和空气作用而挥发，酸焦油的流动性和塑性逐渐变小，硬、脆性逐渐增大，最后“老化”成硬块，稍加压则变成沥青质粉末。表4-15为某厂的酸焦油性质。

表4-15　某厂的酸焦油特性

溶解性	酸碱性	含硫量/%	热值/$J \cdot g^{-1}$
初不溶，摇匀溶于水且久置不分层	强酸，$c(H^+)=1.13\%$	21.36	13228

4.2.3.2　焦油类废弃物的危害

焦油渣所含的挥发物中含有相当数量的多环芳烃，对人和动物有致癌作用，特别是其中的苯并（a）芘，即3，4-苯并芘，是国际上公认的强致癌物质，因而具有很大的危害性。由于燃烧条件不好（一般燃烧温度只有500～800℃，且供氧不足），因而燃烧不完全而产生大量含有多环芳烃的废气排入大气，造成严重污染，地区性癌症发生率显著增高。

酸焦油是焦化厂粗苯精制酸洗过程中产生的废液，在《国家废物名录》中可以归类为HW11——精（蒸）馏残渣。在名录中对酸焦油来源的表述为“从精馏、蒸馏和任何热解处理过程中产生的废焦油状残留物”。

酸焦油是焦化行业难以处理且污染严重的废弃物之一，其所含的多环芳烃对环境及人畜的健康危害要比一般废弃物严重，且这种破坏具有长期性和潜伏性，它们还可以通过雨雪渗透污染土壤、地下水，或由地表径流的冲刷污染江河湖海，从而对人类本身及其生存环境造成长久的、难以恢复的隐患及后果。

5 冶金工业高温窑炉共处置危险废物技术要求

钢铁工业高温窑炉共处置危险废物
工艺方式
控制标准
技术要求
二次污染控制
可用高温窑炉和可处理废物
有色工业高温窑炉共处置危险废物
工艺方式
技术要求
三次污染控制
可用高温窑炉和可处理废物

5.1 钢铁工业高温窑炉共处置危险废物技术要求

5.1.1 钢铁工业高温窑炉实现共处置的工艺方式

本节主要就高炉、焦炉、回转窑、矿热炉、转炉和电炉6种类型高温冶炼设备进行共处置特征的研究，并从中提炼出钢铁工业高温窑炉共处置工艺的方式。

钢铁工业中主要类型的高温窑炉共处置工艺主要可以分为四类，即变性处理、燃烧处理、稀释处理及富集提取处理。

5.1.1.1 变性处理

变性处理即通过高温窑炉内的温度、氧化还原气氛、造渣制度等条件，将原本具有毒性、腐蚀性等特征的危险固体废弃物转变为无公害的物质，转变后的物质随物质本身性质不同而可为固态、液态或气态物质。如铬浸出渣中的毒性物质为六价铬，在投入高温窑炉中，能够被还原为无毒性的三价铬；但三价铬存在再氧化为六价铬并重新具有毒性的可能，可通过高炉或矿热炉内的造渣制度，形成更加稳定的镁铬尖晶石相，就能够实现铬的稳定固存；或者在高炉和矿热炉中继续被还原为金属价态的铬，进入铁水中，实现彻底解毒。较为特殊的焦炉共处置工艺是通过干馏分解，将原本具有公害的固体废弃物转化为有价物质和可控废物。这些处理都是通过改变物质的本身性质实现的，属于变性处理的共处置工艺。

实现变性处理，通常需要共处置的窑炉具有高温条件，具有还原性（直接还原或间接还原）或氧化性（氧气氧化或间接氧化）气氛能够实现危险固体废弃物的氧化还原反应；或者具有良好的造渣制度，使危险固废能够与之形成稳定的复合氧化物；或者使危险固体废弃物中的毒性元素能够最终进入产品中成为有价元素，钢铁产品由于其稳定性的特征，不容易释放各类元素，故能实现解毒。具有变性处理的钢铁工业中的高温窑炉包括高炉、焦炉、回转窑、矿热炉等。

5.1.1.2 燃烧处理

燃烧处理即通过高温窑炉内的温度、氧化气氛，将原本具有毒性、腐蚀性等特征的危险固体废弃物转变为无公害或者可控制的气体物质和固体灰分。典型的处理工艺如硫化物的无公害化处理、废塑料的燃烧处理等。此类物质在进入高温窑炉中，能够在高温环境中被炉内的氧气氧化，生成的气态物质如 SO_2 等，在原冶炼系统中能够被有效控制，从而实现无公害化，而形成的固体灰分能够被造渣制度消除。这类处理都是通过燃烧反应实现的，属于燃烧处理的共处置工艺。需要指出的是，燃烧处理比较容易出现二次污染，固体废弃物的共处置不能局限在将固态废物消除，而是应该着眼于全局，使产生的二次污染物在可控的范围内。部分燃烧处理的产物不能够在窑炉原冶炼系统中被有效控制，如氯化物、二噁英等，那么这一类固体废弃物属于该窑炉不可共处置的范围。

实现燃烧处理，通常需要共处置的窑炉具有高温条件，同时还应具有氧气的氧化性气氛。造渣制度能够有效消纳燃烧产生的灰分。具有燃烧处理的钢铁工业中的高温窑炉包括高炉、焦炉、回转窑等。

5.1.1.3 稀释处理

稀释处理即通过高温窑炉内的高温条件和相对较大的渣量，将原本较为富集并体现浓度性毒性、腐蚀性等特征的危险固体废弃物进行稀释，使其毒性减弱并低于排放的浓度标准。如不易被还原的重金属废渣的无公害化处理等。此类物质在进入高温窑炉后，首先在炉内的高温环境中脱水、熔化。由于不易在窑炉内的氧化还原气氛中发生反应，最终进入渣中，通过较大的渣量/固废的质量比，在与渣的融合中毒性物质被冲淡稀释，低于毒性物质的排放标准。稀释处理并没有将固体废弃物中的毒性物质进行实质的解毒处理，而只是进行了浓度的稀释。这类处理都是通过高温窑炉原冶炼工艺中的渣量进行稀释实现的，属于稀释处理的共处置工艺。

实现稀释处理，通常需要共处置的窑炉具有高温条件，同时具有比较大的渣量。具有稀释处理的钢铁工业中的高温窑炉包括高炉、矿热炉等。

5.1.1.4 富集提取处理

富集提取处理即通过高温窑炉内的高温条件、氧化还原气氛和较大的烟气量等条件，使原本具有毒性、致病性等特征的危险固体废弃物中的毒性物质通过气化再固化的方式与废弃物中的其他组分分离并在烟尘中形成富集，通过回收集中处理的方式实现无公害化。固废中的其他组分进入生铁冶炼系统，进而进入生铁和渣中。较为典型的是钢铁厂中含锌粉尘的处理，在投入高温窑炉中，氧化锌被还原成为锌单质，由于具有较低的沸点，随即气化进入烟气中，在冶炼的低温段，由于温度降低和氧化性气氛的增强，锌蒸气被氧化再次生成氧化锌并固化形成粉尘。氧化锌通过还原气化—氧化固化的变化与其他组分分离，最终在除尘系统中被富集回收，可用于锌冶炼的原料。钢厂粉尘中的其他组分中有价元素主要是铁进入金属铁中，渣类物质进入渣中。这类处理都是利用了毒性物质易气化分离的特性实现的，属于富集提取处理共处置工艺。

实现富集提取处理，通常需要共处置的窑炉具有高温条件和还原性（直接还原或间接还原）气氛，也有少部分物质适用于氧化性气氛如 As、Se 等物质；同时具有较大的烟气量，实现毒性物质的氧化还原反应和气化分离，相应的烟尘处理系统能够有效将其回收富集以实现无公害化，废弃物中的其他组分在随后的冶炼系统中被消纳。具有富集提取处理的钢铁工业中的高温窑炉包括回转窑等。

5.1.2 共处置工艺中的控制标准

共处置的原则，一个是不能影响原冶炼工艺的产品质量；另一个是不能影响原冶炼工艺的工艺制度。在共处置工艺中，为了减少对原生产工艺中产品质量的影响，并有效控制二次污染，需要对高温冶炼窑炉的共处置工艺设置控制标准。各高温窑炉的冶炼工艺不同，控制标准也是不同的。但总体上可以分为物态控制、杂质控制和冶炼制度控制三类。

5.1.2.1 物态控制

在设计钢铁高温窑炉共处置工艺中，需要满足窑炉投加系统的要求和预处理要求。不同窑炉冶炼系统投加位置的技术要求不同，同一冶炼系统不同投加位置的技术要求也是不同的。为了满足特定的冶炼工艺要求，对投加物料的物态进行了规范，包括物相控制、粒度控制、水分控制等。

（1）物相控制。物相控制主要是指在该投加位置能够允许哪些物相的投加。

对物相的要求，主要是由该处的冶炼工艺、主要反应类型等决定的。如高炉风口既可以鼓入热风，也可以喷吹煤粉或者重油等辅助燃料。若原工艺采用喷吹煤粉，则可以在共处置工艺中考虑喷吹部分经过预处理的废塑料；若原工艺采用的是喷吹重油，那么再配加废塑料进行共处置工艺设计就会在风口引起堵塞。

（2）粒度控制。粒度控制主要是指在投加位置能够允许的最大或最小的固态物质颗粒大小，主要由冶炼工艺及投加方式等决定。如在高炉风口投加废塑料颗粒，必须使废塑料的粒度足够小，从而可以随热风输送并不会引起堵塞。在矿热炉投加位置则需要物料的粒度足够大，从而不会被烟气带走。

（3）水分控制。水分控制主要是指在投加位置能够允许的最大物料水分含量，主要由冶炼工艺和投加方式等决定。如为了保证矿热电炉的正常起弧冶炼和热制度，必须严格控制炉料的水分。

以上三种物态控制手段中，物相控制由共处置的固体废弃物本身性质决定，通常无法改变。粒度控制和水分控制则需要在预处理工艺中满足。常规的预处理包括干燥、破碎、细磨、压块、烧结等工艺。也存在特殊的预处理要求，如废塑料的共处置工艺设计中，需要进行脱氯处理。物态控制和预处理技术需要针对具体的冶炼窑炉的工艺要求，不同类型的高温窑炉的相关技术要求不同，同一类型高温窑炉的规模不同也就有不同技术要求，甚至同一窑炉的不同冶炼工艺对预处理的要求也是不同的。

有一类投加位置是专门用于燃料的投入的，如喷煤烧嘴、风口等。对燃料的技术要求是综合的控制指标，主要有热值、粒度、水分、灰分等。对于具有燃料投加位置的窑炉给出可共处置用于燃料的技术要求。

5.1.2.2　杂质控制

杂质控制主要为了控制在共处置危险废弃物的过程中，由固废带入的杂质对产品的影响。共处置的原则之一就是不能影响原冶炼工艺的产品质量，因此必须将窑炉对杂质的技术要求进行严格控制，包括窑炉对杂质的认定、对杂质的承受负荷等，主要由被认定的杂质元素在窑炉冶炼工艺中的分配比、产品质量对杂质元素的最高含量水平限制。杂质元素除进入产品中对其质量造成不良影响外，还会进入渣中对造渣制度带来影响，同时也会进入烟气中，甚至造成二次污染。后两类为冶炼制度控制指标。

与物态控制指标相似的是，杂质控制指标也必须针对具体类别的冶炼窑炉、冶炼制度和产品种类。不同的窑炉类型，对杂质的认定标准不同；不同的冶炼制度对杂质的负荷不同；不同的产品种类的杂质控制指标也是不同的。比如铜在绝大多数的钢铁产品中都是杂质元素，但在耐磨钢中是必需的有价元素。同时也存在一些共性的杂质元素，如硫、磷等，但其负荷量和分配比根据冶炼工艺的不同而改变。

5.1.2.3 冶炼制度控制

冶炼制度的控制主要是为了保证冶炼工艺顺行，控制在共处置危险废弃物的过程中，由固废带入的各类组分对冶炼的工艺制度包括热制度、造渣制度的影响等。共处置的另一个原则是不能影响原冶炼工艺的工艺制度，因此需要对固废带入的各种组分对冶炼制度带来的影响进行明确，并确定控制的限制指标，主要有固废加入量对冶炼能耗的影响、固废中造渣物质如 CaO、MgO、SiO_2 的含量和比例。

热制度是指在工艺操作上控制窑炉内热状态的控制制度。窑炉在正常冶炼过程中需要足够的相应温度的热量来满足冶炼过程中加热炉料和各种物理化学反应需要的热量，以及过热液态产品达到要求的温度。通常，在冶炼工艺的热制度中，热量供应是过量的，共处置少量的固体废弃物对热制度的影响较小，在个别情况下，如存在大量吸热反应或者存在水分等因素影响热量的正常产生，则会对热制度产生较大的影响。

造渣制度包括造渣过程和终渣性能的控制。造渣制度是根据相应的冶炼条件、产品种类确定的。合理稳定的造渣制度直接影响产品和渣的熔分和产品回收率，同时还会对产品的质量造成影响。不稳定的造渣制度还会对窑炉炉衬带来侵蚀、结厚等不良影响。

5.1.3 钢铁工业高温窑炉共处置的技术要求

5.1.3.1 烧结机—高炉冶炼系统

A 物态控制

a 物相控制

在高炉冶炼系统中，存在两个投加位置，即炉顶的加料口和风口。炉顶加料口通常有两种加料方式，即双钟式装料设备和溜槽式加料设备。具有一定粒度的物料，如烧结矿、球团矿、焦炭、造渣剂等，从上部进入高炉，在落下的过程中经历了升温→脱水→间接还原反应→熔融软化→滴落等过程，最终落入风口附近的熔融区，进一步熔化，渣铁分离。过程中存在“液→气”、“固→液”的物相变化，也有“固 + 气→固 + 气”、“固 + 固→固 + 气”等化学变化。因此，在炉顶加料口只允许具有一定粒度的固体物料的加入。

在风口投加位置，主要是向高炉内鼓入热风作为助燃风，同时也有工艺采用随风喷入煤粉或重油作为燃料代替部分焦炭来实现降低焦比。从风口进入高炉的物料在风口循环区剧烈燃烧放热，发生“固 + 气→气”、“液 + 气→气”、“气 +

气→气”等化学反应。在风口投加位置可以投加具有一定细度并严格控制水分含量的固态物质、雾化的液态物质或气态物质，喷吹燃料的物态随原工艺而定。

b　粒度控制

（1）烧结机投加位置。对金属渣类及粉尘类废物的粒度要求为：一般要求小于0.074mm的量应小于80%；对固态可燃废物的粒度要求：3～0.25mm。

（2）高炉布料溜槽。为了提高高炉冶炼过程中的空隙率和透气性，保障高炉顺行、低耗、强化冶炼和提高喷煤比的要求，应该严格控制小于5mm的原料入炉量，同时也可以降低炉尘量。高炉对入炉原料的具体要求见表5-1。

表5-1　对原料粒度的要求

烧结矿		块矿		球团矿	
粒度范围/mm	5～50	粒度范围/mm	5～30	粒度范围/mm	6～18
>50mm/%	≤8	>30mm/%	≤10	9～18mm/%	≥85
<5mm/%	≤5	<5mm/%	≤5	<6mm/%	≤5

表5-1是高炉入炉原料对粒度的要求，石灰石、白云石、锰矿、硅石等的粒度应与块矿粒度相当。从高炉入料口加入的固体废弃物应参照以上的粒度要求。

块状固体废弃物的要求包括：ISO转鼓指数（+6.3mm）应超过80%，抗磨指数（-0.5mm）应低于10%。粒度在5～35mm范围内，且较均匀，大中型高炉要求粒度为8～30mm，小高炉要求为6～20mm。对爆裂性能的要求为热爆裂指数小于5%。

（3）高炉风口。高炉风口对固态可燃废物的粒度要求：小于0.074mm占70%～80%以上。

c　水分控制

高炉通常会对入炉料的水分进行限制，主要是为了减少水分进入后蒸发分解消耗热量，同时也会对焦炭的性能产生一定的影响。通常控制水分低于10%以下。

高炉风口对固态可燃废物的水分要求：控制在1.0%左右，最高不超过2.0%。

d　燃料控制

高炉喷吹所用的燃料有固体、液体和气体等。固体燃料多用无烟煤，少数高炉喷吹焦粉；液体燃料多用重油，部分采用煤焦油、柴油；气体燃料主要是天然气或焦炉煤气等。对高炉所用喷吹燃料的要求有：燃料中可燃性碳、氢及其化合物的数量要多。对无烟煤的要求：碳素总量接近于焦炭中的碳量，有害杂质硫及灰分要低，水分要少，对烟煤还要求可燃性好，煤粉粒度一般为0.088mm，粒度要求较细，主要是有利于煤粉在风口前迅速且完全燃烧。对于液体燃料要求黏度低，降低油的加热温度便于管道输送，并易于喷吹雾化，有利于燃料充分燃烧。表5-2～表5-4是某具体燃料的参考值。

表5-2 无烟煤理化性能

工业分析/%					发热值	密度	灰分分析/%					
固定碳	灰分	挥发分	硫分	水分	/kJ·kg^{-1}	/t·m^{-3}	SiO_2	Al_2O_3	Fe_2O_3	CaO	MgO	SO_3
73	19	9.7	0.8	0.8	34290	1.6	53	36	5.5	2	0.2	1.4

表5-3 重油理化性能

化学成分/%						发热值	黏度	密度
C	H_2	N_2	S	O_2	H_2O	/kJ·kg^{-1}	/Pa·s	/t·m^{-3}
86	12	0.5	0.2	1.0	0.25	41031	0.658	0.918

表5-4 天然气理化性能

化学成分/%						发热值	密度
CH_4	C_2H_6	C_3H_8	H_2	N_2	CO_2	/kJ·kg^{-1}	/kg·m^{-3}
94	1.4	0.4	3.25	0.66	0.4	35152	0.716

B 杂质控制

物料中带入的硫、磷、铅、锌、砷、氟、氯、钾、钠、锡等均为有害杂质，冶炼优质生铁要求这些杂质元素的带入量越少越好，不但可减轻对焦炭、烧结矿和球团矿质量的影响，减少高炉熔剂用量和渣量，而且也是冶炼洁净钢的必要条件，同时也可减轻炼钢炉外精炼的工作量。

（1）硫负荷。高炉内的硫主要来自矿石杂质和焦炭、煤粉中的硫化物，熔剂也带入少量的硫。由于矿石在烧结过程中可以除去以硫化物形式存在的硫达90%以上，可除去以硫酸盐形式存在的硫达70%以上，一般来说入炉硫量的60%～80%来自焦炭和煤粉。高炉炼铁配料计算中要求每吨生铁的原燃料总含硫量要控制在4.0kg/t以下，并希望在3.0kg/t铁以下。表5-5为高炉入炉硫的控制指标。

表5-5 高炉入炉硫的控制指标

吨铁入炉硫负荷/kg·t^{-1}	焦炭含硫量/%	煤粉含硫量/%	炉料含硫量/%
≤3	≤0.6	≤0.4	≤0.03～0.05

（2）磷负荷。烧结和高炉冶炼过程中没有脱磷的功能，故而矿石中的磷会全部进入到生铁中，因此要严格控制入炉料中的含磷量。磷主要来自于烧结矿，球团矿、块矿和熔剂中的磷含量较少。矿石中允许含磷量的计算公式如下：

$$P_{ore} = (P_{HM} - P_{flux,coke,adju}) \times Fe_{ore}/Fe_{HM}$$

式中　P_{ore}——矿石中允许含磷量,%；

P_{HM}——单位生铁中的磷量，kg/t；

$P_{flux,coke,adju}$——冶炼单位生铁消耗的熔剂、焦炭、附加物带入的磷量，kg/t；

Fe_{ore}——矿石含铁量,%；

Fe_{HM}——矿石带入生铁中的铁量,%。

表5-6为高炉入炉含磷的控制指标。

表5-6　高炉入炉含磷的控制指标

烧结矿的含磷量/%	炉料含磷量/%	入炉磷负荷/ $kg \cdot t^{-1}$
<0.07	<0.06	<1.0

（3）铅负荷。铅在炼铁过程中很容易还原，且由于它的密度大（11.34g/cm^3）、熔点低（327℃）、沸点高（1540℃）、不溶于铁水，在炼铁过程中，铅易沉积于炉底渗入炉底，从而对高炉炉底有破坏作用，并且铅在高炉内会有循环累积作用。铅主要是由块矿带入炉内，含铅量应小于0.1%。

（4）钛负荷。钛是难还原元素，进入炉渣中，会使炉渣黏度急剧增大，造成高炉冶炼困难。高炉炉料中的钛主要是由天然钒钛磁铁矿带入，其TiO_2含量应小于13%。普通块矿中含TiO_2量的界限为小于0.1%。

（5）氟负荷。氟在进入高炉中后，会使高炉中形成易熔易凝的短渣，从而使高炉容易结瘤，对硅铝质耐火材料有强烈的侵蚀作用。使用含氟矿时，风口和渣口易破损。矿石中含氟低于1%时，对高炉冶炼无影响；当含氟在4%~5%时，应提高高炉渣碱度，以控制炉渣的流动性。普通矿含氟量一般界限为0.05%。

（6）铜负荷。铁矿石中的铜含量很少，在高炉炼铁时易被还原，且全部进入生铁中，铜是钢的有益元素。但是钢含铜多会使钢热脆，不易焊接和轧制。矿石中铜含量的界限为0.2%。

（7）碱负荷。碱金属会造成炉缸堆积、高炉结瘤、透气性恶化、炉墙损坏，以及炉况严重失常；同时碱金属还对焦炭起降解的作用，会造成炉内焦炭粉化，影响高炉的透气性和高炉顺行。一般入炉料中的碱金属主要来源于焦炭和煤粉的灰分。焦炭灰分成分中的碱金属含量应小于1.3%，无烟煤灰分和灰中的碱金属含量比烟煤高，高炉使用混合煤喷吹控制带入的碱金属含量，喷吹煤粉中碱金属含量应控制在1.5%以下。

（8）锌负荷。锌进入高炉后会在炉内循环富集，并沉积在高炉炉墙上，可与炉衬和炉料反应，形成低熔点化合物而在炉身下部甚至中上部形成炉瘤。当锌的富集严重时，料柱空隙度变小，透气性变坏和炉墙严重结厚，炉内煤气通道变小，炉料下降不畅，高炉难以接受风量，崩料、滑料频繁，对高炉顺行和技术指标产生很大影响。有时甚至在上升管中结瘤，阻塞煤气通道，对高炉寿命产生严重影响。在烧结—高炉生产环节中，由含锌尘泥带入烧结矿的锌是造成高炉锌富集和产生危害的根源，同时天然矿、球团矿和焦炭、煤粉中也含有少量的锌。根据高炉生产实际，入炉锌的技术要求见表 5-7。

表 5-7 高炉锌负荷的控制标准

烧结矿中的锌含量/%	入炉锌负荷/$kg \cdot t^{-1}$	炉料含锌量/%
<0.01	<0.15	<0.008

入炉原料和燃料应控制有害杂质量，其控制宜符合表 5-8 的要求。

表 5-8 入炉原料和燃料有害杂质限值 (%)

杂质	S	P	Zn	Pb	Cu	As	Sn	Ti	F	K_2O+Na_2O
限值	0.05	0.05	0.1	0.1	0.05	0.07	0.08	0.1	0.05	0.5

C 冶炼制度控制

(1) 烧结矿碱度控制。烧结过程中的矿物相（CaO、SiO_2）含量对烧结矿的冶金性能有非常重大的影响。高碱度烧结矿由于具有优良的强度、高的冶金性能和适宜的碱度，是目前烧结矿生产的首选品种。碱度一般在 1.8 ~2.0，FeO 的含量控制在 6%~9%，降低还原性较差的 FeO，提高还原性能较高的铁酸钙含量，可使烧结矿获得较好的冶金还原性能。在保证适宜碱度的条件下，适当增加硅石的配比能保障烧结矿的转鼓强度，SiO_2 含量控制在 4.5%~5.0% 为宜。适当向烧结矿中加入 MgO 有利于改善其软熔和滴落性能。

(2) 高炉渣制度。为了保障高炉冶炼过程中的炉料顺行、出铁出渣的顺畅以及生铁质量，高炉需要适当的造渣制度。一般要求炉渣有良好的流动性和稳定性，熔化温度在 1300 ~1400℃，在 1400℃ 左右时黏度小于 1Pa · s，可操作的温度范围大于 150℃，并且有足够的脱硫能力，同时对高炉砖衬的侵蚀较弱。通常采用碱度作为炉渣性能的参照，炉渣碱度在一定程度上决定了其熔化温度、黏度以及随温度变化的特征和脱硫能力等。

(3) 热制度控制。热制度直接反映了炉缸工作的热状态。冶炼过程中控制充足而稳定的炉温，是保障高炉稳定顺行的基本前提，过低或过高的炉温都会导致炉况不顺。普通冶炼的高炉，一般生铁含硅量控制在 0.3%~0.6%，生铁含硫量为 0.03%，铁水温度为 1450 ~1530℃。原燃料好的高炉可维持中下限，原燃料较差的高炉可维持中上限。

5.1.3.2 焦炉冶炼系统

A 物态控制

(1) 物相控制。焦炉中不同区域对投加物料的物相有不同的要求。炭化室为“固→固+气”的物相变化，因此可以允许符合粒度要求的固态或特殊类型的半固态物相的进入；而燃烧室为“气+气→气”的物相变化，因此只允许气相物质进入，固相和液相物质基本不允许进入燃烧室内，或通过煤气发生炉生成气态物质投加。

（2）水分控制。水分是煤中的无用物质，大量水分在煤的加热过程中，会吸收大量的热，并通过水蒸气带走。煤中水分的存在形式，根据其结合状态可分为游离水和化合水两类。游离水是以物理状态（如附着、吸附等形式）与煤结合；化合水是以化合方式同煤中的矿物质结合，即结晶水和结合水。根据生产经验，当装炉煤水分由8%降到4.5%时，每孔炭化室装煤量增加7%，结焦时间缩短2%~3%，合计生产能力提高约9.2%。当每吨煤水分降低1%时，焦炉耗热可节省50kcal/t煤。因此，降低焦炉入炉料中的水分能够降低能耗，便于焦炉的炉温管理，使焦炉各项操作指标稳定。一般控制水分在10%以下，通常越低越有利于生产，焦化厂要求为8%~10%。

（3）细度控制。即配合煤中小于3mm粒级占全部配合煤的质量百分率。常规炼焦（顶装煤）时要求细度为72%~80%，配型煤炼焦时为85%，捣固炼焦时为90%以上。减少小于0.5mm的细粉含量，可以减少烟尘逸散。

B 杂质控制

煤中的矿物质主要有Al、Fe、Mn、Ca、Mg、K、Na的硅酸盐和游离的SiO_2，以及$CaCO_3$、$MgCO_3$、$FeCO_3$等。炼焦物料中的矿物质是无用而且有害的物质，必须控制其含量和加入量。炼焦炉投加物料中有害杂质限值见表5-9。

表5-9 炼焦炉投加物料中有害杂质限值 （%）

杂质	S	P	Cu	As	Zn	Pb	K_2O+Na_2O
限值	1.0	0.05	0.2	0.1	0.1	0.1	0.5

（1）硫。硫是焦炭中的有害杂质。在炼焦过程中煤所含硫的73%~95%转入焦炭，其余进入焦炉煤气中，焦炭含硫量增加，高炉脱硫压力增大，渣量也会增加。通常认为，硫每增加0.1%，熔剂和焦炭的消耗量就要增加2%，高炉生产能力则降低2%左右。因此，需要控制炭化室硫的加入量，一般控制在0.5%~1.0%。

（2）碱金属。在炼焦过程中由煤代入的碱金属含量通常较低（约0.1%~0.3%），碱金属中的钾、钠等会在焦炭中形成富集（可高达3%以上），会对焦炭反应性、机械强度和焦炭结构均产生有害的影响。对于碱金属的入炉要求，国外曾提出具体要求，但是范围较宽：在炼焦配煤灰分中钾和钠氧化物含量以小于1%为好。

（3）磷。煤中的磷主要是无机磷，在煤中含量不高，一般不超过0.1%，最高也不超过1%。炼焦时，煤中的磷全部转入焦中；炼铁时，焦炭中的磷又大部分进入生铁，且脱除十分困难。因此磷也是一种有害杂质，在炼焦配煤中要控制其含量，国内外一般均规定其含量不得超过0.05%。

（4）灰分。一般生产经验是，焦炭灰分增加1%，高炉焦比升高2%，产量降低3%。焦炭灰分主要是SiO_2（约占50%）、Al_2O_3（约占30%）等酸性氧化物。焦炭中灰分主要会进入高炉中，影响造渣制度，使高炉渣量增加。一般控制灰分含量在11%~15%，国际上要求一级焦的灰分含量低于10%。

（5）挥发分。对于顶装焦炉一般在20%~28%之间，据工艺条件及需求控制，对于捣固炼焦根据炭化室高度不同，可在24%~32%之间变化。

C 冶炼制度控制

焦炉冶炼工艺在实现包括共处置有机质废物和可燃物处置过程中主要通过热制度进行控制。为使焦炉达到稳定、高产、优质、低耗、长寿的目的，要求具有严格稳定的焦炉热制度。通常采用测量焦饼中心面温度来确定炼焦工艺中焦的成熟情况，并可用来确定炼焦炉在炉况改变的条件下的温度制度。焦饼温度应为950~1050℃，此温度可以根据配煤比和结焦时间而改变。根据经验，立火道温度改变10℃，焦饼温度约改变30℃；立火道温度改变20~30℃，结焦时间约改变1h。表5-10为各种类型焦炉的标准温度。

表5-10 各种类型焦炉的标准温度

炉 型	炭化室平均宽度/mm	结焦时间/h	标准温度/℃		锥度/mm	测温火道号数	加热煤气种类
			机侧	焦侧			
JN 60-87	450	18	1295	1355	60	8，25	焦炉煤气
JN 60-83	450	18	1295	1355	60	8，25	焦炉煤气
JN 55	450	18	1300	1355	70	8，25	焦炉煤气
JN 43-80	450	18	1300	1350	50	7，22	焦炉煤气
58 型（450mm）	450	18	1300	1350	50	7，22	焦炉煤气
58 型（407mm）	407	16	1290	1340	50	7，22	焦炉煤气
两分下喷式	420	16	1300	1340	40	6，17	焦炉煤气
66 型	350	12	1290	1310	20	6，17	焦炉煤气

当配煤水分每改变1%时，标准温度约变化5~7℃。焦饼中心温度改变25~30℃，标准温度应变化10℃。焦炉共处置工艺的设计原则是必须保证原温度制度的稳定。

5.1.3.3 回转窑系统

A 物态控制

（1）物相控制。在回转窑系统中的不同投加位置对投加物料的物相有不同的要求。在回转窑内主要是发生“固+气→固”或者“固+固→固（+气）”的反应，因此只允许固相投入，一般不允许液相进入，主要是因为液相会阻碍小球正常滚动，影响顺行。在窑头烧嘴一般发生“固/液/气 + O_2→气”的燃烧反应，理论上三相均允许投入，不过对其物态有不同的要求。

（2）粒度控制。造球中要求原料具有一定的粒度和粒度组成，适宜的水分以及均匀的化学性质。球团原料要求原料粒度细，一般小于 0.044mm 粒级必须大于 70%，或者小于 0.074mm 粒级达 90% 以上，含铁原料的比表面积一般要求在 1300 ~ 2100cm^2/g；同时原料粒度组成还必须保持相对稳定，在所控制的粒度（小于 0.044mm，小于 0.074mm）中，波动不允许超过 ±1.5%。

一般要求精矿的粒度上限不超过 0.2mm（相当于 65 目），小于 0.074mm（ -200 目）的粒级应大于 80%~90%，比表面积为 1500 ~ 1900cm^2/g。对添加剂的最低要求是小于 0.074mm 应占 99% 以上。

（3）水分控制。水分的控制对于造球也是极为重要的。水分变化影响生球的粒度和质量。造球之前应对原料水分烘干以达到适宜的造球水分。在使用磁铁精矿和赤铁精矿时，适宜的水分范围为 7.5%~10.5%；黄铁矿烧渣和焙烧磁选精矿时水分为 12%~15%。物料通常水分含量为 8%~10%。我国精矿粉水分含量较高而且不稳定，因此一般先采用烘干设备在混料后造球前（或配料后混料前）将精矿粉水分控制到比最适宜造球水分低 1%~2%。

也可以根据精矿的粒度来确定。对于小于 0.044mm 占 65%（比表面积为 1400cm^2/g）的精矿，最佳水分约为 8.5%；对于小于 0.044mm 占 95%（比表面积为 2200cm^2/g）的精矿，最佳水分可达 11%。最佳水分的许可波动值不超过 ±0.2%。

（4）燃料控制。回转窑在窑头设有喷吹烧嘴，用于燃料燃烧向窑体及物料供热，产生约 1500 ~ 1600℃ 的高温气体。回转窑可以采用固体燃料（如烟煤、细焦等）、液体燃料（如重油）以及气体燃料（如焦炉煤气、高炉煤气等）。需要对燃料尤其是固体燃料的物态、含水量进行控制。

对固态燃料的理化特性要求见表 5-11。

表 5-11　回转窑窑用固体燃料质理化特性

挥发分	灰分	灰分熔点	热值	粒　度	水分
<20%	<5%	1430℃	≥18640kJ/kg	-0.074mm 占 70%~80%	2%~3%

对液态燃料的理化性质要求见表 5-12。

表 5-12　回转窑用液态燃料（重油）理化特性

化学成分/%						发热值	黏度	密度
C	H_2	N_2	S	O_2	H_2O	/kJ · kg^{-1}	/Pa · s	/t · m^{-3}
86	12	0.5	0.2	1.0	0.25	41031	0.658	0.918

对气态燃料的理化性质要求见表 5-13。

表 5-13 回转窑用气态燃料（天然气）理化特性

化学成分/%						发热值	密度
CH_4	C_2H_6	C_3H_8	H_2	N_2	CO_2	/kJ · kg^{-1}	/t · m^{-3}
94	1.4	0.4	3.25	0.66	0.4	35152	0.716

B 杂质控制

（1）硫。在球团矿生产过程中，投入料中的硫在回转窑中焙烧可以去除95%甚至更高。通常硫来自于矿粉，少量来自燃料。综合考虑高炉入炉料的硫分要求和国家卫生标准（规定SO_2浓度不大于0.05%），投入料中的硫含量需控制在0.3%~0.5%。还原回转窑的脱硫能力相对较弱，这个值要求更低，约为0.05%以下。

（2）碱金属。当球团中含有钾、钠等碱金属元素时，会造成球团内晶格畸变，引起球团异常膨胀或恶性膨胀。会影响高炉炉况的恶化，如炉内透气性变坏、炉尘明显增多等，甚至出现悬料、崩料，导致高炉生产失常、生产率下降、焦比提高。因此，生产球团矿的氧化回转窑应该对入炉料中碱金属含量进行控制，根据研究和生产经验，此值控制在5%以下。

（3）砷。入炉的砷通常以硫砷化合物存在，在400~500℃下易分解，在氧化性气氛中能够氧化成As_2O_3（在275~320℃发生升华作用）从固相转移到废气中，因此氧化回转窑脱砷效果好。而还原回转窑的脱砷效果有限。砷对于钢铁产品的质量有较大危害。工业卫生标准规定烟气含砷不大于0.3mg/m^3，需要考虑二次污染的限制。通常入炉砷含量控制在0.015%以下。

（4）磷。磷在球团焙烧过程中以及在高炉生产中不能脱除，进入回转窑中物料所带入的磷基本都会进入到生铁中。磷对铁水质量以及球团冶炼过程有较大的危害，因此需要严格控制磷的含量，一般要求物料中磷含量低于0.01%。

（5）除此之外，含有重金属如铜、铅、锌等元素的物质在回转窑内的投入量也需要进行严格控制。尤其是在氧化回转窑工艺中。而还原回转窑对锌、铅等具有挥发价态的元素具有富集提取的作用，可放开对其限制。还原和氧化回转窑入炉原料中有害元素含量限值分别见表5-14和表5-15。

表 5-14 还原回转窑入炉原料中有害元素含量限值 （%）

S	P	K_2O+Na_2O	Cu	As	Sn	F	Cl
0.05	0.01	5	0.3	0.015	0.02	0.05	1.0

表 5-15 氧化回转窑入炉原料中有害元素含量限值 （%）

S	P	Cu	As	Zn	Pb	F	Cl	K_2O+Na_2O
0.05	0.05	0.3	0.015	0.15	0.2	0.05	0.5	0.5

C　冶炼制度控制

（1）造渣制度。通常在造球前向铁精矿中添加 CaO 和 MgO 的细粒物料（如石灰石或白云石），对改善球团矿的物理性能和冶金性能有很大益处。熔剂性含 MgO 球团矿除理化性能与酸性球团矿接近外，在冶炼性能方面可使得膨胀率降低、软熔性改善、还原性改善等。根据国外标准，熔剂性含 MgO 球团矿一般 $CaO/SiO_2 = 0.9 \sim 1.3$，$MgO = 1.3\% \sim 1.8\%$。在实际球团生产中，熔剂的最佳配入量要根据实际情况进行调整，一般为 5% 左右。

（2）热制度。回转窑的供热有两个来源，主要热源是通过主燃料烧嘴从窑头向窑内提供部分热量，同时还有沿窑身长度方向装有若干供风管（或燃料烧嘴），向窑中供风燃烧煤释放的挥发分、还原反应产生的 CO 和喷入窑内的煤，用以补充工艺所需的大部分热量和调节窑内温度分布。因此保证回转窑的热制度稳定主要是通过稳定供风。

5.1.3.4　矿热炉系统

A　物态控制

（1）物相控制。在矿热炉中只有一个投加位置，即加料管。进入矿热炉的物料在炉内堆积，随后在电极提供电能中发热熔化，发生反应并使渣铁分离。矿热炉内主要物理及化学变化均发生在熔炼区，严格来说固相和熔融液相不存在明显划分。熔炼区主要发生的是“固→液”的物相变化及“固 + 固→液 + 气”的反应。除个别熔炼炉允许加入熔融态金属液外，大部分矿热炉只允许固相物质加入，而且对加入物质的水分及粒度有特殊的要求。

（2）水分控制。矿热炉是由电极供电，利用炉料本身的电阻产生热量来加热的。根据这个特性，随入炉料进入的水分会对炉料导电发热带来不利影响，严重时甚至会使炉料冻结、出料不顺。同时炉料电阻的变化也会给供电系统带来负担。过量的水分在蒸发时会带走大量的热、增加冶炼能耗。而且增大炉气量；逸出的气体会带走粉尘，使炉尘量增大。为了保证矿热炉冶炼制度的正常和顺行，矿热炉的入炉料要求含水量一般低于 3%。

（3）粒度控制。矿热炉的入炉料通常为块状矿石、废铁、焦炭等固体物料，物料粒度的最大值由加料管决定。在冶炼过程中为了减少炉尘的生成，通常要求物料呈粒状或块状，对粉状物需进行烧结、制粒处理。通常要求物料最小粒度满足大于 20mm。

B　杂质控制

矿热炉冶炼工艺的应用范围非常广，是冶炼铁合金和重有色金属的主要方法。在铁合金冶炼中。主要应用于硅铁、锰铁、铬铁、钨铁、钼铁、钛铁、钒铁、硼铁等工序中；在有色冶炼中，主要应用于铜、镍难熔精矿的熔炼，锡、铅、锌精矿的还原熔炼。因此，矿热炉冶炼系统不存在共性重金属杂质和需要控制入炉负荷的元素。通常考虑元素负荷可将其分为两类，即共性杂质和非共性杂质。

（1）共性杂质。矿热炉冶炼的产品基本都是金属合金物质，通常为了保证产品质量需要控制的元素包括S、P（磷铁除外）；为了保证炉况正常顺行需要控制的元素包括Pb、K、Na、Zn、Cu（铜铁合金除外）、Ti（钛铁除外）等（表5-16）。

表5-16　矿热炉冶炼共性杂质元素

共性杂质元素	危险及影响	元素负荷
S	偏析严重，使铁基合金具有热脆性	<0.02%~0.05%
P	偏析严重，使铁基合金具有冷脆性	<0.03%~0.04%
Pb	易被还原并在炉底聚集破坏底部炉衬	<0.1%
Zn	循环富集，形成结瘤，增加能耗和炉尘量	<0.15%
K/Na	循环富集，形成结瘤，增加能耗和炉尘量，影响焦炭质量	<1.5%
Ti	增加炉渣黏度，影响渣金分离，并侵蚀炉衬	<0.1%
Cu	导致铁基合金的铜脆现象	<0.2%~0.3%

（2）非共性杂质。非共性杂质主要是指由于矿热炉冶炼产品多样，不同工艺之间对元素的接纳与否也就不尽相同。如B对于硼铁矿热炉是有价元素，但是在其他矿热炉中就是中性或者有害元素，相似的还有Ni、Cr、Mo、V、Mn等元素。以上元素除在特殊铁合金中存在外，在普通类铁基合金也允许存在。而铜铁矿热炉中的铜元素、钛铁矿热炉中的钛元素等除铜铁或钛铁外，在其他矿热炉工艺中均是要严格控制的元素，故将其归于共性杂质中。同样的还有有色金属冶炼工艺中的Pb、Sn、Zn等。由于不具有共性，因此不作为限制元素进行考虑。

需要特别说明的是，并不是含以上杂质元素的危险废物就可以在相应矿热炉中进行处理，如用铬铁矿热炉处理含铬危废的方案并不可行。主要是因为矿热炉本身就是重金属危废的排放源，其固废中的有害元素含量较高，并不能真正实现危废的无公害化处理。

C　冶炼制度控制

（1）造渣制度。矿热炉冶炼属于高温冶炼，一般在常规高温窑炉内难熔的物料在矿热炉内都能够实现熔化。但是为了获得更好的渣金熔分效果，在提高金属收得率的同时尽可能降低冶炼温度，降低能耗，获得稳定、腐蚀性较弱的渣系，都需要针对冶炼工艺设计相应的造渣制度。共处置过程中，通常会带入Ca、Mg、Si氧化物，从而对渣系造成影响，通常控制渣系碱度扰动小于5%，并控制CaO/MgO比，能够有效控制造渣制度的稳定。

（2）热制度。矿热炉是以装入炉内的原料为电阻，通过电阻热熔化炉料，根据冶金化学反应进行高温还原的冶炼窑炉，矿热炉冶炼的温度较高，全部靠电加热，能量损耗较大。矿热炉在实现共处置工艺中的热制度具有较大的灵活性。矿热炉是由电极供电，利用炉料本身的电阻产生热量来加热的。根据这个特性，随入炉料进入的水分会对炉料导电发热带来不利影响，严重时甚至会使炉料冻结、出料不顺。同时炉料电阻的变化也会给供电系统带来负担。因此，保证矿热炉热制度稳定的主要任务就是保证共处置物料中带入的水分含量低于限定值，通常是低于3%。

5.1.3.5 炼钢系统

A 物态控制

（1）物相控制。在炼钢工艺中，大宗物料如铁水和废钢主要通过吊车从倾斜后的炉口加入。而散状料在转炉或者电炉冶炼熔池的加料方式为通过集料仓及溜槽直接投入熔池内。除电炉存在“固→液”相变的过程外，主要都是以液相反应为主，如“液+固→液+液（气）”，“液+气→液+液（气）”等。根据冶炼工艺，主要投加物料为固相和气相，一般除高温铁水外不允许液相尤其是水投入。小宗固态物料主要通过散料投加系统投入，大宗固态物料主要通过冷压块利用吊车投加；气态物料主要通过氧枪或者底吹喷气孔投加。

（2）粒度控制。转炉或者电炉冶炼过程中由于会向熔池喷吹气体以及脱碳反应产生的气体，从而有较大的烟气量。为了避免散装物料在投加过程中被烟气带走，通常对于粒度小于1mm的粒状或粉状物质，在投入转炉或者电炉前需要进行机械压块处理。而大宗物料的压块通常尺寸不大于800mm×500mm×400mm。此外，废钢中不得混有密闭容器、易燃物、爆炸物和有毒物质，以保证安全生产。

（3）水分控制。为了减少钢液的氧化性，控制钢中氢含量，在转炉和电炉炼钢的冶炼过程中要控制水分的带入。电弧炉使用废钢为主原料，要求物料干燥，不带入水分。对于添加量较小的物料，一般控制水分含量小于0.5%。

B 杂质控制

（1）硫。除了含硫易切钢（要求硫含量为0.08%~0.30%）以外，绝大多数钢中硫是有害元素。转炉脱硫效率为34%~40%。由于低硫优质钢需求的增长，要求硫含量小于0.01%，因此要求炼钢生铁中硫含量小于0.02%，甚至更低。投加物的硫含量也应参照此标准。

（2）磷。磷是强发热元素，会使钢产生“冷脆”现象，通常是冶炼过程中要去除的有害元素。转炉脱磷效率在84%~94%，生成磷酸盐进入渣中。磷在高炉中是不能去除的，因而要求进入转炉的铁水及入炉料磷含量尽可能稳定。可根据入炉铁水的磷含量确定投加物的磷含量，见表5-17和表5-18。

表5-17 铁水中磷含量 (%)

铁水分级	低磷铁水	中磷铁水	高磷铁水
磷含量	<0.30	0.30~1.0	>1.4

表5-18 钢中允许磷含量 (%)

钢 类	普通钢	优质钢	高级优质钢	特殊钢
允许磷含量	≤0.045	≤0.04	≤0.035	≤0.025

（3）碳。一般炼钢用生铁中的碳含量为4%左右，高磷生铁的碳为3.6%左右。而合格钢水的碳含量低于2.3%，高品质钢材的碳低于0.25%。因此，脱碳是炼钢工艺中的重要任务。严格说碳不属于有害元素，但是需要控制投加物料中带入的碳。脱除过量的碳不但需要消耗大量的氧气，还会使钢水温度升高，每氧化1%的［C］可使钢水升温140℃，严重时需要投加额外的冷却剂，从而对原冶炼工艺造成影响。对于少量添加的物料，通常控制其碳含量小于5%，增碳量一般不大于0.05%。

（4）有色金属元素。投加入炼钢熔池的共处置废物中化学成分要明确，其中不得混有铅、锡、锌、砷、铜等有色金属。铅的密度大、熔点低，不溶于钢液，易沉积于炉底缝隙中造成漏钢事故。锡、砷和铜易引起钢的热脆。锌易挥发，在炉壁和烟道形成结瘤，并且进入烟尘恶化冶炼环境。

表5-19为合金元素的含量限值。

表5-19 合金元素的含量 (%)

合金元素	合金元素规定含量（质量分数）界限值		
	非合金钢	低合金钢	合金钢
Al	<0.10	—	≥0.10
B	<0.0005	—	≥0.0005
Bi	<0.10	—	≥0.10
Cr	<0.30	0.30~0.50	≥0.50
Co	<0.10	—	≥0.10
Cu	<0.10	0.05~0.10	≥0.50
Mn	<1.00	1.00~1.40	≥1.4
Mo	<0.05	0.05~0.10	≥0.10
Ni	<0.30	0.30~0.50	≥0.50
Nb	<0.02	0.02~0.06	≥0.06
Pb	(0.40)	—	≥0.40
Se	<0.10	—	≥0.10

续表 5-19

合金元素	合金元素规定含量（质量分数）界限值		
	非合金钢	低合金钢	合金钢
Si	<0.50	0.50~0.90	≥0.90
Te	<0.10	—	≥0.10
Ti	<0.05	0.05~0.15	≥0.13
W	<0.10	—	≥0.10
V	<0.04	0.04~0.12	≥0.12
Zr	<0.05	0.05~0.12	≥0.12
La 系	<0.02	0.02~0.05	≥0.05
其他规定元素（S、P、C、N 除外）	<0.05	—	≥0.05

注：La 系元素含量也可为混合稀土含量总量。

C　冶炼制度控制

a　造渣制度

熔化前期造渣的主要作用是满足稳定电弧和覆盖钢液的要求，渣量为炉料量的1%~1.5%。到熔化中后期，造渣的任务是充分利用熔化期钢液温度低（约1500~1540℃）的去磷有利条件，造较高氧化性和碱度、良好流动性的炉渣提前脱磷，此期渣量为炉料量的4%~5%。

氧化期的首要任务是脱磷。炉渣碱度的升高对脱磷有利，保证炉渣中的 CaO 浓度是脱磷的充分条件。一般认为脱磷炉渣碱度应该控制在 2~3，最佳值为 2.5。当碱度高于 3 时，CaO 使炉渣变稠，不利于脱磷。同时炉渣中增加 FeO、MgO、MnO、CaF_2等也有利于脱磷，但应控制 MgO 含量低于 10%。SiO_2、Al_2O_3为酸性氧化物，在碱性炉渣中能增强炉渣的流动性，改善扩散条件，所以少量的SiO_2、Al_2O_3对脱磷有利，但为了保证碱度应控制其浓度。氧化期造渣应兼顾脱磷和脱碳的特点，即流动性良好，有较高的氧化能力。脱磷要求渣量大，不断流渣和造新渣，碱度以 2.5~3 为宜；而脱碳要求渣层薄，便于 CO 气泡穿过渣层逸出，炉渣碱度为 2 左右。其渣量是根据脱磷任务确定，一般氧化期渣量控制为 3%~5%。

氧化期炉渣成分见表 5-20。

表 5-20　氧化期炉渣成分　（%）

成分	CaO	SiO_2	FeO	MgO	MnO	Al_2O_3	P_2O_5
含量	40~50	10~20	12~25	4~10	5~10	2~4	0.5~2.0

还原期的主要任务是脱氧和脱硫，其中脱硫主要和炉渣性质有关。高碱度有

利于脱硫反应的进行，通常碱度控制在2.5～3.0。适当增大渣量可以促进去硫，实际操作中渣量控制在钢水量的3%～5%。还原期同样需要控制炉渣中的MgO含量。控制FeO低于0.5%。

还原渣系成分见表5-21。

表5-21 还原渣系的成分 (%)

渣系	白渣	电石渣	酸性渣	火砖渣
CaO	50～55	55～65	17～24	20～24
SiO_2	15～20	10～15	55～60	30～35
MgO	<10	8～10		20～30
MnO	<0.4		5～10	0.35～2.0
Al_2O_3	2～3	2～3	5～10	15～55
CaF_2	5～8	8～10		
CaC_2		1～4		
CaS	<1	<1.5		
FeO	≤0.5～0.6	<0.5	3～5	1～4

一般来说铁水含磷、硫低，炉渣碱度控制在2.8～3.2；中等磷、硫含量的铁水炉渣碱度控制在3.2～3.4；磷、硫含量较高的铁水，炉渣碱度控制在3.4～4.0。

一般炉渣中MgO含量控制在6%～8%。

b 热制度

转炉炼钢过程中不需要外部热源，单纯依靠吹氧过程中的氧化热，在炼钢的终点为了使钢水温度满足要求，通过投加冷却剂的方式进行降温。转炉炼钢中对温度的控制，实际上就是要确定加入冷却剂的数量和时间。因此，为了减少共处置工艺对原工艺的影响，冷却剂的加入制度应考虑共处置废弃物的投入量对温度的影响。

5.1.4 钢铁工业的二次污染控制

5.1.4.1 共处置过程中的主要污染物

钢铁工业作为基础冶炼行业，具有高能耗、高污染、高排放的特点，无论是原料处理工序，如烧结、焦化，还是高炉炼铁、转炉和电炉炼钢，以及后续的轧钢工艺等，都存在污染物的排放问题。钢铁工业的污染物包括固体废渣类和粉尘类污染物、液体废水、炼焦产生的有机废物以及烟气等气体类废物。

钢铁冶炼的大流程可分为原料处理（烧结、焦化）、炼铁系统（高炉）、炼钢系统（转炉、电炉、精炼炉）、连铸（连铸机），各工序产生的废物分析如下。

A 烧结系统

烧结生产过程中会产生大量的粉尘和废气。其中粉尘主要是在原料准备过程中，即原料的接收、混合、破碎、筛分、运输和配料等设备以及混合料系统中的转运、加水、混合过程中产生。其中热返矿工艺会产生大量的粉尘和水蒸气，具有温度高、湿度大、含尘浓度高的特点。通常采用的除尘工艺有湿法除尘和干法除尘，包括湿法水力除尘、旋风除尘、袋式除尘、电除尘等。

烧结系统的主体设备为抽风带式烧结机，产生的废气主要含粉尘、SO_2、NO_x 等有害物质。烧结厂产生的废气量很大，含尘和含 SO_2的浓度较高，所以对大气的污染较严重。

（1）烧结除尘。烧结机废气的除尘是在大烟道外设置水封拉链机，将大烟道的各个排灰管、除尘器排灰管和小格排灰管等均插入水封拉链机槽中，灰分在水封中沉淀后，由拉链带出。除尘设备一般采用大型旋风除尘器和电除尘器。

（2）烟气中 SO_2治理。烧结系统产生的 SO_2废气，在传统工艺中采用高烟囱排放，烟气中 SO_2 浓度一般在 500～1000mL/m^3，高的达到 4000～7000mL/m^3。按照烧结生产的需要，烟囱高度 100～120m 即可，经过高烟囱排放后，SO_2最大落地浓度在 0.006mL/m^3以下。在烧结机烧结时产生的烟气中，SO_2的浓度是变化的，其头部和尾部的烟气含 SO_2浓度低，中部烟气中 SO_2 含量高。为了减少装置的规模，采用只将 SO_2浓度高的烧结尾气引入脱硫装置。世界各国烧结机脱硫研究已进入实用阶段。如日本的氨—硫铵法、石灰石—石膏法、钢渣石膏法；前苏联的石灰石—石膏法和循环菱镁矿法等。我国采用的是苛性苏打亚硫酸盐法，该法是以亚硫酸铵溶液作为吸收剂，生成亚硫酸氢铵，它再与焦炉中排出的氨气反应，生成亚硫酸铵。亚硫酸铵又作为吸收剂，再与 SO_2 反应。这样往复循环的反应，亚硫酸铵的浓度越来越高。到一定浓度后，将部分溶液提取出来，进行氧化，浓缩成为硫酸铵。

B 炼焦系统

a 产品杂质释放类污染物

（1）固体废物中的碳质、金属及部分非金属氧化物、硫化物等物质被带入炼焦煤原料中后会以灰分残留形式释放进入焦炭，能够形成灰分残留的物质包括 SiO_2、Fe_2O_3、Al_2O_3、CaO、MgO、SO_3、P_2O_5、K_2O、Na_2O 等。

（2）残留进入焦炭中的物质，如 SiO_2、Fe_2O_3、Al_2O_3、CaO、MgO、TiO_2等，影响对焦炭灰分的控制，焦炭对灰分的控制为小于 12%。

（3）进入配煤中的残留物，如 SO_3影响对焦炭硫分的控制，属需要严格控制的杂质元素，S 的投加限值为低于 1.0%。

（4）进入配煤中的残留物，如 K_2O、Na_2O 会对焦炭的反应性造成影响，属需要严格控制的杂质元素，钾钠的投加限值为 $K_2O + Na_2O < 0.5\%$。

b 废水排放类污染物

（1）焦化生产过程中配煤及固体废物带入的有机类废物及部分无机物质是形成废水污染的主要来源。废水主要包括炼焦配煤水分、煤炭化时产生的化合水和化学产品回收中的外来水等：

1）剩余氨水、煤干馏及煤气冷却过程中产生的废水，占总污水量的一半以上，是氨、氮、酚、氰的主要来源。

2）煤气净化过程中产生的污水，包括煤气终冷水和粗苯分离水等。

3）焦油、粗苯、粗酚等精制过程中产生的污水。

（2）形成焦化废水污染的无机污染物包括氨、硫化物、氰化物、硫氰根等。

（3）形成焦化废水污染的有机污染物包括酚、甲酚、萘酚等酸性有机物；吡啶、苯胺、喹啉、咔唑、吖啶等碱性含氮有机物；芳烷、稠环烃等物质。

c 烟气排放类污染物

焦炉工艺中的烟气类污染物主要来自备煤、炼焦、化学产品回收与精制生产的各个环节，包括颗粒物、SO_2、苯并芘、氰化氢、苯、酚、非甲烷总烃、氮氧化物、氨及 H_2S 等污染物质。

炼焦炉的污染特点是间歇性排放，烟尘温度高，这种阵发性、无组织排放的烟尘对周围环境造成了巨大污染。炼焦生产过程中，在装煤、推焦及熄焦时，要向大气中排放大量烟尘，吨焦烟尘量达 1kg 之多。焦炉炉体排放的主要污染物为颗粒物、苯可溶物、苯并芘、SO_2、H_2S、NH_3等，主要是从焦炉装煤孔盖、炉门及上升管等处泄漏的烟尘，为连续性无组织排放，另有在装煤推焦时从炉体中逸散的烟尘，为阵发性无组织排放。另外，焦炉炉门、装煤孔盖、上升管、桥管等不严密处形成的泄漏也会散发大量烟尘。焦炉烟尘控制除加强设备的严密性措施外，主要采取装煤、推焦、熄焦时的烟尘治理。

（1）装煤烟尘控制。焦炉装煤时，外逸烟尘主要特点表现为烟气成分复杂、危害性大。目前，焦化厂已普遍采用了装煤除尘地面站或干式除尘装煤车，可实现达标排放。但仍有厂家采用高压氨水或蒸汽喷射消烟，虽然可减少烟尘的外排量，但不能实现达标排放，仍然会有部分烟尘外逸，尤其是单集气管焦炉，所以应配备装煤烟尘净化系统。目前主要采用的装煤烟尘净化技术有：燃烧法干式地面烟尘净化技术，非燃烧法干式地面烟尘净化技术，车载式非燃烧法干式烟尘净化技术，夏尔克烟尘净化技术。

（2）推焦烟尘控制。推焦时产生的烟尘约占总烟尘的20%~40%，其特点是散发面积大、时间长。推焦烟尘控制途径：一是增加焦炭结焦程度，形成完全成熟的焦炭，既可降低粉尘散发量，又可降低有害气体散发量；二是安装移动除尘装置。

（3）熄焦烟尘控制。目前，国内主要采用湿法熄焦。湿法熄焦时，大量含有酚等有毒物质和粉尘的熄焦蒸汽排放到大气中造成环境污染。为减少污染，可增加熄焦塔高度，在塔内安装集尘板，减少焦粉和水滴的带出量，使带出粉尘减少70%，同时减少有毒物质的排出量。排放高度增加后，使有毒物、粉尘浓度也得到稀释，近几年来采用干法熄焦的焦炉越来越多，干法熄焦可以减少污染物的外逸，避免含酚、氰蒸汽对环境的污染。

（4）加强密封及清扫、减少污染物外逸。主要是加强炉区的清扫，炉体及设备密封等。

（5）采用 PROVN 技术消除装煤烟尘。

（6）改善焦炉加热煤气质量，减少烟气排放的硫化物。

（7）炭化室采用分段加热减少氮氧化物排放量。

C 高炉系统

高炉炼铁系统的废气主要来源于以下的工艺环节：高炉原料、燃料及辅助原料的运输、筛分、转运过程中将产生粉尘；在高炉出铁时将产生一些有害废气，该废气主要包括粉尘、CO、SO_2和 H_2S 等污染物；高炉煤气的放散以及铸铁机铁水浇注时产生含尘废气和石墨碳废气。

a 产品杂质释放类污染物

（1）在高炉冶炼环境中能够被还原的元素进入到产品铁液中，根据钢铁冶金的还原理论，能够被还原的元素有（包括可被部分还原元素）：Cu、Pb、Ni、Co、S、As 等元素极易被还原，在高炉条件下几乎 100% 被还原；Sn、P、Zn、Na、K、Cr、Mn、V、Ti、Si 等元素在较高温度下可被还原。

（2）含铁原料及协同处置的废物在烧结—高炉冶炼系统中，需要经过烧结工序才能进入高炉，除 S、Zn、Pb、K、Na 外，其他元素含量经过烧结后基本不会被脱除，认为高炉入炉限值即烧结残留限值。

（3）进入铁液中不对产品质量产生影响的元素有 Ni、Co、Mn、V、Cr、Nb，这几类元素对于产品铁水来说是价值元素。

（4）进入铁液中会对产品质量产生影响，但影响可控的元素有 Si。

（5）不允许进入铁液中的元素有 Cu、S、P、Sn、As，此类元素会对产品质量造成不良影响，严重时造成产品不合格。各元素的投入限值参照表 5-8，其中在烧结投加位置 S 元素的限值为低于 0.3%，P 元素的限值为 0.2%~0.3%，Zn 元素的限值为 0.1%~0.3%。

b 渣排放类污染物

（1）废物中在高炉冶炼环境中不能够被还原的元素进入炉渣，根据钢铁冶金的还原理论，不能够被还原的元素有（包括不能被完全还原的元素/物质）：MgO、Al_2O_3、CaO 等物质在高炉条件下基本不能被还原；SiO_2、Cr_2O_3、MnO、TiO_2、P_2O_5、V_2O_5、FeO 等物质部分进入到炉渣中；Cu、Pb、As 等元素在冶炼过程中会因渣铁不完全分离等原因被带入渣中，由于含量较少，可忽略不计。

（2）允许进入渣中并随之排放的物质有 MgO、Al_2O_3、CaO、SiO_2、MnO、TiO_2、P_2O_5、V_2O_5、FeO，这类物质性质相对稳定，不会对环境造成污染。

（3）在可控范围内允许进入渣中并随之排放的元素及限值为 Cr_2O_3。

（4）不允许进入渣中并随之排放的元素有 Cr^{6+}。

c 烟气排放类污染物

（1）在烧结及高炉冶炼中，C、S、Zn、K、Na、Pb、Cl、F 等元素形成气态物质进入烟气。其中 C、S、Cl 分别以 CO、CO_2、SO_2、HCl 气体形式进入烟气；Zn、K、Na、Pb、F 以气态升华，部分进入烟气并随之排出，部分在炉内凝结。

（2）允许进入烟气中并随之排放的元素有 CO、CO_2。

（3）在可控范围内允许进入烟气中并随之排放的元素及限值为 SO_2、ZnO、PbO、K_2O、Na_2O。

（4）不允许进入烟气中并随之排放的元素有 HCl、F。

d 高炉冶炼系统的烟气控制

（1）炼铁系统除尘。主要分为炉前矿槽的除尘、高炉出铁场除尘、碾泥机室除尘。炼铁厂炉前矿槽的除尘，主要是要解决高炉烧结矿、焦炭、杂矿等原料燃烧在运输、转运、卸料、给料及上料时产生的有害粉尘。控制该废气的粉尘的根本措施是严格控制高炉原料燃烧的含粉量，特别是烧结矿的含粉量。此外，针对不同产尘点的设备可设置密闭罩和抽风除尘系统。密闭罩根据不同的情况采取局部密闭罩（如皮带机转运点）、整体密闭罩（如振动筛）或大容量密闭罩（如在上料小车的料坑处）。除尘器可采用袋式除尘器等。高炉在开炉、堵铁口及出铁的过程中将产生大量的烟尘。为此，在诸如出铁口、出渣口、撇渣器、铁沟、渣沟、残铁罐、摆动流嘴等产尘点设置局部加罩和抽风除尘的一次除尘系统；在开、堵铁口时，出铁场必须设置包括封闭式外围结构的二次除尘系统。除尘器可采用滤袋除尘器等。高炉堵铁口使用的炮泥由碳化硅、粉焦、黏土等粉料制成。在各种粉料的装卸、配料、混碾、装运过程中会产生大量的粉尘，治理这些废气可设置集尘除尘系统，除尘设备可采用袋式除尘器收集粉尘。

（2）烟气治理。煤气的处理包括除尘以及尾气中污染性气体的脱除。高炉煤气除尘在流程上一般分为两个阶段，从炉顶逸出的煤气含有大量粉尘，先在重力除尘器进行粗除尘，然后通过湿法或干法净化完成精除尘。粗除尘的重力除尘效率约为 50%~60%，其后煤气中仍含有较大量的粉尘，这样的含尘煤气称为荒煤气或粗煤气。通常的粗除尘包括重力除尘、旋风除尘等，精除尘可分为湿法除尘和干法除尘两种。湿法除尘是以水洗方法净化煤气，干法除尘分为袋式除尘和电除尘两类。

D 炼钢系统

炼钢系统的废气主要来源于冶炼过程，特别是在吹氧冶炼期产生大量的废气。该废气中含尘浓度高，含 CO 等有毒气态物的浓度也很高。

（1）吹氧转炉炉尘的处理。湿法处理有法国的 I-C 法（敞口烟罩）、德国的 KPUPP 法（双烟罩）和日本的 OG 法（单烟罩）等方法。其中 OG 法由于技术先进、运行安全可靠，是目前世界上采用最广泛的转炉烟气处理方法。OG 法先对转炉煤气进行显热回收，用冷却塔将烟气冷却到 380℃，再用湿法除尘洗涤净化并冷却至 42℃，然后用 PA 型文丘里洗涤器进行二级除尘。该法的总除尘效率达 99.5%。干法处理是利用高压静电除尘器来净化转炉煤气中的尘，从烟气中回收的铁可作为烧结厂的原料使用。

（2）电炉炉尘的处理。电炉烟气可采用半封闭罩或大密闭罩集烟集气，然后以袋式除尘器或电除尘器收尘系统加以净化。

（3）烟气的处理。转炉除尘包括一次和二次除尘两部分。一次除尘主要处理转炉吹氧期产生的炉气，二次除尘主要处理转炉吹氧期从烟罩口逸出的烟气和在兑铁、加废钢、出钢、氧枪口、加料口、修炉等作业中产生的烟气。一次除尘采用 LT 干法，排放烟气粉尘浓度（标态）通常在 20 ~ 30mg/m^3；二次除尘多采用布袋除尘器，粉尘浓度（标态）通常小于 50mg/m^3，岗位卫生控制标准（标态）是 10mg/m^{3}以下。回收煤气通过煤气饱和冷却器洗涤后可达到 10mg/m^3。采用 OG 法除尘工艺流程，主要由烟气冷却系统、烟气净化系统以及其他附属设备组成。烟气冷却系统包括活动裙罩、固定烟罩和汽化冷却烟道。高温烟气通过冷却设备由 1450℃降至 1000℃以下，然后进入烟气净化系统。烟气净化系统包括两级文氏管洗涤器和附属 90°弯管脱水器及挡水板水雾分离器等设备。烟气经过文氏管降温净化后，均通过脱水器进行脱水。净化后的烟气通过文氏管型的流量计由引风机排出。通过 OG 湿法回收的煤气中粉尘浓度（标态）为 50 ~ 100mg/m^3，在煤气柜后通常必须采用湿法电除尘进一步净化到 10mg/m^{3}以下。

E 矿热炉冶炼系统

铁合金厂废气主要来源于矿热电炉、精炼电炉、焙烧回转窑和多层机械焙烧炉，以及铝金属法熔炼炉。铁合金厂废气的排放量大，含尘浓度高。废气中 90% 是 SiO_2，还含有 SO_2、Cl_2、NO_x、CO 等有害气体。铁合金厂废气的回收利用价值较高。

（1）半封闭式矿热电炉废气的处理采用热能回收干法处理法，硅铁矿热电炉废气所含的热能相当于电炉全部能力输入的 40% ~ 50%。故一般设置余热锅炉回收废气显热产生蒸汽，供给工艺或城市民用。废气从余热锅炉中出来后，进入袋式除尘器净化后排入大气。

（2）大中型半封闭式矿热电炉废气处理，烟气温度为 450 ~ 550℃左右，因此不再进行废热的回收。废气通过列管自然冷却器后进入预除尘器扑击火星或直接进入袋式除尘器，其废气净化设备采用吸入式或压入式分室反吹袋式除尘器。

（3）封闭式矿热电炉废气处理，可采用湿法和干法处理工艺。湿法工艺有“双文一塔”工艺、“洗涤机”湿法工艺、“两塔一文”工艺等。干法电炉废（煤）气治理工艺，是采用旋风除尘器和袋式除尘器处理废气的方法。干法可消除洗涤废气、污泥等二次污染。

5.1.4.2 污染物分配规律及共处置过程中的增量关系和投加速率

冶炼行业中通常包含三类产出物：金属、渣和烟气，进入冶炼窑炉中的物质都在三类产出物间存在物质分配和平衡。物质在三相的分配不是绝对的，而是存在着动态的平衡，不仅与冶炼环境有关，与各项物质活度也直接相关。表 5-22 为常见主要类型金属物质在高炉冶炼工艺中三相间的分配比。

表 5-22 主要类型金属物质在渣、铁和烟气间的分配比 （%）

元素	Ni	Cr	Mn	Co	V	Nb	Ti	Cu	Zn	Mo	Pb	K/Na
铁	0.98	0.88	0.72	0.95	0.98	0.7	0.32	1.0	0.02	1.0	0.63	0
渣	0	0.11	0.28	0	0	0.3	0.68	0	0.03	0	0.37	0.03
烟气	0.02	0.01	0	0.05	0.02	0	0	0	0.95	0	0	0.97

以 Zn 为例，含锌固废在加入高炉后，随着物料下移，逐渐升温并开始被还原为 Zn 金属，由于 Zn 的沸点较低，在高炉高温环境中很容易被气化进入烟气中。进入烟气中的 Zn 随烟气上升，部分在与冷态物料热交换的过程中冷凝，随后进入高温区再次气化，Zn 会在高炉中循环富集或在炉壁冷凝形成结瘤。因此绝大部分 Zn（约 95%）进入烟气，约 0.02% 以金属态进入铁水中，约 0.03% 以 ZnO 形式进入渣中。

元素在渣、金和烟气中的分配比例是随冶炼环境而不同的，但主要物质的数据在生产中具有一定的参考意义。根据分配比以及固体废物中元素的含量及投加速率，可以分析共处置固体废物给二次污染或产品杂质控制中带来的影响，并确定增量关系；反之，可以由增量关系和排放标准及产品杂质容纳极限确定固体废物的共处置量和投加速率。

设定：$M_{固废}$：固体废弃物的投加速率，kg/h；C：目标元素在固废中的百分含量，%；$L_{金}$：目标元素在金属相的分配比例，%；$L_{渣}$：目标元素在渣相的分配比例，%；$L_{烟气}$：目标元素在烟气相的分配比例，%；$C_{金限}$：目标元素在产品中的合格浓度限值，%；$C_{渣限}$：目标元素在渣相中的排放浓度限值，%；$C_{烟气限}$：目标元素在烟气中的排放浓度限值（标态），mg/m^3；$C_{金}$：产品原工艺中目标元素的浓度，%；$C_{渣}$：渣系原工艺中目标元素的浓度，%；$C_{烟气}$：烟气原工艺中目标元素的浓度（标态），mg/m^3；$M_{金}$：产品每小时的产出量，t/h；$M_{渣}$：渣每小时的排放量，t/h；$M_{烟气}$：烟气每小时的产出量，m^3/h。

（1）增量关系。目标元素在产品中的增量关系为：

$$\Delta C_{金} = \frac{M_{固废} \times C \times L_{金}}{M_{金} \times 1000}$$

目标元素在渣中的增量关系为：

$$\Delta C_{渣} = \frac{M_{固废} \times C \times L_{渣}}{M_{渣} \times 1000}$$

目标元素在烟气中的增量关系为：

$$\Delta C_{烟气} = \frac{M_{固废} \times \frac{C}{100} \times L_{烟气} \times 1000}{M_{烟气}}$$

（2）投加速率。在冶炼窑炉实现共处置工艺的原则是不对原冶炼工艺造成负担，包括冶炼系统改造、对原冶炼操作制度的扰动、对产品质量的影响以及二次污染可控。选择产品对杂质成分的容纳极限以及造渣制度、热制度、二次污染控制对扰动承受极限的综合指标作为限制条件，而且除了目标元素，还应该综合考虑固废在共处置中带入的各项组分对冶炼工艺带来的影响，将最低限制值作为固废能够共处置的最大投加速率。

由固废中元素 i 和 j 在产品中的增量关系推导出对应的固废最大共处置投加速率：

$$M_{固废1,i} = \frac{C_{i金限} \times M_{i金} \times 1000}{C_i \times L_{i金}}$$

$$M_{固废1,j} = \frac{C_{j金限} \times M_{j金} \times 1000}{C_j \times L_{j金}}$$

由固废中元素 i 和 j 在渣中的增量关系推导出对应的固废最大共处置投加速率：

$$M_{固废2,i} = \frac{C_{i渣限} \times M_{i渣} \times 1000}{C_i \times L_{i渣}}$$

$$M_{固废2,j} = \frac{C_{j渣限} \times M_{j渣} \times 1000}{C_j \times L_{j渣}}$$

由固废中元素 i 和 j 在烟气中的增量关系推导出对应的固废最大共处置投加速率：

$$M_{固废3,i} = \frac{C_{i烟气限} \times M_{烟气}}{C_i \times L_{i烟气} \times 10}$$

$$M_{固废3,j} = \frac{C_{j烟气限} \times M_{烟气}}{C_j \times L_{j烟气} \times 10}$$

则，固体废弃物的最大共处置投加速率为：

$$M_{固废3j} = \min\{M_{固废1,i}, M_{固废2,i}, M_{固废3,i}, M_{固废1,j}, M_{固废2,j}, M_{固废3,j}\}$$

确定共处置工艺中固体废弃物的最大投加速率是共处置工艺最重要也是最核心的工作，只有确定了共处置速率才能保证共处置工艺对原冶炼工序产生的影响进行有效的控制。除了从产品质量、渣排放浓度以及烟气排放量等方面进行考虑外，还要对热制度、渣制度等操作制度进行考虑。共处置工艺的设计是十分复杂的工作，不同窑炉的共处置工艺涉及的考察内容不同，同种冶炼窑炉不同工艺涉及的考察内容也不尽相同。因此共处置工艺不存在统一标准，在对工艺进行设计的过程中最适合的模式就是根据该工艺的冶炼工艺和生产数据进行分析和试验，在确定最大投加量的基础上综合分析共处置工艺的可行性和工艺路线。

5.1.4.3 相关排放标准

我国对钢铁工业相关颁布了一系列标准，对钢铁工业的气体污染物、固体污染物等进行了规定。相关的标准包括：《钢铁烧结、球团工业大气污染物排放标准》(GB 28662—2012)、《炼铁工业大气污染物排放标准》(GB 28663—2012)、《炼钢工业大气污染物排放标准》(GB 28664—2012)、《炼焦化学工业污染物排放标准》(GB 16171—2012) 等，排放限值见表 5-23。

表 5-23 钢铁工业主要设备烟气粉尘排放限值

生产工艺及其设备		最高容许排放浓度（标态）/$mg \cdot m^{-3}$	
		新建厂	现有厂
烧 结	机尾系统	150	150
	机 头	150	300
	带式球团	150	150
	竖炉球团	150	300
焦 化	煤及焦的破碎、筛分、转运点	150	150
炼 铁	贮矿（料）槽（库）： 烧结矿、焦炭、铁矿料槽	150	200
	原料转运站	150	200
	高炉出铁场（一次烟尘）	150	200
炼 钢	氧气顶吹转炉： 未燃法、半燃烧法、燃烧法	100	150 200
	电 炉	150	200
	炉外精炼炉、铁水脱硫站等	150	150
连 铸	火焰清理机	150	150
铁合金	矿热电炉：敞开式、半封闭式、封闭式	150	200 150
	回转窑	200	200

注：1. 现有厂高炉出铁场粉尘的排放标准，只对容积不小于 900m^3 的高炉采用；

2. 氧气顶吹转炉和平炉、炼钢电炉、铁合金电炉的粉尘排放标准，不包括装炉料、兑铁水，出钢和出铁时发生的二次烟尘。

企业颗粒物无组织排放执行规定的限值见表5-24。

表5-24　无组织排放源颗粒物排放限值

序号	无组织排放源	限值（标态）/mg·m^{-3}
1	有厂房生产车间	8.0
2	无完整厂房车间	5.0

根据《钢铁烧结、球团工业大气污染物排放标准》(GB 28662—2012)、《炼铁工业大气污染物排放标准》(GB 28663—2012）规定，自2015年1月1日起，现有企业执行表5-25规定的大气污染物排放限值。自2012年10月1日起，新建企业执行表5-25规定大气污染物排放限值。

表5-25　新建企业大气污染物排放浓度限值　（mg/m^3）

生产工序或设施	污染物项目	限值
烧结机 球团焙烧设备	颗粒物	50
	二氧化硫	200
	氮氧化物（以NO_2计）	300
	氟化物（以F计）	4.0
	二噁英类/ng-TEQ·m^{-3}	0.5
烧结机机尾 带式焙烧机机尾 其他生产设备	颗粒物	30
热风炉	颗粒物	20
	二氧化硫	100
	氮氧化物（以NO_2计）	300
原料系统、煤粉系统、高炉出铁场、其他设施	颗粒物	25
转炉（一次烟尘）	颗粒物	50
混铁炉及铁水预处理（包括倒罐、扒渣等）、转炉（二次烟气）、电炉、精炼炉		20
连铸切割机火焰清理、石灰窑、白云石窑焙烧		30
钢渣处理		100
其他生产设施		20
电　炉	二噁英类/ng-TEQ·m^{-3}	0.5
电渣冶金	氟化物（以F计）	5.0

根据环境保护工作的要求，在国土开发密度已经较高、环境承载能力开始减

弱，或环境容量较小、生态环境脆弱，容易发生严重环境污染问题而需要采取特别保护措施的地区，应严格控制企业的污染物排放行为，上述地区的企业执行表5-26规定的大气污染物特别排放限值。

表 5-26 大气污染物特别排放限值 （mg/m^3）

生产工序或设施	污染物项目	限值
烧结机 球团焙烧设备	颗粒物	40
	二氧化硫	180
	氮氧化物（以 NO_2 计）	300
	氟化物（以 F 计）	4.0
	二噁英类/ng-TEQ · m^{-3}	0.5
烧结机机尾 带式焙烧机机尾 其他生产设备	颗粒物	20
热风炉	颗粒物	15
	二氧化硫	100
	氮氧化物（以 NO_2 计）	300
高炉出铁场	颗粒物	15
原料系统、煤粉系统、其他设施		10
转炉（一次烟尘）	颗粒物	50
混铁炉及铁水预处理（包括倒罐、扒渣等）、转炉（二次烟气）、电炉、精炼炉		15
连铸切割机火焰清理、石灰窑、白云石窑焙烧		30
钢渣处理		100
其他生产设施		15
电　炉	二噁英类/ng-TEQ · m^{-3}	0.5
电渣冶金	氟化物（以 F 计）	5.0

炼焦炉大气污染物排放标准适用于水平室式机械化焦炉（顶装、侧装捣固）生产过程中的污染物排放控制和管理。大气污染物排放限值按时段划分执行不同大气污染物排放标准（表5-27）。第1时段为现有焦炉执行的排放限值，第2时段为新建、改建和扩建焦炉执行的排放限值。

表 5-27 机焦炉炼焦大气污染物排放限值

排放源	项目	第1时段				第2时段			
		颗粒物	苯并芘	二氧化硫 SO_2	氮氧化物（以 NO_2 计）	颗粒物	苯并芘	二氧化硫 SO_2	氮氧化物（以 NO_2 计）
装煤	排放质量浓度 /mg·m^{-3}	100	1.5	40	40	50	1.0	40	40
	单位产品排放量 /kg·t^{-1}	0.05	0.75	0.02	0.02	0.025	0.50	0.02	0.02
出焦	排放质量浓度 /mg·m^{-3}	100	0.04	15	40	50	0.02	10	30
	单位产品排放量 /kg·t^{-1}	0.10	0.04	0.015	0.04	0.05	0.02	0.01	0.03
熄焦	排放质量浓度 /mg·m^{-3}	50		120		50		120	
	单位产品排放量 /kg·t^{-1}	0.035		0.085		0.035		0.085	
焦炉烟囱	排放质量浓度 /mg·m^{-3}	40		40	300	30		16	250
	单位产品排放量 /kg·t^{-1}	0.09		0.088	0.7	0.07		0.035	0.60

注：除苯并芘单位为 μg/m³ 以外，其余各项污染物单位均为 mg/m³。单位产品的排放量苯并芘单位为 mg/t 焦，筛焦、焦炭转运站、焦仓单位产品排放量为 g/t 焦，其余污染物单位均为 kg/t 焦。

焦炉装煤、出焦污染物无组织放散浓度不得超过表 5-28 规定的限值。炼焦污染物排放量采取环保措施后的指标见表 5-29，大气污染物检测方法标准见表 5-30。

表 5-28 焦炉无组织放散浓度限值 （mg/m³）

过程	第1时段			第2时段		
	颗粒物	苯并芘	苯可溶物	颗粒物	苯并芘	苯可溶物
装煤过程	2.5	0.0025	0.6	1.5	0.0015	0.4
出焦过程	2.5	0.0025	0.6	2.0	0.0020	0.4

表 5-29 炼焦污染物排放量采取环保措施后指标

炉型	烟尘	BaP	H_2S	BSO	SO_2	NO_x	CO	NH_3	苯	烃类
4.3m 焦炉（g/t 焦）	183.9	0.0414	4.0	8.93	41.4	16.1	31.5	4.0	9.12	90
6m 焦炉（g/t 焦）	147.1	0.0331	3.2	7.15	32.9	12.9	25.2	3.2	7.29	72

焦炉烟囱	废气系数	SO_2	NO_x	CO	烟尘
焦炉煤气	7.36	煤气含硫量×煤气量×1.88	170mg/m³×废气量	85.7mg/m³×废气量	约 50mg/m³ 废气

续表 5-29

焦炉湿熄焦	110mg/t 焦		
焦炉干熄焦	30mg/t 焦		
焦炉备煤	有洒水或覆盖的煤场贮煤及转运		北方：200mg/t 焦；南方：150mg/t 焦
粉碎机室	按除尘风量计，采用布袋除尘器，排放浓度≤50mg/m³		
焦炉筛焦	储焦及转运	按除尘风量计采用泡沫除尘器，排放浓度 50mg/m³（湿法熄焦）	
		按除尘风量计采用布袋除尘器，排放浓度 13mg/m³（干法熄焦）	

表 5-30 大气污染物检测方法标准

序号	污染物项目	方法标准名称	标准编号
1	颗粒物	固定污染源排气中颗粒物测定与气态污染物采样方法	GB/T 16157—1996
		环境空气 总悬浮颗粒物的测定 重量法	GB/T 15432—1995
2	二氧化硫	固定污染源排气中二氧化硫的测定 碘量法	HJ/T 56—2000
		固定污染源排气中二氧化硫的测定 定电位电解法	HJ/T 57—2000
3	氮氧化物	固定污染源排气中氮氧化物的测定 紫外分光光度法	HJ/T 42—1999
		固定污染源排气中氮氧化物的测定 盐酸萘乙二胺分光光度法	HJ/T 43—1999
4	氟化物	大气固定污染源 氟化物的测定 离子选择电极法	HJ/T 67—2001
5	二噁英类	环境空气和废气 二噁英类的测定 同位素稀释高分辨气相色谱—高分辨质谱法	HJ/T 77.2—2008

5.1.5 钢铁工业共处置工艺中的高温窑炉及可处理废物

5.1.5.1 共处置工艺中的高温窑炉类型

在钢铁工业中选取了高炉、焦炉、转炉、电弧炉以及生产海绵铁用的回转窑和铁合金用的矿热炉等几类高温冶炼窑炉进行了冶炼特性的研究，但是并不是所有的窑炉都适合用于进行固体废弃物的共处置。具有共处置固体废弃物的高温窑炉应具有以下的特征：

（1）冶炼温度高。冶炼窑炉为了满足反应温度以及熔化物料的需要，通常都需要有较高的冶炼温度。高温是共处置的基本条件，只有在高温条件下才能促使固体废弃物发生性质、物态的变化，达到无公害化处理的目的。

（2）具有氧化或者还原性气氛条件。常规性质变化主要就是指氧化反应和还原反应，如焚烧处理即发生燃烧反应，需要氧化性气氛；而冶金渣的综合利用通常需要发生还原反应，将固废中的有价金属还原才能够实现回收利用。

（3）具有较宽松的造渣制度。废弃物的共处置通常会对原工艺造成负面影响，需要有渣系进行调节，将固废中无公害的非目标组分吸收，从而减轻对原冶炼工艺的扰动。

（4）属于初级冶炼工序。废弃物的特点就是成分复杂，且各组分的含量波动较大。精冶炼工序对产品的成分、冶炼操作制度如温度、气氛、添加剂等的要求较高，不适宜废弃物的共处置。因此，共处置工艺通常不选择精冶炼的高温窑炉，如转炉、电炉和精炼炉等。

（5）具有完善的二次污染处理系统。冶炼共处置工艺中通常产生的二次污染主要有大气污染和粉尘污染，原工艺中相应应该具备除尘和脱硫等设备且能够适应共处置中处理量的增长。

（6）共处置的原则是不对原冶炼工艺造成负担，包括冶炼系统改造、对原冶炼操作制度的扰动、对产品质量的影响以及二次污染可控。因此冶炼制度越宽松，越具有共处置的潜力，且处理量越大。为了量化共处置的量，可选择产品对杂质成分的容纳极限以及造渣制度、热制度、二次污染控制对扰动承受极限的综合指标作为限制条件。

根据以上的条件，可以对钢铁行业的高温窑炉进行筛选。

（1）转炉及电弧炉作为深冶炼加工的窑炉，其产品通常作为终产品用于连铸工序中。炼钢对产品成分以及组分的含量要求很高，对杂质成分的容纳程度很小，C、H、O、N、S、P 等杂质元素总量通常不超过 100×10^{-6}。操作制度中对炉温要求较高，共处置非可燃性物质或可燃具有热值物质都会引起炉温的波动。因此，转炉、电弧炉包括后续的精炼炉都不适宜作为共处置固体废弃物的窑炉。

（2）矿热炉。从冶炼制度上来说，矿热炉能够用来进行固体废弃物的共处置，它具有冶炼温度高，具有还原性气氛，能够通过变性处理、稀释处理等方式实现危废的共处置。但是矿热炉产品用于优质合金钢冶炼的添加剂，对产品质量要求较高，因此对杂质成分的容纳程度很小；采用埋弧加热，不采用燃烧加热的方式，不适宜可燃性物质的处理；矿热炉冶炼中，热制度相对严格，共处置废物容易带来炉温的波动，对原工艺的顺行造成影响较大。因此，铁合金冶炼的矿热炉设备不适宜作为共处置固体废弃物的窑炉。

因此可用来进行共处置的高温窑炉有高炉、焦炉和炼铁用回转窑三类。

5.1.5.2　可处理废物类型及投加位置

根据上述分析，在钢铁工业中可用来进行共处置固体废弃物的高温窑炉有高炉、焦炉和回转窑三类。共处置工艺必须以不对原冶炼工艺造成负担为原则，同时不产生不可控的二次污染。不同高温窑炉具有不同的冶炼特性，适宜处理不同类型的固废或者将固废中的不同组分作为处理目标。根据三类窑炉的冶炼特性能够对可共处置固体废弃物种类及处理目标进行推荐。

A 高炉

高炉整体为高温密闭性冶炼窑炉，本体具有两个投加位置，即上部的炉顶加料口和炉腰位置的风口。通常工艺中，主要原料——含铁矿物需要通过烧结工序生成具有一定物化性能的烧结矿，然后才从炉顶加入高炉中，因此烧结机的入口也可看作整个高炉冶炼系统的延伸入口。

a 烧结投加位置

从炉顶进入高炉的物料经过固体区、软熔区、风口高温区最终落入熔融区。在下落的过程中逐渐升温熔化并经历了碳的间接还原和直接还原，因此该共处置环境为高温半密闭还原性气氛。熔融的物料分离，能够被还原的组分进入金属铁液中，不易被还原的组分进入熔渣中。是否能够被还原是以钢铁冶金中的氧势图（图3-10）为标准的。

在烧结共处置环境中，废物处于氧化高温状态，能够发生氧化或燃烧反应；在高炉共处置环境中被还原的组分会发生化学性质的变化，即通过变形处理实现了无公害化；不能够被还原的组分进入渣中，通常可与酸性氧化物 SiO_2 或碱性氧化物 CaO 形成复合氧化物，提高了稳定性，同时由于高炉渣量相对较大，稀释了毒性组分的浓度，即通过稀释处理实现了无公害化。该共处置环境适宜处理金属渣及粉尘类废物和固态可燃废物。

该处投加位置适宜处理金属渣及粉尘类废物和固态可燃废物。金属渣类及粉尘类废物需要限制的元素包括 S、P、Zn、Pb、Cu、As、Sn、Ti、F、K_2O+Na_2O，满足元素含量限值要求的固体废物允许投加入烧结机。

（1）金属渣类及粉尘类废物需要满足入炉物态要求，包括：1）粒度要求：一般要求小于0.074mm 的量应小于80%；2）水分要求：水分要求在12%以下。

（2）固态可燃废物对其热值要求为 $Q>(2.7\sim3.4)\times10^4$kJ/kg，满足此热值要求的固体可燃废物允许代替部分燃料投加入烧结机。固态可燃废物需要满足入炉物态要求，包括：1）燃料的粒度要求：3~0.25mm；2）燃料中水分应控制低于10%。

（3）预处理方式：

1）根据烧结机工艺投加位置对入炉粒度和水分的要求，需要进行相应的干燥和粉磨（造块）处理。

2）干燥预处理通常可采用自然晾晒方式脱水干燥，或使用圆筒干燥机设备。

3）粉磨、筛分预处理通常采用锤式破碎机流程和反击式破碎机流程。

4）粉尘类废物需要进行造块预处理，通常采用的工艺包括：造球法形成2~8mm小球；添加黏结剂形成冷黏结球团（要求原料粒度小于44μm 的占55%~60%），冷黏结球团中小于8mm 的供烧结。

（4）预处理要求：

1）根据入厂固体废物的特性和入窑固体废物的要求，按照固体废物共处置方案，对固体废物进行破碎、细磨、筛分、分选、干燥、混合、搅拌、均质等预处理，必要时进行脱水、烘干、造粒处理。

2）烧结可共处置渣类和可燃类固体废物，根据固体废物的类型对废物进行区分处理。

b 风口投加位置

从风口进入高炉的物料直接进入风口区，发生燃烧反应。因此该共处置环境为高温氧化性气氛。碳质可燃物质进入风口区后以极快的速度发生氧化反应，燃烧放热可燃组分生成 CO_2、H_2O 随高温烟气上升，灰分或进入烟气中，或进入渣中。能够在此共处置环境中发生氧化反应的物质主要发生了燃烧反应，即通过燃烧处理实现了无公害化。该共处置环境适宜处理碳质可燃固体或气态废物等。

该处投加位置适宜处理具有一定热值的可燃废物，包括固态和气态废物。固态可燃废物对其热值要求为 $Q>8400\text{kJ/kg}$，气态可燃废物对其热值要求为 $Q>17000\text{kJ/m}^3$，满足此热值要求的可燃废物允许代替部分燃料从风口投加入高炉。燃料组分中要求其硫含量小于0.7%，不允许Cl、F等元素进入。

（1）固态可燃废物需要满足喷吹的物态要求，包括：1）粒度控制。粉状固体的粒度要求小于0.074mm占70%~80%以上；2）水分控制。控制在1.0%左右，最高不超过2.0%。

（2）预处理方式：

1）风口喷吹固体可燃废物需要进行预处理，以满足喷吹的粒度和水分要求。

2）哈氏可磨系数满足HGI>30的固态废物，可通过配煤的方式投加在喷煤仓，通过原工艺设备进行干燥和粉磨处理，包括球磨机或中速磨等工艺方式。

3）不可磨的废物如塑料等采用熔融造粒的预处理方式，生成2~4mm小颗粒以供喷吹（目前日本采用该工艺，国内尚在开发中）。必要时需要进行脱氯处理。

（3）高炉共处置可燃废物工艺的预处理要求：根据入厂固体废物的特性和入窑固体废物的要求，按照固体废物共处置方案，对固体废物进行破碎、细磨、分选、干燥、混合、搅拌、均质等预处理，必要时需要进行雾化、脱硫、脱氯处理。

c 投加设施

（1）烧结投加位置的投加设施包括上料设备、贮料仓、给料机、皮带运输机等设施，粉状废物还需要配备气体输送系统。

（2）高炉风口投加位置的投加设施包括：粉料输送系统、燃料仓、喷吹罐、流化器、给料球阀、混合器、喷嘴等设备，气态废物需要配备相应的压力容器。

B 焦炉

焦炉整体为高温密闭性窑炉。按照物料的不同流向，有两个投加位置，即流入炭化室的碳质物料通过焦炉顶部的煤塔——加料车进入炭化室中；流入燃烧室的燃料通过煤气烧嘴进入燃烧室中，但是燃烧室使用的燃料基本为气态物质，处理固态或液态废物时需要煤气发生炉设备。

通过煤塔进入焦炉炭化室的碳质物质处于密闭高温状态，通过燃烧室传来的热量逐渐升温，由于密闭无氧，随着温度的上升发生干馏反应。因此该共处置环境为高温封闭性还原气氛。碳质物质在干馏反应中形成焦炭，最终成为产品，其他挥发性组分进入焦炉煤气中排出炭化室。能够在此共处置环境中形成共处置效果的物质主要发生了干馏反应，属于通过变性处理实现了无公害化。该共处置环境适宜处理高固定碳的碳质废物。

a 炭化室投加位置

炭化室适宜处理具有一定固定碳含量的碳质固态废物或特殊类型的半固态废物，如沥青类废物。投加的废物中需要限制的元素包括：S、P、K_2O、Na_2O 以及 Cu、As、Sn 等重金属离子的含量，满足元素限值的废物允许投加入炭化室。投加炭化室的碳质固态废物的固定碳要求需要大于50%，满足固定碳含量的固态废物可代替部分配煤投加入炭化室。

（1）投加的碳质固态废物需要满足入炉物态要求，包括：1）水分含量为8%~10%；2）细度为小于3mm粒级占比：常规炼焦（顶装煤）时要求细度为72%~80%，配型煤炼焦时为85%，捣固炼焦时为90%以上。

（2）预处理方式：

1）焦炉煤入炉之前的预处理包括来煤接受、储存、倒运、粉碎、配合和混匀等工序，根据需要还有选煤、脱水工序。为扩大弱粘煤用量，可采取干燥、预热、捣固、配型煤、配添加剂等预处理工序。北方地区的工厂，还有解冻和冻块破碎等工序。

2）固态碳质废物在炭化室投加的投加位置为配煤槽，为满足配煤的要求，需要进行干燥和破碎处理。

3）调节水分预处理采用自然晾晒、圆筒干燥机进行脱水。

4）破碎预处理分为粗破和细磨，投入料仓前需要进行粗破处理，粗破可选择的设备有反击破、颚破等。

b 燃烧室投加位置

燃烧室可共处置具有一定热值的可燃废物。该处投加位置只允许气态废物直接投加，若用于共处置固体或液态废物，需要通过煤气发生炉转化为气态燃料才能够投加。

（1）气态可燃废物的热值要求为 $Q>17000\mathrm{kJ/m^3}$，满足此热值要求的可燃废物允许代替部分燃料从烧嘴投加；固态或液态可燃废物热值满足 $Q>8000\mathrm{kJ/kg}$，允许通过煤气发生炉产生煤气后投加，发生炉煤气热值 $Q>4000\mathrm{kJ/m^3}$。

（2）预处理方式：

1）气体燃料采用压力容器运输，预处理主要包括接受、储存。

2）固态或液态燃料的共处置需要配套煤气发生炉，建议在有现成设备的企业进行处理消纳。

c　炼焦炉共处置固体废物工艺的预处理要求

（1）根据入厂固体废物的特性和入窑固体废物的要求，按照固体废物共处置方案，对固体废物进行破碎、细磨、筛分、干燥等预处理，必要时进行脱水、烘干、粉磨等处理。

（2）炼焦炉炭化室和燃烧室可分别共处置碳质固态废物和可燃类废物，根据废物的类型应对废物进行区分处理。

d　投加设施

（1）炼焦炉炭化室投加位置位于配煤机的前端入口，投加设施包括上料设备、贮料仓、给料机、皮带运输机等设施。

（2）炼焦炉燃烧室投加位置位于焦炉煤气主管入口，投加设施包括压力容器、调节旋塞、输气管道等。

（3）炼焦炉共处置固态或液态可燃废物时，投加位置位于煤气发生炉的投料前端入口，投加设施包括上料设备、贮料仓、给料机等设施。

C　回转窑

冶金工业中的炼铁回转窑按其冶炼工艺分为用于球团冶炼的氧化性回转窑和用于海绵铁生产的还原性回转窑。两种回转窑冶炼工艺中的相同之处为：（1）均以回转窑为冶炼主体，冶炼工艺大致相同；（2）冶炼的温度环境和热制度大致相同；（3）冶炼的气氛环境不同，但投入的物料中除燃料和少部分易挥发性物质外几乎全部物质均进入产品中，物质在回转窑中的分配走向大致相同。因此可认为两类回转窑工艺具有相似的共处置环境。

炼铁用回转窑整体为高温环境。根据物料的性质具有两个投加位置，即窑尾布料投加位置和窑头燃料喷吹系统投料位置。由于回转窑冶炼工艺的特殊要求，从窑尾进入回转窑的物料需要进行造球处理，形成具有一定颗粒度和滚动性能的小球，因此物料的投加位置延伸到造球前物料料仓或混料工序中。

a　配料机投加位置

从窑尾进入回转窑的物料，首先与适量的还原剂或添加剂混合后形成一定粒度的小球进入窑尾，随着窑体的转动，经历了预热段、中温段和高温段，并逐步发生各种化学反应，最终部分熔融，从窑头排出，形成含铁产品。因此该处共处置环境为高温非密闭冶炼环境。普通组分一直以固态或半熔融态形式存在，无论是氧化反应还是还原反应，最终都进入固态产品中；而具有挥发性或发生氧化还原反应后具有挥发性的组分，气化进入烟气中，与固态物质分离并最终在除尘设备中被回收。因此在该共处置环境中主要是通过变性处理和富集提取处置实现无公害化的。该共处置环境适宜处理含金属氧化物的渣量或粉尘类废物以及具有还原特性的固态碳质废物。共处置渣类及粉尘类废物中需要限制元素，如S、P、Cu、As、Sn、Ti、F等物质的含量，满足元素限值的废物允许通过配料机投加入回转窑。

（1）金属渣类及粉尘类废物需要满足入炉物态要求，包括：1）粒度要求：小于0.074mm的粒级应大于80%~90%；2）水分要求：水分约为8%~10%。

（2）固态碳质还原特性废物要求其固定碳含量大于70%，S含量小于1.0%，P含量小于0.01%~0.03%，满足重金属原料限值要求的物质允许代替部分的还原煤或焦粉投加入回转窑。固态碳质还原特性废物需要满足入炉物态要求，包括：1）粒度要求：粒度组成相对稳定，通常控制小于0.074mm占比大于80%~90%；2）水分要求：要求碳质固废中水分低于10%。

（3）预处理方式：

1）根据配料系统投加位置对入炉料的粒度和水分的要求，需要进行相应的干燥和破碎（粉磨）处理。

2）造球前的配料从料仓中取料，因此固废在入仓前需要完成干燥—破碎—粉磨及筛分的单独预处理。

3）干燥预处理通常可采用自然晾晒方式脱水干燥，或使用圆筒干燥机设备。

4）破碎、粉磨机筛分通常采用反击式破碎机、立磨、雷蒙磨等设备。

b　助燃系统投加位置

从窑头进入回转窑的物料，经过预处理后，通过烧嘴喷入窑内，与氧气结合发生燃烧反应。该处共处置环境为高温氧化性气氛。具有一定热值的可燃物质通过烧嘴进入窑内后立即发生氧化燃烧反应，放出热量，形成高温气体向窑尾流动，灰分进入烟气或固体物料中。此处共处置环境主要通过燃烧处理实现可燃废物的无公害化。该处投加位置适宜处理具有一定热值的可燃废物，包括固态（如煤粉、焦粉类）、液态（如油类）和气态（如煤气类）废物。具体共处置的废物依原厂设备的喷吹燃料状态，保持物态一致。固态可燃废物对其热值要求为$Q>25\mathrm{MJ/kg}$，液态可燃废物对其热值要求为$Q>40\mathrm{MJ/kg}$，气态可燃废物对其热值要求为$Q>32\mathrm{MJ/m^3}$，满足此热值要求的可燃废物允许代替部分燃料从燃料系统投加入回转窑。燃料组分中要求其硫含量小于1.0%。

（1）固态可燃废物需要满足喷吹的物态要求，包括：1）粒度控制。粉状固体的粒度要求小于0.074mm占70%~80%以上；2）水分控制。控制在1.0%左右，最高不超过2.0%。

（2）预处理方式：

1）共处置固体可燃废物需要进行预处理，以满足喷吹的粒度和水分要求。

2）对于可磨的固态废物，可通过配煤的方式投加在原煤预处理前的混料系统，通过原工艺设备与原煤燃料一同进行干燥和粉磨处理，包括球磨机或中速磨等工艺方式。

3）液态或气态燃料采用压力容器运输，预处理主要包括接受、储存以及加压处理等。

c　回转窑共处置废物工艺的预处理要求

（1）根据入厂固体废物的特性和入窑固体废物的要求，按照固体废物共处置方案，对固体废物进行破碎、细磨、筛分、干燥等预处理，必要时进行脱水、烘干、粉磨等处理。

（2）回转窑两处投加位置，即配料前端入口投加位置和燃烧喷吹系统投加位置，可分别共处置金属氧化物渣类或粉尘类废物和可燃类废物，根据废物的类型应对废物进行区分处理。

d　投加设施

（1）配料投加位置的投加设施包括上料设备、贮料仓、给料机、皮带运输机等设施，粉状物料（废物）还需要配备气体管道输送系统。

（2）燃料喷吹投加位置的投加设施包括粉料输送系统、燃料仓、喷吹罐、流化器、给料球阀、混合器、喷嘴等设备，液态、气态废物需要配备相应的压力容器。

5.2　有色工业高温窑炉共处置危险废物技术要求

5.2.1　有色工业高温窑炉实现共处置的工艺方式

有色工业的特征就是涵盖的种类多，单体生产设备的规模小，生产企业主要在矿产区域集中分布。有色冶炼的工艺种类多，相应的冶炼设备的类型也十分繁多。而且同一种生产设备可以应用在多种有色金属冶炼工序中，一种有色金属的冶炼工序中可能包含多种冶炼设备。本节主要选择研究生产规模较大的重金属，如铜、铅、锌等的主要冶炼工艺。

火法炼铜是铜冶金的主要方法，根据所用冶金炉的不同分为鼓风炉熔炼、反射炉熔炼、电炉熔炼、闪速炉熔炼及其他熔炼法。

火法炼铅方法可以分为焙烧还原熔炼、反应熔炼和沉淀熔炼。焙烧还原熔炼设备包括铅锌密闭鼓风炉和电炉；反应熔炼设备有膛式炉、反射炉、电炉等；沉淀熔炼是用铁在高温下把铅从 PbS 中置换出来。世界上粗铅 95% 以上是用烧结—鼓风炉还原熔炼流程生产的，我国已工业应用的方法有三种：铅精矿烧结焙烧—鼓风炉还原熔炼；铅锌混合精矿烧结焙烧—密闭鼓风炉还原熔炼；氧气底吹直接炼铅法（即 QSL 法）。

火法炼锌通常采用平罐、竖罐、电炉和鼓风炉。鼓风炉炼锌自 20 世纪 50 年代采用以来得到一定发展；电炉炼锌多在电力充足的地区应用。

有色工业中主要的高温窑炉共处置工艺可以分为四类，即变性处理、燃烧处理、稀释处理及富集提取处理。以上四种共处置工艺方式与钢铁工业的共处置工艺相同，不再赘述。

5.2.2 有色工业中高温窑炉共处置的技术要求

在共处置工艺中为了减少对原生产工艺中的产品质量的影响，并有效控制二次污染，需要对高温冶炼窑炉的共处置工艺设置控制标准。各高温窑炉的冶炼工艺不同，控制标准也是不同的。但总体上可以分为三类，即物态控制、杂质控制和冶炼制度控制。与钢铁工业的共处置工艺控制标准相同，不再赘述。

5.2.2.1 鼓风炉系统

A 物态控制

在鼓风炉炉料中，自熔性烧结块一般占 80% 以上，其他除焦炭外，还有少量的熔剂、铁屑、返渣等物料。

（1）物相控制。在鼓风炉系统中，固体物料铜精矿、铅锌混合精矿经过烧结处理后从上部的加料口加入；而热风从下部风口加入。在鼓风炉内，主要发生“固 + 气→固/液 + 气”以及“固 + 固→固/液 + 气”的物相变化。为了保障料柱的透气性，禁止除满足一定粒度要求固体物料外的其他物相从加料口加入。液态或者气态燃料或者流态化的煤粉等燃料可从风口加入。

（2）水分控制。烧结用混合料加水后体积会有所变化，当堆积密度最小时，炉料透气性最好。最佳含水量也取决于混合料的物料组成和粒度组成，通常可由试验确定，一般为 5%~7%。随烧结料进入鼓风炉的水分也应该进行控制。过量的水分在蒸发时会带走大量的热量，增加冶炼能耗，同时增大炉气量，逸出的气体会带走粉尘，使炉尘量增加。一般要求入炉料含水量低于 3%。

（3）粒度控制。鼓风炉冶炼工艺中，物料的粒度是决定料柱透气性的主要因素，直接影响鼓风炉生产顺行。物料粒度均匀，保证合适的孔隙度，既可保障炉料顺行，又可保障炉料不被炉气带走。生产中，块状物料粒度大于 30mm 时，可直接加入鼓风炉。烧结块的块度为 30 ~ 100mm，熔剂块度以 50 ~ 100mm 为宜。而烧结用的混合料在制粒后的粒度组成一般要求是：小于 3mm 的控制在 10%~15%；3~6mm的为 40%~60%；6~9mm 的为 20%~25%；大于 9mm 的不超过 15%。

B 杂质控制

有色冶炼工业的特征之一就是物料成分复杂、杂质较多。粗冶炼后必须有精炼工序。除了考虑物料中含有的少量、微量杂质成分对产物质量的影响外，还要着重考虑较高杂质含量的物质对冶炼工艺顺行的影响等。

（1）铜。铜在铅锌鼓风炉熔炼时，大部分溶于粗铅，在粗铅精炼时回收。铜在铅中的溶解度见表 5-31。控制原料中含铜量不超过 2.5%。

表 5-31 铜在铅中的溶解度

温度/℃	600	715	820	874	907	930
溶解度/%	1	2	4	6	8	10

（2）硫。铅锌冶炼中，一般而言，烧结块含硫越低越好。多数工厂使用的烧结块含硫为 0.5%~1.0%。硫在熔炼中呈硫化铅形态挥发，会增加冷凝系统的浮渣及蓝粉量，降低冷凝效率和铅、锌的直接回收率。挥发的硫通常占炉料硫量的 16%~20%。铅锌烧结块中残硫要求不大于 1.0%，一般为 0.6%~0.8%。

（3）砷。熔炼时砷大部分随炉渣和黄渣带出。炉渣送渣场弃置时，系统中不会产生砷积累问题；但当炉渣烟化回收渣中的铅、锌时，砷会挥发进入氧化锌中；在氧化锌返回系统时，砷会循环富集。

（4）锡。锡对锌的质量影响较大，锌锭含锡要求不大于 0.002%。即使烧结块含锡不高，锌中锡的含量也会超过允许限度。烧结块含锡对产品质量的影响如图 5-1 所示。

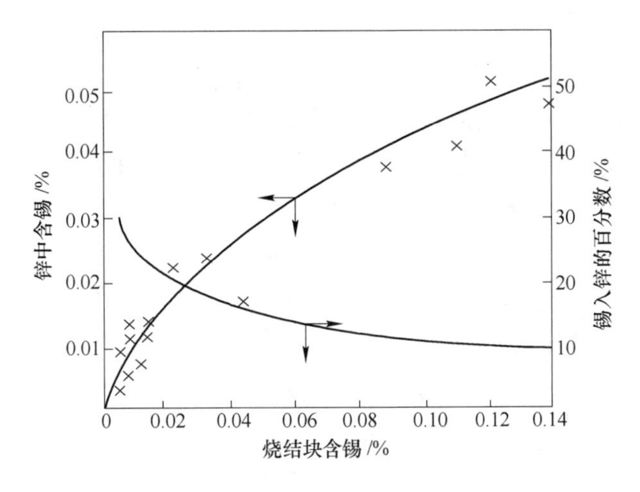

图 5-1 烧结块含锡对产品质量的影响

熔炼含锡0.035%烧结块时，锡在熔炼产物中的分布见表5-32。

表5-32 锡在铅锌熔炼中的分布 (%)

粗 锌	冷凝器浮渣	粗 铅	炉 渣
16.7	9.9	68.8	4.5

根据生产经验，铅锌冶炼工艺中对杂质含量的要求见表5-33和表5-34。

表5-33 对铅锌混合精矿的杂质含量要求 (%)

$Pb+SiO_2$	As	Ge	F
<26	<0.4	<0.1	<0.1

表5-34 对铅烧结混合料的成分要求 (%)

Pb	S	Cu	Zn
40~45	5~7	<1.5	<7

C 冶炼制度控制

(1) 造渣制度。冶炼过程中，合理的造渣制度是保证工艺顺行、提高渣金分离、控制杂质进入金属熔体的必要条件。有色冶炼工艺中渣中FeO含量较高，渣流动性好且易侵蚀。ZnS及ZnO对渣性质的影响较大。根据经验，应严格限制烧结块CaO/SiO_2在1.2~1.7之间，Fe≥9.5%。铅渣的组成见表5-35。

表5-35 铅锌冶炼中渣的典型成分 (%)

SiO_2	FeO	CaO	ZnO	MgO	Al_2O_3
19~35	28~40	5~20	5~25	3~5	3~8

实践证明，渣含锌大于17%时，熔炼已有困难，且高锌渣含SiO_2应不小于17%；渣中$FeO+CaO+SiO_2+ZnO$总量为78%~86%时，FeO+CaO应大于43%~46%。

(2) 热制度。铅鼓风炉的热制度具有十分重要的作用。鼓风炉内的还原熔炼反应进行的速度和完全程度主要取决于炉内的温度和气相成分。而炉内的温度和气相成分又与碳质燃料在风口区的燃烧情况有关。碳质燃料在熔炼时起着发热剂和还原剂的作用，既要求燃料燃烧获得最大限度的发热效率以提高炉子生产率，又需要保证冶炼中的还原气氛以提高金属回收率。直接与热制度相关的数据为燃料消耗量和送风量。为了保证热制度的稳定性，在共处置工艺中需要考虑固废物料中强吸热物质及水分的含量，避免对工艺造成较大波动。

5.2.2.2 反射炉

A 物态控制

反射炉熔炼对原料适应性较强，对使用的燃料种类无特殊要求。炼铜反射炉的任务是把铜精矿和硅石、石灰石等熔剂共同熔化，使含铜量增加后的冰铜与渣分离。反射炉用重油、天然气或粉煤作燃料，利用烧嘴的火焰形成炉顶的辐射热来熔炼。装料方法有从炉内两侧壁进料，经料斗逐渐向炉内送料的方式（侧装式），及把烧结矿向熔池面上撒的方式（干上料）。国内铜冶炼反射炉均采用料坡熔炼，其加料口均对称设在炉顶两侧，沿炉长方向排列，加料口的中心线间距为0.9~1.2m。加料口尺寸一般为（150~250）mm×（200~300）mm，按加料量及料中水分不同而定，也可使位于高温区的加料口扩大。目前国内大型铜熔炼反射炉炉顶加料口数量多达56个。加料口的中心线至炉侧墙内沿的距离一般为200~300mm，加料口中心线与水平线的夹角一般不小于60°。图5-2为反射炉投、放料口示意图。

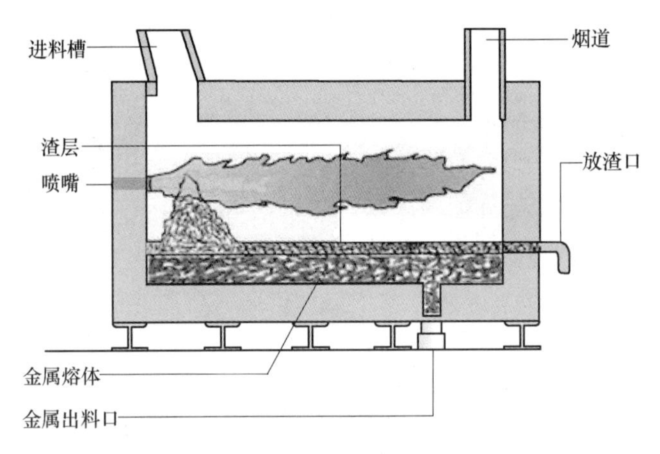

图5-2 反射炉投、放料口示意图

炉料加入量和加入速度主要取决于炉料的熔化速度。炉料加入量沿炉长分配的比例随炉内温度区域的不同而不同。国内反射炉一般在高温区加入炉料的60%左右，在中温区加入25%~30%，在低温区加入10%~15%。每个加料口每次加料时间，在高温区不多于90s，中温区不多于60s。

（1）物相控制。在反射炉系统中，固体物料从进料槽加入，在料床上经斜坡形成料层；燃料如重油、天然气或煤粉从喷嘴加入，主要发生燃烧反应产生热量。在反射炉内发生的反应以“固→固+气”、“固+固→固+固/气”、“固+气→固/液+气”以及“固/液/气+O_2→气”为主。进料槽中只允许固相物料的加入。喷嘴处可根据工艺设计，加入固相、液相和气相物质，但通常是燃料类物质。

（2）水分控制。反射炉冶炼工艺中应控制入炉料的水分。过量的水分在蒸发时会带走大量的热量，增加冶炼能耗，同时增大炉气量，逸出的气体会带走粉尘，使炉尘量增加。一般要求入炉料含水量低于3%。控制精矿含水量以5%~6%

为宜。

（3）粒度控制。反射炉的最大特点是能处理细粒物料，为了保证物料均匀充分接受辐射热量熔化，要求物料粒度较小；同时又不能只适合处理粒度不大于3～5mm的物料。

B 杂质控制

有色冶炼工业的特征之一就是物料成分复杂、杂质较多，粗冶炼后必须有精炼工序。除了考虑物料中含有的少量、微量杂质成分对产物质量的影响外，还要着重考虑较高杂质含量的物质对冶炼工艺顺行的影响等。

铜反射炉冶炼工艺中的杂质元素包括：锌、镉、铋、铅和砷等（表5-36）。

表5-36 反射炉产品（铜锍）中杂质元素限值

元 素	Zn	Cd	As	F	Pb
限值/%	≤5～6	<6	<0.10	<0.08	<0.95

（1）锌。炉料中的锌主要以ZnS和ZnO的形态存在。锌在熔炼过程中约50%进入炉渣，约45%进入冰铜，进入烟尘中的数量很少。在熔炼过程中部分ZnS被氧化生成的ZnO及炉料中带入的ZnO以硅酸锌和亚铁酸锌的形态进入炉渣。大部分ZnS因其熔点高（1650℃）而在冰铜和炉渣之间形成隔膜层，阻碍冰铜与炉渣的分离澄清。炉料含锌一般不应超过5%～6%，否则对反射炉熔炼产生极为有害的影响。

（2）镉。镉与锌是在化学性质上相似的两种元素。镉在炉料中基本上呈硫化镉的形态与硫化锌伴生。在反射炉熔池内，由于锌的量远大于镉，因此硫化镉不易被铁氧化物氧化，虽有少量被氧化生成氧化镉，也因其具有升华的物理特性而进入烟尘。一般76%镉进入冰铜，20%进入烟尘，只有4%呈硫化镉形态随炉渣排出。镉对反射炉冶炼工艺的影响与锌相似。应控制Cd在炉料中含量低于6%。

（3）氟和砷。在冶炼过程中，氟呈氟化钙形态分别由炉料、熔剂带入反射炉。熔炼过程中带入的氟量50%进入炉渣，40%进入烟尘和烟气，约10%进入冰铜。砷在炉料中以硫化物和氧化物的形态存在。进入反射炉的砷中，有55%呈As_2O_3形态挥发进入烟气和烟尘，15%呈砷酸盐的形态进入弃渣，其余的进入冰铜。由于氟、砷大量进入硫酸生产系统会造成触媒中毒严重，使转化器的转化率明显下降，硫酸生产系统生产极不正常，因此必须严格控制进厂原料中的氟、砷含量。入炉原料应控制含砷低于0.10%，含氟低于0.08%。

（4）铅。炉料中的铅主要以硫化物形态存在，少量以氧化物形态存在。在反射炉熔炼条件下因硫化铅与硫化亚铜、硫化亚铁形成易熔的共晶体，所以大部分铅以硫化铅的形态进入冰铜；而氧化铅由于几乎与所有的金属氧化物可形成低熔点化合物，且与炉料中的 SiO_2、Al_2O_3 等形成硅酸盐。因此，大部分氧化铅进入炉渣，只有少量氧化铅挥发进入烟尘。炉料含铅过高是影响粗铜质量的主要原因。要保证粗铜达一级品，必须控制炉料含铅低于 0.95%。

(5) 铁。铁的化合物在反射炉中最终形成磁性氧化铁，因其熔点（1597℃）高且比重较大，会使熔渣黏度和比重增大，冰铜与炉渣的分离会比较困难，渣含铜升高。溶于冰铜的 Fe_3O_4 在反射炉炉底温度较低的情况下析出，形成磁性底结。因此，Fe_3O_4 是反射炉熔炼的有害成分。

C　冶炼制度控制

(1) 造渣制度。反射炉炼铜工艺中，炉料的铜品位相对较低（精矿品位 15%~30% Cu，矿石品位 0.4%~2% Cu），因此渣量很大，通常为 50%~100% 或更高。炉渣构成了熔炼产物的基体，炉渣的性质决定着熔炼过程的特征。炼铜炉渣主要组成见表 5-37。

表 5-37　炼铜反射炉炉渣的成分　(%)

SiO_2	FeO	CaO	MgO	Al_2O_3	Cu
35 ~ 42	30 ~ 45	4 ~ 20	1 ~ 5	2 ~ 13	0.2 ~ 0.6

铜渣熔化温度一般为 1050 ~ 1150℃，在很大程度上决定着炉温的高低，也决定着炉料的熔化速度和燃料消耗。渣黏度对冶金反应速度以及冰铜与炉渣的澄清分离有重大的影响，对冰铜与炉渣澄清分离来说，要求炉渣的比重越小越好。ZnS 及 Fe_3O_4 对炉渣性质造成十分不利的影响，是反射炉熔炼工艺中的有害成分。炉渣中 SiO_2、FeO、CaO 的含量，常以 SiO_2/Fe 和 SiO_2/CaO 比来表示，它们分别为 1.2 ~ 1.3 和 2.4 ~ 3.4 时有利于冰铜和渣的分离及提高铜回收率。控制 MgO < 5%。

(2) 热制度。反射炉熔炼所需总热量的 80% ~ 90% 由燃料燃烧供给，其余 10%~20% 来自熔炼过程的放热反应及炉料、燃料、空气（常温）带来的显热。炉头温度一般为 1500 ~ 1550℃，炉尾温度为 1250 ~ 1300℃，出炉烟气温度为 1200℃左右。当粉煤质量低劣或粒度较粗、水分较高时，炉头温度会降低，炉尾及烟气温度升高，若粉煤挥发分高、质量较好、粒度较细，则将引起炉头温度过高。实行共处置工艺时，为了保证热制度的稳定性，需要对共处置固废的反应热、熔化热以及水分等进行分析，对燃煤量进行相应的调整。

D　对可燃物质的要求

现代大型反射炉所使用的燃料有粉煤、重油、天然气等，中小型反射炉也可用块煤层式燃烧供热。空气使用量以保证燃料充分燃烧为限度，空气过剩不宜超过 10%~15%，否则会降低炉温。

采用粉煤燃烧时，对粉煤的要求是：

(1) 粉煤的低发热值高于 $(2.5 \sim 2.7) \times 10^4$ kJ/kg。

（2）挥发物含量不低于25%~35%。

（3）灰分含量不大于8%~12%，灰分熔点应在1200~1240℃。根据测定粉煤燃烧所得灰分，有25%~40%沉积在熔池表面上，50%沉积在烟道和废热锅炉的管子上。如果粉煤灰分高且难熔，会沉积在渣表面形成渣壳，由于渣壳的导热性差，妨碍熔池的受热，使炉料受热减慢。如果粉煤灰分高且易熔，则虽然不会形成难熔渣壳，但灰分的微粒却呈塑态或液态被炉气带出，沉积并充塞于烟道和余热锅炉管道之间，形成结瘤，使烟气流道截面减小，增大阻力，严重时会破坏熔炼过程。

（4）粉煤的粒度0.074mm以上占比应大于85%。

熔炼反射炉对粉煤的一般要求见表5-38。

表5-38 熔炼反射炉对粉煤的一般要求

粉煤发热量 /kJ·kg^{-1}	挥发分/%	灰分熔点/℃	灰分/%	水分/%	粒度（<0.074mm）/%
>25200	>25	>1200	<15	<1.5	80~85

采用重油和天然气作为炉用燃料时，燃烧完全，几乎无灰分，炉温易于控制，重油和天然气均易于输送且天然气的燃烧设备简单。熔炼反射炉对重油的要求见表5-39。

表5-39 熔炼反射炉对重油的一般要求

可燃物的元素组成/%			$Q_{低}$/kJ·kg^{-1}
C	H	O+N	
83~84	11~14	0.5~2.0	40000

5.2.2.3 闪速炉系统

A 物态控制

闪速炉主要用来处理精矿细料。干燥后的精矿和富氧空气或预热空气通过精矿喷嘴进行混合并高速吹入反应塔，在塔内的高温作用下，迅速进行氧化脱硫、熔化、造渣等反应，再补充热风显热和辅助燃料以维持温度，使熔炼反应继续进行。加入闪速炉的物料都从喷嘴进入反应塔中。目前喷嘴主要有一段收缩式和中央喷射式两类。

（1）物相控制。闪速炉属于悬浮熔炼，经配料、干燥处理后的物料通过反应塔顶部精矿喷嘴进入塔内，在2~3s内瞬间完成气—固—液相间的一系列氧化、脱硫、造渣反应，生成铜锍、炉渣，经沉淀池分离后分别排出。在闪速炉内发生的反应主要有“固→固+气”、“固+气→固”、“液+气→气”、“气+气→

气”以及“固→液/气”。精矿喷嘴中只允许固相物料及空气的加入，助燃烧嘴多采用重油作为燃料。

（2）水分控制。闪速炉熔炼要求在反应塔内以极短的时间（2～3s）完成全部冶金化学反应过程，因此炉料必须事先干燥使其含水量小于0.3%。如果炉料水分高则会导致反应不完全，发生下生料现象。

干燥时不应使硫化物氧化和颗粒黏结。干燥可用回转窑、气流干燥或闪速干燥。目前许多工厂采用气流干燥法。已经配好的湿炉料由回转窑的窑头加入，在沉降室、漩涡收尘器和布袋收尘器收集，并落在闪速炉的中间料仓中，然后送至精矿喷嘴喷入反应塔。三段脱水的干燥率分别是：回转窑20%～30%，鼠笼破碎机50%～60%，气流干燥管20%～30%。各段的收尘效率是：沉尘室7%，一段漩涡86%，二段漩涡5%，其余在布袋收尘器中捕收。

（3）粒度控制。闪速炉处理的精矿必须要求具有较小的粒度，以保证大的比表面积，来获得较大表面活化能。粒度的大小直接影响闪速炉内氧化及硫化反应的效率。粒度大，也会导致反应不完全，发生下生料现象。

铜精矿粒度一般为－0.074mm占80%左右。石英熔剂可以是经破碎筛分后的石英砂，也可直接使用天然海砂或河砂，但应控制粒度在1mm以下。各种返回品，如烟尘等也均应经过破碎筛分。

B 杂质控制

铜闪速炉冶炼用硫精矿，存在伴生矿、杂质元素多等问题。部分杂质元素在后期精炼过程中能够去除，部分元素过量会给后续处理带来较大压力，且一些元素还会对冶炼的工艺过程带来不良影响。

铜镍原料进行造锍熔炼时，除了铁与硫外，其他伴生的元素还有Co、Pb、Zn、As、Sb、Bi、Se、Te、Au、Ag和铂族元素。其中贵金属总是富集在铜镍金属相中，然后从电解精炼过程中回收。其他的元素应该在熔炼过程中，不同程度地挥发进入气相或者以氧化物形态进入炉渣。锍和金属铜或镍是Au、Ag等贵金属的捕集剂；炉渣捕集优先氧化后的FeO、精矿和溶剂中的脉石（SiO_2、Al_2O_3、CaO等）以及精矿中的少量杂质元素；烟尘中富集了挥发性元素。

闪速炉脱硫率高且易于控制，对铜精矿含铜、硫的品位无特殊要求。但对作为杂质的铅、锌、砷、锑、铋等元素应加以控制。其对杂质元素的要求与反射炉相似。主要控制指标如下（表5-40）。

表5-40 闪速炉随原料入炉杂质元素投加限值 （%）

Zn	As	F	Pb	Cd	Sb	Bi
0.6	0.2	0.08	0.4	0.6	0.08	0.1

（1）锌。伴随精矿进入闪速炉中的锌主要以ZnS和ZnO的形态存在。在氧

化气氛中，Zn 很少挥发进入烟尘。根据贵冶厂的数据，锌中约 45% 进入炉渣，约 30% 进入冰铜，进入烟尘中的占比低于 15%。锌对闪速炉熔炼的危害主要表现为：在熔炼过程中部分 ZnS 被氧化生成的 ZnO 及炉料中带入的 ZnO 以硅酸锌和亚铁酸锌的形态进入炉渣。进入炉渣的 ZnO 因其熔点高（1650℃）而在冰铜和炉渣之间形成隔膜层，阻碍冰铜与炉渣的分离澄清。应控制炉料中锌含量低于 0.6%~1.2%。

（2）砷、氟。砷在炉料中以硫化物和氧化物的形态存在。铜精矿含砷量增加，硫酸系统的稀酸产量也随之增加，同时高砷的白色烟尘也会增加电收尘器操作以及烟尘运输的困难。氟对闪速炉工艺的影响与之相似，在冶炼过程中，氟呈氟化钙形态带入闪速炉，熔炼过程中带入的氟量50% 进入炉渣，40% 进入烟尘和烟气，约 10% 进入冰铜。由于氟、砷大量进入硫酸生产系统会造成触媒中毒严重，使转化器的转化率明显下降，硫酸生产系统生产极不正常，因此必须严格控制进厂原料中的氟、砷含量。入炉原料应控制含砷低于 0.20%，氟含量低于 0.08%。

（3）铅。精矿中的铅主要以硫化物形态存在，少量以氧化物形态存在。在熔炼过程中大部分铅（约 80%）以硫化铅的形态进入冰铜。部分硫化铅被氧化后进入炉渣，占 15%。氧化铅与金属氧化物形成低熔点化合物，且与炉料中的 SiO_2、Al_2O_3等形成硅酸盐。只有约 5% 的氧化铅挥发进入烟尘。进入烟尘中的铅与锌一样会降低闪速炉烟尘的熔点，使之易于黏结废热锅炉管壁。通常精矿中控制炉料含铅低于 0.4%~0.5%。

（4）镉。镉与锌在化学性质上相似。镉在炉料中基本上呈硫化镉的形态与硫化锌伴生。在闪速炉熔炼过程中，相比反射炉其氧化程度更高，形成的氧化镉因其具有升华的物理特性而进入烟尘，硫化镉则进入冰铜。镉的危害体现在降低烟尘熔点，使之容易在管道形成黏结。应控制 Cd 在炉料中含量低于 0.6%。

（5）锑、铋。锑、铋性质相似，在闪速炉工艺中约 70% 进入冰铜中。精矿含锑、铋高，会造成阳极铜中的锑、铋含量高，从而增加电解精炼净液工序的负担，并影响电解铜质量。通常控制其含量 Sb < 0.085%，Bi < 0.10%

C 冶炼制度控制

（1）造渣制度。闪速炉一般需控制炉渣含 SiO_2 及 Fe/SiO_2 比值。炉渣 Fe/SiO_2 比值高，渣量少，金属损失也少，同时熔剂消耗降低。但由于炉渣含 Fe_3O_4 随 Fe/SiO_2 比值升高而升高，从而造成炉渣黏度增加，渣中含铜量升高。

根据表 5-41 数据，应控制 Fe/SiO_2 比值在 1.1 ~1.2 之间。

表 5-41 贵冶闪速炉炉渣成分实例 （%）

成 分	Fe/SiO_2	Cu	Fe	S	SiO_2
含 量	1.15	0.9	38.6	1.0	33.6

闪速炉熔剂为石英石，一般要求含 SiO_2 在 80% 以上，含铁在 3% 以下，砷和

氟等杂质尽量低（表5-42）。

表5-42 闪速炉用熔剂成分实例 （%）

成 分	SiO_2	Fe	As	F
含 量	>85	<2	<0.1	<0.1

（2）热制度。闪速炉熔炼是将预热空气或富氧空气和干燥的精矿以一定的比例强烈混合，并以很大的速度呈悬浮状态垂直喷入反应塔内，布满整个反应塔截面，并发生强烈的氧化放热反应。闪速炉的供风有中温（400~500℃）、高温（大于800℃）和低温富氧（200℃，30%~40%氧含量）三种形式，对热制度具有直接的影响。共处置工艺对原热制度最大的影响就是物料中的水分含量。由于要求的反应时间很短（2~3s），炉料中的水分含量会对热制度造成较大的影响，应控制炉料中的水分含量小于0.3%。

D 对可燃物质的要求

闪速炉常用燃料有重油、焦粉、粉煤及天然气等。各种燃料可单独使用，也可混合使用。也可以通过富氧鼓风实现反应塔完全自热。反应塔使用粉煤时，应控制大于0.08mm的粉煤少于10%，否则粉煤燃烧不完全而进入废热锅炉，粒径大于1mm的粉煤或焦粉会沉落在沉淀池中，对降低渣含铜有益，但使用粉煤或焦粉将增加铜锍中砷、锑、铋等杂质含量。烟气用于制酸，因此对燃料含硫量没有特殊要求。

闪速炉对燃料的要求见表5-43，闪速炉用重油实例见表5-44。

表5-43 闪速炉对燃料的要求

煤粉	煤粉发热量/MJ·kg⁻¹	挥发分/%	灰分熔点/℃	灰分/%	水分/%	粒 度
要求值	>25.2	>25	>1200	<15	<1.5	80%~85%通过0.074mm
重油	C/%	H/%	O+N/%	最低发热值/MJ·kg⁻¹		
要求值	83~84	11~14	0.5~2.0	40		

表5-44 闪速炉用重油实例

工 厂	种 类	$Q_{低}$/MJ·kg⁻¹	元素组成/%					
			C	H	S	O	N	W
贵 冶	200号渣油	41	85.4	11.2	0.5	0.5	0.6	1.2
足尾厂	日本C重油	41	86	12				
佐贺关厂	船用重油	44	86.5	11.2	2			
东予厂	日本C重油	41	86	12				
格沃古夫厂	重 油	41	85.9	11.1	2.5			

注：贵冶用200号渣油 $Q_{低}$ 为41.023MJ/kg；黏度为400~600mPa·s；重油密度为0.97g/cm³。

还有一些冶炼厂的闪速炉采用天然气为燃料，如巴亚马雷厂用的天然气含 CH_4 98%，低发热值 $Q_{低}$ 为 35.590MJ/m^3；圣马纽尔厂用的天然气 $Q_{低}$ 为 34MJ/m^3。

部分闪速炉工艺中使用煤、焦等固体燃料，见表 5-45。

表 5-45 闪速炉用焦粉和粉煤的实例

厂名	种类	粒度分析	$Q_{低}$ /MJ·kg^{-1}	元素组成/%					
				C	H	O	N	S	灰分
佐贺关厂	焦粉	+1.0mm 6.0% 1.0~0.5mm 14.0% 0.5~0.149mm 44.7% 0.149~0.044mm 21.9% -0.044mm 13.4%	28.5	86.5				0.58	10.11
东予厂 玉野厂	粉煤	+0.177mm <10% -0.147mm >90%	27.2	64.7	5.3	4.4	0.8	2.6	22

5.2.3 有色工业的二次污染控制

5.2.3.1 共处置过程中的主要污染物

A 鼓风炉系统

（1）产品杂质释放类污染物。随着原料、共处置的固废及燃料中的灰分带入铅锌冶炼鼓风炉的物质在鼓风炉还原性气氛下部分被还原进入产品粗铅中，由于还原气氛较弱，除 Pb、Cu 以及金属态的重金属如 Au、Ag、Bi 外，其他物质很少进入产品中。

根据元素的性质，其可能对产品（粗铅）质量造成的影响如下：

1）金属 Pb、PbO、重金属 Au、Ag、Bi 几乎全部进入粗铅产品中，但不会对产品质量造成影响。

2）硫酸铅以及各种形态的 Cu 进入冰铜中，不会对产品造成影响。

3）As、Sb 部分进入粗铅中，并且会对产品质量造成不良影响。As 和 Sb 的投加限值均为 <0.4%。

（2）渣排放类污染物。根据铅锌冶炼鼓风炉的还原理论，不能够被还原的各类物质进入到渣中，包括：SiO_2、CaO、MgO、Al_2O_3等不能被还原物质；FeO、Fe、ZnO 等部分还原或置换产生的物质溶于渣中；砷酸盐、锑酸盐等物质包含 As、Sb、Ni、Co 等元素；不溶于渣的 ZnS。

渣的主要物质为 SiO_2、FeO、CaO，包括 MgO、Al_2O_3等物质不对造渣制度造成影响，并可随渣排放。

ZnO、砷酸盐、锑酸盐等物质具有毒性，对其在渣中的排放需要遵循相关标准。

ZnS 是渣中最为有害的杂质，会造成炉渣黏度增加，熔点升高、铅损增加等问题，应限制硫化锌、硫酸锌等物质的入炉。

（3）烟气排放类污染物。在铅矿或锌铅矿烧结工序中，物料中硫化物如 FeS、ZnS、CdS 中的硫会部分氧化形成 SO_2 进入烟气中；烧结过程中，氧化生成物如 CdO 以及 Sb_2S_3、Sb_2O_3、As_2S_3、As_2O_3 易挥发进入烟尘中；鼓风炉冶炼过程中，ZnO 部分被还原形成 Zn 进入烟气中；部分 As_2O_3、Sb_2O_3 挥发进入烟气；CdO 几乎都挥发进入烟尘。

ZnO 在烟尘中回收成为 Zn 冶炼原料；其他粉尘如 As_2O_3、Sb_2O_3、CdO 随粉尘富集，对鼓风炉冶炼造成影响；烧结机鼓风炉烟气中 SO_2 浓度较大，通过制酸设备回收，因此允许 S 的进入。

（4）烟气排放及控制。铅鼓风炉的烟气成分及烟气量，主要取决于鼓风量与炉内焦炭的燃烧情况。为使焦炭燃烧获得较高的热利用率，同时又保证炉内有适当的还原气氛，通常根据炉内料面处烟气中 CO_2 与 CO 含量的比例来控制。当采用高料柱操作时，CO/CO_2 为 0.3～0.5；采用低料柱操作时为 0.5～1.0。而鼓风炉烟尘率与操作条件有关，采用高料柱操作为 0.5%～2%；低料柱操作时为 3%～5%。铅锌鼓风炉的烟尘中主要存在重金属粉尘危害，烟尘除含有 Pb、Zn 外，还含有 In、Te、Cd、S 等元素。

铅鼓风炉熔炼高料柱操作的烟气温度一般为 150～200℃，打炉结和处理事故时，烟气温度可升至 300℃，甚至达 500～600℃。收尘流程为：鼓风炉→沉降室→表面冷却器→旋风收尘器→风机→袋式收尘器→风机→烟囱。

B　反射炉系统

（1）产品杂质释放类污染物。铜冶炼反射炉是氧化性气氛，随着原料、燃料以及共处置的固废带入炉内的物质主要发生氧化和造锍反应，部分形成硫化物进入冰铜，除 Cu_2S、CuO、$CuSO_4$ 以及以 PbS 形态存在的铅大部分进入冰铜外，其余物质只有少部分进入产品中。

根据元素的性质，其可能对产品（粗铅）质量造成的影响如下：

1）各种形态的 Cu、PbS、FeS、Ni_3S、Au、Ag、Bi 等物质主动进入冰铜中，形成产品，除 PbS、Ni_3S 外不会对其质量造成影响。

2）Fe_3O_4、ZnS 等物质由于黏度较大，与冰铜分离困难，部分进入冰铜形成夹杂，对产品质量造成一定的影响。

（2）渣排放类污染物。根据铜冶炼反射炉的冶炼条件，不能硫化的各类物质进入到渣中，包括 SiO_2、CaO、MgO、Al_2O_3、FeO、PbO、ZnO、Fe_3O_4 等氧化物；五价的砷酸盐、锑酸盐等物质；ZnS 等黏度较大与冰铜不溶的硫化物；以及被微量卷入渣中的 Cu、As、Sb、Se、Te 等元素。

ZnO、PbO、砷酸盐、锑酸盐等物质具有毒性，对其在渣中的排放需要遵循相关标准。

ZnS、Fe_3O_4是渣中最为有害的杂质，会造成炉渣黏度增加、熔点升高、铅损增加，形成炉结等问题，应限制入炉。

（3）烟气排放类污染物。反射炉冶炼为中性或弱氧化性气氛，燃料燃烧产生 CO_2、CO 及 SO_2，是主要的烟气组分。

在反射炉冶炼过程中，Cd、CdO 以及三价砷、Sb，如 Sb_2S_3、Sb_2O_3、As_2S_3、As_2O_3、Bi 易挥发进入烟尘中，Se 和 Te 的化合物少部分进入烟尘。

反射炉烟尘中颗粒污染物的排放量约为 20 ~ 35g/m^3，主要来自低熔点物质的挥发。

（4）烟气排放及控制。反射炉熔炼硫化精矿时，炉内一般保持微氧化性气氛。出炉烟气主要是 CO_2 和 CO。一般烟气成分为（SO_2 + CO_2）：17%~19%；O_2：0.7%~1.2%；CO：0.2%~0.5%。烟气 SO_2 含量在熔炼焙烧矿时，一般为 0.5%~1.0%；熔炼生精矿时，可达1%~2%。反射炉熔炼烟气量大，因而烟气含 SO_2浓度低，回收不经济。出炉烟气含量一般为 20 ~ 35g/m^3。若采用粉煤为燃料时，粉煤中的灰分有 58%~62% 进入烟气中。反射炉烟尘率一般为 1.3%~3.5%。主要存在重金属粉尘危害，烟尘除含有 Pb、Zn 外，还含有 In、Te、Cd、S 等元素。收尘流程为：反射炉→废热锅炉→旋风除尘器→排风机→电收尘器→制酸或放空。

C 闪速炉系统

（1）产品杂质释放类污染物。铜冶炼闪速炉是氧化性气氛，由原料、燃料以及共处置的固废带入炉内的物质主要发生氧化和造锍反应，Cu_2S、FeS 等形成了冰铜产品的主要相；未被氧化的镍、钴硫化物进入冰铜；贵金属 Au、Ag 进入冰铜；PbS、ZnS、Fe_3O_4、砷酸盐、锑酸盐以及 Se、Te 的化合物部分进入冰铜中形成夹杂。

进入产品中不会对其质量造成影响的物质包括 Cu_2S、FeS、Au、Ag 等。

进入产品形成渣类夹杂但不会对产品质量造成影响的物质包括 ZnS、Fe_3O_4。

冶炼过程中物质在产品中形成杂质释放的物质包括 PbS、Ni_3S、砷酸盐、锑酸盐，以及 Se、Te 的化合物。

（2）渣排放类污染物。根据铜冶炼闪速炉的冶炼条件，不能硫化的各类物质进入渣中，包括 SiO_2、CaO、MgO、Al_2O_3、FeO、PbO、ZnO、Fe_3O_4、NiO、CoO 等氧化物；五价的砷酸盐、锑酸盐等物质；ZnS 等黏度较大与冰铜不溶的硫化物；及被微量卷入渣中的 Cu、As、Sb、Se、Te 等元素。

渣的主要物质为 SiO_2、FeO、CaO，以及 MgO、Al_2O_3、Fe_3O_4、NiO、CoO 等，不会对造渣制度造成影响，并可随渣排放。

ZnO、PbO、砷酸盐、锑酸盐等物质具有毒性，对其在渣中的排放需要遵循相关标准。

ZnS、Fe_3O_4是渣中最为有害的杂质，会造成炉渣黏度增加、熔点升高、铅损增加，形成炉结等问题，应限制入炉。ZnS < 0.6%~1.2%。

（3）烟气排放类污染物。闪速炉冶炼为氧化性气氛，燃料燃烧产生CO_2、CO及SO_2，是主要的烟气组分，闪速炉烟气中SO_2浓度达70%~80%，通常用于制酸。

在闪速炉冶炼过程中，Zn少量挥发形成烟尘；大部分Pb、Se、Te、Re等物质挥发进入烟尘；三价砷、锑，如Sb_2S_3、Sb_2O_3、As_2S_3、As_2O_3、Bi易挥发进入烟尘中。

闪速炉烟尘中颗粒污染物的排放量约为50~120g/m^3，主要来自低熔点物质的挥发，送去制酸前需要除尘。

（4）烟气排放及控制。在闪速炉工艺中，通常配有高温锅炉来对烟气进行处理，随后进入制酸系统中。闪速炉产出的高温烟气含SO_2及粉尘（含尘量高达8%~10%）均比较高。闪速炉出炉烟气温度一般为1300~1350℃，并含有50~100g/m^{3}熔融状态的烟尘。烟气首先送入预热锅炉初步除尘，然后经双系列电场超高压电除尘器，将含尘降至0.5g/m^{3}以下。与转炉烟气汇合送入硫酸制造系统，混合烟气经洗涤、冷却、除雾、干燥及两次转化、两次吸收后制得硫酸。闪速炉及转炉预热锅炉捕集的烟尘经破碎筛分后将粗颗粒部分送转炉作冷料，粉尘则经风力输送返回闪速炉处理。

因此，闪速炉工序中带来的二次污染较少，高温烟气中夹带的S主要为金属硫化物，以及挥发进入烟气中的Pb和Zn等。闪速炉烟尘成分与原料所含易挥发元素Pb、Zn、As、Sb、Bi、Cd等有密切关系，同时与返回的转炉及闪速炉烟尘，特别是电除尘器烟尘数量有关。由于杂质在熔炼过程中依平衡关系分布于烟尘、炉渣及铜锍中，因此烟尘含杂质成分高，铜锍以及之后的粗铜杂质含量也高。为避免杂质随烟尘的返回不断积累，含杂质高的烟尘不应全部返回闪速炉。除尘流程为：闪速炉→废热锅炉→沉降斗→电除尘器→排风机→制酸。

5.2.3.2 污染物分配规律及共处置过程中的增量关系

有色冶炼行业中通常包含三类产出物：金属（如粗铅、铜锍等）、炉渣和烟气，进入冶炼窑炉中的物质都在三类产出物间存在物质分配和平衡。有色冶炼主要发生硫化反应、氧化反应或弱还原反应，在铜冶炼、铅锌冶炼工艺中，通常只有Pb、Cu、Cu_2S、PbS、FeS、Ni_3S、Au、Ag、Bi等元素以及砷酸盐、锑酸盐进入产品中；SiO_2、CaO、MgO、Al_2O_3、FeO、PbO、ZnO、Fe_3O_4、NiO、CoO等氧化物，五价的砷酸盐、锑酸盐等物质，ZnS等黏度较大与冰铜不溶的硫化物等进入渣中；CO、CO_2、SO_2，挥发的Zn、Pb、Se、Te、Re等物质，三价砷、锑，如

Sb_2S_3、Sb_2O_3、As_2S_3、As_2O_3易挥发进入烟尘中。

部分元素在铜冶炼中的分配比见表5-46。其中增量关系和投加速率的具体计算方法见5.1.4.2节，不再赘述。

表5-46 部分元素在铜冶炼中的分配比

元素	Au，Ag	Sb	As	Bi	Cd	Co	Zn	Pb	Ni	Se	Te	Sn	K，Na，Al，Si，Ti
铜锍	99	30	35	10	60	95	40	30	98	40	40	10	
炉渣	1	55	55	10	10	5	50	10	2			50	100
挥发①		15	10	80	30		10	60		60	60	40	

①不包括从炉子吹出的固体烟尘损失。

5.2.3.3 相关排放标准

A 铅锌冶炼工业中大气污染物排放相关标准

2012年1月1日现有企业及2010年10月1日起新建企业执行大气污染物排放限值见表5-47。

表5-47 铅锌工业新建企业大气污染物排放浓度限值 （mg/m^3）

序号	污染物	适用范围	排放浓度限值	污染物排放监控位置
1	颗粒物	所有	80	车间或生产设施排气筒
2	二氧化硫	所有	400	
3	硫酸雾	制酸	20	
4	铅及其化合物	熔炼	8	
5	汞及其化合物	烧结、熔炼	0.05	

企业边界大气污染物任何1h平均浓度执行规定的限值见表5-48。

表5-48 铅锌工业新建企业大气污染物排放浓度限值 （mg/m^3）

序　号	污染物项目	最高浓度限值
1	二氧化硫	0.5
2	颗粒物	1.0
3	硫酸雾	0.3
4	铅及其化合物	0.006
5	汞及其化合物	0.0003

对企业排放大气污染物浓度的测定采用标准见表5-49。

表5-49 大气污染物浓度测定方法标准

序号	污染物项目	方法标准名称	标准编号
1	颗粒物	固定污染源排气中颗粒物测定与气态污染物采样方法	GB/T 16157—1996
		环境空气　总悬浮颗粒物的测定　重量法	GB/T 15432—1995

续表 5-49

序号	污染物项目	方法标准名称	标准编号
2	二氧化硫	固定污染源排气中二氧化硫的测定 碘量法	HJ/T 56—2000
		固定污染源排气中二氧化硫的测定 定电位电解法	HJ/T 57—2000
		环境空气 二氧化硫的测定 甲醛吸收—副玫瑰苯胺分光光度法	HJ 482—2009
		环境空气 二氧化硫的测定 四氯汞盐吸收—副玫瑰苯胺分光光度法	HJ 483—2009
3	硫酸雾	固定污染源废气 硫酸雾的测定 离子色谱法	HJ 544—2009
		硫酸浓缩尾气 硫酸雾的测定 铬酸钡比色法	GB/T 4920—1985
4	铅及其化合物	固定污染源废气 铅的测定 火焰原子吸收分光光度法	HJ 538—2009
		环境空气 铅的测定 石墨炉原子吸收分光光度法	HJ 539—2009
5	汞及其化合物	环境空气 汞的测定 巯基棉富集—冷原子荧光分光光度法	HJ 542—2009
		固定污染源废气 汞的测定 冷原子吸收分光光度法	HJ 543—2009

B 铜冶炼工业中大气污染物排放相关标准

2012 年 1 月 1 日起现有企业及 2010 年 10 月 1 日后新建企业执行大气污染物排放限值见表 5-50。

表 5-50 新建企业大气污染物排放浓度限值

生产类别	工艺	限值						
		SO_2	颗粒物	砷及其化合物	硫酸雾	铅及其化合物	氟化物	汞及其化合物
铜冶炼/$mg \cdot m^{-3}$	全部	400	80	0.4	40	0.7	3.0	0.012
烟气制酸/$mg \cdot m^{-3}$	全部	400	50	0.4	40	0.7	3.0	0.012
单位产品基准排气量		铜冶炼/$m^3 \cdot t^{-1}$				21000		

企业边界大气污染物任何 1h 平均浓度执行规定的限值见表 5-51。

表 5-51 现有和新建企业边界大气污染物浓度限值 (mg/m^3)

序号	污染物	限值
1	二氧化硫	0.5
2	颗粒物	1.0
3	硫酸雾	0.3
4	砷及其化合物	0.01
5	铅及其化合物	0.006
6	氟化物	0.02
7	汞及其化合物	0.0012

对企业排放大气污染物浓度的测定采用方法标准见表5-52。

表5-52 大气污染物浓度测定方法标准

序号	污染物项目	方法标准名称	标准编号
1	颗粒物	固定污染源排气中颗粒物测定与气态污染物采样方法	GB/T 16157—1996
		环境空气 总悬浮颗粒物的测定 重量法	GB/T 15432—1995
2	二氧化硫	固定污染源排气中二氧化硫的测定 碘量法	HJ/T 56—2000
		固定污染源排气中二氧化硫的测定 定电位电解法	HJ/T 57—2000
		环境空气 二氧化硫的测定 甲醛吸收—副玫瑰苯胺分光光度法	HJ 482—2009
		环境空气 二氧化硫的测定 四氯汞盐吸收—副玫瑰苯胺分光光度法	HJ 483—2009
3	硫酸雾	固定污染源废气 硫酸雾的测定 离子色谱法	HJ 544—2009
4	砷及化合物	空气和废气 砷的测定 二乙基二硫代氨基甲酸银分光光度法	HJ 540—2009
5	氟化物	大气固定污染源 氟化物的测定 离子选择电极法	HJ/T 67—2001
		环境空气 氟化物的测定 滤膜采样氟离子选择电极法	HJ 480—2009
		环境空气 氟化物的测定 石灰滤纸采样氟离子选择电极法	HJ 481—2009
6	铅及化合物	固定污染源废气 铅的测定 火焰原子吸收分光光度法	HJ 538—2009
		环境空气 铅的测定 石墨炉原子吸收分光光度法	HJ 539—2009
7	汞及化合物	环境空气 汞的测定 巯基棉富集—冷原子荧光分光光度法	HJ 542—2009
		固定污染源废气 汞的测定 冷原子吸收分光光度法	HJ 543—2009

5.2.4 有色工业共处置工艺中的高温窑炉及可处理废物

5.2.4.1 共处置工艺中的高温窑炉类型

在有色冶金工业中选取了鼓风炉、反射炉以及闪速炉等几类高温冶炼窑炉进行了冶炼特性的研究，但是并不是所有的窑炉都适合用来进行固体废弃物的共处置。具有共处置固体废弃物的高温窑炉应具有的特征见5.1.5.1节，此处不再赘述。

根据对有色冶炼炉的冶炼特性进行分析认为，铅鼓风炉具有高温还原性气氛，能够实现变性处理、稀释处理，烧结配料系统投加位置适宜处理含金属氧化物、硫化物的渣类或粉尘类废物，代替部分金属原料或熔剂；鼓风炉炉顶投加位置适宜共处置满足固定碳含量的还原性固体废物，代替部分冶金焦。

反射炉具有高温氧化性气氛，配料系统投加位置适宜处理含金属氧化物、硫化物的渣类或粉尘类废物，代替部分金属原料或熔剂；燃料喷吹系统投加位置适宜共处置满足发热值的可燃类废物，包括固态废物、液态废物和气态废物。

闪速炉具有富氧燃烧的冶炼环境，能够通过燃烧处理的方式实现可燃危废的共处置。

国家部分工业行业淘汰落后生产工艺装备和产品指导目录中指出，密闭鼓风炉及反射炉为需要淘汰的落后产能，因此不适宜用于共处置废物。

5.2.4.2 可处理废物类型及预处理

根据上述的分析，在有色工业中可用来进行共处置废弃物的高温窑炉为闪速炉。共处置工艺必须以不对原冶炼工艺造成负担为原则，同时不产生不可控的二次污染。根据铜冶炼闪速炉的冶炼特性，能够对可共处置固体废弃物种类及处理目标进行推荐。

闪速炉为高温密闭性冶炼窑炉，具有富氧的氧化性气氛，适宜通过燃烧反应处理危险废弃物。投加位置根据共处置的物态分为炉顶精矿喷嘴投加位置和炉顶燃料烧嘴投加位置。

根据其冶炼工艺，闪速炉采用富氧燃烧的冶炼方式，通过精矿中部分硫和铁的氧化来实现闪速熔炼，为了保证充分燃烧供热，通常富氧热风和燃料作为辅助热源，因此该共处置环境为高温密闭氧化性气氛。燃料燃烧较充分，产生气体随烟气排出，灰分进入物料中。在常规冶炼工艺中，铜精矿经过精确配料和深度干燥后，与热风以及作为辅助热源的燃料一起以 100m/s 的速度自精矿喷嘴喷入反应塔内，呈悬浮状态的精矿颗粒在近 1400℃ 的反应塔内于 2s 完成熔炼的化学反应过程。能够在此共处置环境中发生氧化反应的物质主要通过燃烧处理实现无公害化。

炉顶精矿喷嘴投加位置适宜处理具有一定热值的固态可燃废物，废物经过粉化处理后预先混入精矿，与炉料一同通过精矿喷嘴投加入闪速炉。共处置的可燃类固体废物需要满足热值的要求，即 $Q_{粉类} > 25000$kJ/kg，哈氏可磨系数满足 HGI > 30。满足限制的元素包括 Zn、As、Sb、Sn、Pb、Cd 等。

A 炉顶精矿喷嘴投加位置

固态可燃废物投加时需要满足原料入炉物态要求，包括：（1）粒度要求：-0.074mm 占 80%；（2）水分要求：水分低于 0.3%。

预处理方式：（1）共处置固体可燃废物需要进行预处理，以满足喷吹的粒度和水分要求；（2）固态废物的粉磨处理可采用投加配煤的方式投加在原煤预处理前的混料系统，通过原工艺设备与原煤燃料一同进行干燥和粉磨处理，包括球磨机或中速磨等工艺方式；（3）闪速炉干燥处理系统采用三段式脱水，即回转窑—鼠笼破碎机—气流干燥管的处理工艺。

B　炉顶燃料烧嘴投加位置

炉顶燃料烧嘴投加位置适宜处理具有一定热值的液态或气态可燃废物，废物通过设于精矿喷嘴内的燃料烧嘴或单独烧嘴投加入闪速炉。共处置的可燃类固体废物需要满足热值的要求，即 $Q_{液态}>40000kJ/kg$，$Q_{气态}>34000kJ/m^3$。液态或气态燃料需要满足入炉的水分要求，即低于0.3%。

预处理方式：（1）共处置液态或气态可燃废物需要进行预处理，以满足喷吹的水分要求；（2）液态或气态燃料采用压力容器运输，包括接受、储存。

C　闪速炉共处置废物工艺的预处理要求

（1）闪速炉可共处置具有一定热值的可燃废物，两处投加位置，即精矿烧嘴投加位置（投料入口位于燃煤粉磨系统配料前端入口）和燃料烧嘴投加位置（投料入口位于燃料储料仓入仓管路），可分别共处置固态可燃废物和液态或气态可燃废物，根据废物的类型应对废物进行区分处理。

（2）根据入厂废物的特性和入炉要求，按照废物共处置方案，对废物进行破碎、筛分、均质等预处理，必要时进行脱水、烘干、粉磨等处理。

D　投加设施

（1）固态可燃废物共处置工艺在配料预处理的投加设施包括上料设备、储料仓、给料机、皮带运输机等设施，粉状物料（废物）还需要配备气体管道输送系统。

（2）液态或气态可燃废物共处置工艺在预处理的投加设施包括压力容器、输送管道、压力阀门等设备。

（3）固态燃料入炉投加位置的投加设施包括粉料输送系统、混合器、入炉料仓、螺旋给料机、刮板机、压缩空气、流化器、精矿喷嘴等设备。

（4）液态或气态燃料入炉投加位置的投加设施包括压力容器、输送管道、压力阀门、雾化器、燃料烧嘴等设备。

共处置工艺必须以不对原冶炼工艺造成负担为原则，包括不影响原工艺产品的质量和干扰原工艺的操作制度。同时，共处置过程中不产生不可控的二次污染。不同高温窑炉具有不同的冶炼特性，适宜处理不同类型的固废或者将固废中的不同组分作为处理目标。而相同类型的高温窑炉由于冶炼制度不完全相同，能够处理固废的限值也是不同的。因此，高温窑炉共处置固废工艺要针对具体工艺进行匹配才具有实际意义。本书第7章将对如何进行共处置工艺的具体设计进行论述。

6 钢铁工业高温窑炉共处置危险废物工程试验

炼焦炉共处置危险废物
　　焦化工艺
　　共处置基础研究
　　共处置工业试验
回转窑共处置危险废物
　　回转窑工艺
　　共处置理论基础
　　共处置工业试验

6.1 炼焦炉共处置危险废物工程试验

6.1.1 工业试验背景

危险废物由于其所具有的特殊危害性，一直是我国固体废物管理的重点。危险废物的组成特性决定了一些类型的危险废物是可以在危险废物集中处置设施之外的其他工业窑炉如水泥窑、电厂锅炉、炼铁高炉、焦炉等高温窑炉中进行共处置。

钢铁冶金行业是国家重工业的基础，冶金行业窑炉规模和数量大、冶炼温度高。但由于原料的多样性和矿粉、熔剂、燃料组成元素的多元性，所以处理危险废物的冶金工业高温窑炉主要是原料加工处理的烧结炉、高炉、焦炉、原料煅烧回转窑等。

目前，利用现有冶金高温设备协同处理废弃物（含城市固废、工业危废等）已成为现代化钢铁企业的一项重要职能，如焦炉共处置城市废塑料和有机危废、烧结共处置含重金属危废等技术，成为钢铁企业绿色冶金和环保功能的重要体现。其中利用烧结工艺处置固体危险废弃物早有先例。济钢、韶钢和青钢等冶金企业针对铬盐化工厂产生的铬渣，利用烧结和炼铁两段工序进行了处置利用。其基本原理是基于烧结、炼铁的两段高温还原气氛，在烧结过程中铬渣中的六价铬被还原为三价铬（半程还原），及在高炉冶炼时又将三价铬还原为零价铬（全程还原），使铬渣达到无害化处理。铬渣中 CaO 和 MgO 的含量与铁精矿烧结过程中配入的白云石基本相当，所以铬渣还可以部分替代白云石作为烧结炼铁的熔剂。

焦炉共处理焦化有机危险废物技术的原理是：焦化厂每年产生大约占焦化厂焦炭产量 0.1%~0.2% 的有机危险固废，包括焦油渣、酸焦油和生化污泥。利用焦化有机固废（焦油渣、酸焦油和生化污泥）中的长链烷烃和芳香烃组分的黏结功能，将其用作型煤生产的黏结剂，通过黏结剂与煤粉的充分混合，使得黏结组分均匀分布在煤颗粒之间，并起到搭桥作用，最后通过机械压力将黏结组分与煤粉压实，靠分子间的范德华力使物料间紧密结合，形成块状物料，即高强型煤。型煤作为炼焦配煤的一部分配入焦炉炼焦，通过焦炉高温炭化，将焦化有机固废的 50% 转化为焦炭，30% 转化为焦油，20% 转化为煤气，实现焦化有机危险固废的无害化处理和资源化利用。

6.1.2 钢铁行业焦化生产工艺

6.1.2.1 焦炉炼焦原理及转化规律

焦炉是炼取焦炭的重要冶金设备，主要由炉顶区、炭化室、燃烧室、斜道区、蓄热室、烟道区（小烟道、分烟道、总烟道）、烟囱、基础平台和抵抗墙等部分组成。蓄热室以下为烟道与基础，炭化室与燃烧室相间布置，蓄热室位于其下方，内放格子砖以回收废热，斜道区位于蓄热室顶和燃烧室底之间，通过斜道使蓄热室与燃烧室相通，炭化室与燃烧室之上为炉顶，整座焦炉砌在坚固平整的钢筋混凝土基础上，烟道一端通过废气开闭器与蓄热室连接，另一端与烟囱口连接，根据炉型不同，烟道设在基础内或基础两侧。焦炉及其断面如图 6-1 所示。焦炉生产的机械设备主要包括装煤车、拦焦车、推焦车和熄焦车、电机车，用以完成炼焦炉的装煤、出焦任务。

焦炉炼焦的主要原理是：将煤装入焦炉炭化室后，在隔绝空气的条件下对其进行加热，在高温作用下，煤质逐步发生一系列物理和化学变化。煤在 200℃ 以下蒸出表面水分，同时析出吸附在煤中的二氧化碳、甲烷等气体。随着温度的升高，煤开始软化和熔融形成胶体状物质（称为胶质层），并分解产生气体和液体。在 600℃ 以前，从胶质层中析出的蒸汽和气体叫做初次分解产物，主要含有甲烷、一氧化碳、二氧化碳、化合水及初次焦油气等，含氢量很低。温度继续升高，胶质层开始固化形成半焦。挥发物从半焦中逸出，进一步分解形成新的产物，如氮与氢生成氨，硫与氢生成硫化氢，碳与氢则生成一系列的碳氢化合物及高温焦油等。温度继续升高，随着半焦中的挥发物不断逸出，半焦收缩并变成焦炭。通常情况下，炭化室中焦炭成熟的最终温度为 950~1050℃，焦炭中残余的挥发分含量为 1%~2%。焦炭与化学产品的产率见表 6-1。

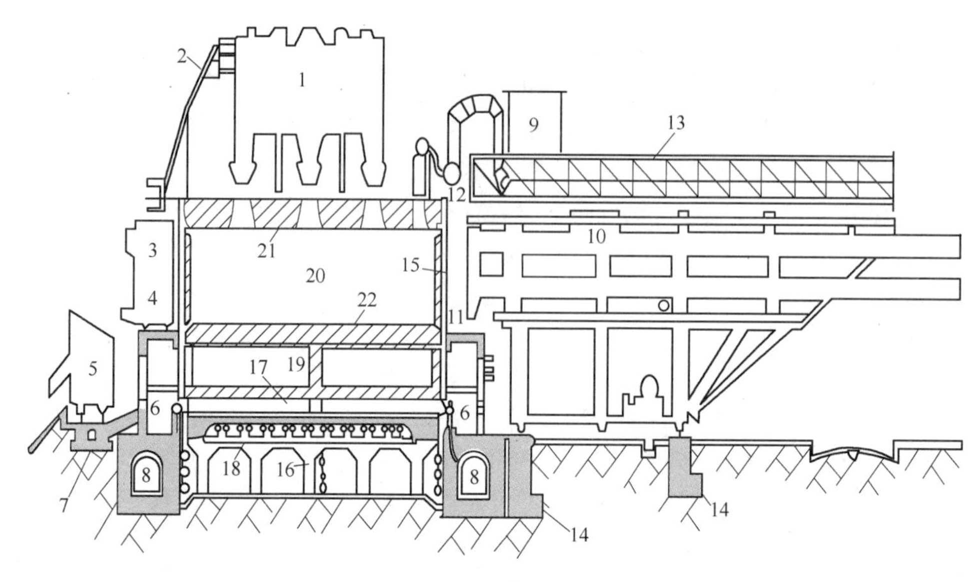

图 6-1　焦炉及其基础断面

1—装煤车；2—磨电线架；3—拦焦车；4—焦侧操作台；5—熄焦车；6—交换开闭器；7—熄焦车轨道基础；8—分烟道；9—仪表小房；10—推焦车；11—机侧操作台；12—集气管；13—吸气管；14—推焦车轨道基础；15—炉柱；16—基础构架；17—小烟道；18—基础顶板；19—蓄热室；20—炭化室；21—炉顶区；22—斜道区

表 6-1　焦炭与化学产品的产率

产品名称	产率（对干煤）/%
焦　炭	75 ~ 78
净煤气	15 ~ 19
焦　油	2.4 ~ 4.5
化合水	2 ~ 4
粗　苯	0.8 ~ 1.4
氨	0.25 ~ 0.35
硫化氢	0.1 ~ 0.5
氰化氢	0.05 ~ 0.07
吡啶类	0.015 ~ 0.025

6.1.2.2　首钢京唐公司焦化生产主要工艺流程

本次工业实验选在首钢京唐钢铁公司焦化作业部，该厂建设规模为年产干全焦约 420 万吨焦炉，为 4 × 70 孔 7.63m 复热式焦炉，焦炉采用单集气管、三吸气管、干法熄焦（4 × 140t/h 干熄焦装置及配套设施），湿熄焦备用。装煤采用集气系统 PROven 方式除尘，出焦除尘采用地面站。

焦炉按顺序组成两个炉组，每个炉组的两座焦炉之间设一座两跨煤塔，煤塔与焦炉之间设炉间台，1 号、4 号焦炉的端部设炉端台，焦炉两侧设机、焦侧操作台。每个炉组设一个烟囱，分别布置在各自炉组的焦侧中部。在 1 号焦炉端台的外侧设一套湿法熄焦系统，1 号和 4 号炉端台外侧各设 1 个迁车台。

焦炉加热采用混合煤气，高炉煤气约占 93%，焦炉气约占 7%，由外部管道架空引入。焦炉混合气经预热后送到焦炉地下室，通过下喷管把煤气送入燃烧室立火道底部，与由废气交换开闭器进入的空气分别在三级入口（燃烧室底、距燃烧室底 2.38m 和 4.37m）处汇合燃烧。燃烧后的废气通过立火道顶部跨越孔进入下降气流的立火道，再经过蓄热室，由格子砖把废气的部分显热回收后，经过小烟道、废气交换开闭器、分烟道、总烟道、烟囱，排入大气。混合煤气由外部管道架空引入焦炉地下室，通过废气交换开闭器、小烟道、蓄热室送入燃烧室立火道，与同时引入的空气分别在三级入口（燃烧室底、距燃烧室底 2.38m 和 4.37m）处汇合燃烧。燃烧后产生的废气经烟囱排入大气。

炼焦过程中的主要工艺流程：由备煤作业区送来的配合好的炼焦用煤装入煤塔。装煤车按作业计划从煤塔取煤，经计量后装入炭化室内，煤料在炭化室内经过一个结焦周期的高温干馏炼制成焦炭和荒煤气。炭化室内的焦炭成熟后，用推焦机推出，经拦焦机导入焦罐车内（或熄焦车）内。焦罐车进入干熄焦区域进行熄焦（或熄焦车进入熄焦塔内进行熄焦）。经过干熄焦装置处理的焦炭直接上皮带送往筛贮焦设施（经湿法熄焦处理后的焦炭先卸至晾焦台上，冷却一段时间后送往筛贮焦设施）。

煤在炭化室干馏过程中产生的荒煤气汇集到炭化室顶部空间，经过上升管和桥管进入集气管。约 800℃左右的荒煤气在桥管内经氨水喷洒冷却至 85℃左右，荒煤气中的焦油等同时被冷凝下来。煤气和冷凝下来的焦油同氨水一起经吸煤气管道送入煤气净化系统。

6.1.2.3 首钢京唐公司焦炉及主要配套设施新技术特点

（1）超大型焦炉。采用德国 Uhde 公司开发的 4×70 孔 7.63m 特大型复热式焦炉，它是目前亚洲单孔炭化室容积最大的焦炉之一。该焦炉产量高，节约占地面积，节约吨焦投资，降低生产运行成本，且有利于提高焦炭质量、节约能源，利于环保。

焦炉采用先进的自动化控制系统，使整个焦炉能够在最佳工况下生产。该系统包括自动测温系统、手动测温系统、炉温控制系统、推焦计划自动编制系统和煤气净化控制系统。与传统炼焦工艺相比，该系统自动控制炉温，可按计划自动推焦，稳定焦炉炉温，提高焦炭的质量，节省人力。焦炉炉体基本概况见表 6-2。

表 6-2 焦炉炉体的主要尺寸

序号	项　　目	数值（热态）
1	炭化室全长/mm	18800
2	炭化室有效长/mm	18000
3	炭化室全高/mm	7630
4	炭化室有效高/mm	7180
5	炭化室平均宽/mm	590
6	机侧宽/mm	565
7	焦侧宽/mm	615
8	炭化室有效容积/m^3	76.25
9	炭化室锥度/mm	50
10	炭化室中心距/mm	1650
11	炭化室墙厚/mm	95
12	炉顶厚/mm	1768
13	基础平面到炭化室底高/mm	5500
14	每一燃烧室火道数/个	36
15	立火道中心距（热态）/mm	504
16	加热水平（热态）/mm	1224
17	装煤孔个数/个	4

（2）7.63m 特大型焦炉配套机车。焦炉机械所有操作均采用一次对位，在驾驶室中通过屏幕用键盘程序控制。焦炉操作机械的定位由自动定位系统进行，可以实现无人操作。通过车载推焦除尘系统实现推焦除烟尘；炉顶、炉台、炉门、炉框清扫均为机械密封、清扫。控制室与推焦杆上配置由德国引进的炉墙自动测温系统与推焦力测定系统，实现对炉温和炉墙的高精度监测和控制。焦炉机械配置见表 6-3。

表 6-3 焦炉机械配置表（4×70 孔）

序　号	名　　称	数量/台	
		操　作	备　用
1	装煤车	2	1
2	推焦车	2	1
3	导焦车	2	2
4	无驱动湿熄焦车（由干熄焦罐车驱动）		1
5	无驱动热焦罐车	2	
6	带驱动热焦罐车	2	2
7	焦　罐	4	2

（3）260t/h 超大型干熄焦。采用日本新日铁公司处理能力为260t/h 的超大型干熄焦设备，是目前国内外最先进的干熄焦设备，正好与7.63m 特大型焦炉配套，并且大大降低了一次性投资和运行维护费用。该超大型干熄焦装置可回收红热焦炭的热量，降低能耗，减少污染，提高焦炭质量。干熄焦外形如图 6-2 所示。

图6-2 干熄焦外形

（4）先进的焦油渣配煤工艺。焦油渣的处理采用先进工艺和世界上最先进的进口设备，如焦油压榨泵、超级离心机和焦油渣泵。焦油压榨泵可将由焦油渣预分享器分离出的大块固体粉碎，再送回预分离器，从而有效减少焦油渣量。超级离心机可有效分离焦油中的水和焦油渣，从而提高焦油质量。活塞式焦油渣泵可通过管道直接将焦油渣送往焦化固废处置车间，节约了人力和车辆运输费用，有利于环境保护与清洁生产。焦油渣用于配煤，既消除了工业废焦油渣的排放，又实现了循环经济，还有利于提高焦炭质量、降低炼焦煤的使用量，提高焦炭产量。

6.1.3 焦化有机危险废物的产生及其处置的基础性研究

6.1.3.1 焦化有机危险废物的产生及对焦炭的危害分析

焦化有机废物主要包括焦油渣、酸焦油和生化污泥，是焦化行业伴生的废物，由于其苯系物、氨氮含量高，国家环保部将其列为危险废弃物，严禁外排。焦油渣、酸焦油和生化污泥主要产生于化工产品回收过程中。其中焦油渣主要产生过程为：装煤车将煤快速装入焦炉，在近1200℃的炭化室中，煤粉水分快速蒸发，靠近炉墙煤粉迅速软化分解，生成荒煤气，而煤粉本身生成少量半焦、焦粉和石墨等物质，连同荒煤气一起进入煤气净化系统，遇冷后随焦油进入焦油回收系统，经焦油离心机分离出焦油渣。准确定义焦油渣是焦油、煤粉和焦粉混合物。酸焦油产生于硫铵饱和器和焦油深加工设备中，是焦油与硫酸聚合物。生化污泥产生于酚氰废水作业区，焦化生产必然产生大量的焦化废水，目前国内焦化废水大部分采用生化法处理，即 A-O-O 法，利用活性污泥（微生物）吸收分解水中有机物和氨氮，死亡的活性污泥（微生物）就是生化污泥。以上这三种焦化行业的有机废物约占焦炭产量的0.1%~0.2%。首钢京唐西山焦化公司焦化固废及配合煤工业分析与元素分析表见表6-4。

表6-4 首钢京唐西山焦化公司焦化固废及配合煤工业分析与元素分析 （%）

样 品	水分	灰分	挥发分	固定碳	C	H	O	N	S
酸焦油	—	0.31	—	—	68.4	5.74	17.94	5.68	4.93
焦油渣	—	4.32	51.27	48.1	87.74	3.48	2.41	1.16	0.79
生化污泥	77.93	51.27	47.48	5.74	29.63	3.38	16.68	5.42	1.90
配合煤	9.67	10.12	23.1	66.78	78.34	4.34	5.41	0.95	0.84

由表6-4可以得出，焦油渣、酸焦油和生化污泥 C、H 含量较高，与煤粉很接近，而灰分、挥发分、O、N、S 含量明显高于煤粉，说明炼焦产生的各种物质，其组成结构不同程度接近煤粉结构，也与煤粉有较大差别。

焦炭是高温干馏的固体产物，主要成分是 C，是具有裂纹和不规则的孔孢结构体（或孔孢多孔体）。裂纹的多少直接影响焦炭的力度和抗碎强度，其指标一般以裂纹度（指单位体积焦炭内的裂纹长度的多少）来衡量。衡量孔孢结构的指标主要用气孔率（焦炭气孔体积占总体积的百分数）来表示，它影响焦炭的反应性和强度。焦炭强度通常用抗碎强度和耐磨强度两个指标来表示。焦炭的抗碎强度是指焦炭能抵抗外来冲击力而不沿结构裂纹或缺陷处破碎的能力，用 M_{40} 值表示；焦炭的耐磨强度是指焦炭能抵抗外来摩擦力而不产生粉末的能力，用 M_{10} 值表示。焦炭的裂纹度影响其抗碎强度 M_{40} 值，焦炭的孔孢结构影响耐磨强度 M_{10} 值。M_{40} 和 M_{10} 值的测定方法很多，我国多采用德国米贡转鼓试验的方法。不同用途的焦炭，对气孔率指标要求不同，一般冶金焦气孔率要求在40%~45%，铸造焦要求在35%~40%。焦炭裂纹度与气孔率的高低，与炼焦所用煤种有直接关系，如以气煤为主炼得的焦炭，裂纹多、气孔率高，强度低；而以焦煤作为基础煤炼得的焦炭裂纹少、气孔率低、强度高。焦化废物中挥发分含量较高，高于气煤，故炼焦时应控制配入比例。

焦化废物灰硫含量也存在偏高现象，硫是生铁冶炼的有害杂质之一，它使生铁质量降低，炼钢生铁中硫含量大于0.07%即为废品。由高炉炉料带入炉内的 S

有11%来自矿石；3.5%来自石灰石；82.5%来自焦炭，所以焦炭是炉料中硫的主要来源，一般来说冶金焦的含硫量规定不大于1%。另外焦炭硫分的高低直接影响到高炉炼铁生产，当焦炭硫分大于1.6%，硫分每增加0.1%，焦炭使用量增加1.8%、石灰石加入量增加3.7%、矿石加入量增加0.3%，高炉产量降低1.5%~2.0%。焦炭的灰分对高炉冶炼的影响是十分显著的，焦炭灰分增加1%，焦炭用量增加2%~2.5%。因此，焦化废物再次配煤炼焦，对焦炭质量会产生或大或小的影响，配合时应重点注意煤粉灰硫含量的变化，必须满足焦炭二级冶金焦质量要求。表6-5列出首钢京唐公司焦炭的控制指标要求。

表6-5 京唐焦化焦炭指标要求 (%)

指　标	灰分	挥发分	硫分	M_{40}	M_{10}	CRI	CSR
京唐焦炭	≤12.3	<1.33	≤0.80	≥89	≤5.8	≤24	≥68
二级焦炭	≤13.5	≤1.8	≤0.80	≥76	≤8.5	≤35	≥50

6.1.3.2 焦炉共处置焦化有机危险废物基础性研究

通过以上对焦化有机危废的初步分析可知，焦化有机危废对炼焦生产会产生一定影响，但如果将其掺量控制在一定合理范围内，就不会对焦炭质量和焦炉本体产生影响。而且由于焦化有机危废挥发分含量偏高，并且有一定黏性，故利用其特性，将其与煤粉混合制成型煤，还可以抵消其挥发分含量偏高不利影响。为此，在工业试验之前有必要进行基础实验研究，探寻焦化有机危废合理配比范围，以利于该技术的推广和应用。

A 型煤炼焦的原理

炼焦过程中，配入部分型煤块可以提高焦炭质量，是因为它能改善煤料的黏结性和炼焦时的结焦性能。首先，型煤致密，内部颗粒之间的间隙小，导热性较好，比周围粉煤升温速度快，可以较早达到开始软化温度，处于软化熔融的时间长。这将有助于型煤中添加的沥青及新产生的熔融胶质体成分与型煤中的未软化部分和周围粉煤的作用。由于这种在炭化过程中塑性阶段中黏结组分与惰性组分的充分作用，可以提高煤料的黏结性。其次，配型煤的装炉煤，其堆密度比通常装炉煤密度（0.8t/m^3）大，因此可改善煤料黏结性。当煤料装入炉内后，型煤内部的煤气压力比粉煤大得多，故其体积膨胀率较粉煤大得多。型煤膨胀后压缩周围的粉煤，促进周围煤粒挤紧并互相熔融，型煤形状消失。最后，生成与普通炼焦时一样的结构致密的焦饼，并且焦炭强度有所提高。此外，还由于型煤中有沥青等黏结性物料，相当于提高了煤料的黏结性，并且改善了焦炭的显微结构，使焦炭的气孔率降低，气孔壁厚度增大，故可增加焦炭强度。其基本原理可以总结如下：（1）配入型煤块后，提高了入炉煤料的密度，使炭化过程中半焦化阶段的收缩降低，且焦炭裂纹减少。（2）型煤块中配入了一定量的黏结剂，从而改善了煤料的黏结性能，对提高焦炭质量有利。（3）型煤的视密度为 1.1 ~ 1.2t/m^3，添加型煤后可以大大地提高装炉煤料的堆密度。型煤块中煤料互相接触，远比粉煤紧密，在炭化过程中从软化到固化的塑性区间，煤料中的黏结组分和惰性组分的胶结作用可以得到改善，从而提高了煤的结焦性能。（4）高密度型煤与粉煤配合炼焦时，在熔融阶段，型块本身产生的膨胀压力，会对周围软化煤粒施加压紧作用，促进了煤粒间的胶结，使焦炭结构更加致密。

对焦炭产量的影响：装炉煤的堆密度和结焦时间是影响焦炭产量的直接因素。配型块煤料的堆密度大，但是结焦时间也要相应延长。当型煤配比达 30% 时，结焦时间可延长 7.1%。

对焦炭质量的影响：当型煤配比为 30%~40% 时，焦炭的强度达到最大。利用弱粘煤生产型煤块配煤炼焦，有利于焦炭强度的提高。

对焦炭粒度组成的影响：利用弱粘煤生产型块配合炼焦，可以改善焦炭的粒度组成，表现在大于 80mm 级的大块焦减少，80 ~ 25mm 级的中块焦增多，特别是 60 ~ 40mm 级的焦块增多较显著，而小于 25mm 级的碎粉焦下降。焦炭的平均粒度得到改善，粉焦约可降低 1%~2%。

对焦油、煤气产率的影响：当煤以软沥青 6.5% 成型，以型煤配比 30% 炼焦时，与常规相比，每吨干装炉煤的粉煤和焦油产量将增加 7 ~ 8kg，而煤气产量约减少 4 ~ 5m^3。

B 黏结剂的作用原理

黏结剂与煤粒间的作用方式是复杂的。它包括机械的、物理化学的和化学的作用方式。任何物体表面都是粗糙凹凸不平的。有些表面呈多孔性，黏结剂填充到这些凹凸缝隙中，与煤粒表面呈犬齿交错固结在一起，这种作用属于机械作用。物理化学作用有两种方式，即吸附作用和扩散作用。按现代物理学观点，原子和分子间都存在着相互作用。由于范德华力的作用，使煤粒表面与黏结剂吸附在一起，这种方式称吸附作用。在一定条件下，由于分子或链段的布朗运动，黏结剂与煤粒表面发生分子间相互扩散。这种扩散，实质上是界面间发生互溶，黏结剂与煤粒间的界面消失，形成一个过渡区。黏结剂与煤粒表面发生化学键连接方式称化学作用。化学键连接对抵抗应力集中，防止裂缝扩展，抵御破坏性环境的侵蚀作用较突出。

C 焦化有机危废作为黏结剂制备型煤的基础实验

表 6-6 列出不同（焦油渣、酸焦油、生化污泥）黏结剂比例型煤强度的实验方案。

表 6-6 型煤强度测试实验方案 (%)

方 案	配 比			
	煤	焦油渣	酸焦油	生化污泥
F1	100	0	0	0
F2	97	3	0	0
F3	95	5	0	0
F4	92.5	2.5	2.5	2.5

落下强度的测定：依据《煤的落下强度测定方法》(GB/T 15459—2006) 规定的方法进行，测定方法要点为：取煤球 10 个称重，装在箱底可以打开的箱子里，在离地 2m 高处打开箱底，让煤球自由跌落到 12mm 厚的钢板上，反复跌落三次后，用 13mm 的筛子筛分，取大于 13mm 级的质量分数作为煤球的跌落强度指标，单位为%。

型煤抗压强度的测定：按《工业型煤冷压强度测定方法》(MT/T 748—2007) 的规定进行测定，采用电子天平（量程 15kg，精度 0.5g）作为测量仪器。测定方法提要为：从型煤样品中随机取 10 个煤球，依次放在电子天平中心位置，去皮，对试样缓慢加压，直至试样破碎为止。记录试样破碎前承受的最大压力，并取所有数据的平均值作为型煤的冷强度，单位为牛/个。

不同试验方案测得的型煤强度如表 6-7 所示。从表中可以看出，基础方案 F1 的落下强度最小，仅为 26.6%；分别加入 3% 和 5% 的焦油渣后，型煤的落下强度提高 10.3% 和 17.4%；当加入焦油渣、酸焦油和生化污泥各 2.5% 后，型煤的落下强度提高 26.8%。上述试验结果说明：单纯炼焦配煤制成的型煤具有较差抗冲击性；当加入一定量的焦油渣后，型煤的抗冲击性明显提高，且当焦油渣比例在 0 ~5% 范围内时，型煤的抗冲击性随焦油渣比例的增加而提高；当加入焦油渣、酸焦油和生化污泥各 2.5% 后，型煤的抗冲击性最好。抗压强度的变化规律与跌落强度相似，基础方案 F1 的抗压强度最小，仅为 24.8 牛/个；分别加入 3% 和 5% 的焦油渣后，型煤的抗压强度分别提高 10.6 牛/个和 8.7 牛/个；当加入焦油渣、酸焦油和生化污泥各 2.5% 后，型煤的抗压强度提高 12.8 牛/个。这说明：单纯炼焦配煤制成的型煤具有较低的抗压性；当加入一定量的焦油渣后，型煤的抗压性明显提高，但当焦油渣达到一定比例（5%）时，提高焦油渣比例会降低型煤的抗压性；当加入焦油渣、酸焦油和生化污泥各 2.5% 后，型煤的抗压性最好。

表 6-7 不同试验方案所得型煤的强度

方 案	落下强度/%	冷压强度/牛 · 个$^{-1}$
F1	26.6	24.8
F2	36.9	35.4
F3	44	33.5
F4	53.4	37.6

6.1.4 焦炉共处置焦化有机危险废物工业试验

6.1.4.1 工业生产实验条件与方法

A 工业生产实验条件

（1）实验焦炉：京唐焦化作业部7.63m焦炉。

（2）实验炉数：4×70孔。

（3）实验方案：10%型煤+90%炼焦配煤。

（4）实验原料的来源：有机危废来自首钢京唐公司化产分厂；配合煤全部来炼焦分厂备煤工段。

（5）型煤制备：焦化有机危废处理工段。

B 工业试验备料系统

焦化有机危废制备型煤的备料系统工艺流程图如图6-3所示，具体实物图片如图6-4所示。该焦化有机危废制型煤的备料系统是由控制系统、取煤系统、焦油渣输送系统、焦化危废储存下料系统、混合成型系统以及型煤回用系统组成。工艺流程为：原料煤粉经由单轴螺旋输送机从破碎机下料口取料，并通过1号皮带机输送至双轴螺旋搅拌机，1号皮带机上装有电子皮带秤进行原料煤粉定量；焦油渣经固体泵打入焦油渣罐，再经罐下方单轴螺旋输送机定量送至双轴螺旋搅拌机；酸焦油存放于酸焦油桶内，经电动葫芦提升至酸焦油罐，经调节阀定量给至双轴螺旋搅拌机；生化污泥经铲车运至污泥上料装置，经电动葫芦提升至生化污泥罐，罐内配有出泥装置，污泥由罐下双轴螺旋输送机给料至双轴螺旋搅拌机。四种物料经双轴螺旋搅拌机初步混合后，由2号皮带机输送至双联混碾机进行充分混合，混合后物料进入中间仓缓冲，并通过3号变频皮带机均匀给料至成型机压球成型。成型后成品经由4号皮带机输送至主配煤皮带，与炼焦煤混合进入焦炉炼焦。

上述设备系统具有以下优点：

（1）能够实现多种物料的均匀混合，大大提高型煤成型率并改善型煤质量。

（2）利用焦化固废作为型煤黏结剂生产型煤，实现焦化有机固废的彻底无害化处理和资源化利用。

（3）采用配型煤炼焦技术可以达到改善焦炭质量的效果。

6.1.4.2 工业试验内容

（1）型煤的制备与运输。通过工业备料系统完成含焦化有机危险废物试验用型煤的制备，型煤经回用系统运往焦化厂备煤主输煤皮带，炼焦煤与型煤经两次倒运最终送往煤塔。

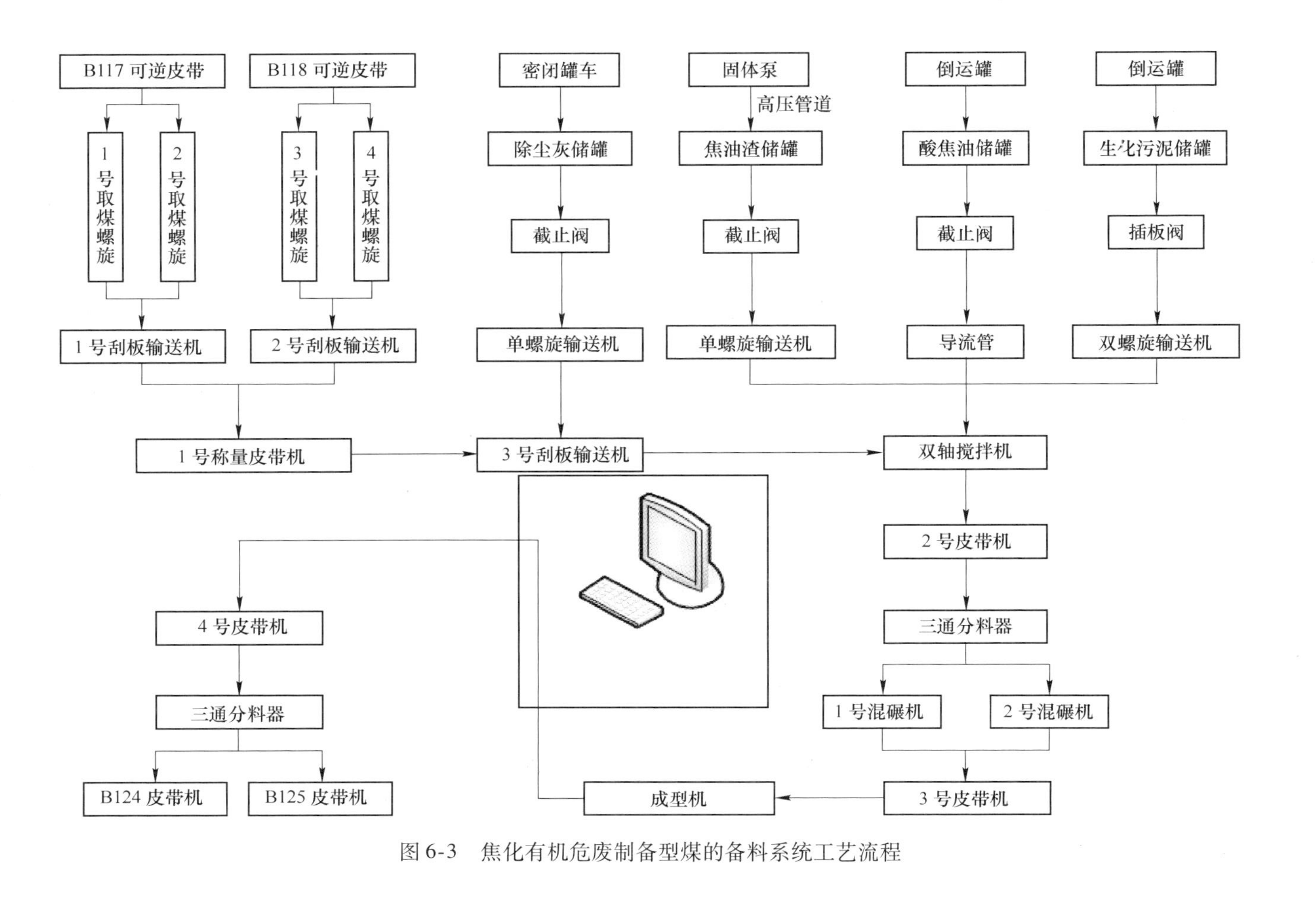

图6-3 焦化有机危废制备型煤的备料系统工艺流程

(a)

(b)

(c)

图6-4 焦化有机危废制备型煤的备料系统部分生产区域

(a) 有机危废的储存及落料系统；(b) 混合系统；(c) 成球与输送系统

(2) 炼焦煤、焦炭样品的分析。炼焦煤配入焦化危废后前后质量的差别；生产焦炭强度分析，取未配入焦化危废之前一段时间的平均值，实验焦炭强度值同样取一段时间的平均值，主要分析焦炭抗碎强度（M_{40}）、焦炭的耐磨强度（M_{10}）、焦炭高温反应性（*CRI*）及焦炭反应后强度差别（*CSR*）。

(3) 推焦电流、焦化产品质量分析。分析配入焦化有机危废前后焦炉推焦电流二者的差别，焦化产品主要指焦炉煤气、焦油等物质在配入焦化危废前后质量的差别。

(4) 配入焦化危废对环境的影响。对焦化危废流经过的区域进行监控，重点区域有混合成型区、危废储存区及炼焦配煤转运站等。检测指标主要为颗粒物、SO_2、苯并［a］芘、氰化氢、苯酚类、H_2S、氨氮氧化物、甲苯及二甲苯等。

6.1.4.3 工业试验结果及其分析

A 焦化有机固废的添加对焦炭质量和焦炉本体的影响

制备型煤过程中，焦化有机危险废物的配加量为1%，配加焦化有机危险废物前后炼焦配合煤主要指标年平均值见表6-8，配加焦化固废前后焦炭各主要指标年平均值见表6-9。由表中数据可见，配加焦化有机危废作为黏结剂与炼焦煤制成型煤时，配煤的黏结性（*G*值）、结焦性（*Y*值）和硫含量基本没有变化。炼焦所得焦炭的质量基本稳定，焦炭的抗碎强度指标（M_{40}）、耐磨指标（M_{10}）、高温反应性（*CRI*）和反应后强度（*CSR*）基本没有变化，均在合理区间波动。

表6-8 炼焦配合煤主要指标年平均值

控制指标	水分/%	灰分/%	挥发分/%	硫分/%	细度/%	*X*/mm	*Y*/mm	*G*	*B*
配加前	9.72	9.59	23.41	0.94	76.38	25.93	16.54	77.37	21.02
配加后	9.53	9.23	23.07	0.89	76.36	24.76	16.19	77.37	16.68

表6-9 配加焦化固废前后焦炭各主要指标年平均值

检验项目	炭化时间/h	水分/%	灰分/%	挥发分/%	硫分/%	M_{40}/%	M_{10}/%	*CRI*/%	*CSR*/%
配加前	29.06	0.34	12.20	1.26	0.78	91.08	5.59	21.50	70.43
配加后	29.06	0.36	11.83	1.25	0.75	91.07	5.59	20.50	71.70

配加焦化固废前后各焦炉推焦电流年平均值见表6-10。从表中数据可以看出，焦炉推焦电流在配加焦化有机危废时提高2～3A，但离推焦额定电流（400A）较远，可以认为对焦炉本体影响不大。

表6-10 配加焦化固废前后各焦炉推焦电流年平均值 （A）

焦 炉	A炉	B炉	C炉	D炉
配加前	176.34	169.18	169.39	172.31
配加后	178.33	172.10	172.61	174.69

B 焦化有机固废的添加对焦炭质量和焦炉本体的影响

配加焦化有机危险废物前后焦炉煤气检测指标见表6-11，配加焦化有机危险废物前后焦油检测指标见表6-12。从表中数据可以看出：在配加焦化有机危废后焦炉煤气和焦油质量没有降低，而且略有提高，这从焦炉煤气检测指标中CH_4含量增加、热值提高以及焦油检测指标中甲苯不溶物含量降低、萘含量提高可以看出。

表 6-11　配加焦化有机危险废物前后焦炉煤气检测指标

组成	CO_2/%	C_nH_{2n}/%	O_2/%	CO/%	CH_4/%	H_2/%	N_2/%	热值/$kJ \cdot m^{-3}$
配加前	2.17	1.78	1.16	7.26	21.91	61.38	4.34	16676.55
配加后	2.10	1.76	0.82	6.63	22.54	61.33	3.47	16702.42

表 6-12　配加焦化有机危险废物前后焦油检测指标

检测指标	密度 /$g \cdot mL^{-1}$	水分/%	灰分/%	80℃黏度	甲苯不溶物 /%	萘含量/%
配加前	1.17	2.30	0.14	2.27	4.43	10.88
配加后	1.17	2.22	0.06	2.36	3.45	14.83

C　焦化有机危险废物协同处理现场环境监测分析

焦炉协同处置焦化有机危险废物过程中，由于焦化有机废弃物中具有一定的挥发物质，在配比、加工过程中会产生一定的挥发物质。因此，在生产过程中对各个生产加工环节的环境进行监测，有助于分析在危险废物堆存、运输、加工过程中挥发物质对周边环境的影响。

（1）监测地点。根据工艺流程，结合加工车间中挥发性气体的暴露途径，选择储存及落料系统、混合系统、成球系统作为挥发性气体暴露点，开展环境监测。

结合《炼焦化学工业污染物排放标准》（GB/T 16171—2012），对上述危废的原料堆存、混合、加工和运输环节界定为无组织排放监控控制环节（厂界范围内）。

（2）监测指标。根据《炼焦化学工业污染物排放标准》（GB/T 16171—2012），监测污染物包括 SO_2、苯并［a］芘、氰化氢、苯、酚类、H_2S、氨、氮氧化物、甲苯和二甲苯共计 10 种，可以看出两项标准对上述 10 种物质的监测种类、限值均有所区别，因此，本次监测对 10 种物质均进行监测，作为对比分析依据。

（3）监测方法。根据《大气污染物综合排放标准》（GB 16297—2012），无组织排放指设置于露天环境中具有无组织排放的设施，或具有无组织排放的建筑构造（如车间等污染源），无组织排放监控浓度限值指监控点的污染物浓度在任何 1h 内的平均值不得超过的限值。监控点的采样设置、方式如下所示：

1）排放监控点和参照点监测的采样。一般采用连续 1h 采样计平均值；若浓度偏低，需要时可适当延长采样时间；若分析方法灵敏度高，仅需用短时间采集样品时，应实行等时间间隔采样，采集 4 个样品计平均值。

2）监测遵循的原则。

①监控点一般设于周界外 10m 范围内（如周界条件不允许，监控点可放至周界内侧）。

②监控点应设于周界浓度最高点（为确定浓度的最高点，实际监控点最多可设置 4 个，以浓度最高的点计值）。

③监控点高度为 1.5 ~ 15m。

监测结果依据 4 个监测值中的浓度最高点测值与参考点浓度之差计值。

储存及落料系统、混合系统、成球系统的监测现场如图 6-5 所示。

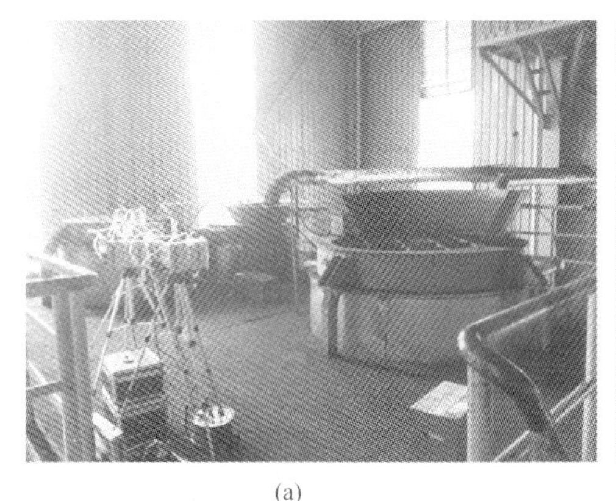

(a)

(b)

(c)

图 6-5　储存及落料系统、混合系统、成球系统的监测现场

（a）有机危废的储存及落料系统；（b）成球系统；（c）混合系统

采样分为两种状态：一是不配加焦化有机危废作为原始样，设备正常运行 6h 后，进行未配料状态的采样；二是配加焦化废弃物正常生产采样。

6.1.4.4　监测数据及结果分析

储存及落料区域、混合区域、成球系统区域的采样监测数据见表 6-13。

表 6-13 各系统环境监测结果

指 标	储存及落料系统区域		混合系统区域		成球系统区域	
	配加前	配加后	配加前	配加后	配加前	配加后
SO_2/mg·m^{-3}	0.012	0.054	0.014	0.047	0.023	0.057
苯并[a]芘/μg·m^{-3}	4.97×10^{-2}	4.06×10^{-2}	1.31×10^{-2}	4.81×10^{-2}	6.31×10^{-2}	6.74×10^{-2}
氰化氢/mg·m^{-3}	$<2\times10^{-3}$	$<2\times10^{-3}$	$<2\times10^{-3}$	$<2\times10^{-3}$	$<2\times10^{-3}$	$<2\times10^{-3}$
苯/mg·m^{-3}	0.01	0.62	0.01	0.28	0.01	0.02
酚类/mg·m^{-3}	0.021	0.015	0.018	0.007	0.039	0.036
H_2S/mg·m^{-3}	0.002	0.010	0.001	0.012	0.012	0.031
氨/mg·m^{-3}	0.019	0.019	0.010	0.025	0.017	0.016
氮氧化物/mg·m^{-3}	0.038	0.039	0.031	0.027	0.063	0.043
甲苯/mg·m^{-3}	0.02	0.34	0.02	0.22	0.01	0.04
二甲苯/mg·m^{-3}	0.01	0.13	0.01	0.11	0.01	0.05

根据监测结果，配加焦化有机危险废物前后，监测指标中，H_2S、SO_2、苯并[a]芘、氰化氢、氨、氮氧化物、酚类、苯、甲苯和二甲苯的含量在储存及落料系统、混合系统、成球系统均未发生明显的变化，这表明焦化有机废弃物在生产加工阶段不会对环境造成明显危害。

6.1.5 焦炉共处置焦化有机危险废物工业试验结论

（1）添加焦化固废后对焦炉炼焦的焦炭质量，主要包括焦炭抗碎强度（M_{40}）、焦炭的耐磨强度（M_{10}）、焦炭高温反应性（*CRI*）及焦炭反应后强度差别（*CSR*）、灰分、硫分等主要指标均没有影响。

（2）对炼焦设备及推焦电流等均无影响。

（3）对焦化有机危废预处理区域环境没有影响，排放指标满足国标要求。

（4）为建立焦炉共处置危险废物推荐目录及技术参数要求提供依据。

6.2 炼铁回转窑共处置危险废物工程试验

自然界的锌主要是以硫化矿和氧化矿形式存在，炼锌工业主要将硫化矿石采用火法或湿法工艺进行提炼。其中湿法炼锌的产量约占锌产量的 80%。硫化锌精矿的湿法冶金过程中，含锌的浸出渣、净化渣、熔锅撇渣等都是在冶炼过程中产生的固体废弃物。含锌浸出渣是用稀硫酸浸出硫化物精矿的焙砂时，得到的浸出渣，主要由铁和锌的硫酸盐和铁酸锌组成，并含有铅、铜、金、银等重金属，是一种潜在污染风险很大的危险固体废弃物，被《国家危险废物名录》列为毒性危废。通过研究，本书提出了利用炼铁回转窑共处置含锌浸出渣技术。中国钢研科技集团与武汉北湖胜达制铁厂合作开展了工业性试验，取得了关键数据，并使钢铁回转窑共处置工艺得到了验证。

6.2.1 工程试验目标

为了验证炼铁回转窑共处置工艺的可行性，中国钢研科技集团与武汉北湖胜达制铁厂合作，进行了回转窑共处置含锌浸出渣的工业试验。

工业试验中，通过改变含锌浸出渣的配加量进行对比试验，并检测不同配加量下的产品质量（主要是含铁产品中如ZnO、PbO及S等杂质的含量）、尾气中粉尘含量及SO_2含量的影响，作为共处置含锌浸出渣工艺的监测指标。

通过对生产的含铁产品进行化学成分分析，确定杂质元素对铁品质的影响；通过对回收的富锌灰进行衍射分析、化学成分分析，确定各类废弃物中的挥发组分比和铅锌回收率；设定了不同的废物加入量来进行对比试验，确定废物共处置量的极限值并给出评价指标；同时对共处置工艺对原工艺技术参数的影响加以对比和控制；监测共处置过程中产生的烟气、灰尘的性质，使二次污染可控。

6.2.2 回转窑工艺及含锌浸出渣的共处置技术

钢铁工业中，存在两类回转窑，一类是用于生产焙烧球团的“链箅机—回转窑”联合机组，一类是用于生产海绵铁或处理粉尘、尾矿的“直接还原回转窑”。前者为氧化性回转窑，通过窑头供风供热，对窑内的球团进行氧化焙烧，目的是使球团固结。后者为还原性回转窑，通过窑头（排料端）设置的主燃料烧嘴和还原煤喷入装置，提供工艺过程需要的部分热量，并补充还原剂，目的是实现球团物料的直接还原。锌渣共处置工艺中，需要利用锌和铅被还原后易气化分离的性质，因此采用的是“直接还原回转窑”。

6.2.2.1 直接还原回转窑工艺

回转窑（图6-6）是一个稍呈倾斜放置在几对支撑轮（托轮）上的筒形高温反应器。作业时，窑体按一定的转速旋转，含铁原料与还原煤（部分或全部）从窑尾加料端连续加入。随着窑体的转动，固体物料不断地翻滚，向窑头排料端移动。排料端设置的主燃料烧嘴和还原煤喷入装置，提供工艺过程需要的部分热量，并补充还原剂。沿窑身长度方向装有若干供风管（或燃料烧嘴）向窑中供风。燃烧煤释放的挥发分、还原反应产生的CO和喷入窑内的煤，用以补充工艺所需的大部分热量和调节窑内温度分布。物料在移动的过程中，被逆向高温气流加热，进行物料的干燥、预热、碳酸盐分解、铁氧化物及其他金属氧化物的还原，以及溶碳渗碳反应，铁矿在保持外形不变的软化温度以下转变成海绵铁等含铁产品。

根据原料的特征，产品包括海绵铁、金属化炉料和预还原料。可用于转炉炼

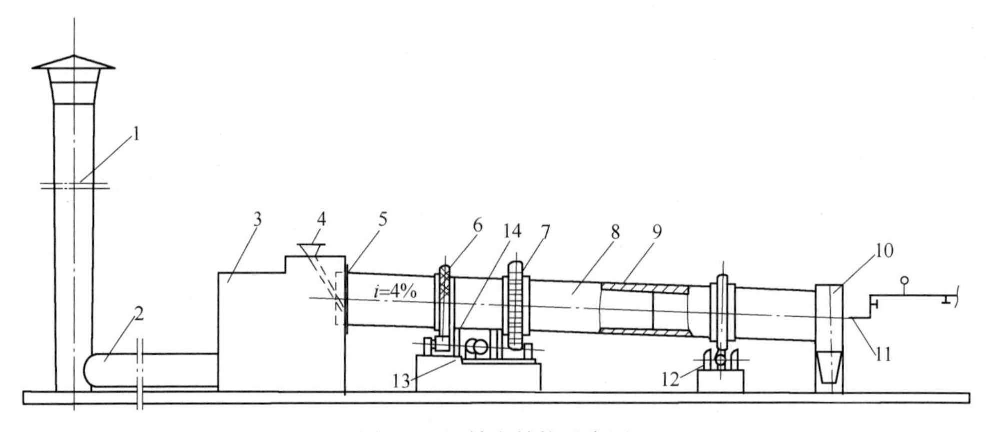

图 6-6　回转窑结构示意图

1—烟囱；2—烟道；3—尾烟室；4—进料溜管；5—密封装置；6—滚圈；7—大齿轮；8—筒体；9—耐火砖；10—窑头；11—燃烧装置；12—托轮；13—传动装置；14—挡轮

钢、电炉炼钢等后续工艺中。生产高品位海绵铁供炼钢用的方法有 SL-RN 法、Krupp-CODIR 法和 DRC 法；用于处理含铁粉尘和复合矿综合利用的方法有川崎法、SDR 法、SPM 法、新日铁法和 Welze 法等。直接还原回转窑的工艺很多，各有特色，原料和产品也各有差异，但基本工艺过程和原理相同。回转窑工艺流程如图 6-7 所示。

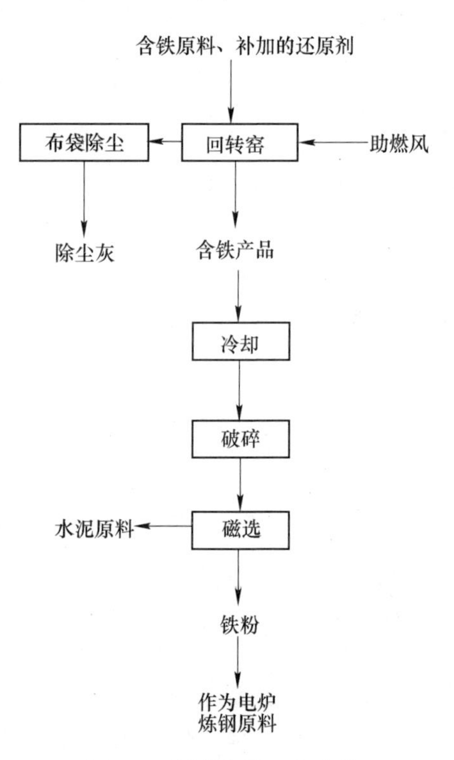

图 6-7　回转窑的工艺流程

目前多数直接还原回转窑均采用逆流窑，为了改善窑内温度分布，扩大高温带和提高能量利用，多在窑身长度方向设置窑中送风管；有的还设置窑身燃料烧嘴，可有效地燃烧还原煤释放的挥发分、还原产物 CO 等，能明显改善窑内温度分布、扩大高温区长度。

（1）回转窑内的温度分布。回转窑冶炼的温度低于常规炼铁的温度。热力学上，提高温度能够促进窑内铁氧化物还原反应的进行，但是回转窑内的最高作业温度要考虑原料软化温度和还原煤灰分软熔特性，一般情况下，最高作业温度低于原料软化温度和灰分软化温度 100～150℃。

窑内的气流温度为 1100℃，物料温度能够达到 950～1000℃，废气温度为

950℃左右。窑内700℃以下为预热段，随后进入高温区，通常高温区占窑长的60%。部分工艺中为了减少FeO形成低熔点化合物引起窑衬黏结故障，有适当的中温区段。距离窑头越近，温度越低。

允许温度下，扩大高温区长度有利于窑内还原，能够提高生产率。还原回转窑采取窑中供风或供燃料的手段，通过改变供入空气量或燃料量，调节窑内可燃物的燃烧，可获得更加理想的温度分布。

（2）回转窑内的还原。回转窑内的物料在热气流的加热下被干燥、预热并进行还原反应。窑内可分为预热段和还原段两部分。在预热段物料没有大量的吸热反应，水当量小，虽然传热速度比较小，但物料温升却比较大。

由于铁矿石与还原剂密切接触，还原反应约在700℃开始。物料进入还原段后，还原反应大量进行，反应产生的CO从料层表面逸出，形成保护层，料层内有良好还原气氛。料层逸出的气体和空气燃烧形成稳定的氧化或弱氧化性气氛。窑内的还原反应可分为两步：

$$CO_2 + C = 2CO$$

$$Fe_nO_m + mCO = nFe + mCO_2$$

化学反应速率和气体扩散速率是影响还原反应快慢的直接因素。还原剂的反应性、矿石还原性、温度等因素都会对回转窑还原产生影响。

（3）回转窑的脱硫。进入回转窑的硫少量由含铁物料带入，大部分（60%~90%）是由还原剂和燃烧煤带入的。矿石中的硫主要呈FeS_2、FeS和磁黄铁矿形态。矿石进入回转窑后，随着温度的升高，FeS_2开始分解（300~600℃），在900℃时分解激烈进行。

$$FeS_2 = FeS + S$$

单质硫在440℃时可挥发进入气相。FeS则需要在更高温度和氧化气氛中才能进一步分解。

煤中硫的形态复杂，多为有机硫、硫化物（FeS_2、FeS、磁黄铁矿）和硫酸盐（$CaSO_4$、$Fe_2(SO_4)_3$）三种形态。由于煤的加入方法和条件不同，窑内的行为也有差异。

回转窑的脱硫是通过CaO实现的。在炉料中有CaO和金属铁时，能够吸收硫形成稳定的硫化物CaS。当加入足够的CaO时，CaO吸硫反应大量进行。回转窑工艺中通常采用白云石进行脱硫。

（4）回转窑的结圈问题。回转窑结圈是还原回转窑生产工艺中最大的问题。一旦结圈，窑内物料运动、气流运动、热工制度、还原过程和各种反应均遭破坏，严重时甚至被迫停窑。回转窑内各部分的温度、气氛和物料性质变化很大，窑圈的形成和结构也不尽相同。入窑物料中含有大量粉末时，因比表面积大，有晶格缺陷，粉末颗粒具有很大表面能，处于活性状态。500~800℃下，细粉料容易形成物理吸附，引起颗粒聚结和扩散再结晶，形成窑尾粉料圈。这种结圈与窑衬黏结不强，可以自行脱落，但严重时也会影响回转窑正常运转。

回转窑中部的结圈最多，影响最大。物料进入 800 ~ 1000℃ 区间，含铁料已有较大程度的还原，FeO 含量升高，当窑温波动达到高温，FeO 会与脉石结合成低熔点化合物。煤灰的掺入进一步降低了化合物熔点，黏附于窑衬形成最初的圈根，多次反复后黏结加重，最后形成窑圈。中部窑圈多为环形，呈层状结构，致密黏结层与夹杂粒状料的疏松层交替，最初的 FeO 基体经一段时间被碳还原成铁质黏结层。由于这种圈是在软熔状态下黏附上的，通常十分牢固。

入窑料中含有大量粉末或入窑料还原粉化严重是生成窑中圈的基本条件，温度波动则是结圈的直接原因。

6.2.2.2　含锌浸出渣的共处置特征

含锌浸出渣是用稀硫酸浸出硫化物精矿的焙砂时，得到的浸出渣，主要由铁和锌的硫酸盐和铁酸锌组成，并含有铅、铜、金、银等重金属。含锌浸出渣的粒度很细，74μm 含量大于 95%，含铅物相主要是白铅矿（$PbCO_3$）和铅铁矾（(Pb · Fe) · SO_4）。

锌浸出渣是主要的含锌、铅的危险废弃物类型，主要来自有色金属冶炼的工艺中，如粗锌精炼加工过程中产生的废水处理污泥，铅锌冶炼过程中锌焙烧矿常规浸出法产生的浸出渣，铅锌冶炼过程中锌焙烧矿热酸浸出黄钾铁矾法产生的铁矾渣，铅锌冶炼过程中锌焙烧矿热酸浸出针铁矿法产生的硫渣，铅锌冶炼过程中锌焙烧矿热酸浸出针铁矿法产生的针铁矿渣，铅锌冶炼过程中氧化锌浸出处理产生的氧化锌浸出渣等。这一类固体废弃物主要由于含有超标的重金属离子而具有毒性。此类固体废弃物具有如下的特征：

(1) 锌浸出渣中锌主要为铁酸锌和硫酸锌，铅主要为白铅矿（$PbCO_3$）和铅铁矾（(Pb · Fe) · SO_4）。

(2) 铁的含量很高，主要是以 $Fe_2(SO_4)_3$ 的形式存在，含量能达到 50%，全铁通常为 13%~15%。

(3) 硫的含量较高，多存在于金属硫酸盐中。

(4) 为粒度非常小的粉状固态污染物，粒度小于 74μm 的含量大于 95%，因此流动性好，极易造成二次污染，且吸水性较差。

(5) 锌浸出渣中矿物成分 CaO、MgO 的含量较低，SiO_2 含量高，通常呈酸性。

6.2.2.3　共处置工艺设计

锌浸出渣中需要主要处理的有重金属锌和铅，并且其中含有的氧化铁成分可当作含铁原料进行回收处理。其中，锌和铅的性质相似，具有易还原和挥发性的特点，在进入高温窑炉中利用其易挥发性进行富集。得到富铅锌灰进行资源回收利用，同时固废中的含铁成分能够回收利用。因此锌浸出渣可以采用富集提取处理的方式进行共处置，其共处置特性：

（1）还原性气氛，具有直接还原或间接还原方式，能够使锌、铅、铁氧化物发生还原反应。

（2）高温窑炉的温度至少需要达到1000～1100℃，以保证还原反应和锌铅的气化分离。

（3）能够有效地进行粉尘回收，以满足锌铅粉尘从烟气中分离并得到富集。

（4）能够有效地控制 SO_2 等气体污染物，防止二次污染。

（5）考虑未完全分离的锌铅对原工艺的负荷及硫负荷、碱度负荷等。

（6）还应考虑挥发成分及粉尘对工艺制度和窑炉带来的影响。

考虑采用冶金工业窑炉共处置含锌铅粉尘工艺时，应使窑炉的冶炼特性与所处理废弃物处理特性相符。根据还原回转窑具有高温、还原性气氛及燃烧条件的特征，可以通过“变性处理”、“燃烧处理”以及特有的“富集提取处理”的方式进行共处置危险废弃物的处理，适宜处理碳质等可燃废物和含毒性化合物的渣类物质，以及具有挥发性价态的金属氧化物、硫化物的粉尘和渣类物质等。因此，采用回转窑工艺是比较适宜进行锌浸出渣的共处置，既能够得到较高的还原率，又能保证锌、铅的分离，同时铁等组分能够有效回收利用。

6.2.3 回转窑共处置含锌浸出渣的理论基础

6.2.3.1 共处置锌浸出渣中主要组分（锌、铅、铁）反应的理论基础

A 锌的还原

（1）ZnO 与还原气体 CO 的反应如下：

$$ZnO + CO_{(g)} = Zn_{(g)} + CO_{2(g)}, \qquad \Delta G^{\ominus} = 192437 - 121.7T$$

当反应达到平衡时：

$$\Delta G^{\ominus} = -RT\ln K = -RT\ln \frac{\dfrac{p_{Zn}p_{CO_2}}{p^{\ominus}p^{\ominus}}}{\dfrac{p_{CO}}{p^{\ominus}}} = -RT\ln \frac{p_{Zn}p_{CO_2}}{p_{CO}p^{\ominus}}$$

$$\frac{p_{Zn}p_{CO_2}}{p_{CO}p^{\ominus}} = \exp\left(\frac{-\Delta G^{\ominus}}{RT}\right) = \exp\left(\frac{121.7T - 192437}{RT}\right)$$

式中 K——反应平衡常数；

T——反应温度，K；

R——气体常数；

$\Delta G^{\ominus}$——反应标准吉布斯自由能；J/mol；

p_i——气相 i 的压力，Pa；

$p^{\ominus}$——标准压力，101325Pa。

经过理论分析，当反应温度在1500K左右时，即使为弱氧化性气氛，ZnO也能被还原成Zn蒸气，与浸出渣分离。反应后的含Zn气体离开反应区后，随着气相温度的下降，$Zn_{(g)}$又被氧化成ZnO细微粉体。而在低温下CO还原ZnO的能力相对较弱。

（2）ZnO与C的反应如下：

$$ZnO + C = Zn_{(g)} + CO_{(g)}, \quad \Delta G^{\ominus} = 363841 - 297T$$

当用电加热时，如真空感应炉或电炉等，反应产生的$Zn_{(g)}$与CO体积相等，反应平衡时的自由能与反应压力关系为：

$$\Delta G^{\ominus} = -RT\ln K = -RT\ln\frac{p_{Zn}p_{CO}}{p^{\ominus}p^{\ominus}} = -2RT\ln\frac{p}{2p^{\ominus}}$$

$$\frac{p}{p^{\ominus}} = 2\exp\left(\frac{-\Delta G^{\ominus}}{2RT}\right) = 2\exp\left(\frac{297T - 363841}{2RT}\right)$$

式中 p——实际气体总压力，Pa。

当体系压力为1atm（101325Pa）时，反应温度为1050K，温度高于此值，体系压力大于101325Pa，反应很剧烈。因此，ZnO的直接还原反应优先于间接还原反应。

B 铅的还原

由于PbO的熔点较低，因此PbO的间接还原反应与温度相关。当温度高于1159K时：

$$PbO_{(l)} + CO_{(g)} \xlongequal{\quad} Pb_{(g)} + CO_{2(g)}, \quad \Delta G^{\ominus} = 100452 - 86T$$

当温度低于1159K时：

$$PbO + CO_{(g)} \xlongequal{\quad} Pb_{(g)} + CO_{2(g)}, \quad \Delta G^{\ominus} = 125214 - 109.8T$$

与ZnO间接还原相似，可以得到：

$$\frac{\%V_{CO}}{\%V_{CO} + \%V_{CO_2}} = \frac{\%V_{Pb}}{100 \times \exp\left(\frac{-\Delta G^{\ominus}}{RT}\right)}$$

可见，在相同的反应温度下，PbO还原所需的CO平衡成分远低于ZnO还原所需的CO平衡成分；在相同的CO-CO_2成分下，PbO被CO还原的温度约比ZnO还原低400K。当温度达到1400K时，分解压力达到1000Pa，相当于气相中含有体积浓度为1%的铅蒸气，能够满足金属铅从钢厂粉尘中气化分离。

金属铅的挥发公式见上述公式，PbO的挥发公式为：

当温度低于1159K时：

$$PbO \longrightarrow PbO_{(g)}, \quad \Delta G^{\ominus} = 280966 - 158.3T$$

当温度高于1159K时：

$$PbO_{(l)} \longrightarrow PbO_{(g)}, \quad \Delta G^{\ominus} = 238602 - 121.1T$$

PbS的挥发公式：

$$PbS \longrightarrow PbS_{(g)}, \quad \Delta G^{\ominus} = 221072 - 145.1T$$

将它们的蒸气压与温度关系进行比较，可见PbS是最易挥发的，PbO挥发困难。因此，如果浸出渣中存在PbS，将会以PbS形式挥发。如果浸出渣中缺少CaO，或者CaO与$CaSiO_3$（或Ca_2SiO_4）结合的情况下，PbS将以PbS的形式挥发，如果浸出渣中存在自由CaO，则PbS则会优先还原成液态金属铅，液态金属铅再在较高的温度下挥发与浸出渣主体分离。

C　氧化铁的还原

锌浸出渣中全铁含量为13%~15%，主要以氧化铁（或硫酸铁）的形式存在，且粉体粒度很细微，有利于氧化铁的快速还原。通过配加还原剂与氧化铁充分结合在一起，有利于氧化铁的低温快速还原。对铁氧化物还原不利的因素是铁含量偏低，意味着存在一定量的脉石，当反应进行到后期时，气体在脉石中的扩散限制要比普通富铁矿的扩散限制更严重。

在氧化铁还原初始阶段，更多的氧化铁转为FeO，且反应速度快，此阶段产生CO煤气，同时从Fe_2O_3还原到FeO对煤气中氧化还原气氛要求不高。从FeO到金属铁的还原，也可分为两个阶段：前期反应快，大约15min就能够还原60%~70%的FeO，当金属化率高于60%~70%时受扩散影响加剧，反应速度变慢。可通过多配碳的方式减少氧化气氛的影响，促进还原反应的继续进行。

6.2.3.2　锌铅与铁分离的理论基础

锌浸出渣中含有4%~8%的锌和6%左右的铅。锌、铅属于有色金属，其氧化物、硫化物的熔点、沸点及挥发情况见表6-14。

表6-14　锌、铅及其主要化合物的熔点、沸点　（℃）

锌、铅及其主要化合物	Zn	ZnO	ZnS	Pb	PbO	PbS
熔　点	419.58	1975	1650	327.5	886	1135
沸　点	906.97	—	—	1525	1472	1281
明显挥发性温度	>700	>1400	>1200	>900	>950	>600

可以看出ZnO在1400℃以下难挥发，而锌蒸气沸点很低，因此，应以锌蒸气的形式挥发富集锌。铅以硫化物形式最容易分离，在氧化气氛下，PbO优于单质铅挥发。

（1）锌、铅与浸出渣的分离。在上述分析中，锌及铅的氧化物能够被还原为金属态锌、铅，两者的沸点较低，能够在冶炼的温度下气化进入烟气。随着烟尘氧化性增加，锌及铅的蒸气重新被氧化成为 ZnO 和 PbO。如果浸出渣中存在 PbS，将会以 PbS 形式挥发；而如果浸出渣中存在自由 CaO，则 PbS 则会优先还原成液态金属铅，液态金属铅再在较高的温度下挥发，与粉尘主体分离。无论怎样，锌和铅能够最终形成气化物随烟气排出，通过烟气除尘收集装置在烟尘中得到富集，实现锌铅与金属铁及渣的分离。

（2）金属铁和渣的分离。在固态还原条件下，还原的金属铁粒比较细小、活性高，容易二次氧化，同时还难以分离，造成后续分离困难，需要深度球磨（需要磨细到 0. 075mm、甚至 0. 048mm 或 0. 038mm），另一方面造成细微铁粒的二次氧化，最终体现在产品质量差，得不到铁含量高的海绵铁，同时铁的收得率偏低。

通常当还原回转窑的含铁产品中铁的品位较高时，生产的海绵铁可直接用作含铁原料进入下一处理环节。而回转窑处理的含铁废渣中铁的品位相对较低，一般采用进行细磨磁选的方式得到金属铁粉。无论哪种工艺，都是较为成熟的技术。

6. 2. 4　共处置工艺的流程及工业试验方案

根据基础研究的理论，提出了用回转窑处理锌浸出渣综合利用技术，能够有效利用锌浸出渣中的铁、锌资源，使它们得到充分分离，得到海绵铁及富锌料。实现了锌浸出渣的共处置处理和综合利用。

6. 2. 4. 1　回转窑共处置工艺的流程简介

锌浸出渣共处置工艺流程（图 6-8）为：原工艺中含铁原料、焦粉（或煤粉）按照一定比例取料，同时添加一定量的锌浸出渣（锌浸出渣由于含有较高

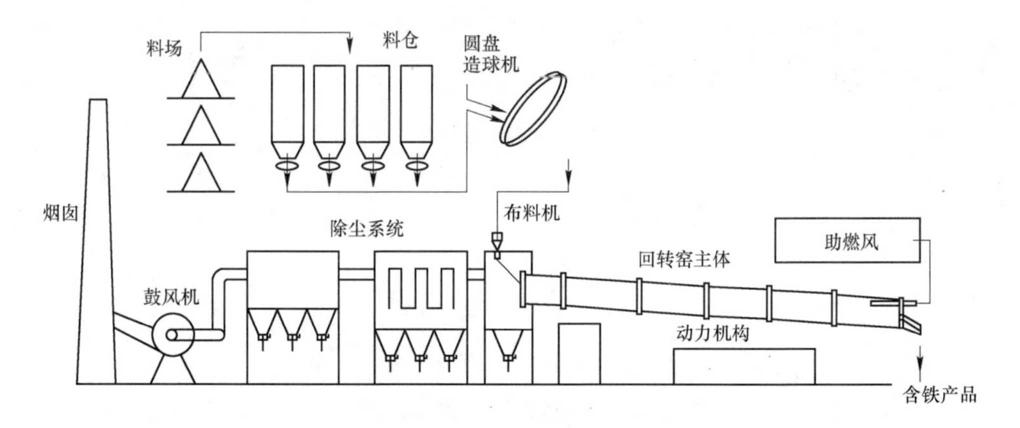

图 6-8　锌浸出渣共处置工艺流程

的水分，需要经过晾晒脱水后才能进入料仓）混匀后进入圆盘造球机，形成粒度不小于1cm的小球。通过上料装置和布料机装入窑尾，随着回转窑自身的倾斜角及转动，混合料从窑尾逐步向窑头移动，从窑头过来的高温气体逐步降温完成混合料的干燥及预热；在窑头高温区，通过外加的助燃风燃烧混合料内的碳、直接还原产生的CO及挥发分以此产生热量，将物料的温度提高，完成氧化铁的还原以及锌、铅等还原，并产生CO保护气氛；还原产生的锌、铅蒸气与高温物料分离，并随气流向窑尾移动，随着气流的移动，大部分锌和铅又被氧化成氧化锌和氧化铅，重新成为细微粉尘，并在布袋内回收，还原后的高温物料冷却后成为海绵铁，直接作为转炉或电炉炼钢原料。

6.2.4.2 工业试验方案

在理论研究的基础上，中国钢研科技集团实验中心进行了实验室卧式电阻炉实验和小型回转窑实验，并与武汉北湖胜达制铁共同研究确定了此次工业试验中的各项工艺参数。确定的工业试验方案如下：

（1）工艺改造。胜达制铁厂的回转窑为用于生产优质海绵铁的还原回转窑，窑长36m，内径2.4m，倾斜角为3°，运行中转速为0.5r/min，年生产海绵铁2万吨。为了配合本次工业试验，对原生产工艺进行了部分改造。包括原料预处理、料仓及给料系统、检测及检验系统，并且针对共处置工艺中可能产生的大量细微粉尘加强了除尘集尘设备。

1）原料预处理系统。锌浸出渣中含水量较大，直接投加到配料仓会造成黏结并会给圆盘造球系统带来水分波动。因此，锌浸出渣需要通过晾晒、破碎等预处理工艺将水分含量降至10%以下，并将结块渣破碎。浸出渣本身颗粒度较小（75μm以下占95%），水结的渣经过简单破碎即可满足要求。

2）料仓及给料系统。为了保证工业试验中配加锌浸出渣的准确性和连续性，增加了50m^3的料仓，并通过圆盘给料机和称量系统取料。取料系统在0～500kg/h可调。

3）检测及检验系统。工业试验过程中需要检测产品中的重金属如Zn、Pb、Cu是否超标，因此需要对每个批次的试验产品进行化学成分的分析；同时还需要对集尘的Zn、Pb含量进行检测来评估锌铅的分离回收效率；为了有效监测气体污染，对尾气检测设备进行了改造，增加了抽气采样设备。用粉尘探头测量尾气中的粉尘浓度。

4）除尘集尘系统。原工艺中，采用了重力除尘、旋风除尘和布袋除尘三级除尘系统。在共处置含锌浸出渣工业试验中，渣的配加会增加细微粉尘量，为此加强了布袋除尘的效率，增加了过滤负荷。带有粉尘的气体通入箱体经过布袋时，借助于筛滤、惯性、拦截、扩散、重力沉降以及静电等诸多的作用把粉尘沉积下来。

（2）原料成分。

1）原料：含铁原料（见表6-15）。

表6-15　含铁原料成分　（%）

TFe	Zn	C	Pb	Na	K	S
59.6	1.2	7.8	0.23	0.15	0.28	0.15

2）还原剂（见表6-16）。

表6-16　还原剂成分　（%）

固定碳	挥发分	灰　分	S
78	1.24	15.18	0.25

3）危险废物：电解锌渣（见表6-17）。

表6-17　电解锌渣成分　（%）

Zn	Pb	S	Fe	SiO_2	Al_2O_3
4.5	6.7	9.7	13.5	18.3	3.4

4）脱硫剂：主要采用白云石，CaO 30%、MgO 25%。

（3）试验方案。根据前期实验的结果，确定控制含锌浸出渣的量低于3.0%。设定了6个配加试验及记录点，即：0%、0.5%、1.0%、1.5%、2.0%、2.5%和3.0%。为了保证工业试验中冶炼制度的稳定，相应对还原煤和脱硫用白云石量做了适当调整，调整主要根据试验操作者的生产经验确定。每批次试验持续进行24h以上，保证每批次取样时前次物料完全排出，一般在运行后8~12h可以进行取样，每批次取样5次，取样间隔1~2h。在运行过程中记录操作工艺及窑炉运行的现象，以判定共处置过程中的稳定性。

在工业试验过程中，检测产品、富集粉尘和筛分下的脱硫剂中Zn、Pb含量，检测尾气中的粉尘含量、尾气中的SO_2含量。

6.2.5　工业试验内容及结果

6.2.5.1　共处置系统的运行情况

胜达制铁公司试验团队从2014年上半年开始针对利用本厂还原回转窑共处置含锌浸出渣工艺进行工艺设计攻关。前期进行了大量的准备工作，如生产数据的收集和分析，并构建该回转窑的生产模型，包括物料平衡和热平衡，完善了温度基准、产品质量基准和尾气排放基准，用以判定共处置工艺对原生产工艺的影响。同时还根据确定的试验方案进行了部分设备的增添和改造，包括增加料仓、给料和称量设备、增加检测设备和加强除尘集尘设备等。

2014 年 5 月，结合中国钢研科技集团提供的回转窑基础研究数据和分析方法，胜达制铁公司试验团队设计了共处置含锌浸出渣的方案，如本章 6.2.4.2 节所述。

回转窑工业试验现场（窑体）如图 6-9 所示，试验中相关设备如图 6-10 ~ 图 6-12 所示。

图 6-9　回转窑工业试验现场（窑体）

(a)

(b)

(c)

(d)

图 6-10　回转窑工业试验中相关设备

（a）料仓、称量及皮带运输机；（b）圆盘造球机；

（c）回转窑主体；（d）各级除尘及集尘设备

图 6-11　运行中的回转窑

图 6-12　脱硫除尘系统尾部烟囱的监测设备

2014 年 6 月，在胜达制铁公司试验团队进行了配加共处置含锌浸出渣的工业试验，试验中分别进行了不同含锌浸出渣配加点的批次试验。每批次运行 24h 以上，试验累计进行了 17 天。试验主要收集了产品质量、尾气及粉尘、相关产出物中 Zn、Pb 等组分的含量。根据现场操作人员的经验以及相关数据的支持，分析了回转窑工况的扰动。

6.2.5.2 试验结果分析

A 共处置过程中回转窑运行稳定性

2014 年 6 月 10 日开始本次试验，至 7 月 3 日，累计试验天数为 17 天。在整个试验期间，窑炉未出现明显工况波动，温度等数据波动在正常范围内，窑炉未出现明显结圈或粉尘喷涌等现象。分析主要原因如下：

（1）锌渣的共处置量较小（最大配加量为 3%）是主要因素。

（2）共处置工艺中未出现强吸放热反应，对温度制度的影响很小。

（3）锌渣为酸性渣，在冶炼过程中通过配加白云石起到了调节渣系的作用，因此对物料的熔化性质的影响很小。

（4）锌渣的投加位置为料仓，经过取料机、皮带机、混料机等设备，能够对配加量进行较好控制，而且与原物料进行了均匀混合；进入回转窑的锌渣经过了逐步升温的过程后才发生还原和气化，因此没有出现烟尘喷涌等现象。

B 共处置过程中产品成分的变化

试验中，对 7 个配加点的试验过程中的产品及富集粉尘进行了取样分析，得到了不同锌渣共处置量下的产品成分变化。并对 Zn、Pb 在粉尘中的富集效果进行了分析。所取样品的化学成分分析见表 6-18。

表 6-18 不同锌渣添加量的产品成分 （%）

锌渣加入量	产品成分								
	Fe	FeO	SiO_2	CaO	Al_2O_3	Zn	Pb	S	TFe
0	78.06	5.28	8.86	2.54	3.74	0.171	0.033	0.0299	82.17
0.5	77.90	5.26	8.98	2.58	3.75	0.174	0.038	0.038	82.00
1	77.74	5.25	9.09	2.61	3.76	0.177	0.044	0.047	81.82
1.5	77.58	5.23	9.21	2.64	3.78	0.180	0.049	0.055	81.64
2	77.42	5.21	9.33	2.68	3.79	0.183	0.054	0.063	81.47
2.5	77.26	5.19	9.44	2.71	3.81	0.186	0.060	0.071	81.29
3	77.10	5.17	9.56	2.74	3.82	0.189	0.065	0.079	81.12

通过对表 6-18 的数据分析可知，虽然 Fe 的百分含量并没有明显的变化，甚至略有降低，主要是由于含锌废渣中带入较多的 SiO_2、CaO、S 等进入海绵铁中。按照铁回收率分析，含锌废渣中约有 97% 的铁得到回收利用。含锌废渣的协同处置带来的最大影响就是对产品中 S 含量的影响。按照产品对 S 含量的控制要求，该回转窑生产线的最大锌渣共处理量不超过 1.5%。

从表 6-19 中的数据并结合 100kg 物料中 Zn、Pb 在富集粉尘及产品中的分配量，富锌粉尘中锌的百分含量没有出现明显上升，主要是由于原工艺本身利用了回转窑富锌的功能，其原料组成中锌含量高达 1.2%。锌渣中虽然锌含量较高，但是由于共处置的配加量有限，因此富集粉尘中锌组分没有明显提升。但是 Pb 富集回收量较为明显。根据测算，锌渣中约有 85%~90% 的 Zn 和 Pb 在粉尘中得到富集回收。

表 6-19　不同锌渣添加量的富锌粉尘成分　(%)

锌渣加入量	富锌粉尘的成分								
	Fe_3O_4	SiO_2	Al_2O_3	Na_2O	K_2O	C	Zn	Pb	S
0	45.02	5.89	2.52	2.46	4.59	13.74	19.69	3.77	0.110
0.5	44.49	5.91	2.51	2.43	4.54	13.59	19.87	4.36	0.108
1	43.98	5.94	2.50	2.40	4.48	13.42	20.04	4.94	0.107
1.5	43.49	5.96	2.49	2.37	4.43	13.26	20.22	5.50	0.106
2	43.01	5.99	2.48	2.34	4.37	13.10	20.39	6.05	0.105
2.5	42.54	6.01	2.47	2.31	4.32	12.95	20.55	6.58	0.104
3	42.08	6.04	2.46	2.29	4.27	12.79	20.71	7.10	0.102

产品及富集粉尘中的 Zn、Pb 量随锌渣配加量的增比关系如图 6-13 ~ 图 6-16 所示。

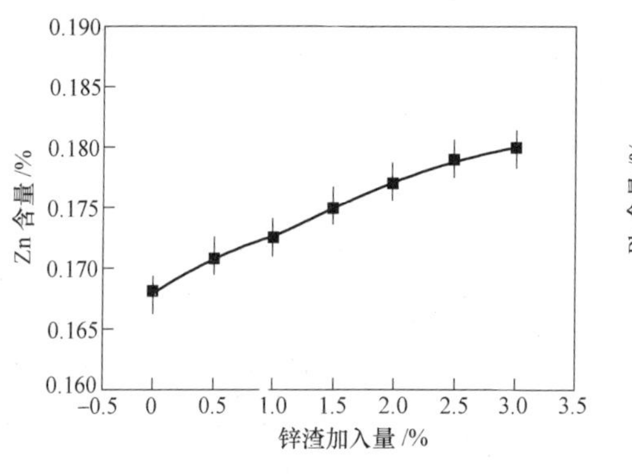

图 6-13　产品中 Zn 的残留量

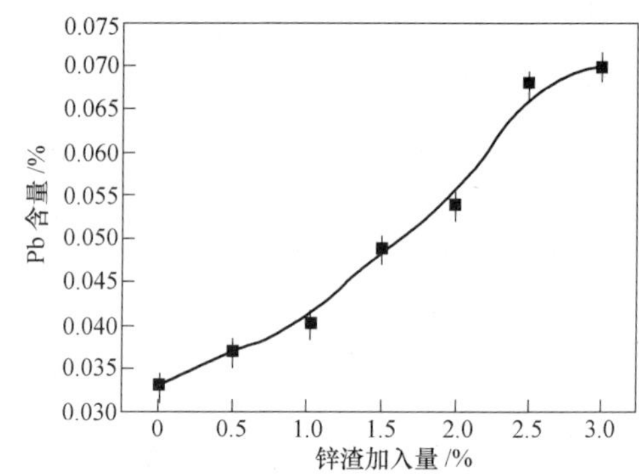

图 6-14　产品中 Pb 的残留量

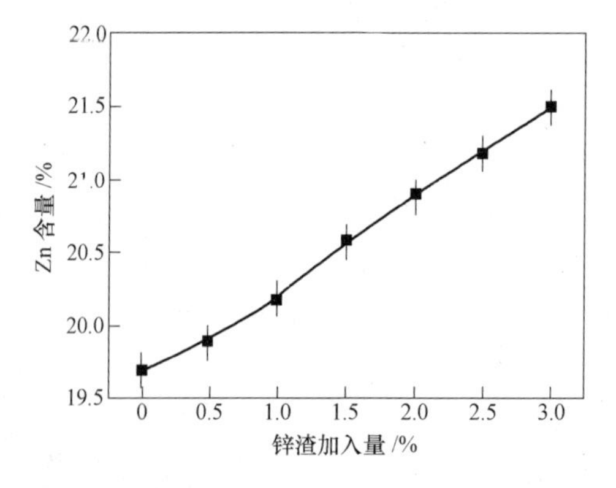

图 6-15　富集粉尘中 Zn 的增加量

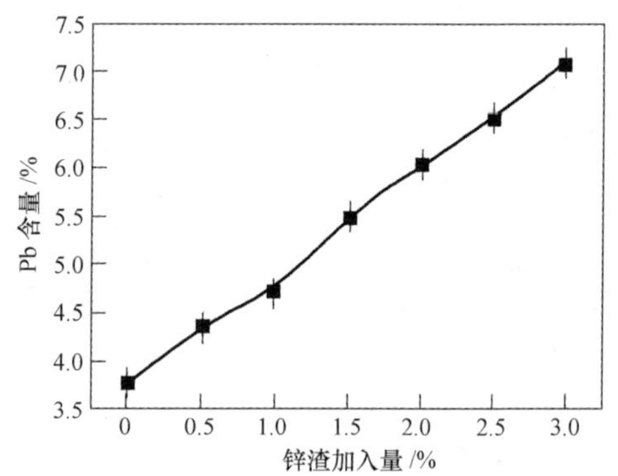

图 6-16　富集粉尘中 Pb 的增加量

C 产品及富集粉尘中的残硫量

对产品及富集粉尘质量造成最大影响的是残硫量。分析了各批次试验产品（海绵铁）及富集粉尘中残硫量的增量趋势，如图6-17和图6-18所示。

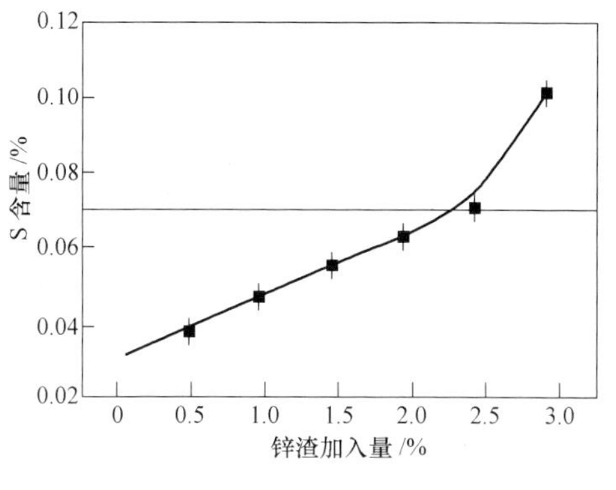

图6-17 产品中S含量

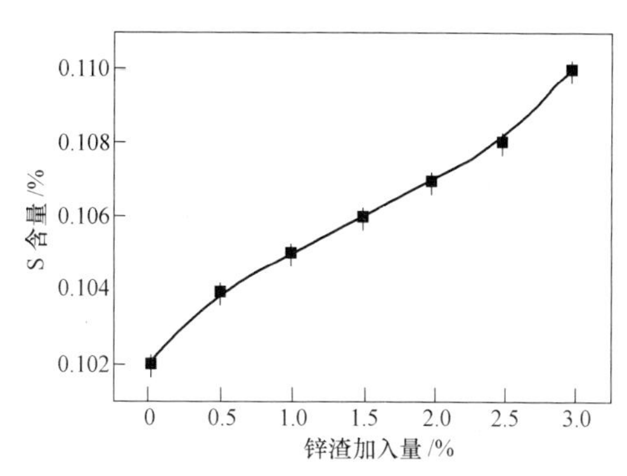

图6-18 富集粉尘中S含量

从图6-17和图6-18中可以看出，随着锌渣配加量的增加，产品中以及富集粉尘中的S含量有了明显增加，主要原因是工艺制度造成的。回转窑冶炼工艺生产海绵铁及其他含铁产品，冶炼中不进行渣铁的熔分，因此不能通过渣系脱硫。冶炼过程中虽然配加了部分白云石，利用其中的CaO等碱性氧化物进行脱硫，然后通过筛分使S分离，但这种脱硫方式的脱硫效率有限，不能有效地控制物料中的S，从而造成了产出物中的硫含量明显增加。

D 尾气中粉尘和SO_2的监测

工艺试验过程中，为了控制二次污染，对回转窑的烟气进行的抽样分析，主要监测了烟气中的粉尘及SO_2浓度。所得分析数据如图6-19和图6-20所示。

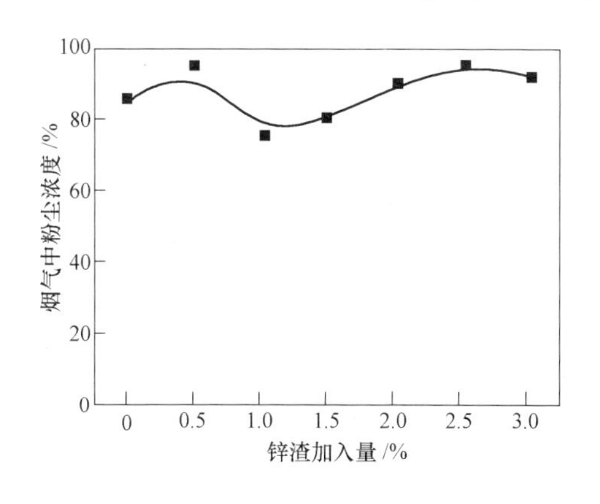

图6-19 烟气中粉尘浓度

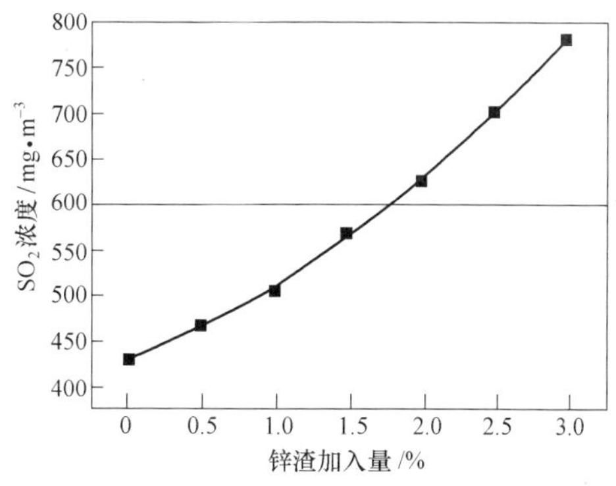

图6-20 烟气中SO_2浓度

本次试验中，胜达制铁厂采用的是手持式烟气（SO_2）检测仪，型号为WS-3000A，间断性取了若干检测点，经分析得到如图6-19和图6-20所示的数据。分析表明，烟气中的粉尘呈现波动趋势，不存在明显规律。而SO_2含量出现了明显上升，主要还是由于锌渣中硫含量较高，而且为了保证工艺顺行，适量增加了煤粉配加量，也会带入部分S。加之工艺本身存在脱S的缺陷，使尾气中的SO_2含量出现明显增长。当锌渣的配加量达到2.0%时，尾气SO_2（标态）超过650mg/m^3。目前没有针对炼铁用回转窑的大气污染物排放标准，根据烧结球团工艺的相关要求，SO_2的排放量（标态）不能超过600mg/m^3，因此根据SO_2的限制，锌渣的共处置量不能超过2.0%。

6.2.5.3 工业试验结果分析

根据北湖胜达制铁厂的工业试验的结果，可以得出以下结论：

（1）由于锌渣共处置量较小，对回转窑原生产工艺的操作制度不会造成影响，试验过程中设备运行稳定，未出现工况的波动。

（2）由于配加量有限，锌渣中的各项组分虽然未对产品和富集粉尘中的相关成分带来明显增长，但根据测算，约有85%~90%的Zn和Pb在除尘灰中得到富集回收。同时锌渣中95%以上的Fe进入产品中得到回收利用。实现了锌铅和铁分离及综合利用的目的。

（3）产品残硫量及尾气中的SO_2含量的控制是回转窑共处置锌渣工艺中的限制环节。由于生产工艺本身具有的脱硫缺陷等原因，不能有效脱硫和控制尾气中的SO_2含量，造成共处置工艺中硫负荷增长过快，限制了共处置工艺中的锌渣配加量。限制产品中的残硫量上限为0.07%，锌渣的最大共处置量应控制在2.0%以下；根据排放标准，SO_2排放量（标态）为600mg/m^3，则锌渣的共处置量最高为1.5%，即75kg/h的添加量。

综上所述，胜达制铁厂采用回转窑共处置锌渣的工业试验从工艺路线上验证了采用回转窑能够通过“富集提取处理”、“变性处理”等方式实现含铅锌等易挥发类金属化合物的固体废弃物的共处置。通过严格控制共处置工艺中操作制度、产品质量以及二次污染等限制环节，能够将固废对原生产工艺的影响限制在有效控制范围内，可以保证原工艺的正常运行。

7 冶金工业高温窑炉共处置危险废物工艺技术

高炉、焦炉、回转窑、闪速炉
　　共处置工艺要求
　　共处置工艺运行技术
　　废物投加限值
　　二次污染物排放控制
危险废物管理
　　运输
　　储存
　　接收与分析

根据冶金窑炉特性、危险废物特性及处理技术要求，在钢铁行业内有共处置潜力的高温冶炼窑炉有高炉（含烧结）、焦炉和炼铁回转窑；而有色行业有共处置潜力的高温冶炼窑炉为闪速炉。本章将重点介绍这几种冶炼窑炉的工艺技术，包括冶炼窑炉的炉型要求、入炉废物特性要求、运行技术要求、大气污染物排放限值、产品中污染物释放值等。

7.1 高炉共处置危险废物的工艺技术

7.1.1 高炉冶炼系统概述

炼铁生产是指将含铁物料以及还原物料、造渣料等通过高温设备冶炼生产得到铁水的过程。高炉是炼铁生产中最为典型的主体生产设备（见图 7-1），全国 8 亿吨的生铁产能中有 95% 以上来自于高炉。但是高炉生产流程不是单一设备，而是一个完整的生产系统，包括高炉、烧结机、热风炉、炼焦炉，以及其他辅助设备，如上料系统、渣铁处理系统和煤气清洗处理系统等。通常高炉炼铁系统以铁物料流为主线，包括烧结机生产烧结矿和高炉生产铁水的工艺。

自 2002 年开始，中国的钢铁产能、产量不断跃升，2012 年中国粗钢总产能

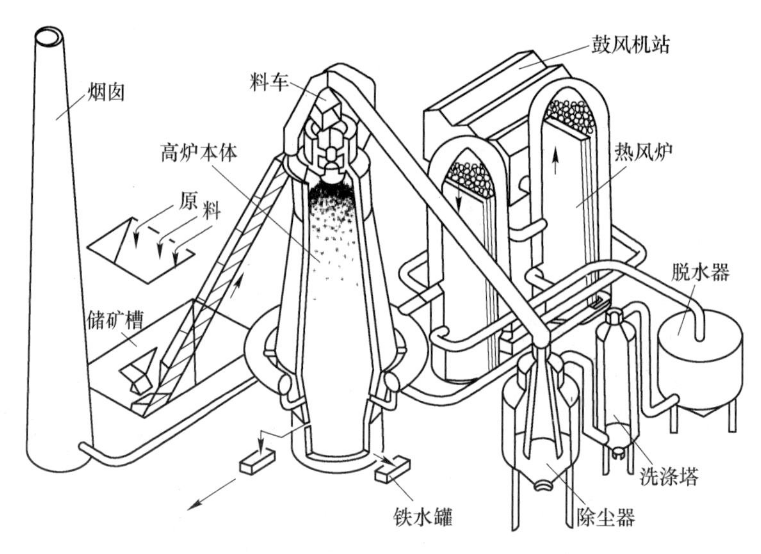

图 7-1　高炉生产流程示意图

近 10 亿吨，产量占全球一半以上，2013 年钢材产量达 10.68 亿吨，生铁产量达 7.09 亿吨。根据最新相关调查（不包括京津冀地区），目前国内高炉共计 685 座，高炉总容积达到 665639m^3。有数据显示，我国约有 1400 座高炉。但是随着钢铁政策的实施，小高炉正逐渐被淘汰，高炉朝大型化方向发展。

7.1.2　高炉共处置特征

高炉整体为高温密闭性冶炼窑炉，本体具有两个投加位置，即上部的炉顶加料口和炉腰位置的风口。通常工艺中，主要原料——含铁矿物需要通过烧结工序生成具有一定物化性能的烧结矿，然后才从炉顶加入高炉中，因此烧结机的入口也可看作整个高炉冶炼系统的延伸入口。

烧结机—高炉炼铁系统在共处置工艺中包括烧结机和高炉两个高温窑炉，对应投加位置分别为烧结配料投加位置和高炉风口投加位置。

7.1.2.1　烧结机共处置特征

可用于共处置工艺的烧结机需要满足以下条件：

（1）用于共处置的烧结机应选择抽风烧结机，满足国家钢铁行业准入及淘汰政策，采用带式烧结，烧结面积大于 90m^2。环保条件满足国家要求，烟气、粉尘的排放满足《钢铁烧结、球团工业大气污染物排放标准》(GB 28662—2012) 等标准。

（2）改造利用原有设施共处置废物的烧结机，其原有设施应满足 GB 28662—2012 等标准。

（3）共处置的烧结机冶炼系统应具备的功能包括：

1）烧结机的配料位置具备可拓展入料口，并可根据共处置的废物性质配备上料设施、储料仓、自动取料设备等。

2）烧结尾气处理采用布袋除尘以及脱硫系统，保证尾气排放的粉尘、硫含量等指标满足 GB 28662—2012 标准。

3）烧结具有温度、尾气粉尘及硫在线监测系统，保证运行工况的稳定和操作制度的及时反馈。

7.1.2.2 高炉共处置特征

可用于共处置工艺的高炉冶炼系统需要满足以下条件：

（1）用于共处置的高炉需满足国家钢铁行业准入及淘汰政策，应选择容积为400m^3以上高炉，且环保条件满足国家要求，烟气、废渣的排放满足《炼铁工业大气污染物排放标准》（GB 28663—2012）标准。

（2）改造利用原有设施共处置废物的高炉，其原有设施应满足 GB 28662—2012、GB 28663—2012 标准。

（3）协同处置的高炉冶炼系统应具备的功能包括：

1）高炉具有可以将喷吹煤粉、液态或气态燃料作为补充燃料的功能。

2）处理可磨性固态可燃废物，要求高炉燃煤预处理系统的配煤设备具有可拓展入料口，并配备上料设施、储料仓、自动取料设备等。

3）处理液态或气态可燃废物，要求高炉风口喷嘴具有可拓展燃料喷嘴，并配备相应的加压设备、压力容器及输送设备等。

4）高炉具备烟气除尘、脱硫系统，保证满足尾气排放的粉尘、硫含量等指标满足 GB 28663—2012 标准。

5）高炉具备尾气、粉尘渣等在线监测系统，保证运行工况的稳定和操作制度的及时反馈。

6）高炉系统中应配备渣监测工序，监测排放炉渣中重金属物质的浓度。

7.1.3 烧结机—高炉共处置废物特性

7.1.3.1 烧结配料投加位置可处置废物的特性

烧结配料投加位置可处置废物的特性包括：

（1）该处投加位置适宜处理金属渣类及粉尘类废物。

（2）金属渣类及粉尘类废物需要限制的元素包括：S、P、Zn、Pb、Cu、As、Sn、F、Cl、K_2O+Na_2O，满足元素含量限值要求的固体废物允许投加入烧结机，限值参照表 5-8。

（3）金属渣类及粉尘类废物需要满足入炉物态要求，包括：

1）粒度要求：控制粒度主要为 1 ~ 8mm。

2）水分要求：水分要求在12%以下。

（4）烧结工序易产生二噁英等危险废物，需要限制共处置废物中氯元素的投加，必要时进行脱氯处理。

7.1.3.2 高炉风口投加位置可处置废物的特性

高炉风口投加位置可处置废物的特性包括：

（1）该处投加位置适宜处理满足热值要求的可燃废物，包括固态、液态和气态废物。

（2）固态可燃废物对其热值要求为 $Q>25\mathrm{MJ/kg}$，液态可燃废物对其热值要求为 $Q>40\mathrm{MJ/kg}$，气态可燃废物对其热值要求为 $Q>32\mathrm{MJ/m^3}$，满足此热值要求的可燃废物允许代替部分燃料从风口投加入高炉，或者配加废物后的燃料加权值满足上述各限值的废物也可投加入高炉。

（3）燃料组分中要求其加权硫含量 $S<0.7\%$。

（4）入炉燃料需要控制 Cl、F 投入的加权量：$Cl<0.02\%$，$F<0.01\%$。

（5）固态可燃废物需要满足喷吹的物态要求，包括：

1）粒度控制。粉状固体的粒度要求小于0.074mm占70%~80%以上。

2）水分控制。控制加权水分在1.0%左右，最高不超过2.0%。

（6）对含有重金属的可燃废物，需满足重金属元素含量投加限值，参照表5-8。

7.1.4 烧结机—高炉共处置工艺运行技术

7.1.4.1 废物预处理

A 烧结配料投加位置固体废物的预处理

根据入厂固体废物的特性和入窑固体废物的要求，按照固体废物共处置方案，对固体废物进行破碎、细磨、筛分、分选、干燥、混合、搅拌、均质等预处理，必要时进行脱水、烘干、造粒处理。

（1）根据烧结机工艺投加位置对入炉的粒度和水分的要求，需要进行相应的干燥和粉磨（或造块）处理。

（2）烧结工序共处置有机废物时需要限制氯元素的投加，必要时进行脱氯处理。

（3）干燥预处理通常可采用自然晾晒方式脱水干燥，或使用圆筒干燥机设备。

（4）粉磨、筛分预处理通常采用锤式破碎机流程或反击式破碎机流程以及对辊磨等设备。

(5) 粉尘类废物需要进行造块预处理，通常采用的工艺包括：造球法形成2～8mm小球；添加黏结剂形成冷黏结球团（要求原料粒度小于44μm的占55%～60%），冷黏结球团中小于8mm的供烧结。

B 高炉风口投加位置固体废物的预处理

根据入厂废物的特性和入窑废物的要求，按照废物共处置方案，对废物进行破碎、细磨、分选、干燥、混合、搅拌、均质等预处理，必要时需要进行雾化、脱硫、脱氯处理。

(1) 风口喷吹固体可燃废物需要进行预处理，以满足喷吹的粒度和水分要求。

(2) 可磨固态废物，可通过配煤的方式投加在喷煤仓，通过原工艺设备进行干燥和粉磨处理，包括球磨机或中速磨等工艺方式。

(3) 不可磨的废物如塑料等采用熔融造粒的预处理方式，生成2～4mm小颗粒以供喷吹（目前日本采用该工艺，国内尚在开发中）。必要时需要进行脱氯处理。

(4) 风口喷吹液态或气态废物需要进行压力储存，喷吹压力通常大于400kPa（表压）。

C 预处理后的废物应该具备的特性

(1) 满足本书5.1.3.1小节相关要求。

(2) 理化性质均匀，保证原生产工艺运行工况的连续稳定。

(3) 满足共处置炼焦企业或钢铁企业已有设施进行输送、投加的要求。

D 预处理区域的环境要求

(1) 应采取措施，保证预处理操作区域的环境质量满足《工作场所有害因素职业接触限值 化学有害因素》(GBZ 2.1—2007) 和《工作场所有害因素职业接触限值 物理因素》(GBZ 2.2—2007) 的要求。

(2) 应及时更换预处理区域内的过期消防器材和消防材料，以保证其有效性。

(3) 预处理区域内应设置足够数量的沙土或碎木屑，以用于液态废物泄漏后阻止其向外溢出。

危险废物预处理产生的各种废物均应作为危险废物进行管理和处置。

7.1.4.2 废物投加系统

A 烧结配料投加位置

从炉顶进入高炉的物料经过固体区、软熔区、风口高温区最终落入熔融区。在下落的过程中逐渐升温熔化并经历了碳的间接还原和直接还原，因此该共处置环境为高温半密闭还原性气氛。熔融的物料分离，能够使被还原的组分进入金属铁液中，不易被还原的组分进入熔渣中。能够在此共处置环境中被还原的组分发生了化学性质的变化，即通过变性处理实现了无公害化；不能够被还原的组分进入渣中，通常可与酸性氧化物 SiO_2 或碱性氧化物 CaO 形成复合氧化物，提高了稳定性，同时由于高炉渣量相对较大，稀释了毒性组分的浓度，即通过稀释处理实现了无公害化。

B 高炉风口投加位置

从风口进入高炉的物料直接进入风口区，发生燃烧反应。因此该共处置环境为高温氧化性气氛。碳质可燃物质进入风口区后以极快的速度发生氧化反应，燃烧放热可燃组分生成 CO_2、H_2O 随高温烟气上升，灰分或进入烟气中，或进入渣中。能够在此共处置环境中发生氧化反应的物质主要发生了燃烧反应，即通过燃烧处理实现了无公害化。

C 投加设施

烧结投加位置的投加设施包括上料设备、储料仓、给料机、皮带运输机等设施，粉状废物还需要配备气体输送系统。

高炉风口投加位置的投加设施包括粉料输送系统、燃料仓、喷吹罐、流化器、给料球阀、混合器、喷嘴等设备，液态或气态废物需要配备加压设备、压力容器及输送设备等。

7.1.4.3 污染控制措施

A 烧结工艺的污染控制

a 烧结工艺中的特征污染物

(1) 产品杂质释放类污染物。添加进入烧结原料中的废物绝大部分进入到烧结矿产品中，由于烧结工序中呈高温氧化性气氛，在烧结矿中形成残留的元素包括：Cu、Pb、Ni、Co、Sn、P、Zn、Na、K、Cr、Mn、V、Ti、Si，这些元素基本以氧化形式存在，少部分以硫化物残留。

1) 烧结矿产品作为高炉入炉原料，其成分受高炉入炉限值的限制，因此允许进入烧结矿产品中的元素包括：Ni、Co、Mn、V、Cr、Nb 等有价元素。

2) 造渣物质，如 CaO、SiO_2、MgO 和 Al_2O_3 等不对烧结矿质量和铁水质量产生影响，但是过大的波动会影响造渣制度，因此需要控制其投入量对烧结矿碱度的影响在可接受的范围内。

3) Cu、S、P、Sn、As 等元素会对产品质量造成不良影响，严重时可造成产品不合格，需要根据高炉入炉限值限定这些元素在烧结矿中的投加量。

(2) 烟气排放类污染物。在烧结工序中，C、S、Zn、K、Na、Pb、Cl、F、As、Sn 等元素形成气态物质进入烟气。其中，C、S、Cl 分别以 CO、CO_2、SO_2、HCl 气体形式进入烟气；Zn、K、Na、Pb、F、As、Sn 以气态升华，部分进入烟气并随之排出，部分在炉内凝结。烧结烟气通常要进行脱硫、脱氮以及除尘处理，达标后才允许排放。挥发性重金属需控制投加速率。

b 烧结工艺的污染控制节点

（1）烧结机共处置需要进行的污染控制内容包括：废物中杂质在烧结产品中的释放值监测、烧结机尾气中粉尘及 SO_2 含量的监测，监测依靠生产工艺的原有设施，其值需满足高炉入炉标准和 GB 28662—2012 标准。

（2）烧结机系统中污染物释放点主要包括烧结矿产品和烟气两类。烧结矿产品和烟气是烧结系统的污染控制节点。

1）常规污染控制节点为烟气排放点，通常经过脱硫、脱氮、脱氟、脱砷和除尘处理，在排放出口进行检测。

2）成品烧结矿的检验分析项目包括化学分析、粒度组成、冷态转鼓强度、冷态抗磨强度、还原度、低温粉化率等。成分分析是烧结矿产品污染物释放控制点，通常成分分析包括 TFe、FeO、SiO_2、CaO、Al_2O_3、MgO、MnO、TiO_2、S、P 等内容。

（3）烧结机共处置工艺中不增加污染控制节点，但可根据共处置废物类型及投加的危险元素在原控制节点增加相关的检测内容。

c 烧结污染物排放标准

（1）污染物在产品中的释放限值，即烧结矿中杂质元素的残留量限值参照高炉入炉原料中有害元素的界限含量，见表 5-8。

（2）烧结工序中大气污染的排放限值执行国家标准 GB 28662—2012，Hg、Tl、Pb、Cd、As、Zn 等元素执行《水泥窑协同处置固体废物污染控制标准》(GB 30485—2013)。

B 高炉工艺的污染控制

a 高炉工艺中的特征污染物

（1）产品杂质释放类污染物。

1）在高炉冶炼环境中，废物中能够被还原的元素进入产品铁液，根据钢铁冶金的还原理论，能够被还原的元素有（包括可被部分还原元素）：Cu、Pb、Ni、Co 等元素极易被还原，在高炉条件下几乎 100% 被还原；Sn、P、Zn、Na、K、Cr、Mn、V、Ti、Si 等元素在较高温度下可被还原。

2）含铁原料及共处置的废物在烧结—高炉冶炼系统中，需要经过烧结工序才能进入高炉，除 S、Zn、Pb、K、Na、As、Sn 外，其他元素含量经过烧结后基本不会被脱除，认为高炉入炉限值即烧结入炉限值。

3）进入铁液中不对产品质量产生影响的元素有 Ni、Co、Mn、V、Cr、Nb，这几类元素对于产品铁水来说是价值元素。

4）进入铁液中会对产品质量产生影响，但影响可控的元素有 Si。

5）不允许进入铁液中的元素有 Cu、S、P、Sn、As，此类元素会对产品质量造成不良影响，严重时造成产品不合格。各元素的投入限值参照相关标准。

（2）渣排放类污染物。

1）在高炉冶炼环境中，废物中不能够被还原的元素进入炉渣，根据钢铁冶金的还原理论，不能够被还原的元素有（包括不能被完全还原的元素/物质）：MgO、Al_2O_3、CaO 等物质在高炉条件下基本不能被还原；SiO_2、Cr_2O_3、MnO、TiO_2、P_2O_5、V_2O_5、FeO 等物质部分进入炉渣中。

2）允许进入渣中并随之排放的物质有：MgO、Al_2O_3、CaO、SiO_2、MnO、TiO_2、P_2O_5、V_2O_5、FeO，这类物质性质相对稳定，不会对环境造成污染。

3）在可控范围内允许进入渣中并随之排放的元素为 Cr_2O_3。

4）不允许进入渣中并随之排放的元素有 Cr^{6+}。

（3）烟气排放类污染物：在高炉冶炼环境中，C、S、Zn、K、Na、Pb、Cl、F、As、Sn 等元素形成气态物质进入烟气。其中 C、S、Cl 分别以 CO、CO_2、SO_2、HCl 气体形式进入烟气；Zn、K、Na、Pb、F、As、Sn 以气态升华，部分进入烟气并随之排出，部分在炉内凝结。此类元素需控制投加速率。

（4）元素如 Zn、K、Na、Pb、Ti、F 等：对产品不造成影响，但会对生产工艺的稳定运行造成影响，因此也需要限制其投入量。

b 高炉工艺的污染控制节点

（1）高炉共处置需要进行的污染控制内容包括：

1）共处置废物在生铁中杂质释放值监测、高炉煤气中粉尘及 SO_2 含量的监测以及高炉渣中重金属离子 Cr、As 等元素的排放监测。

2）以上各监测指标均依靠生产工艺的原有设施，满足高炉铁水标准、GB 28663—2012 标准以及工业固废相关排放标准。

（2）高炉系统中污染物释放点主要包括：铁水产品、高炉渣和烟气。铁水和烟气是高炉系统中的控制节点。

1）烟气排放前进行脱硫、脱硝以及除尘处理，处理后的高炉烟气形成高炉煤气用于其他工序，不直接排放。

2）铁水的检验分析主要是成分分析，通常包括 S、P、Si、C 等元素的检测，对于其他元素的节点控制需要增加相关的检测内容。

（3）高炉共处置工艺中对控制节点的要求：

1）高炉共处置工艺中对烟气、粉尘以及产品质量的控制节点不作改变，但可根据共处置废物类型及投加的危险元素在原控制节点增加相关的检测内容。

2）常规高炉工序中不对炉渣进行分析和节点控制，而在共处置工艺中为了控制污染物随炉渣排放，需要增加对炉渣相关元素的检测和控制。

c 高炉污染物排放标准

（1）污染物在高炉产品即铁水中的释放值参照常规炼钢生铁中元素（杂质）的限值要求，见表7-1。

表7-1 高炉产品（铁水）中杂质元素限值 （%）

元 素	S	P	Cu	Si
限 值	≤0.05	≤0.05	<0.1	0.3~0.6

（2）高炉工序中大气污染的排放限值执行GB 28663—2012标准，Hg、Tl、Pb、Cd、As、Zn等元素执行GB 30485—2013标准。

（3）高炉渣执行水泥工业相关标准，如《通用硅酸盐水泥》(GB 175—2007)、GB 30485—2013等。

7.1.5 烧结—高炉共处置技术模式及废物投加强度

7.1.5.1 烧结—高炉共处置技术模式

主相为金属氧化物的渣类或粉尘类固体废物可采用"烧结—高炉工艺共处置技术模式"，即利用烧结机、高炉中的冶炼气氛和高温环境以及渣系，将废物中的重金属化合物、渣系类化合物（CaO、SiO_2、MgO等）分类容纳。该技术模式的核心是将固废中的毒性化合物通过高温还原气氛改变赋存价态，即变性处理，以及通过铁液对金属态物质的吸纳和渣对金属化合物的吸纳达到消除污染的目的。该技术模式的关键是控制固废中的组分带入量对产品质量和原工艺制度的影响。

"烧结—高炉工艺共处置技术模式"采用烧结机配料入口为投加位置，该技术模式由烧结处理、冶炼过程及后处理三部分组成。

（1）烧结处理。该技术模式中协同处置的废物与炼铁原料进行混合配加，经过烧结造块处理，因此烧结配料投加入口为该共处置技术模式的投加入口。烧结预处理主要满足烧结物料的物态要求。通常需要进行烘干、破碎处理。

（2）冶炼过程。冶炼过程可以分为烧结处理和高炉冶炼过程。烧结是氧化性气氛，主要会对硫化物产生影响，使其发生硫化物→氧化物的转变，并将S释放，形成SO_2排出。高炉是还原性气氛，物料进入高炉后，最终形成金属态物质进入铁液或保持氧化物形态进入渣中。还原与否主要由氧化物氧势图等理论决定。

（3）后处理。冶炼的后处理主要包括气体二次控制、渣及粉尘的检测等。气体二次污染的控制点包括烧结排出烟气以及高炉烟气，主要是对气体中硫含量以及重金属等的检测和控制；同时还要在满足产品质量合格的前提下控制渣和粉尘中受控物质的排放含量。

烧结—高炉工艺共处置固体危险废物技术模式的工艺流程如图7-2所示。

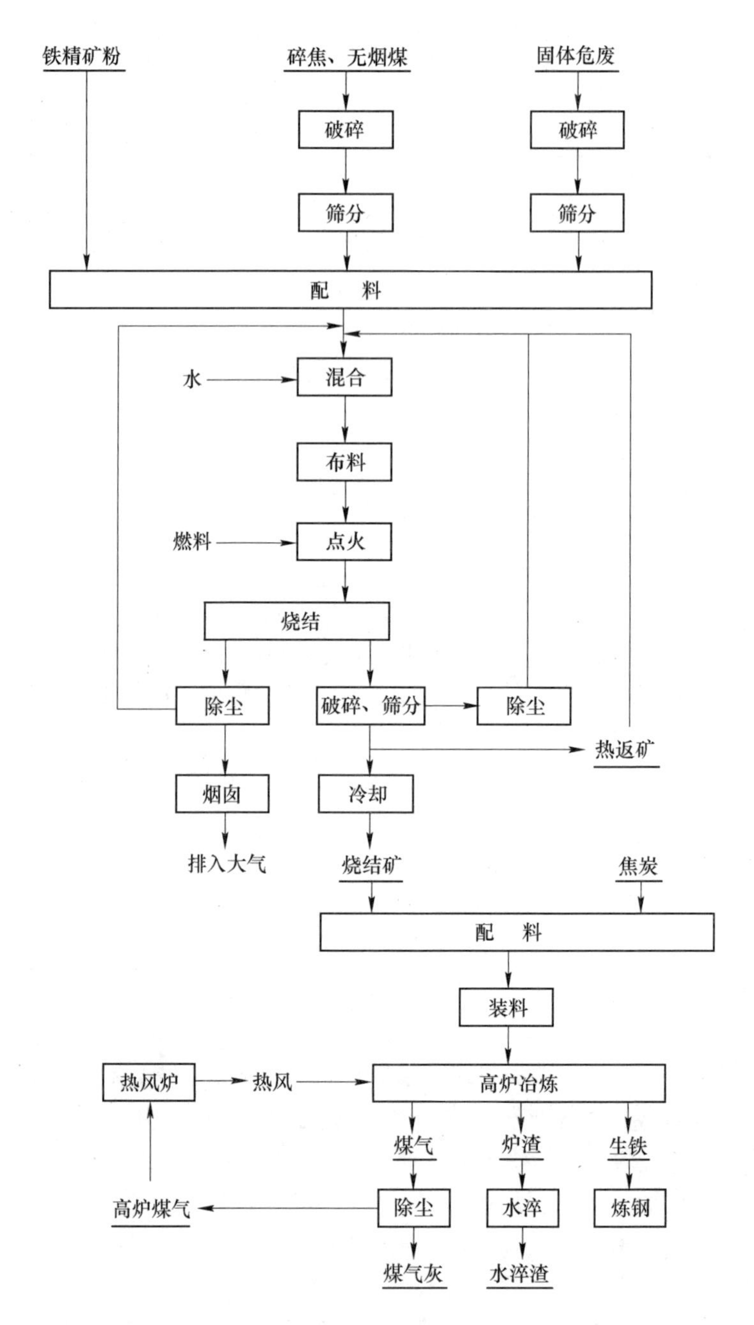

图 7-2　烧结配料投加位置的共处置技术模式

在烧结配料位置投加的技术要求有：

(1) 具有以下特性的固体废物宜在烧结配料位置投加：

1) 主相为金属氧化物的块状渣类固体废物；

2）主相为金属氧化物的粉状粉尘类固体废物。

（2）在烧结配料位置投加操作中的技术要求：

1）按块状渣类、粉状粉尘类和可燃类区别处理进厂待处置废物；

2）块状废物上料前应满足水分和入仓块度要求。

入炉物料（包括常规原料、燃料和各种废物）中的限制性元素的最大允许投加量不应大于表 5-8 中所列的限值。

7.1.5.2 烧结—高炉共处置技术模式中废物投加强度

A 危险废物投加限值加权测算

从烧结配料入口投加的共处置废物，需要使废物和原物料中 S、P、K_2O+Na_2O、Cu、As、Sn、Cl、F 等元素的加权值满足限值要求。共处置固废投加速率与元素 i 在烧结配料加权限值的关系如下式所示：

$$C_i = \frac{C_{i废} \times M_{废} + C_{i矿} \times M_{矿} + C_{i燃} \times M_{燃} + C_{i熔} \times M_{熔} + C_{i返} \times M_{返}}{M_{配料}} \leqslant C_{i限}$$

式中 C_i——烧结矿配料中元素 i 的投入量，$C_{i废}$、$C_{i矿}$、$C_{i燃}$、$C_{i熔}$和 $C_{i返}$分别为从烧结机配料位置投加的危险废物、铁矿、燃料、熔剂和返矿中的元素 i 的含量,%；

$M_{配料}$——烧结矿的单位时间投入量，$M_{废}$、$M_{矿}$、$M_{燃}$、$M_{熔}$和 $M_{返}$分别为单位时间加入烧结机中的危险废物、铁矿、燃料、熔剂和返矿的投加量，kg/h；

$C_{i限}$——烧结矿中重金属元素 i 残留量的限值,%，参照表 5-8。

比较限制的各种元素的投加速率，取最小值作为由配料加权得到的投加速率限值。

B 危险废物中杂质元素在产品中的释放限值

为了监测共处置危险废物中杂质元素在产品中的释放对其质量造成的影响，需要对 S、P、Na、K 以及重金属元素在产品中的残留量进行限制。烧结矿中元素的残留量与入炉原燃料和共处置危险废物投加速率的关系如下式所示：

$$C_i = \frac{(C_{i废} \times M_{废} + C_{i铁矿} \times M_{铁矿} + C_{i燃料} \times M_{燃料} + C_{i熔剂} \times M_{熔剂}) \times L_{i烧}}{M_{烧结矿}} \leqslant C_{i烧结矿限}$$

式中 C_i——烧结矿产品中元素 i 的残留量，$C_{i废}$、$C_{i铁矿}$、$C_{i燃料}$和 $C_{i熔剂}$分别为投加烧结系统的危险废物、铁矿、燃料和熔剂中的元素 i 的含量,%；

$M_{烧结矿}$——烧结矿的单位时间产量，kg/h；

$L_{i烧}$——元素 i 在烧结矿产品中的残留比率,%，参照表 7-2；

$C_{i烧结矿限}$——烧结矿中元素 i 残留量的限值,%，参照表 5-8。

表 7-2　元素及化合物在烧结矿中的残留率　　(%)

S	P	K_2O+Na_2O	Cu	As	Sn	Zn	Pb
10 ~ 15	100	10 ~ 20	100	15 ~ 20	15 ~ 20	80 ~ 90	80 ~ 90

C　危险废物中危害元素随烟气排放的释放限值

为了控制共处置危险废物中挥发性和易产生粉尘的元素，如 S、Hg、Cl、F、K、Zn、As、Tl 等随烟气排放而造成大气二次污染，需要对其在烟气中的释放量进行监测和限制。烧结矿中元素的挥发量与入炉原燃料和共处置危险废物投加速率的关系如下式所示：

$$C_i = \frac{(C_{i废} \times M_{废} + C_{i铁矿} \times M_{铁矿} + C_{i燃料} \times M_{燃料} + C_{i熔剂} \times M_{熔剂}) \times H_{i烧}}{Q_{烟气}} \leqslant C_{i烟气限}$$

式中　C_i——烧结生产过程中进入烟气元素 i 的挥发量，$C_{i废}$、$C_{i铁矿}$、$C_{i燃料}$ 和 $C_{i熔剂}$ 分别为投加烧结系统的危险废物、铁矿、燃料和熔剂中的元素 i 的含量,%；

$Q_{烟气}$——烟气单位时间排放量（标态），m^3/h；

$H_{i烧}$——元素 i 在烧结工艺中排入烟气的比率,%，参照表 7-3；

$C_{i烟气限}$——烧结工艺中元素 i 随烟气排放的限值,%，参照标准 GB 28662—2012。

表 7-3　元素在烧结工艺中进入烟气的比率　　(%)

元　素	S	Hg	Tl	Pb	As	Zn	K + Na
比　率	10	100	100	< 5	5 ~ 10	< 5	< 5

D　烧结工艺中危险废物最大投加速率的确定

共处置危险废物最大投加速率的确定遵循从严原则，即：

(1) 同一限制方式不同元素的投加速率，取最小值；

(2) 不同限制方式得到的投加速率，取最小值。

$$M_{投'} = [M_{i废}, M_{j废}, \cdots, M_{k废}]_{\min}$$

$$M_{投} = [M_{投1}, M_{投2}, \cdots, M_{投k}]_{\min}$$

式中　$M_{投'}$——通过配料加权（或产品中杂质释放限值或烟气中元素排放值）由元素 i 的限值得到的固体废物的最大投加速率，kg/h。

7.1.6　高炉喷吹共处置技术模式及废物投加强度

7.1.6.1　高炉喷吹共处置技术模式

具有一定热值的可燃废物，包括固态、液态或气态废物，可采用“高炉喷吹共处置技术模式”，即通过高炉中风口区的氧化气氛将废物中的碳质物质进行燃烧处理，废物中的灰等成分将被高炉炉渣吸纳。该技术模式的核心是将废物中的毒性物质通过高温氧化性气氛进行燃烧处理，来达到消除污染的目的。其关键是控制废物中的组分带入量对产品质量和原工艺制度造成影响，尤其是硫分的影响。

高炉喷吹工艺共处置危险废物技术模式的工艺流程见图7-3，采用高炉风口作为废物的投加位置，该技术模式由预处理、喷吹燃烧及后处理三部分组成。

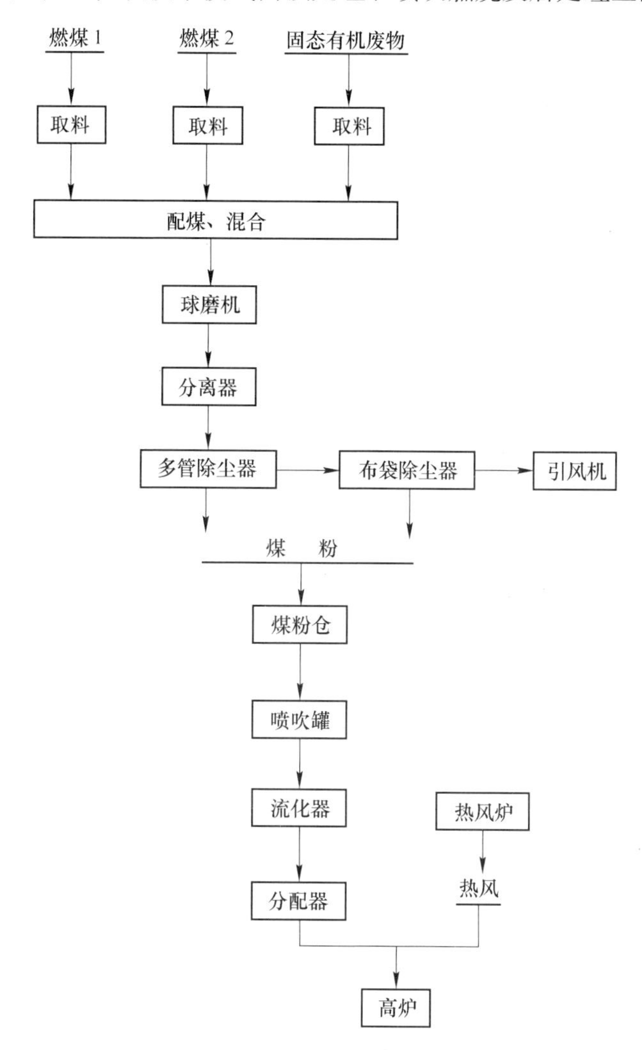

图7-3 高炉风口投加位置的共处置技术模式

（1）预处理。该技术模式中对不同的喷吹可燃废物的物质状态有不同的要求，可用的有固态废物、液态废物以及其他废物。为了达到喷吹过程中迅速完全燃烧，固态有机废物需要满足粒度和水分要求；液态废物需要满足雾化要求。通常需要进行烘干和粉磨（雾化）处理。

（2）喷吹燃烧。有机废物在高炉风口随热风喷吹进入高炉，随后迅速在风口循环区进行燃烧，产生高温气体上升，最终从炉顶排出，形成烟气。燃烧不完全的有机废物焦化，落入熔融区，最终也会形成气体。灰分最终进入渣中，被炉渣吸纳。

（3）后处理。冶炼的后处理主要包括气体二次控制。气体二次污染主要监测 S、Cl、F 以及重金属等元素的排出限值。

在风口烧嘴位置投加的技术要求：

（1）满足热值要求的液态、气态和可磨性固态可燃废物宜在风口烧嘴位置投加。

（2）在风口烧嘴位置投加操作中的技术要求：

1）固体可燃废物的投加以混料投加为主，在配煤仓完成投加，减少对原设备的改动；

2）液态或气态可燃废物根据热值代替部分原工艺燃料，在风口设立独立喷嘴投加，并配备完善的烧嘴装置、压力装置、输送装置等。

入炉物料（包括常规原料、燃料和各种废物）中的限制性元素的最大允许投加量不应大于表 5-8 中所列的限值，可燃类废物加权热值应满足要求。

7.1.6.2　高炉喷吹共处置技术模式中废物投加强度

A　危险废物投加限值加权测算

（1）热值加权。从高炉风口补吹燃料系统投加的共处置废物，需要使废物和原燃料的加权热值满足热值的限值要求。共处置废物投加速率与风口投加物料加权热值的关系如下式所示：

$$Q = \frac{Q_{废} \times M_{废} + Q_{燃} \times M_{燃}}{M_{废} + M_{燃}} \leqslant Q_{限}$$

式中　Q——风口燃料的加权热值，$Q_{废}$、$Q_{燃}$分别为从高炉风口位置投加的危险废物、燃料的热值，MJ/kg（气体为 MJ/m^3）；

$M_{废}$，$M_{燃}$——分别为单位时间加入风口的危险废物、燃料的投加量，kg/h；

$Q_{限}$——投加燃料热值加权的限值，MJ/kg（气体为 MJ/m^3），$Q_s = 25MJ/kg$，$Q_l = 40MJ/kg$，$Q_g = 32MJ/kg$。

（2）有害元素加权。从高炉风口燃料系统投加的共处置废物，需要使废物和原物料中 S、P、Zn、Pb、Cu、Cl、F、As、$K_2O + Na_2O$ 等元素的加权值满足限值要求。共处置固废投加速率与元素 i 在风口投加物中加权限值的关系如下式所示：

$$C_i = \frac{C_{i废} \times M_{废} + C_{i燃} \times M_{燃}}{M_{废} + M_{燃}} \leqslant C_{i限}$$

式中 C_i——风口燃料中元素 i 的投入量；

$C_{i废}$，$C_{i燃}$——分别为从高炉风口位置投加的危险废物、燃料中元素 i 的含量，%；

$C_{i限}$——投加燃料中元素 i 加权投加限值，%，参照表5-8。

B 危险废物在产品中杂质的释放限值

为了监测共处置危险废物中杂质元素在产品中的释放而对其质量造成的影响，需要对重金属元素在铁水中的残留量进行限制。铁水中元素的残留量与入炉铁矿原料、焦炭和共处置危险废物投加速率的关系如下式所示：

$$C_i = \frac{(C_{i废} \times M_{废} + C_{i烧} \times M_{烧} + C_{i球} \times M_{球} + C_{i焦} \times M_{焦} + C_{i熔} \times M_{熔} + C_{i煤} \times M_{煤}) \times L_{i铁}}{M_{铁水}} \leqslant C_{i铁限}$$

式中 C_i——铁水中元素 i 的残留量，$C_{i废}$、$C_{i烧}$、$C_{i球}$、$C_{i焦}$、$C_{i熔}$、$C_{i煤}$分别为由各个投加口加入高炉的危险废物、烧结矿、球团矿、焦炭、熔剂以及分口喷吹煤粉中的元素 i 的含量，%；

$M_{铁水}$——产品铁水的单位时间产量，$M_{废}$、$M_{烧}$、$M_{球}$、$M_{焦}$、$M_{熔}$、$M_{煤}$分别为单位时间加入高炉的危险废物、烧结矿、球团矿、焦炭、熔剂以及煤粉的投加量，kg/h；

$L_{i铁}$——元素 i 在铁水中分配比，%，见表7-4；

$C_{i铁限}$——产品铁水中元素 i 残留量的限值，%，见表7-1。

表7-4 部分金属元素的进入铁水的比率 (%)

元素	Fe	Ni	Cr	Mn	Co	V	Nb	Ti	Cu	S
比率	99.8	95	85	70	95	80	70	5	100	<5

C 烧结—高炉工艺的S、P限制

烧结—高炉冶炼系统应严格控制S、P的投入量。烧结机系统要求由入炉物料（包括常规原料、燃料和固体废物）带入的S含量不大于1.0%；高炉喷吹系统要求由物料（包括常规燃料和固体废物）带入的S含量不大于0.7%。同时产品铁水中也对S残留量进行了限制，高炉入炉物料中S带入量和铁水中的S残留量如下式表示：

$$C_S = \frac{C_{S废} \times M_{废} + C_{S烧} \times M_{烧} + C_{S球} \times M_{球} + C_{S焦} \times M_{焦} + C_{S熔} \times M_{熔} + C_{S煤} \times M_{燃} - S_{气}}{M_{铁水} \times (L_S \times Q_{渣}/1000 + 1)} \leqslant C_{S铁限}$$

式中 C_S——高炉产品中残硫量，$C_{S废}$、$C_{S烧}$、$C_{S球}$、$C_{S焦}$、$C_{S熔}$、$C_{S煤}$分别为高炉入炉中的烧结矿、球团矿、焦炭、熔剂以及煤粉中的硫含量，%；

$S_{气}$——单位时间随烟气排出的S量，kg/h，取值1~3；

L_S——硫在渣铁间分配系数，由高炉工艺制度决定，取值50；

$Q_{渣}$——吨铁渣量，kg/t，取值350～400；

$C_{S铁限}$——高炉产品铁水中含硫量的限值,%，通常取值小于0.1。

D 高炉工艺中危害元素随烟气排放的释放限值

为了控制共处置危险废物中挥发性和易产生粉尘的元素，如S、Hg、Cl、K、Zn、As、Tl等随烟气排放而造成大气二次污染，需要对其在烟气中的释放量进行监测和限制。高炉工艺中元素的挥发量与入炉原燃料和共处置危险废物投加速率的关系如下式所示：

$$C_i = \frac{(C_{i废} \times M_{废} + C_{i烧} \times M_{烧} + C_{i球} \times M_{球} + C_{i焦} \times M_{焦} + C_{i熔} \times M_{熔} + C_{i煤} \times M_{煤}) \times H_{i高}}{Q_{烟气}} \leqslant C_{i烟气限}$$

式中 C_i——高炉生产过程中进入烟气中元素 i 的挥发量，$C_{i废}$、$C_{i烧}$、$C_{i球}$、$C_{i焦}$、$C_{i熔}$、$C_{i煤}$分别为由各个投加口加入高炉的危险废物、烧结矿、球团矿、焦炭、熔剂以及分口喷吹煤粉中的元素 i 的含量,%；

$Q_{烟气}$——烟气单位时间排放量（标态），m^3/h；

$H_{i高}$——元素 i 在高炉工艺中进入大气的挥发比率,%，见表7-5；

$C_{i烟气限}$——高炉工艺中元素 i 随烟气排放的限值,%，参照标准GB 28663—2012。

表7-5 元素在高炉工艺中进入大气的比率 (%)

元素	S	Hg	Tl	Pb	Zn	Cl	Cd	Cr	As	K + Na
比率	<5	100	100	<3	<3	—	<5	<3	5～10	3～5

E 高炉工艺中危险废物最大投加速率的确定

高炉工艺中危险废物最大投加速率的确定原则和方法与烧结工艺中一致。

7.2 焦炉共处置危险废物的工艺技术

7.2.1 炼焦炉冶炼系统概述

炼焦炉是将焦煤炼制成焦炭的大型工业炉组，现代炼焦炉是以室式炼焦为主的蓄热式焦炉，炉体主要由耐火材料砌筑而成。现代焦炉主要由炭化室、燃烧室、斜道区、蓄热室和炉顶区组成，蓄热室以下为烟道与基础。炭化室与燃烧室相间布置，蓄热室位于其下方，内放格子砖以回收废热，斜道区位于蓄热室顶和燃烧室底之间，通过斜道使蓄热室与燃烧室相通，炭化室与燃烧室之上为炉顶。大型焦炉一般为21～24m^3，大容积焦炉为35～50m^3，超大容积焦炉已超过90m^3。

距国家统计数据，截止到2005年底，我国的炼焦企业已有1300多家，“十五”期间，我国焦炭产量以每年21.7%的速度增长，总产量已达到2.5亿吨，产能规模约3亿吨以上，约占世界焦炭产能规模的50%。2012年，我国焦炭产量达到4.43亿吨，几乎在各个省份均有分布。

7.2.2 炼焦炉共处置特征

焦炉整体为高温密闭性窑炉。投加入炭化室的碳质物料通过焦炉顶部的煤塔——加料车进入炭化室中。通过煤塔进入焦炉炭化室的碳质物质处于密闭高温状态，通过燃烧室传来的热量逐渐升温，由于密闭无氧，随着温度的上升发生干馏反应。因此该共处置环境为高温封闭性还原气氛。碳质物质在干馏反应中形成焦炭，最终成为产品，其他挥发性组分进入焦炉煤气中排出炭化室。能够在此共处置环境中形成共处置效果的物质主要发生了干馏反应，属于通过变性处理实现了无公害化。炼焦炉共处置工艺中主体设备为炼焦炉，投加位置根据投加废物的特征分为炭化室投加位置和燃烧室投加位置。焦炉生产流程如图7-4所示。

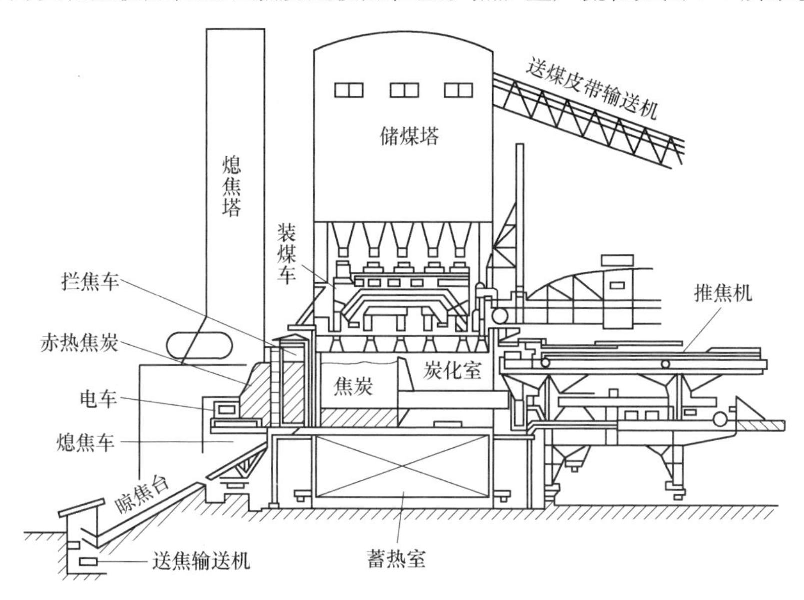

图7-4 焦炉生产流程示意图

可用于共处置工艺的炼焦炉系统需要满足以下条件：

（1）用于共处置的炼焦炉需满足国家焦化行业准入及淘汰政策，环保条件满足国家要求，烟气、废水的排放满足《炼焦化学工业污染物排放标准》(GB 16171—2012）标准。

（2）利用及改造原有设施共处置废物的炼焦炉，应选择顶装焦炉，其炭化室高度不低于4.3m，捣固焦炉的炭化室高度不低于3.8m，原有设施应满足GB 16171—2012标准。

（3）利用新建设施共处置固废的炼焦炉，新建顶装焦炉炭化室高度必须不低于6.0m、容积不小于38.5m^3；新建捣固焦炉炭化室高度必须不低于5.5m、捣固煤饼体积不小于35m^3，企业生产能力100万吨/年及以上，相关设施应满足GB 16171—2012标准。

（4）新建焦炉要同步配套建设干熄焦装置并配套建设相应除尘装置。

（5）原有及新建焦炉要配备煤气净化（含脱硫、脱氰、脱氨工艺）、化学产品回收装置与煤气利用设施。

（6）炼焦企业应同步配套密闭储煤设施，以及煤转运、煤粉碎、装煤、推焦、熄焦、筛焦、硫铵干燥等抑尘、除尘设施，其中焦炉推焦应建设地面站除尘设施。

（7）焦化企业应同步配套建设焦油渣、粗苯再生残渣、剩余污泥、重金属催化剂等固体废弃物处置设施，或委托有资质的单位进行处理，使固体废弃物得到无害化处理。

（8）协同处置的炼焦炉系统应该具备的功能包括：

1）炼焦系统的配煤工序中配煤机应具备可拓展入料口，并可根据协同处置的废物性质配备晾晒场、储存场、上料设施、料仓以及自动取料设备。

2）炼焦系统的燃料供应工序中燃料管路应具备可拓展入料口，并配备相应的储存容器、燃料管路、旋塞、加压设备等。

3）炼焦炉系统应具有配煤专家系统，根据配煤及固体废物的投加情况实现配煤成分的在线监测，保证入炉原料的品质及其稳定。

4）炼焦炉系统应具有温度在线监测系统，保证运行工况的稳定和操作制度的及时反馈。

5）炼焦炉系统应具有煤气、废液的监测系统，使协同处置造成的二次污染可控。

7.2.3 炼焦炉共处置废物特性

7.2.3.1 炭化室投加位置

炭化室投加位置对投加废物的要求：

（1）炭化室适宜处理满足固定碳含量要求的碳质固态废物或特殊类型的半固态废物，如沥青类废物。

（2）投加的废物中需要限制含量的元素和化合物包括S、P、K_2O、Na_2O等，满足元素限值的废物允许投加入炭化室，限值参照表5-9。

（3）投加炭化室的碳质固态废物的固定碳要求需要大于50%~60%，半固态物质固定碳要求大于45%~50%，满足固定碳含量的固态废物可代替部分配煤投加入炭化室，或者配加废物后的燃料加权值满足上述各限值的废物也可投加。

（4）投加炭化室的碳质固态废物需要满足入炉物态要求，包括：

1）水分含量加权限值为 8%~10%；

2）物料的体积密度不小于 1.2t/m³。

7.2.3.2 燃烧室投加位置

（1）燃烧室可以共处置满足热值要求的可燃废物。该处投加位置只允许气态废物直接投加，若用于共处置固态或液态废物，需要通过煤气发生炉转化为气态燃料才能够投加。

（2）对固态可燃废物热值要求为 $Q>25\mathrm{MJ/kg}$，液态可燃废物对其热值要求为 $Q>40\mathrm{MJ/kg}$，气态可燃废物对其热值要求为 $Q>32\mathrm{MJ/m^3}$。允许通过煤气发生炉产生煤气后投加，发生炉煤气热值 $Q>10\mathrm{MJ/m^3}$。

7.2.4 炼焦炉共处置工艺运行技术

7.2.4.1 废物预处理

根据入厂废物的特性和入炉废物的要求，按照废物共处置方案，对废物进行破碎、细磨、筛分、干燥等预处理，必要时进行脱水、烘干、粉磨等处理。

预处理内容包括：

（1）物料入炉之前的预处理包括来煤接受、储存、倒运、粉碎、配合和混匀等工序，根据需要还有选煤、脱水工序。为扩大弱粘煤用量，可采取干燥、预热、捣固、配型煤、配添加剂等预处理工序。北方地区的工厂，还需要解冻和冻块破碎等工序。

（2）固态碳质废物在炭化室的投加位置为配煤槽，为满足配煤的要求，需要进行干燥和破碎处理。

（3）调节水分预处理采用自然晾晒、圆筒干燥机进行脱水等。

（4）破碎预处理分为粗破和细磨，投入料仓前需要进行粗破处理，粗破可选择的设备有反击破、颚破和对辊磨等。

预处理后的废物应该具备以下特性：

（1）满足本书 5.1.3.2 小节相关要求。

（2）理化性质均匀，保证原生产工艺运行工况的连续稳定。

（3）满足共处置炼焦企业或钢铁企业已有设施进行输送、投加的要求。

（3）预处理区域的环境要求与烧结机—高炉共处置工艺一致。

7.2.4.2 废物投加系统

A 炭化室投加位置

炭化室适宜处理具有一定固定碳含量的碳质固态废物或特殊类型的半固态废

物，如沥青类废物。投加的废物中需要限制的元素包括：S、P、K_2O、Na_2O 以及 Cu、As、Sn 等重金属离子的含量，满足元素限值的废物允许投加入炭化室。投加炭化室的碳质固态废物的固定碳要求需要大于 50%，满足固定碳含量的固态废物可代替部分配煤投加入炭化室。

B　燃烧室投加位置

燃烧室适宜处理具有一定热值的气态废物，或通过煤气发生炉处理具有一定热值的固态或液态废物。需要使投加的废物的热值满足投加要求，对固态可燃废物热值要求为 $Q>25\text{MJ/kg}$，对液态可燃废物热值要求为 $Q>40\text{MJ/kg}$，对气态可燃废物热值要求为 $Q>32\text{MJ/m}^3$，且满足煤气发生炉对粒度、水分以及灰分的要求。

C　投加设施

（1）炼焦炉炭化室投加位置位于配煤机的前端入口，投加设施包括上料设备、储料仓、给料机、皮带运输机等。

（2）炼焦炉共处置固态或液态可燃废物时，投加位置位于煤气发生炉的投料前端入口，投加设施包括上料设备、储料仓、给料机等。

7.2.4.3　污染控制措施

A　炼焦工艺中的特征污染物

（1）产品杂质释放类污染物：

1）固体废物中的碳质、金属及部分非金属氧化物、硫化物等物质被带入炼焦煤原料中后会以灰分残留形式释放进入焦炭，能够形成灰分残留的物质包括 SiO_2、Fe_2O_3、Al_2O_3、CaO、MgO、SO_3、P_2O_5、K_2O、Na_2O 等。

2）残留进入焦炭中的物质，如：SiO_2、Fe_2O_3、Al_2O_3、CaO、MgO、TiO_2等，影响对焦炭灰分的控制，焦炭对灰分的控制为小于 12%~15%。

3）进入配煤中的残留物，如 S 元素影响对焦炭硫分的控制，属需要严格控制的杂质元素，S 的投加限值为小于 0.6%~1.0%。

4）进入配煤中的残留物，如 K_2O、Na_2O 会对焦炭的反应性造成影响，属需要严格控制的杂质元素，钾钠的投加限值为 $K_2O+Na_2O<0.5\%$。

（2）废水排放类污染物：

1）焦化生产过程中配煤及固体废物带入的有机类废物及部分无机物质是形成废水污染的主要来源。废水主要包括炼焦配煤水分、煤炭化时产生的化合水和化学产品回收中的外来水等：

①剩余氨水、煤干馏及煤气冷却过程中产生的废水，占总污水量的一半以上，是氨、氮、酚、氰的主要来源；

②煤气净化过程中产生的污水，包括煤气终冷水和粗苯分离水等；

③焦油、粗苯、粗酚等精制过程中产生的污水。

2）形成焦化废水污染的无机污染物包括氨、硫化物、氰化物、硫氰根等。

3）形成焦化废水污染的有机污染物包括酚、甲酚、萘酚等酸性有机物；吡啶、苯胺、喹啉、咔唑、吖啶等碱性含氮有机物；芳烷、稠环烃等物质。

（3）烟气排放类污染物：

1）焦炉工艺中存在无组织烟尘，主要来自自备煤、装煤、炼焦、出焦以及熄焦过程中的放散烟尘。

2）焦炉工艺中的烟气类污染物主要来自碳化干馏和化学产品回收与精制生产的各个环节，包括颗粒物、二氧化硫、苯并芘、氰化氢、苯、酚、非甲烷总烃、氮氧化物、氨及硫化氢等污染物质。

B 炼焦工艺的污染控制节点

（1）炼焦炉共处置工艺中需要进行的污染控制内容包括：

1）废物中的杂质在焦炭产品中的释放值监测、炼焦炉尾气中粉尘及 SO_2、氮氧化物等大气污染物的监测、炼焦排放废水的监测以及固态废渣的监测、焦炉燃烧室尾气的监测。

2）炼焦炉污染控制中的各项监测依靠生产工艺的原有设施，满足高炉用焦的入炉标准以及 GB 16171—2012、GB 8978—1996、GB 16297—1996、GB 14554—1993 标准。

（2）焦炉工艺中根据污染物的状态，分为气态、液态和固态污染物，分别进入烟气、废液和废渣或焦炭中，每类污染物均有相应的控制节点。

1）焦炉生产工艺中，在装煤、炼焦和熄焦过程的各个环节排出的气体、蒸汽、冷凝物和悬浮微粒等复杂混合物，来自连续性、阵发性和事故性三类排放源。连续性排放源包括炉顶装煤孔、上升管和炉门泄露的粗煤气以及悬浮微粒。阵发性排放源包括装煤时排放的粗煤气和悬浮微粒，推焦和熄焦时排放的煤气、烟气和悬浮微粒。事故性排放源包括炉顶集气管、放散管和煤气放散装置排放的煤气等。各个排放源均设有控制节点，根据放散烟气的类型检测相应内容。

2）焦炉生产中的污水包括：接触粉尘废水，主要来自熄焦系统和熄焦废水，含有较高浓度的固体悬浮物；含酚氰污水，主要为煤气水封水，一般含有较高浓度的 COD_{Cr}、挥发酚、氰化物、氨氮、石油类等污染物。

3）炼焦工序中固态废物主要为储存、加料等各处放散的除尘灰，原工艺中配备相应的除尘、收尘设备和检查方法，在共处置中需要对危险性废物粉尘进行控制检测。焦炭成分的工业分析包括固定碳、挥发分、灰分和水分测定，但不作为污染物控制节点。

（3）炼焦炉共处置工艺对控制节点的要求。

1）炼焦炉共处置工艺中对烟气、粉尘以及产品质量的控制节点不作改变，但可根据共处置废物类型及投加的危险元素在原控制节点增加相关的检测内容。

2）炼焦炉共处置工艺中需要在无组织烟尘控制位置对易产生粉尘类废物除粉尘颗粒检测外，增加重金属粉尘和毒性气体检测。

C　炼焦污染物排放标准

（1）污染物在炼焦炉产品中的释放值参照常规高炉用焦炭中元素（杂质）含量限值，见表7-6。

表7-6　炼焦炉产品（焦炭）中杂质元素及化合物限值　　（%）

硫　分	灰　分						
	P_2O_5	K_2O+Na_2O	Cu	As	Sn	Zn	Pb
Ⅰ≤0.6 Ⅱ≤0.8 Ⅲ≤1.0	<0.2	<0.1～0.3	<0.2	<0.07	<0.08	<0.1	<0.1

（2）炼焦工序中水污染物的排放限值执行《炼焦化学工业污染物排放标准》（GB 16171—2012）标准。酚氰废水处理合格后要循环使用，不得外排。外排废水应执行《污水综合排放标准》（GB 8978—1996）。排入污水处理厂的达到二级，排入环境的达到一级标准。

（3）焦炉无组织污染物排放执行GB 16171—2012，其他有组织废气执行《大气污染物综合排放标准》（GB 16297—1996），NH_3、H_2S执行《恶臭污染物排放标准》（GB 14554—1993）。

（4）备配煤、推焦、装煤、熄焦及筛焦工段除尘器回收的煤（焦）尘、焦油渣、粗苯蒸馏再生器残渣、苯精制酸焦油渣、脱硫废渣（液）以及生化剩余污泥等一切焦化生产的固（液）体废弃物，应按照相关法规要求处理和利用，不得对外排放。

7.2.5　焦炉共焦化共处置技术模式及废物投加强度

7.2.5.1　焦炉共焦化共处置技术模式

具有一定固定碳含量的碳质固态废物或特殊类型的半固态废物（如沥青类废物），可采用“焦炉共焦化共处置技术模式”，即通过焦炉炭化室中的干馏反应使废物中的碳质组分发生焦化反应，挥发分等物质进入烟气，在焦炉后处理工序中逐渐被吸纳消除。该技术模式的核心是将废弃物中的具有毒性的碳质物质在焦炉高温欠氧气氛中进行变性处理，产生焦炭来达到消除污染的目的。其关键是控制废弃物中的组分带入量对产品质量和原工艺制度造成影响，尤其是硫分的影响。

焦炉共焦化共处置危废技术模式的工艺流程如图7-5所示。采用炼焦炉的炭化室作为投加位置，该技术模式由预处理、焦化处理及后处理三部分组成。

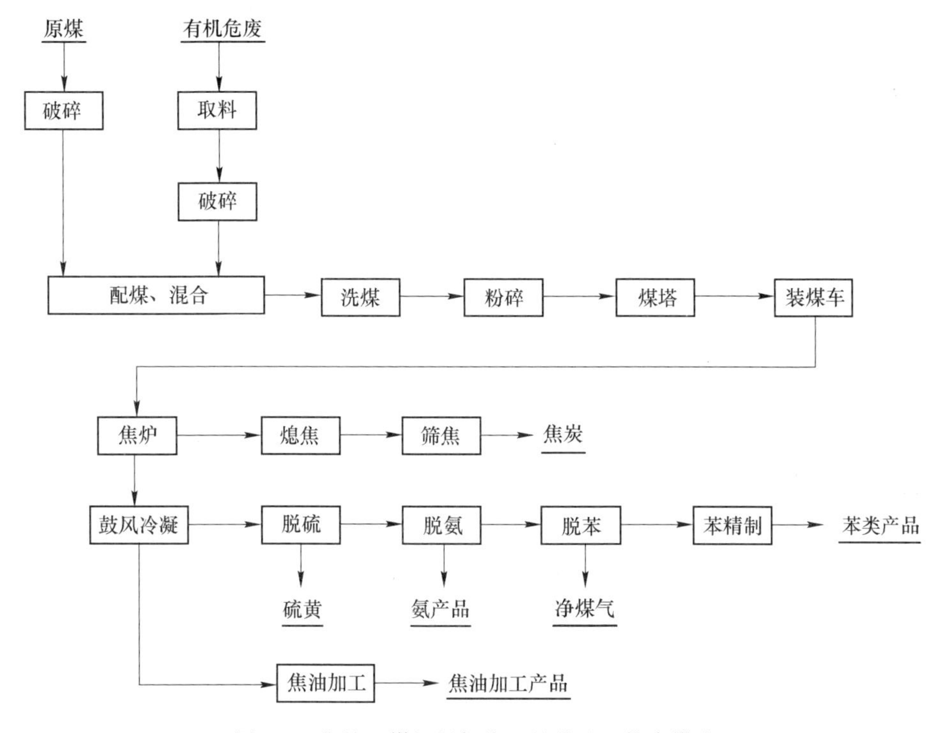

图7-5 焦炉配煤机投加位置的共处置技术模式

（1）预处理。该技术模式中由于焦化生产中考虑生产率和炉温稳定，对炭化室入炉料的水分提出了较为严格的要求，并对物料的粒度也有相关要求，因此需要进行干燥和粉磨处理。该部分预处理在炼焦系统的配煤系统前端入口进行；型煤炼焦工艺在制型煤前端进行。

（2）焦化处理。碳质有机废物在进入炭化室后，逐渐升温发生焦化反应，产生焦炭，挥发分进入烟气，随之进入后处理工序中。

（3）后处理。冶炼的后处理主要包括废水、废气的二次污染控制。二次污染排放前主要监测氨、酚、氰、硫化物、苯并芘、氮氧化物、颗粒粉尘等排出限值。

在炼焦炉配煤机投加位置投加的技术要求：

（1）满足固定碳含量要求的固态废物。

（2）特殊类型的具有一定固定碳含量的半固态废物，如沥青类废物。

在炼焦炉配煤机投加位置操作中的技术要求：

（1）共处置废物应该满足该处投加位置的物质特性要求。

（2）块状废物上料前应满足水分和入仓块度要求。

（3）特殊类型的半固态废物根据运输方式和预处理工艺选择不同投加位置，优先选择型煤炼焦工艺的设备投加。

（4）入炉固废投加前进行均质处理，保证入炉料组分的稳定。入炉物料（包括常规原料、燃料和各种废物）中的限制性元素的最大允许投加量不应大于表5-9中所列的限值。

7.2.5.2 焦炉共焦化共处置技术模式中废物投加强度

A 危险废物投加限值加权测算

（1）固定碳加权。投加入炼焦炉炭化室的共处置废物，需要满足废物和原工艺煤原料的固定碳加权限值要求。共处置废物投加速率与炭化室投加物料固定碳加权的关系如下式所示：

$$C = \frac{C_{废} \times M_{废} + C_{煤1} \times M_{煤1} + C_{煤2} \times M_{煤2} + C_{煤3} \times M_{煤3}}{M_{废} + M_{煤1} + M_{煤2} + M_{煤3}} \leqslant C_{限}$$

式中 C——炭化室投加物料的固定碳加权，$C_{废}$、$C_{煤1}$、$C_{煤2}$、$C_{煤3}$分别为从炭化室配料位置投加的危险废物、1类配煤、2类配煤和3类配煤的固定碳，%；

$M_{废}$，$M_{煤1}$，$M_{煤2}$，$M_{煤3}$——分别为单位时间从炭化室配料系统加入混料机的危险废物、1类配煤、2类配煤和3类配煤的投加量，kg/h；

$C_{限}$——炭化室投加物料的固定碳加权限值，%，$C_{限}=55$。

（2）有害元素加权。从炭化室配料系统加入混料机的共处置废物，需要使废物和原物料中S、P、K_2O、Na_2O以及Cu、As、Sn等重金属元素的加权值满足限值要求。共处置固废投加速率与元素i在炭化室投加物中加权限值的关系如下式所示：

$$C_i = \frac{C_{i废} \times M_{废} + C_{i煤1} \times M_{煤1} + C_{i煤2} \times M_{煤2} + C_{i煤3} \times M_{煤3}}{M_{配煤}} \leqslant C_{i限}$$

式中 C_i——炭化室投加物料中元素i的投入量，$C_{i废}$、$C_{i煤1}$、$C_{i煤2}$、$C_{i煤3}$分别为从焦炉炭化室位置投加的危险废物、1类配煤、2类配煤和3类配煤中元素i的含量，%；

$C_{i限}$——炭化室投加物料中元素i的限值，%，参照表5-9。

B 危险废物在产品中杂质的释放限值

焦炭中元素的残留量与入炉配煤和共处置危险废物投加速率的关系如下式所示：

$$C_i = \frac{(C_{i废} \times M_{废} + C_{i煤1} \times M_{煤1} + C_{i煤2} \times M_{煤2} + C_{i煤3} \times M_{煤3}) \times L_{i焦}}{M_{焦炭}} \leqslant C_{i焦炭限}$$

式中 C_i——焦炭产品中元素 i 的残留量，$C_{i废}$、$C_{i煤1}$、$C_{i煤2}$、$C_{i煤3}$分别为从炭化室配料位置投加的危险废物、1 类配煤、2 类配煤和 3 类配煤中的元素 i 的含量,%；

$M_{焦炭}$——焦炭的单位时间产量，kg/h；

$L_{i焦}$——元素 i 在焦炭产品中的残留比率,%，见表 7-7；

$C_{i焦炭限}$——焦炭中元素 i 残留量的限值,%，见表 7-6。

表 7-7 元素及化合物在焦炭中的残留率 （%）

P_2O_5	$K_2O + Na_2O$	Cu	As	S	Zn	Pb
100	<5	100	<5	80	<5	<5

C 危险废物中危害元素在废水中的释放限值

在共处置工艺中，危险废物中挥发性和易产生粉尘的元素，如 S、Hg、Cl、F、K、Zn、As、Tl 等会进入烟气中，进而随废水排放而造成二次污染。因此需要对其在烟气中的释放量进行监测和限制。炼焦炉中元素的挥发量与入炉配煤和共处置危险废物投加速率的关系如下式所示：

$$C_i = \frac{(C_{i废} \times M_{废} + C_{i煤1} \times M_{煤1} + C_{i煤2} \times M_{煤2} + C_{i煤3} \times M_{煤3}) \times H_{i焦}}{Q_{废水}} \leqslant C_{i废水限}$$

式中 C_i——炼焦炉生产过程中元素 i 的挥发量，$C_{i废}$、$C_{i煤1}$、$C_{i煤2}$、$C_{i煤3}$分别为从炭化室配料位置投加的危险废物、1 类配煤、2 类配煤和 3 类配煤中的元素 i 的含量,%；

$Q_{废水}$——焦炭的单位时间产生量，m^3/h，取值 10 ~ 13；

$H_{i焦}$——元素 i 在炼焦工艺中进入大气中的挥发比率,%，见表 7-8；

$C_{i废水限}$——炼焦工艺中元素 i 随废水排放的浓度限值,%，参照标准 GB 16171—2012。

表 7-8 元素及化合物在炼焦工艺中的挥发率 （%）

P_2O_5	$K_2O + Na_2O$	Cu	As	S	Zn	Pb
0	90 ~ 95	0	>95	20	90 ~ 95	90 ~ 95

D 炼焦炉工艺中危险废物最大投加速率的确定

炼焦炉工艺中危险废物最大投加速率的确定原则和方法与烧结工艺中一致。

7.3 回转窑共处置危险废物的工艺技术

7.3.1 回转窑冶炼系统概述

钢铁工业中的回转窑分为两类，即用于球团氧化焙烧的氧化性回转窑和用于生产海绵铁的还原性回转窑。氧化性回转窑，采用铁精矿、熔剂造成小球，通过窑头供风供热，对窑内的球团进行氧化焙烧，使球团固结成具有一定粒度和强度的小球的工艺。还原性回转窑，采用铁精矿、熔剂、还原剂等造成小球，通过窑头设置的主燃料烧嘴和还原煤喷入装置，提供工艺过程需要的部分热量，并补充还原剂，实现球团物料的直接还原，形成直接还原海绵铁的工艺。两种工艺的主体冶炼设备均为回转窑设备。

回转窑是一个稍呈倾斜放置在几对支撑轮（托轮）上的筒形高温反应器。作业时，窑体按一定的转速旋转，含铁原料造成的小球从窑尾加料端连续加入。随着窑体的转动，固体物料不断地翻滚，向窑头排料端移动。排料端设置的主燃料烧嘴，提供工艺过程需要的部分热量。物料在移动的过程中，被逆向高温气流加热，进行物料的干燥、预热、焙烧过程中的主要反应，并形成最终产品。

20 世纪末，我国铁矿球团的年产量已达到 2400 万吨左右，2006 年全国球团的产量达到 7634. 95 万吨，从所处理的矿石种类来看，以磁铁精矿为原料的回转窑生产比重占 38. 7%，以赤、褐混合精矿为原料的回转窑生产比重占 25. 5%。鞍钢、首钢、包钢、承钢、杭钢、济钢、莱钢、太钢、唐钢、马钢、新疆八一钢、邢钢等大中型钢厂均建设有回转窑生产线。其中，武钢氧化球团厂的产能可达 500 万吨/年，国内大部分是年产在 10 万～100 万吨的中小型设备。

20 世纪 50 年代我国就开始了直接还原技术的研究，直到 80 年代才有较大进展。1989 年福州 $40m^3$ 回转窑工业试验成功并达到较好水平，推动了我国直接还原铁生产的发展。在福州、天津、河北、江苏、山东、湖南、黑龙江、辽宁、吉林、新疆、山西均有直接还原回转窑分布。

7. 3. 2 回转窑共处置特征

炼铁用回转窑整体为高温环境，在共处置工艺中主体设备为回转窑，根据物料的性质具有两个投加位置，即窑尾布料投加位置和窑头燃料喷吹系统投料位置。由于回转窑冶炼工艺的特殊要求，从窑尾进入回转窑的物料需要进行造球处理，形成具有一定颗粒度和滚动性能的小球，因此物料的投加位置延伸到造球前物料料仓或混料工序中。

可用于共处置工艺的回转窑系统需要满足以下条件：

(1) 用于共处置的炼铁回转窑需满足国家炼铁行业准入及淘汰政策，环保条件满足国家要求，烟气、废水的排放满足相关标准。

(2) 共处置金属渣类或粉尘类废物以及可燃废物可选择氧化回转窑或还原回转窑。

(3) 回转窑的生产规模无特殊要求，根据共处置废物类型及共处置工艺选择适合的回转窑工艺。根据物料状态选择造球前预处理工艺；根据废物中挥发组分的结构选择回转窑的冶炼气氛；根据固态碳质废物的共处置工艺选择相应的回转窑和投加位置；根据供热制度及燃料供热，确定共处置的可燃废物。

(4) 利用及改造原有设施共处置废物的回转窑，其原有设施应满足相关排放标准，大气污染的排放限值参照执行 GB 28662—2012，以及 GB 28663—2012。

（5）共处置的回转窑系统应该具备的功能包括：

1）回转窑冶炼系统的配料工序应具备可拓展入料口，并可根据共处置废物性质配备晾晒场、储存场、上料设施、料仓、自动取料设备及预处理系统。

2）共处置可燃废物要求回转窑系统具有喷吹燃料供热的功能。

3）处理可磨性固态可燃废物，要求回转窑燃煤预处理系统的配煤设备具有可拓展入料口，并配备上料设施、储料仓、自动取料设备。

4）处理液态、气态可燃废物，要求喷嘴具有可拓展燃料喷嘴，并配备相应的压力容器、加压设备等。

5）回转窑尾气处理采用布袋除尘以及脱硫系统，保证尾气排放的粉尘、硫含量等指标符合相关标准。

6）冶炼系统具有温度、尾气粉尘及硫在线监测系统，保证运行工况的稳定和操作制度的及时反馈。

7.3.3 回转窑共处置废物特性

7.3.3.1 配料系统投加位置

配料系统投加位置对可共处置废物的要求包括：

（1）两类回转窑的配料机投加位置适宜处理含金属氧化物的渣类或粉尘类废物，还原回转窑还具有共处置固态碳质废物的能力。

（2）共处置渣类及粉尘类废物中需要限制元素，如 S、P、Cu、As、Sn、Zn、Pb 等物质的含量，满足元素限值的废物允许通过配料机投加入回转窑，还原回转窑原料中有害元素限值见表 5-14，氧化回转窑见表 5-15。

（3）金属渣类及粉尘类废物需要满足入炉物态要求，包括：

1）粒度要求：小于 0.074mm 的粒级应大于 80%~90%。

2）水分要求：水分约 8%~10%。

（4）固态碳质还原特性废物要求加权后其固定碳含量大于 70%，S 含量小于 1.0%，$P<0.01\%\sim0.03\%$，且满足表 5-14 或表 5-15 中重金属原料限值要求的物质允许代替部分还原煤或焦粉投加入回转窑。

（5）固态碳质还原特性废物需要满足入炉物态要求，包括：

1）粒度要求：粒度组成相对稳定，通常控制小于 0.074mm 占比大于 80%~90%。

2）水分要求：要求碳质固废中水分小于 10%。

7.3.3.2 助燃系统投加位置

（1）两类回转窑均能够在助燃系统投加位置处理满足热值要求的可燃废物，

包括固态（如煤粉、焦粉类）、液态（如油类）和气态（如煤气类）废物。具体共处置废物依原厂设备的喷吹燃料状态，保持物态一致。

（2）回转窑对固态可燃废物热值要求为 $Q > 25\text{MJ/kg}$，对液态可燃废物热值要求为 $Q > 40\text{MJ/kg}$，对气态可燃废物热值要求为 $Q > 32\text{MJ/m}^3$，满足此热值要求的可燃废物允许代替部分燃料从燃料系统投加入回转窑。废物加权热值满足上述限值的废物允许投加，但不能等量代替燃料。

（3）燃料组分中要求其加权硫含量 $S < 1.0\%$。

（4）固态可燃废物需要满足喷吹的物态要求，包括：

1）粒度控制。粉状固体的粒度要求小于 0.074mm 占 70%~80% 以上。

2）水分控制。控制在 1.0% 左右，最高不超过 2.0%。

（5）对含有重金属的可燃废物，需满足重金属元素含量投加限值。

7.3.4　回转窑共处置工艺运行技术

7.3.4.1　废物预处理

根据入厂废物的特性和入窑废物的要求，按照废物共处置方案，对废物进行破碎、细磨、筛分、干燥等预处理，必要时进行脱水、烘干、粉磨等处理。

（1）配料系统投加位置。

1）根据配料系统投加位置对入炉料的粒度和水分的要求，需要进行相应的干燥和破碎（粉磨）处理。

2）造球前的配料从料仓中取料，因此固废在入仓前需要完成干燥—破碎—粉磨—筛分的单独预处理。

3）干燥预处理通常可采用自然晾晒方式脱水干燥，或使用圆筒干燥机设备。

4）破碎、粉磨机筛分通常采用反击式破碎机、立磨、雷蒙磨等设备。

（2）助燃系统投加位置。

1）共处置固体可燃废物需要进行预处理，以满足喷吹的粒度和水分要求。

2）具有一定可磨性的固态废物，可通过配煤的方式投加在原煤预处理前的混料系统，通过原工艺设备与原煤燃料一同进行干燥和粉磨处理，包括球磨机或中速磨等工艺方式。

3）液态或气态燃料采用压力容器运输，预处理主要包括接受、储存、加压等处理。

（3）预处理后的废物应该具备以下特性：

1）满足本书 5.1.3.3 小节相关要求；

2）理化性质均匀，保证原生产工艺的运行工况的连续稳定；

3）满足共处置企业已有设施进行输送、投加的要求。

（4）预处理区域的环境要求与烧结机—高炉共处置工艺一致。

7.3.4.2 废物投加系统

A 配料机投加位置

从窑尾进入回转窑的物料，首先与适量的还原剂或添加剂混合后形成一定粒度的小球进入窑尾，随着窑体的转动，经历了预热段、中温段和高温段，并逐步发生各种化学反应，最终部分熔融，从窑头排出，形成含铁产品。因此该处共处置环境为高温非密闭冶炼环境。普通组分一直以固态或半熔融态形式存在，无论是氧化反应还是还原反应，最终都进入固态产品中；而具有挥发性或发生氧化还原反应后具有挥发性的组分，气化进入烟气中，与固态物质分离并最终在除尘设备中被回收。因此在该共处置环境中主要是通过变性处理和富集提取处置实现无公害化的。

B 助燃系统投加位置

从窑头进入回转窑的物料，经过预处理后，通过烧嘴喷入窑内，与氧气结合发生燃烧反应。该处共处置环境为高温氧化性气氛。具有一定热值的可燃物质通过烧嘴进入窑内后立即发生氧化燃烧反应，放出热量，形成高温气体向窑尾流动，灰分进入烟气或固体物料中。此处共处置环境主要通过燃烧处理实现可燃废物的无公害化。

C 投加设施

（1）配料投加位置的投加设施包括上料设备、储料仓、给料机、皮带运输机等，粉状物料（废物）还需要配备气体管道输送系统。

（2）燃料喷吹投加位置的投加设施包括粉料输送系统、燃料仓、喷吹罐、流化器、给料球阀、混合器、喷嘴等，液态、气态废物需要配备相应的压力容器。

7.3.4.3 污染控制措施

A 回转窑工艺中的特征污染物

（1）产品杂质释放类污染物。

1）用于生产直接还原铁的还原回转窑和用于生产氧化球团的氧化回转窑均采用回转窑工艺及设备，唯一不同的是窑内的气氛。两种工艺中，随固态物料投入回转窑的物质除部分元素如 C、S、Cl、F 以及还原气氛下的 Zn、Pb、Na、K 等物质部分挥发进入烟气外，大多数固态组分进入产品中。

2）还原回转窑的物料中，能够被还原的物质进入铁相中，不能够被还原的物质进入渣相中，形成海绵铁产品，最终都作为原料进入下游工序中。

①易被还原的元素 Fe、Cu、Ni、Co 几乎全部进入铁相中。

②部分被还原的元素 Mn、Cr、V、P、Sn、Ti 等被还原部分进入铁相中，未被还原部分进入渣相。

③部分种类元素，如 Zn、Pb、K、Na、S、As 等在回转窑环境中容易进入粉尘，只有很少部分残留在铁相或渣相中。

3）氧化回转窑的物料中，各种物质主要以氧化物形态出现，形成复合氧化物以 $2FeO \cdot SiO_2$ 等为主要物相，少量杂质元素均主要以氧化物形式赋存在氧化球团中。

4）海绵铁或氧化球团的质量均以后续工艺入炉标准为要求，进入炼铁或炼钢工序中。

①进入产品中并且不对产品品质造成影响的元素有 Fe、Ni、Co、Mn、V、Cr、Nb 以及部分氧化物，如 FeO、MnO、Cr_2O_3、V_2O_5 等。这几类元素对于产品铁水来说是价值元素。

②进入产品中会对产品质量产生影响，但影响可控的元素有 SiO_2、CaO、MgO、Al_2O_3。

③进入产品中会对产品质量产生影响的元素及物质有 Cu、S、P。各元素及物质的投加限值参照相关标准。

（2）烟气排放类污染物。

在回转窑冶炼中，C、S、Zn、K、Na、Pb、As、Cl、F 等元素形成气态物质进入烟气。其中 C、S 分别以 CO、CO_2、SO_2 气体形式进入烟气；被还原的 Zn、K、Na、Pb、As 以及 Cl、F 以气态升华，部分进入烟气并随之排出，部分在炉内凝结。

B 回转窑工艺的污染控制节点

（1）炼铁回转窑共处置需要进行的污染控制内容包括：

1）固体废物以及燃料灰分中的杂质在产品中的释放值监测、回转窑尾气中颗粒物及 SO_2 等大气污染物的监测、除尘系统回收粉尘的收集及监测。

2）回转窑污染控制中的各项污染处理、监测依靠生产工艺的原有设施，满足高炉或转炉用产品的入炉标准以及相关污染排放标准。

（2）回转窑系统中污染物释放点主要包括焙烧产品和烟气两类，产品检测和烟气排放检测是回转窑系统的控制节点。

1）常规污染控制节点为烟气排放点，通常经过脱硫、脱氮和除尘处理，在排放出口进行检测。

2）焙烧产品的检验分析项目包括化学分析。成分分析是产品污染物释放控制点，通常成分分析包括 TFe、FeO、SiO_2、CaO、MnO、TiO_2、S、P 等内容。

（3）回转窑共处置工艺对控制节点的要求：

1）回转窑共处置工艺中对烟气、粉尘以及产品质量的控制节点不作改变，但可根据共处置废物类型及投加的危险元素在原控制节点增加相关的检测内容。

2）共处置工艺中，针对具有危险性粉尘需要在预处理、装料等潜在放散位置增加相应的检测内容作为新增控制节点。

3）在共处置工艺中，对于在产品检测中不包含的危险元素及对后续工序产生影响的杂质元素，如 Cu、Zn、Pb、Hg、As 等需要增加相关的检测内容。

C 回转窑污染物排放标准

（1）共处置工艺中污染物在回转窑产品中的释放限值见表 7-9。

表 7-9 炼铁产品中杂质元素及化合物的残留量 （%）

物质	S	P	Cu	As	Sn	Ti	$K_2O + Na_2O$	Zn	Pb
限值	≤0.05	≤0.05	≤0.05	≤0.07	≤0.08	≤2	≤0.2～0.5	≤0.1	≤0.1

（2）回转窑工业大气污染的排放限值参照执行 GB 28662—2012 和 GB 28663—2012。未包含内容参照 GB 30485—2013。

7.3.5 回转窑共处置技术模式及废物投加强度

7.3.5.1 回转窑配料前端入口投加位置的技术模式

含金属氧化物的渣类或粉尘类废物以及具有一定还原特性的固态碳质废物，可采用“回转窑工艺共处置技术模式”，即利用回转窑内的高温冶炼环境以及烟气流量，将废物中的易挥发性金属化合物加热、（还原）挥发并在烟尘中富集回收，其他物相均进入产品中并随之进入下游工序。该技术的核心是将废弃物中的毒性化合物通过高温环境进行还原和挥发分离并在烟尘中富集回收来达到消纳污染的目的。该技术模式的关键是控制固废中的组分带入量对产品质量和原工艺制度造成影响。

回转窑工艺共处置固体危险废物技术模式的工艺流程如图 7-6 所示。采用回转窑冶炼的物料由配料入口投加，该技术模式由造球预处理、冶炼过程及后处理三部分组成。

（1）造球预处理。该技术模式中固废要与炼铁原料进行混合造球，因此造球工序中的配料仓作为投加入口，预处理主要满足造球物料的物态要求。通常需要进行干燥、破碎、粉磨等处理。

（2）冶炼过程。回转窑冶炼处理的过程，根据物料的性质不同，其发生的反应和去向不同。在高温还原气氛中，易挥发的金属或金属化合物被还原并气化进入烟气，随烟气排出窑尾，在除尘系统中被回收；普通性质的组分均进入产品中。

（3）后处理。冶炼的后处理主要包括气体二次控制、渣及粉尘的检测等。由于冶炼工艺的缺陷，产品质量受到较大的波动影响，需要对产品质量进行严格检测。同时二次污染中硫、氮氧化物、颗粒粉尘等气体污染物也是重点需要检测的对象。

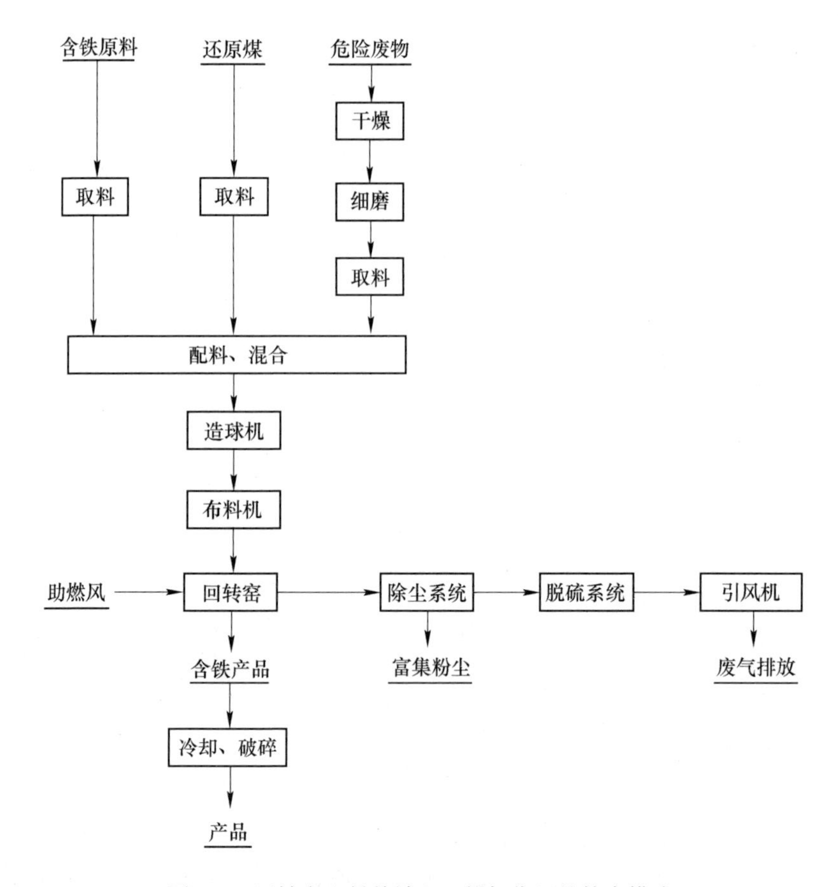

图 7-6　回转窑配料前端入口投加位置的技术模式

在回转窑配料前端入口投加位置投加的技术要求：

（1）金属氧化物或硫分在可控范围内的硫化物的渣类固态废物。

（2）金属氧化物的粉尘类固态废物。

（3）禁止投加含有机物的废物。

回转窑投加位置操作中的技术要求：

（1）共处置废物应该满足该处投加位置的物质特性要求。

（2）块状废物上料前应满足水分和入仓块度要求。

（3）半固态废物根据特性要求，配备相应的运输方式并增加相应预处理工艺。

（4）入炉固废投加前进行均质处理，保证入炉料组分的稳定。

（5）从回转窑燃料喷吹位置投加的固体可燃废物以混料投加为主，在配煤仓完成投加，减少对原设备的改动。

入炉物料（包括常规原料、燃料和各种废物）中的限制性元素的最大允许投加量不应大于表 5-14 或表 5-20 中所列的限值，可燃类废物加权热值应满足投加要求。

7.3.5.2 回转窑燃料喷吹投加位置的技术模式

具有一定热值的可燃废物，可采用“回转窑喷吹共处置技术模式”，即通过窑头烧嘴向窑内喷吹燃料和助燃风进行燃烧处理，碳质组分燃烧气化形成烟气，废物中的灰分等成分被固态吸纳。该技术模式的核心是将固废中的毒性物质通过高温氧化性气氛进行燃烧处理，来达到消除污染的目的。其关键是控制固废中的组分带入量对产品质量和原工艺制度造成影响，尤其是硫分的影响。

回转窑喷吹共处置危险废物技术模式的工艺流程如图7-7所示。采用回转窑助燃燃料喷吹入口投加，该技术模式由燃料预处理、喷吹燃烧及后处理三部分组成。

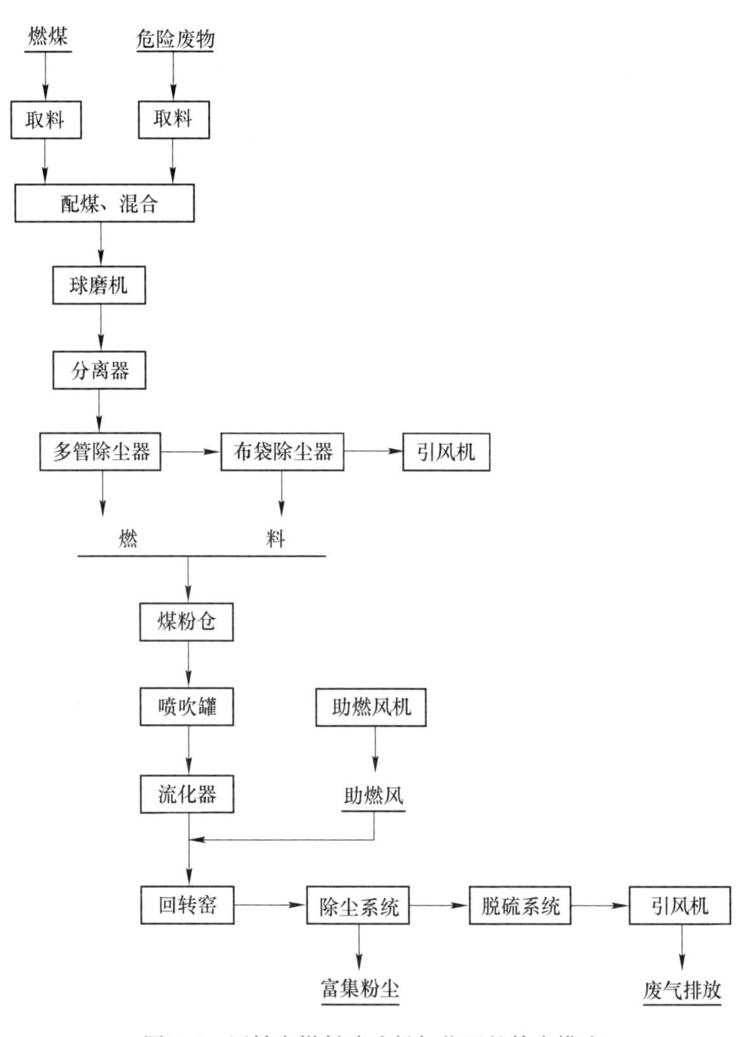

图7-7 回转窑燃料喷吹投加位置的技术模式

（1）燃料预处理。该技术模式中对不同的喷吹可燃废物的物质状态有不同的要求。可用的有固态废物、液态废物以及气态废物。为了达到喷吹过程中迅速完全燃烧，固态有机废物需要满足粒度和水分要求；液态废物需要满足雾化要求。通常需要进行干燥和粉磨（雾化）处理以及加压处理。

（2）喷吹燃烧。有机废物随助燃风从窑头喷入回转窑后，迅速发生燃烧反应并产生高温气体向窑尾移动，最终从窑尾排出形成烟气。灰分最终进入固相，被吸纳。

（3）后处理。冶炼的后处理主要包括气体二次控制。气体二次污染主要监测 S、Cl、F 元素以及氮氧化物、颗粒粉尘的排出限值。

在回转窑燃料喷吹投加位置投加的技术要求：

（1）满足热值要求的液态、气态和可磨性固态有机质类可燃废物；

（2）满足热值要求的液态及其气态废物。

回转窑投加位置操作中的技术要求已在 7.3.5.1 节中介绍，不再赘述。

7.3.5.3 回转窑共处置技术模式中废物投加强度

A 危险废物投加限值加权测算

（1）还原回转窑有害元素加权。从回转窑配料系统加入混料机的共处置废物，需要使废物和原物料中 S、P、Cu、As、Zn、Pb、Cl、F 等元素的加权值满足限值要求。共处置固废投加速率与元素 i 在配料系统投加物中加权限值的关系如下式所示：

$$C_i = \frac{C_{i废} \times M_{废} + C_{i原矿} \times M_{原矿} + C_{i还原煤} \times M_{还原煤} + C_{i燃煤} \times M_{燃煤} + C_{i熔剂} \times M_{熔剂}}{\sum M} \leqslant C_{i限}$$

式中 C_i——回转窑投加物料中元素 i 的投入量，$C_{i废}$、$C_{i原矿}$、$C_{i还原煤}$、$C_{i燃煤}$、$C_{i熔剂}$分别为从配料系统投加的危险废物、原矿、还原煤、燃煤和熔剂中元素 i 的含量，%；

$M_{废}$、$M_{原矿}$、$M_{还原煤}$、$M_{燃煤}$、$M_{熔剂}$——分别为单位时间从配料系统加入混料机的危险废物、原矿、还原煤、燃煤和熔剂的投加量，kg/h；

$C_{i限}$——配料系统投加物料中元素 i 的限值，%，参照表 5-14。

（2）氧化回转窑有害元素加权。从回转窑配料系统加入混料机的共处置废物，需要使废物和原物料中 S、P、Cu、As、$K_2O + Na_2O$、Zn、Pb、Cl、F 等元素及化合物的加权值满足限值要求。共处置固废投加速率与元素 i 在配料系统投加物中加权限值的关系如下式所示：

$$C_i = \frac{C_{i废} \times M_{废} + C_{i铁精矿} \times M_{铁精矿} + C_{i燃煤} \times M_{燃煤}}{\sum M} \leqslant C_{i限}$$

式中 C_i——回转窑投加物料中元素 i 的投入量，$C_{i废}$、$C_{i铁精矿}$、$C_{i燃煤}$分别为从配料系统投加的危险废物、铁精矿、燃煤中元素 i 的含量,%；

$M_{废}$，$M_{铁精矿}$，$M_{燃煤}$——分别为单位时间从配料系统加入混料机的危险废物、铁精矿、燃煤的投加量，kg/h；

$C_{i限}$——配料系统投加物料中元素 i 的限值,%，参照表5-15。

（3）固定碳加权。从助燃系统投加入回转窑的共处置废物，需要满足废物和原燃料的热值加权的限值要求。共处置废物投加速率与助燃系统投加物料的热值加权的关系如下式所示：

$$Q = \frac{Q_{废} \times M_{废} + Q_{燃} \times M_{燃}}{M_{废} + M_{燃}} \leqslant Q_{限}$$

式中 Q——投加燃料的加权热值，$Q_{废}$、$Q_{燃}$分别为从助燃系统投加的危险废物、燃料的热值，MJ/kg（气体为 MJ/m^3）；

$M_{废}$，$M_{燃}$——分别为单位时间内危险废物、燃料的投加量，kg/h；

$Q_{限}$——投加燃料热值加权的限值，MJ/kg（气体为 MJ/m^3），$Q_s = 25$，$Q_l = 40$，$Q_g = 32$。

B 危险废物在产品中杂质的释放限值

（1）还原回转窑中杂质元素在海绵铁中的释放限值。回转窑中元素的残留量与入炉原燃料和共处置危险废物投加速率的关系如下式所示：

$$C_i = \frac{(C_{i废} \times M_{废} + C_{i原矿} \times M_{原矿} + C_{i还原煤} \times M_{还原煤} + C_{i燃煤} \times M_{燃煤} + C_{i熔剂} \times M_{熔剂}) \times L_{i还原窑}}{M_{海绵铁}} \leqslant C_{i海绵铁限}$$

式中 C_i——海绵铁产品中元素 i 的残留量，$C_{i废}$、$C_{i原矿}$、$C_{i还原煤}$、$C_{i燃煤}$、$C_{i熔剂}$分别为从配料系统投加的危险废物、原矿、还原煤、燃煤和熔剂中元素 i 的含量,%；

$M_{海绵铁}$——海绵铁的单位时间产量，$M_{废}$、$M_{原矿}$、$M_{还原煤}$、$M_{燃煤}$、$M_{熔剂}$分别为单位时间从配料系统加入混料机的危险废物、原矿、还原煤、燃煤和熔剂的投加量，kg/h；

$L_{i还原窑}$——元素 i 在海绵铁产品中的残留比率,%，参照表7-10；

$C_{i海绵铁限}$——海绵铁中元素 i 残留量的限值,%，参照表7-9。

表 7-10　元素及化合物在海绵铁中的残留率　(%)

S	P	Cu	As	Zn	Pb	$K_2O + Na_2O$
80	100	100	60 ~ 70	<5	<5	<2 ~ 4

(2) 氧化回转窑中杂质元素在球团矿中的释放限值。

$$C_i = \frac{(C_{i废} \times M_{废} + C_{i铁精矿} \times M_{铁精矿} + C_{i燃煤} \times M_{燃煤}) \times L_{i氧化窑}}{M_{球团矿}} \leqslant C_{i球团矿限}$$

式中　C_i——球团矿产品中元素 i 的残留量，$C_{i废}$、$C_{i铁精矿}$、$C_{i燃煤}$分别为从配料系统投加的危险废物、铁精矿、燃煤中元素 i 的含量,%；

$M_{球团矿}$——球团矿的单位时间产量，$M_{废}$、$M_{铁精矿}$、$M_{燃煤}$分别为单位时间从配料系统加入混料机的危险废物、铁精矿、燃煤的投加量，kg/h；

$L_{i氧化窑}$——元素 i 在球团矿产品中的残留比率,%，参照表 7-11；

$C_{i球团矿限}$——球团矿中元素 i 残留量的限值,%，参照表 7-8。

表 7-11　元素及化合物在球团矿中的残留率　(%)

S	P	Cu	As	Zn	Pb	$K_2O + Na_2O$
5 ~ 10	100	100	30 ~ 40	70 ~ 80	70 ~ 80	5 ~ 10

C　危险废物中危害元素在烟气的释放限值

(1) 还原回转窑中危害元素随烟气排放至大气的限值。还原回转窑中元素的挥发量与入炉原燃料和共处置危险废物投加速率的关系如下式所示：

$$C_i = \frac{(C_{i废} \times M_{废} + C_{i原矿} \times M_{原矿} + C_{i还原煤} \times M_{还原煤} + C_{i燃煤} \times M_{燃煤} + C_{i熔剂} \times M_{熔剂}) \times H_{i还原窑}}{Q_{烟气}} \leqslant C_{i烟气限}$$

式中　C_i——海绵铁生产过程中元素 i 的挥发量，$C_{i废}$、$C_{i原矿}$、$C_{i还原煤}$、$C_{i燃煤}$、$C_{i熔剂}$分别为从配料系统投加的危险废物、原矿、还原煤、燃煤和熔剂中元素 i 的含量,%；

$Q_{烟气}$——烟气单位时间排放量（标态），m^3/h；

$H_{i还原窑}$——元素 i 在还原回转窑工艺中进入大气的挥发比率,%，参照表 7-12；

$C_{i烟气限}$——回转窑工艺中元素 i 随烟气排放的限值,%，参照标准 GB 28662—2012、GB 28663—2012、GB 30485—2013。

表 7-12　元素在还原回转窑中进入大气的比率　(%)

S	Hg	Tl	Pb	As	Zn	K + Na
<10	100	100	<5	5 ~ 10	<5	<5

(2) 氧化回转窑中危害元素随烟气排放至大气的限值。

$$C_i = \frac{(C_{i废} \times M_{废} + C_{i铁精矿} \times M_{铁精矿} + C_{i燃煤} \times M_{燃煤}) \times H_{i氧化窑}}{Q_{烟气}} \leqslant C_{i烟气限}$$

式中 C_i——球团矿生产过程中元素 i 的挥发量，$C_{i废}$、$C_{i铁精矿}$、$C_{i燃煤}$分别为从配料系统投加的危险废物、铁精矿、燃煤中元素 i 的含量,%；

$H_{i氧化窑}$——元素 i 在氧化回转窑工艺中进入大气的挥发比率,%，参照表 7-13。

表 7-13 元素在氧化回转窑中进入大气的比率 (%)

S	Hg	Tl	Pb	As	Zn	K + Na
<10	100	100	<2	<5	<2	<5

D 回转窑工艺中危险废物最大投加速率的确定

回转窑工艺中危险废物最大投加速率的确定原则和方法与烧结工艺中一致。

7.4 闪速炉共处置危险废物的工艺技术

7.4.1 闪速炉冶炼系统概述

闪速炉是一种强化的高温冶金设备。铜精矿经过精确配料和深度干燥后，与热风及作为辅助热源的燃料一起，以约 100m/s 的速度自精矿喷嘴喷入反应塔内，呈悬浮状态的铜精矿颗粒在 1400℃的反应塔内于 2s 左右完成熔炼的化学反应过程，产生的液态铜锍及炉渣在沉淀池中进行澄清分层，铜锍送转炉吹炼得到粗铜。粗铜再经阳极炉精炼后得到铜阳极板。闪速炉渣由于含铜较高，进一步经电炉贫化处理废弃。主要设备包括精矿预干燥回转窑、预干燥低温电收尘器、配料仓、气流干燥装置、闪速炉、炉渣贫化电炉、闪速炉余热锅炉等，如图 7-8 所示。

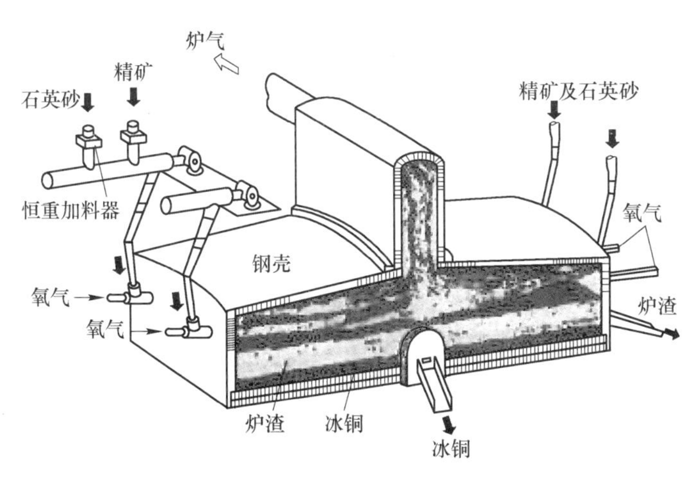

图 7-8 闪速炉工艺示意图

闪速炉（即奥托昆普闪速炉）工艺自1949年诞生，目前国际上有40余家生产企业采用该工艺，已有近50座闪速炉（含冶炼镍的闪速炉）。据了解，目前利用闪速炉技术生产的铜产量，约占全球铜产量的50%左右。中国的闪速炉炼铜技术从20世纪70年代开始由常州冶炼厂试验；80年代中期，江西铜业公司全套引进日本闪速炉炼铜技术；90年代末期，金隆铜业闪速炉炼铜技术工艺由国内自行设计，并从国外引进相关配套工艺设备；21世纪初期，山东引进“双闪”炼铜工艺装备。我国闪速炉的铜产量约占国内铜总产量的35%，今后可能会达到70%。中国目前采用芬兰奥托昆普闪速炉的主要冶炼厂有贵溪冶炼厂、金隆公司、金川集团公司铜冶炼厂和山东阳谷祥光铜业公司等。2009年底该技术的产能约130万吨，占全国粗铜产能的36%。

闪速炉熔炼法除了用于铜冶炼外，也可用于处理镍精矿、铜镍精矿、硫精矿及铅精矿等。

7.4.2 闪速炉共处置特征

闪速炉为高温密闭性冶炼窑炉，具有富氧的氧化性气氛，适宜通过燃烧反应处理危险废弃物。根据其冶炼工艺，闪速炉采用富氧燃烧的冶炼方式，通过精矿中部分硫和铁的氧化来实现闪速熔炼，为了保证充分燃烧供热，通常富氧热风和燃料作为辅助热源，因此该共处置环境为高温密闭氧化性气氛。燃料燃烧较充分，产生气体随烟气排出，灰分进入物料中。能够在此共处置环境中发生氧化反应的物质主要通过燃烧处理实现无公害化。在闪速炉共处置工艺中主体设备为闪速炉，投加位置根据共处置废物的特征分为精矿喷嘴投加位置和燃料烧嘴投加位置。

可用于共处置工艺的铜闪速炉冶炼系统需要满足以下的条件：

（1）用于共处置的铜冶炼闪速炉需满足国家《铜冶炼行业规范条件》及淘汰政策，环保条件满足国家要求，烟气、废水的排放满足相关标准。

（2）利用及改造原有共处置废物的闪速炉设施，其原有设施应满足《铜冶炼行业规范条件》，设施的处理达到《铜、镍、钴工业污染物排放标准》(GB 25467—2010)。

（3）共处置工艺采用的闪速炉为氧化性气氛闪速炉，燃料喷吹系统根据需要共处置可燃废物的物态选择具有相应喷吹工艺的闪速炉企业。分别使用粉煤或焦粉、重油、煤气或天然气作为喷吹燃料。

（4）闪速炉冶炼规模无特殊要求，采用粉煤或焦粉作为喷吹燃料的企业需要配备燃煤粉磨预处理系统以及完善的粉尘污染物控制设施。

（5）铜冶炼闪速炉系统需配备完善尾气处理系统，包括除尘设备、制酸设备、脱硫设备以及硫酸尾气治理设施等，确保大气污染物排放达到GB 25467—

2010 标准。

（6）共处置的铜冶炼闪速炉系统应该具备的功能包括：

1）用于共处置固态可燃废物的闪速炉工艺需要具备燃煤喷吹及燃煤粉磨预处理系统，燃煤配料工序具备可拓展入料口，并可根据共处置废物的性质配备晾晒场、储存场、上料设施、料仓、自动取料设备及预处理系统。

2）用于共处置液态或气态可燃废物的闪速炉工艺需要具备燃料喷吹系统（具有与精矿复合的燃料烧嘴或单独烧嘴）及燃料预处理系统，并可根据共处置废物的性质配备压力容器、输送管道、加压设备等设施。

3）闪速炉配备尾气处理系统，采用布袋除尘、制酸设备、脱硫设备以及硫酸尾气治理设施，保证满足尾气排放的粉尘、硫含量等指标满足相关标准。

4）具有燃煤粉化处理系统的企业应配备预处理过程粉尘污染物控制设施。

5）冶炼系统具有温度、尾气粉尘及硫在线监测系统，保证运行工况的稳定和操作制度的及时反馈。

7.4.3 闪速炉共处置废物特性

7.4.3.1 炉顶精矿喷嘴投加位置

通过闪速炉精矿喷嘴进入炉内实现共处置的废物需满足以下条件：

（1）该处投加位置适宜处理具有一定热值的固态可燃废物，废物经过粉化处理后预先混入精矿，与炉料一同通过精矿喷嘴投加入闪速炉。

（2）共处置的可燃类固体废物需要满足热值的要求，即 $Q_{粉类}>25\text{MJ/kg}$，可等量代替燃料，或者投加废物后加权热值满足上述限值的废物允许按一定百分比投加。

（3）满足限制的元素包括 Zn、As、F、Sb、Sn、Pb、Cd 等，其限值参照表 5-40。

（4）固态可燃废物投加时需要满足原料入炉物态要求，包括：

1）粒度要求：-0.074mm 占 80%。

2）水分加权含量要求：水分低于 0.3%。

7.4.3.2 炉顶燃料烧嘴投加位置

通过闪速炉燃料烧嘴进入炉内实现共处置的废物需满足以下条件：

（1）该处投加位置适宜处理满足热值要求的液态或气态可燃废物，废物通过设于精矿喷嘴内的燃料烧嘴或单独烧嘴投加入闪速炉。

（2）共处置的可燃类液态废物需要满足热值的要求，即 $Q_{液态}>40\text{MJ/kg}$，$Q_{气态}>32\text{MJ/m}^3$，即可代替部分燃料；原则上，液态或气态可燃废物的热值不小于 25MJ/kg 即可投加，但不能够等量代替燃料，或者投加废物后加权热值满足上述限值的废物允许按一定百分比投加。

(3) 液态或气态燃料需要满足入炉的水分要求，即小于0.3%。

7.4.4 闪速炉共处置工艺运行技术

7.4.4.1 废物预处理

根据入厂废物的特性和入炉废物的要求，按照废物共处置方案，对废物进行破碎、细磨、筛分、干燥等预处理，必要时进行脱水、烘干、粉磨等处理。

(1) 炉顶精矿喷嘴投加位置。

1) 共处置固体可燃废物需要进行预处理，以满足喷吹的粒度和水分要求。

2) 固态废物的粉磨处理可采用投加配煤的方式投加在原煤预处理前的混料系统，通过原工艺设备与原煤燃料一同进行干燥和粉磨处理，包括球磨机或中速磨等工艺方式。

3) 闪速炉干燥处理系统采用三段式脱水，即回转窑—鼠笼破碎机—气流干燥管的处理工艺。

(2) 炉顶燃料喷嘴投加位置。

1) 共处置液态或气态可燃废物需要进行预处理，以满足喷吹的水分要求。

2) 液态或气态燃料采用压力容器运输，包括接受、储存以及加压设备等。

(3) 预处理后的废物应该具备以下的特性:

1) 满足本书5.2.2.3小节相关要求。

2) 理化性质均匀，保证原生产工艺的运行工况的连续稳定。

3) 满足共处置企业已有设施进行输送、投加的要求。

(4) 预处理区域的环境要求与烧结机—高炉共处置工艺一致。

7.4.4.2 废物投加系统

(1) 炉顶精矿喷嘴投加位置。炉顶精矿喷嘴投加位置主要用于精矿、焦粉等固态物料的投加，投料入口位于燃煤粉磨系统配料前端入口。从精矿喷嘴投入闪速炉的物料在进入闪速炉的反应塔后与富氧空气接触随即升温燃烧，形成铜锍和氧化物渣以及SO_2。

(2) 炉顶燃料烧嘴投加位置。由于工艺方式的不同，部分闪速炉增有炉顶燃料烧嘴，该投加位置主要用于燃料如煤粉、重油或天然气的投加。燃料在烧嘴投入闪速炉后迅速升温燃烧、放热，生成高温气体，与物料发生热交换，并迅速通过烟道排出。

(3) 投加设施。

1) 固态可燃废物与常规固态原燃料混合后投加，投加设施包括上料设备、储料仓、给料机、刮板机、皮带运输机等，粉状物料（废物）还需要配备气体管道输送系统，包括压缩空气、流化器、精矿喷嘴等设备。

2）液态或气态可燃废物与常规液态或气态燃料混合后投加，投加设施包括压力容器、输送管道、压力阀门、加压设备、雾化器、燃料烧嘴等。

7.4.4.3 污染控制措施

A 闪速炉工艺中的特征污染物

（1）产品杂质释放类污染物。

铜冶炼闪速炉是氧化性气氛，由原料、燃料以及共处置的固废带入炉内的物质主要发生氧化和造锍反应，Cu_2S、FeS 等形成了冰铜产品的主要相；未被氧化的镍、钴硫化物进入冰铜；贵金属 Au、Ag 进入冰铜；PbS、ZnS、Fe_3O_4砷酸盐、锑酸盐以及 Se、Te 的化合物部分进入冰铜中形成夹杂。

1）进入产品中不会对其质量造成影响的物质包括 Cu_2S、FeS、Au、Ag 等。

2）进入产品形成渣类夹杂但不会对产品质量造成影响的物质包括 ZnS、Fe_3O_4。

3）冶炼过程中物质在产品中形成杂质释放的物质包括 PbS、Ni_3S、砷酸盐、锑酸盐以及 Se、Te 的化合物。

（2）渣排放类污染物。

1）根据铜冶炼闪速炉的冶炼条件，不能硫化的各类物质进入到渣中，包括 SiO_2、CaO、MgO、Al_2O_3、FeO、PbO、ZnO、Fe_3O_4、NiO、CoO 等氧化物；五价的砷酸盐、锑酸盐等物质；ZnS 等黏度较大与冰铜不溶的硫化物；被微量卷入渣中的 Cu、As、Sb、Se、Te 等元素。

2）渣的主要物质为 SiO_2、FeO、CaO，以及 MgO、Al_2O_3、Fe_3O_4、NiO、CoO 等，这些物质不会对造渣制度造成影响，并可随渣排放。

3）ZnO、PbO、砷酸盐、锑酸盐等物质具有毒性，其在渣中的排放需要遵循相关标准。

4）ZnS、Fe_3O_4是渣中最为有害的杂质，会造成炉渣黏度增加，熔点升高、铅损增加，形成炉结等问题，应限制入炉。ZnS $<0.6\%\sim1.2\%$。

（3）烟气排放类污染物。

1）闪速炉冶炼为氧化性气氛，燃料燃烧产生的 CO_2、CO 及 SO_2是主要的烟气组分，闪速炉烟气中 SO_2浓度较高，通常用于制酸。

2）在闪速炉冶炼过程中，Zn 少量挥发形成烟尘；大部分 Pb、Se、Te、Re 等物质挥发进入烟尘；三价砷、锑，如 Sb_2S_3、Sb_2O_3、As_2S_3、As_2O_3、Bi 易挥发进入烟尘。

3）闪速炉烟尘中颗粒污染物的排放量约 $50\sim120g/m^3$，主要来自低熔点物质的挥发，送去制酸前需要除尘。

B　闪速炉工艺的污染控制节点

（1）闪速炉共处置需要进行的污染控制内容有：

1）闪速炉工艺中的污染控制包括：共处置废物在铜锍产品中的杂质释放值监测、炉渣及粉尘中的重金属离子、烟气中颗粒物、挥发物以及 SO_2、Zn、Pb、As、Sb 等的排放监测。

2）以上各指标的监测均依靠生产工艺的原有设施，满足铜锍产品标准和 GB 25467—2010 标准，以及工业固废相关排放标准。

（2）闪速炉冶炼工艺中有四类物质排出，分别为铜锍、炉渣、烟气和粉尘。每类物质的排放位置均有相应的控制节点。

1）烟气和粉尘从烟道排出。闪速炉产出的高温烟气含 SO_2 及粉尘（含尘量高达 8%～10%）均比较高，高温烟气中夹带的硫主要为金属硫化物，以及挥发进入烟气中的铅和锌等。在闪速炉工艺中，通常配有高温锅炉来对烟气进行处理，随后进入制酸系统中。闪速炉出炉烟气温度一般为 1300～1350℃，并含有 50～100g/m^3 熔融状态的烟尘。烟气首先送入预热锅炉初步除尘，然后经双系列电场超高压电除尘器，将含尘降至 0.5g/m^3 以下。与转炉烟气汇合送入硫酸制造系统，混合烟气经洗涤、冷却、除雾、干燥及两次转化、两次吸收后制得硫酸。闪速炉及转炉预热锅炉捕集的烟尘经破碎筛分后将粗颗粒部分送转炉作冷料，粉尘则经风力输送返回闪速炉处理。

闪速炉工序中带来的二次污染较少，收尘流程如下：

闪速炉→废热锅炉→沉降斗→电收尘器→排风机→制酸

在闪速炉排空废气的排放位置进行烟气中 S、重金属粉尘如 Zn、Pb、As、Sb 等的检测和控制。

2）铜锍作为产品排出，在原工艺中配备相关的成分检测设备，由于铜锍可作为后续精炼原料，不进行排放，因此不作为共处置工艺中污染物控制节点。

3）炉渣和部分除尘灰作为工业废物排放，其检测和管理具有相应的标准，在共处置工艺中按照 GB 25467—2010、GB 5085.3—2007、GB 5085.6—2007 等标准进行污染控制。

（3）闪速炉共处置工艺中对控制节点的要求：

1）闪速炉共处置工艺中对烟气、粉尘以及产品质量的控制节点不作改变，但可根据共处置废物类型及投加的危险元素在原控制节点增加相关的检测内容。

2）共处置工艺中，针对具有危险性粉尘需要在预处理、装料等潜在放散位置增加相应的检测内容作为新增控制节点。

C　闪速炉污染物排放标准

（1）铜闪速炉冶炼工艺中铜锍产品随生产工艺及操作制度不同，其成分和杂质释放值也不同，某常规的元素（杂质）的释放值见表 7-14。

表 7-14 闪速炉产品（铜锍）中杂质元素限值 （%）

元素	Zn	As	F	Pb	Cd	Sb	Bi
限值	0.6~1.2	<0.2	<0.08	0.4~0.5	<0.6	<0.08	<0.10

（2）铜闪速炉工艺中，污染物排放执行 GB 25467—2010，未包含内容参照 GB 30485—2013。

D 污染物控制

（1）铜冶炼闪速炉共处置需要进行的污染控制内容包括：

1）闪速炉的污染控制包括：可燃废物中灰分带入的杂质在铜锍中的释放值监测、闪速炉尾气中颗粒物及制酸尾气中 SO_2 等大气污染物的监测、除尘系统回收粉尘的收集及监测以及燃煤制粉系统粉尘控制监测。

2）闪速炉污染控制中的各项污染处理、监测依靠生产工艺的原有设施，需满足闪速炉铜锍产品或后序工艺入炉要求以及相关污染排放标准。

（2）闪速炉冶炼系统共处置工艺中的污染控制要求：

1）铜锍质量和回收的粉尘固废的监测要满足每批次检测，对 SO_2、氮氧化物等大气污染物的监测要实现实时监测，并及时反馈和调整。

2）可回收综合利用的固废、粉尘需检测合格后才可用于其他工艺，未达到检测标准的固废按照相应类型固废的标准执行。

3）固体废物、预处理过程中产生的粉尘应定期收集返回储料仓。

4）废物、预处理过程中产生的废气应导入闪速炉中处理，或经过处理达到相关排放标准限值后排放。

5）废物和预处理设施以及废物运输车辆清洗产生的废水应经收集后按照相关标准处理。

6）危险废物和预处理设施以及废物运输车辆清洗产生的废水处理污泥应作为危险废物进行管理和处置。

7.4.5 闪速炉共处置技术模式及废物投加强度

7.4.5.1 闪速炉共处置技术模式

满足热值要求的碳质类的可燃有机废物可采用“闪速炉喷吹共处置技术模式”，即通过精料喷嘴或重油喷嘴喷入闪速炉后在燃烧塔的氧化气氛中将废物中的碳质物质进行燃烧处理，废物中的灰等成分将被炉渣吸纳。该技术模式的核心是将固废中的毒性物质通过高温氧化性气氛进行燃烧处理，来达到消除污染的目的。其关键是控制固废中的组分带入量对产品质量和原工艺制度造成影响，尤其是硫分的影响。

闪速炉喷吹工艺共处置危险废物技术模式的工艺流程如图 7-9 所示，通过位于炉顶的精矿喷嘴或者燃料喷嘴作为投加入口，该技术模式由燃料预处理、混合喷吹燃烧及后处理三部分组成。

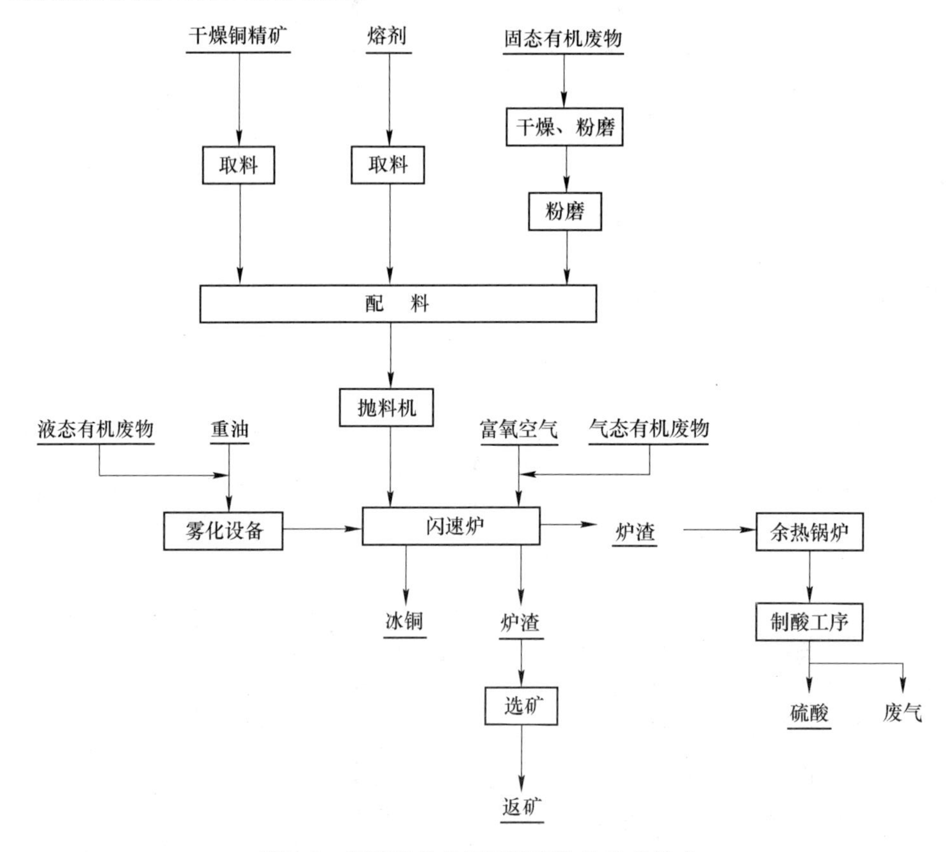

图 7-9　闪速炉共处置可燃废物的技术模式

（1）燃料预处理。该技术模式中对不同的喷吹可燃废物的物质状态有不同的要求。可用的有固态废物、液态废物以及气态废物。为了达到喷吹过程中迅速完全燃烧，固态有机废物需要满足粒度和水分要求；液态废物需要满足雾化要求。通常需要进行烘干和粉磨（雾化）处理。

（2）混合喷吹燃烧。可燃废物在精料喷嘴或重油喷嘴喷吹进入闪速炉，随后迅速在燃烧塔进行燃烧，产生高温气体随炉体移动，在与炉料充分接触中完成传热过程。燃烧不完全的有机废物和灰分最终进入渣中，被炉渣吸纳。

（3）后处理。闪速炉冶炼工艺中烟气中 SO_2 含量较高，一般都具有回收制硫酸的设备，因此系统对硫的负荷量较大，但仍需对其他类型的气体污染物，如不完全燃烧的灰尘、铅及其化合物、汞及其化合物、氟化物、砷及其化合物进行检测。

闪速炉精矿烧嘴投加位置投加的技术要求：

（1）该处投加位置的投料入口位于燃煤粉磨系统配料前端入口。

（2）允许投加热值及杂质满足要求的固态可燃废物。

闪速炉燃料烧嘴投加位置投加的技术要求：

（1）该处投加位置的投料入口位于燃料储料仓入仓管路。

（2）允许投加热值及杂质满足要求的液态或气态可燃废物。

闪速炉共处置工艺中投加位置操作中的技术要求：

（1）多种类废物共处置时，应在投加前进行均质处理，保证入炉料组分的稳定。

（2）固体可燃废物的投加以混料投加为主，在配料仓完成投加，减少对原设备的改动。

（3）液态或气态可燃废物投加前完成均质、干燥等预处理，通过支路引入燃料喷吹系统。

入炉物料（包括常规原料、燃料和各种废物）中的限制性元素的最大允许投加量不应大于表5-40中所列的限值，可燃类废物加权热值需满足投加要求。

7.4.5.2 闪速炉共处置工艺中废物投加速率

A 危险废物投加限值加权测算

（1）热值加权。从助燃系统投加入闪速炉的共处置废物，需要满足废物和原燃料的热值加权限值要求。共处置废物投加速率与助燃系统投加物料的热值加权的关系如下式所示：

$$Q = \frac{Q_{废} \times M_{废} + Q_{燃} \times M_{燃}}{M_{废} + M_{燃}} \leqslant Q_{限}$$

式中 Q——投加燃料的加权热值，$Q_{废}$、$Q_{燃}$分别为从助燃系统投加的危险废物、燃料的热值，MJ/kg（气体为MJ/m^3）；

$M_{废}$，$M_{燃}$——分别为单位时间内危险废物、燃料的投加量，kg/h；

$Q_{限}$——投加燃料热值加权的限值，MJ/kg（气体为MJ/m^3），$Q_s = 25$，$Q_l = 40$，$Q_g = 32$。

（2）有害元素加权。闪速炉共处置废物，需要使废物和原物料中Zn、As、F、Sb、Sn、Pb、Cd等元素的加权值满足限值要求。共处置固废投加速率与元素i在投加物中加权限值的关系如下式所示：

$$C_i = \frac{C_{i废} \times M_{废} + C_{i精矿} \times M_{精矿} + C_{i燃煤} \times M_{燃煤} + C_{i熔剂} \times M_{熔剂}}{\sum M} \leqslant C_{i限}$$

式中 C_i——闪速炉投加物料中元素i的投入量，$C_{i废}$、$C_{i精矿}$、$C_{i燃煤}$、$C_{i熔剂}$分别为从配料系统投加的危险废物、铜精矿、燃煤和熔剂中元素i的含量，%；

$M_{废}$，$M_{精矿}$，$M_{燃煤}$，$M_{熔剂}$——分别为单位时间从配料系统加入混料机的危险废物、铜精矿、燃煤和熔剂的投加量，kg/h；

$C_{i限}$——配料系统投加物料中元素 i 的限值,%，参照表5-40。

B 危险废物中杂质元素在产品中的释放限值

为了控制共处置危险废物中杂质元素在产品中的释放而对其质量造成的影响，需要对 Zn、As、F、Pb、Cd、Sb 等杂质元素在产品中的残留量进行限制。闪速炉中元素的残留量与入炉原燃料和共处置危险废物投加速率的关系如下式所示：

$$C_i = \frac{(C_{i废} \times M_{废} + C_{i精矿} \times M_{精矿} + C_{i燃煤} \times M_{燃煤} + C_{i熔剂} \times M_{熔剂}) \times L_{i闪}}{M_{铜锍}} \leqslant C_{i铜锍限}$$

式中 C_i——铜锍产品中元素 i 的残留量,%；

$M_{铜锍}$——铜锍的单位时间产量，kg/h；

$L_{i闪}$——元素 i 在铜锍产品中的残留比率,%，参照表7-15；

$C_{i铜锍限}$——铜锍中元素 i 残留量的限值,%，参照表7-14。

表 7-15 部分元素在闪速炉中的分配比 （%）

元素	Au，Ag	Sb	As	Bi	Cd	Co	Zn	Pb	Ni	Se	Te	Sn	K，Na，Al，Si，Ti
铜锍	99	30	35	10	60	95	40	30	98	40	40	10	—
炉渣	1	55	55	10	10	5	50	10	2	—	—	50	100
挥发①	—	15	10	80	30	—	10	60	—	60	60	40	—

①不包括从炉子吹出的固体烟尘损失。

C 危险废物中危害元素在炉渣的释放限值

为了控制共处置危险废物进入渣中的重金属元素形成二次污染，需要对其在炉渣中的释放量进行监测和限制。闪速炉中元素的入渣量与入炉原燃料和共处置危险废物投加速率的关系如下式所示：

$$C_i = \frac{(C_{i废} \times M_{废} + C_{i精矿} \times M_{精矿} + C_{i燃煤} \times M_{燃煤} + C_{i熔剂} \times M_{熔剂}) \times L_{si闪}}{M_{炉渣}} \leqslant C_{i炉渣限}$$

式中 C_i——炉渣产品中元素 i 的残留量,%；

$M_{炉渣}$——炉渣的单位时间产生量，kg/h；

$L_{si闪}$——元素 i 在炉渣中的残留比率,%，参照表7-15；

$C_{i炉渣限}$——铜锍中元素 i 残留量的限值,%，参照标准 GB 25467—2010、GB 30485—2013。

D 闪速炉工艺中危险废物最大投加速率的确定

闪速炉工艺中危险废物最大投加速率的确定原则和方法与烧结工艺中一致。

7.5 危险废物管理通用技术要求

7.5.1 运输与场内输送要求

（1）根据共处置废物的类型、特性和要求选用适合的运输方式，包括常规运输、密闭罐车运输、气体输送等。

（2）在废物装卸场所、储存场所、预处理区域、投加区域等各个区域之间，应根据废物特性和设施要求配备必要的输送设备。

（3）废物的物流出入口及转运、输送线路应远离办公和生活服务设施。

（4）输送设备所用材料应适应废物特性，确保不被腐蚀，并且不与废物发生任何反应。

（5）管道输送设备应保持良好的密闭性能，防止废物的滴漏和溢出。

（6）非密闭输送设备（如传送带、抓料斗等）应采取防护措施（如加防护罩），防止粉尘飘散。

（7）移动式输送设备，应采取措施防止粉尘飘散和废物遗撒。

（8）厂内输送危险废物的管道、传送带应在显眼处标有安全警告信息。

7.5.2 储存要求

（1）用于共处置的废物应进行专门储存，不与原工序的生产原料、燃料和产品混合储存。气态或液态废物采用有专门标识的压力容器储存。

（2）废物储存设施内应专门设置不明性质废物暂存区，并且应与其他废物储存区隔离，设有专门的存取通道。

（3）废物储存设施应符合《建筑设计防火规范》(GB 50016—2014）等相关消防规范的要求。储存设施内应张贴严禁烟火的明显标识；应根据废物特性、储存和卸载区条件配置相应的消防警报设备和灭火药剂；储存设施中的电子设备应接地，并装备抗静电设备；应设置防爆通讯设备并保持畅通完好。

（4）待处置废物的储存设施安放地点应远离作业密集区，并设置在线监控设备。

（5）危险废物储存设施的设计、安全防护、污染防治等应满足《危险废物储存污染控制标准》(GB 18597—2001）和《危险废物集中焚烧处置工程建设技术规范》(HJ/T 176—2005）中的相关要求；危险废物储存区应标有明确的安全警告和清晰的撤离路线；危险废物储存区及附近应配备紧急人体清洗冲淋设施，并标明用途。

（6）危险废物储存区的设施应有良好的防渗性能并设置污水收集装置；储存设施应采取封闭措施。

7.5.3 接收与分析要求

（1）入厂时废物在接收前需进行检查。

1）在废物进入共处置企业时，首先通过表观和气味等特征，初步判断入厂废物是否与签订的合同标注的废物类别一致，并对废物进行称重，确认符合签订合同。

2）对于危险废物，还应进行下列各项检查：

①检查危险废物标签是否符合要求，所标注内容应与《危险废物转移联单》和签订的合同一致。

②通过表观和气味初步判断危险废物类别是否与《危险废物转移联单》一致。

③对危险废物进行称重的重量是否与《危险废物转移联单》一致。

④检查危险废物包装要求，应无破损和泄露现象。

⑤必要时，进行放射性检验。

在完成上述检查并确认符合各项要求时，废物才可进入储存库或预处理车间。

3）按照上述规定的检查后，如果拟入厂废物与转移联单或所签订合同的标注废物类别不一致，或者危险废物包装发生破损或泄露，应立即与废物产生单位、运输单位和运输负责人联系，共同进行现场判断。拟入厂危险废物与《危险废物转移联单》不一致时还应及时向当地环境保护行政主管部门报告。

如果在共处置企业现有条件下可以进行共处置，并确保在废物分析、储存、运输、预处理和共处置过程中不会对生产安全和环境保护产生不利影响，可以进入共处置企业储存仓库或者预处理车间，经特性分析鉴别后按照常规程序进行共处置。

如果无法确定废物特性，将该批次废物按不明性质废物处理方式进行处置。

如果确定共处置企业无法处置该批次废物，应立即向当地环境保护行政主管部门报告，并退回到废物产生单位，或送至有关主管部门指定的专业处置单位。必要时应通知当地安全生产行政主管部门和公安部门。

（2）入厂后废物成分的检验。

1）废物入厂后应及时进行取样分析，以判断废物特性是否与合同注明的废物特性一致。如果发现不一致，应参照上述相关规定进行处理。

2）共处置企业应对各个产废单位的相关信息进行定期的统计分析，评估其管理能力和废物稳定性，并可根据评估的情况适当减少检验频次。

参考文献

[1] 张树勋. 钢铁厂设计原理 [M]. 北京：冶金工业出版社，2005.
[2] 李慧. 钢铁冶金概论 [M]. 北京：冶金工业出版社，1993.
[3] 张玉柱，艾立群. 钢铁冶金过程的数学解析与模拟 [M]. 北京：冶金工业出版社，1997.
[4] 王新华. 钢铁冶金——炼钢学 [M]. 北京：高等教育出版社，2007.
[5] 陈家祥. 钢铁冶金学（炼钢部分）[M]. 北京：冶金工业出版社，1990.
[6] 王筱留. 钢铁冶金学（炼铁部分）[M]. 北京：冶金工业出版社，1991.
[7] 黄希祜. 钢铁冶金原理 [M]. 第三版. 北京：冶金工业出版社，2002.
[8] 神原健二朗等著，刘晓侦译. 高炉解体研究 [M]. 北京：冶金工业出版社，1980.
[9] 周传典. 高炉炼铁生产技术手册 [M]. 北京：冶金工业出版社，2002.
[10] 王秉铨. 工业炉设计手册 [M]. 第二版. 北京：机械工业出版社，1996.
[11] 日本工业炉协会. 戎宗义，路仆，郁善庆译. 工业炉手册 [M]. 北京：冶金工业出版社，1989.
[12] 王令福. 炼钢设备及车间设计 [M]. 第二版. 北京：冶金工业出版社，2007.
[13] 杨建华，阚兴东，石熊保. 炼焦工艺与设备 [M]. 北京：化学工业出版社，2006.
[14] 潘立慧，魏松波. 炼焦技术问答 [M]. 北京：冶金工业出版社，2007.
[15] 李哲浩. 炼焦生产问答 [M]. 北京：冶金工业出版社，1982.
[16] 张一敏. 球团矿生产知识问答 [M]. 北京：冶金工业出版社，2005.
[17] 由文泉. 实用高炉炼铁技术 [M]. 北京：冶金工业出版社，2002.
[18] 戴云阁，李文秀，龙腾春. 现代转炉炼钢 [M]. 沈阳：东北大学出版社，1998.
[19] 杨绍利. 冶金概论 [M]. 北京：冶金工业出版社，2008.
[20] 云正宽. 冶金工程设计（第三册 机电设备与工业炉窑设计）[M]. 北京：冶金工业出版社，2006.
[21] 李鸿江，刘清，赵由才. 冶金过程固体废物处理与资源化 [M]. 北京：冶金工业出版社，2007.
[22] 萧泽强，朱苗勇. 冶金过程数值模拟分析技术的应用 [M]. 北京：冶金工业出版社，2006.
[23] 龙红明. 冶金过程数学模型与人工智能应用 [M]. 北京：冶金工业出版社，2010.
[24] 梅炽. 有色冶金炉 [M]. 北京：冶金工业出版社，2008.
[25] 梅炽，王临江，周孑民. 有色冶金炉设计手册 [M]. 北京：冶金工业出版社，2000.
[26] 傅崇说. 有色冶金原理 [M]. 北京：冶金工业出版社，1984.
[27] 邱竹贤. 有色金属冶金学 [M]. 北京：冶金工业出版社，1988.
[28] 张健，蒋继穆. 重有色金属冶炼设计手册（铅锌铋卷）[M]. 北京：冶金工业出版社，1996.
[29] 张健，蒋继穆. 重有色金属冶炼设计手册（铜镍卷）[M]. 北京：冶金工业出版社，1996.
[30] 张健，蒋继穆. 重有色金属冶炼设计手册（冶炼烟气收尘卷）[M]. 北京：冶金工业出版社，1996.

[31] 曾正明. 工业炉技术问答 [M]. 北京：机械工业出版社，1998.
[32] 王琪. 工业固体废物处理及回收利用 [M]. 北京：中国环境科学出版社，2006.
[33] 牛冬杰，孙晓杰，赵由才. 工业固体废物处理与资源化 [M]. 北京：冶金工业出版社，2006.
[34] 杨慧芬. 固体废物处理技术及工程应用 [M]. 北京：机械工业出版社，2003.
[35] 赵娟，崔怡. 高炉喷吹塑料废弃物技术研究进展 [J]. 青岛理工大学学报，2007，28（4）：62～64.
[36] 郭兴忠，杨绍利，朱子宗，等. 废旧塑料综合利用新方法——高炉喷吹塑料技术 [J]. 重庆环境科学，2000，22（4）：33～35.
[37] 杨婷. 国外钢铁工业节能环保技术的发展 [N]. 世界金属导报，2007-6-19（008）.
[38] 肖英龙. 焦炉回收利用废塑料技术及应用 [N]. 世界金属导报，2007-4-10（013）.
[39] 武金波. 作为焦炉原料的废塑料回收利用工艺的开发 [N]. 世界金属导报，2003-8-5（002）.
[40] 余广炜. 利用焦化工艺处理废塑料的试验研究 [D]. 沈阳：东北大学，2005.
[41] 张懿，周思毅，刘英杰. 电镀污泥及铬渣资源化实用技术指南 [M]. 北京：中国环境科学出版社，1997.
[42] 朱久发. 国外钢铁公司废物再利用与处理技术发展动向 [N]. 世界金属导报，2007-8-21（008）.
[43] 郭廷杰. 日本钢铁厂含铁粉尘的综合利用 [J]. 中国资源综合利用，2003（1）：4～5.
[44] 史占彪. 非高炉炼铁 [M]. 沈阳：东北工学院出版社，1991.
[45] 方觉. 非高炉炼铁工艺与理论 [M]. 北京：冶金工业出版社，2002.
[46] 晏祥树，陈春林. 锌浸出渣火法处理工艺探讨 [J]. 中国有色冶金，2012（5）：58～62.
[47] 曾丹林，马亚丽，王关辉，等. 钢铁厂含铁粉尘综合利用研究进展 [J]. 烧结球团，2011，36（6）：45～48.
[48] 王全利. 含铁尘泥的综合利用 [J]. 包钢科技，2002，28（6）：75～77.
[49] Tahir S，Alenka R M. Characterization of steel mill electric-arc furnace dust [J]. Journal of Hazardous Materials，2004，（B109）：59～70.
[50] 张建良，闫永芳，徐萌. 高炉含锌粉尘的脱锌处理 [J]. 钢铁，2006，41（10）：78～81.
[51] 胡晓军，郭婷，周国治. 含锌冶金粉尘处理技术的发展和现状 [J]. 钢铁研究学报，2011，23（7）：1～5.
[52] 王筝，王海澜. JFE 塑料废弃物循环利用 [N]. 世界金属导报，2009-1-20（010）.
[53] 郭培民，赵沛. 冶金资源高效利用 [M]. 北京：冶金工业出版社，2012.
[54] 张伟健. 铅锌密闭鼓风炉冶炼 [M]. 长沙：中南大学出版社，2009.
[55] 佘雪峰，薛庆国，王静松. 钢铁厂含锌粉尘综合利用及相关处理工艺比较 [J]. 炼铁，2010，29（4）：56～62.
[56] 杨文远，郑丛杰，崔健. 大型转炉吹炼过程中熔池温度的状况 [J]. 河北冶金，2003（6）：7～10.
[57] 武振廷，芮树森，闫立懿. 炼钢电弧炉炉内温度分布规律的研究 [J]. 钢铁，1988，23

(5): 10 ~ 15.

[58] 郭鸿志，张书臣，阚晚西．直流电弧炉电弧速度场和温度场的数值计算［J］．钢铁研究学报，2003，15（1）：6 ~ 10.

[59] 娄文涛，李勇，朱苗勇．顶底复吹转炉内气液两相流行为的数值模拟［J］．过程工程学报，2011，11（6）：926 ~ 932.

[60] 余建平，周萍，梅炽．铜闪速炉沉淀池流程及温度场仿真优化［J］．甘肃冶金，2005，27（4）：8 ~ 11.

[61] 李欣峰，梅炽，张卫华．铜闪速炉数值仿真［J］．中南工业大学学报，2001，32（3）：262 ~ 266.

[62] 陈卓．铜闪速炉系统数值熔炼模型及反应塔炉膛内形在线仿真监测研究［D］．长沙：中南大学，2002.

[63] 姜南，宋延均．日本废弃塑料再生利用管理及技术现状简介［J］．中国物资再生，1995（8）：12 ~ 13.

[64] 郭廷杰．日本钢铁企业环保管理工作简介［J］．中国冶金，2001（2）：40 ~ 42.

[65] 郭廷杰．日本高炉喷吹利用废塑料代煤技术简介［J］．再生资源研究，2001（4）：35 ~ 38.

[66] 廖建国．日本焦炉废塑料再资源化技术介绍［N］．世界金属导报，2004-2-10（006）.

[67] 王琪，黄启飞，段华波．中国危险废物管理制度与政策［J］．中国水泥，2006（3）：22 ~ 25.

[68] 沈宗斌，高永坚，张友平．中国固体废弃物处理与高温冶炼［J］．环境保护，2005（2）：35 ~ 38.

[69] 吴铿，杨天钧，陈平．应用非高炉炼铁技术处理固体废弃物［J］．钢铁，2002，37（7）：63 ~ 67.

[70] 魏国侠，刘汉桥，蔡九菊．冶金技术在城市固体废弃物处理中的应用前景［J］．工业炉，2009，31（1）：33 ~ 37.

[71] 王家伟，廖洪强，余广伟．高炉喷吹废塑料工艺新探索［J］．天津冶金，2004（2）：68 ~ 70.

[72] 刘军．冶金固体废弃物资源化处理与综合利用［J］．冶金环境保护，2009（6）：52 ~ 55.

[73] 龙燕．我国危险废物管理与处置发展历程［J］．有色冶金设计与研究，2007，28（2 ~ 3）：1 ~ 7.

[74] 陈敬军．危险废物回转窑焚烧炉的工艺设计［J］．有色冶金设计与研究，2007，28（2 ~ 3）：81 ~ 83.

[75] 解建光，傅大放，侯亭瑶．焦油渣配煤炼焦试验［J］．有色冶金设计与研究，2007，28（2 ~ 3）：215 ~ 217.

[76] 铃木隆城．焦炉处理废塑料技术的开发［J］．燃料与化工，2002，33（5）：274 ~ 276.

[77] 新日铁工程技术株式会社．将氧化废物转化成直接还原铁用于高炉［N］．中国冶金报，2009-10-20（B01）.

[78] 张绍坤．回转窑处理危险废物的工程应用［J］．工业炉，2010，32（2）：26 ~ 29.

[79] 朱江，蒋旭光，刘刚．回转窑处理危险废弃物技术探讨［J］．环境工程，2004，22

(5)：57～61.

[80] 王志君，刘德军，郝博．当前我国高炉喷吹废塑料的合理性分析［J］．冶金丛刊，2010(6)：42～46.

[81] 郭兴忠，杨绍利，朱子宗．废旧塑料综合利用新方法：高炉喷吹废塑料技术［J］．重庆环境科学，2000，22（4）：33～35.

[82] 仇金辉，高建平．钢铁固体废弃物资源综合利用标准体系的研究［J］．标准研究，2011，49（4）：1～5.

[83] 单志峰．国内外固体废物管理技术概况［J］．工业安全与防尘，1999（10）：6～11.

[84] 孙宁，吴舜泽，蒋国华．全国危险废物处置设施普查的分析和思考［J］．有色冶金设计与研究，2007，28（2～3）：8～17.

[85] 王绍文，梁富智，王纪曾．固体废弃物资源化技术与应用［M］．北京：冶金工业出版社，2003.

[86] 杨国清，刘康怀．固体废物处理工程［M］．北京：科学出版社，2000.

[87] 庄伟强．固体废物处理与利用［M］．北京：化学工业出版社，2001.

[88] 蒋建国．固体废物处置与资源化［M］．北京：化学工业出版社，2007.

[89] 赵维钧，马鸿昌．固废管理与法规——各国废物管理体制与实践［M］．北京：化学工业出版社，2004.

[90] 聂永丰．三废处理工程技术手册（固体废物卷）［M］．北京：化学工业出版社，2000.

[91] 陈全．新版环境管理体系标准实施指南［M］．北京：中国石化出版社，2004.

[92] 于振东，郑文华．现代焦化生产技术手册［M］．北京：冶金工业出版社，2010.

[93] 丁恩振，丁家亮．等离子体弧熔融裂解——危险废弃物处理前沿技术［M］．北京：中国环境科学出版社，2009.